TURING 图灵新知

COSMIC

科学的画廊

KEY IMAGES IN THE HISTORY OF SCIENCE

图片里的科学史

[英]约翰·D.巴罗（John D. Barrow） 著

唐静 李盼 译

IMAGERY

人民邮电出版社

北京

图书在版编目(CIP)数据

科学的画廊：图片里的科学史 / (英) 约翰·D.巴罗著 ; 唐静, 李盼译. -- 北京 : 人民邮电出版社, 2022.6
(图灵新知)
ISBN 978-7-115-58324-6

Ⅰ. ①科… Ⅱ. ①约… ②唐… ③李… Ⅲ. ①自然科学史－世界 Ⅳ. ①N091

中国版本图书馆CIP数据核字(2021)第261750号

版 权 声 明

内 容 提 要

本书汇集了 200 余幅科学史上的经典图片，这些图片代表着科学发展史中一个又一个里程碑。从简单的图表到第一张世界地图，从手绘图、照片到计算机成像，本书回顾了天文学、数学、物理学、化学、生物学等领域的历史转折点，以图片讲解知识，展现人类科学思想发展史中的高光时刻。这不仅是一本简单的科学图册，知名科普作家约翰·D.巴罗凭借自己深厚的科学底蕴，以散文般优美而简洁的笔触，为一幅幅科学图片做了精彩的诠释与注解，展现了它们的深远意义和对科学发展的影响，讲述了一个个极具启发性的科学故事，为喜爱科学、历史、艺术和哲学的大众读者打开一幅别开生面的科学画卷。

◆ 著　　　　[英] 约翰·D. 巴罗
　 译　　　　唐　静　李　盼
　 责任编辑　戴　童
　 责任印制　彭志环

◆ 人民邮电出版社出版发行　　北京市丰台区成寿寺路11号
　 邮编　100164　　电子邮件　315@ptpress.com.cn
　 网址　https://www.ptpress.com.cn
　 临西县阅读时光印刷有限公司印刷

◆ 开本：720×960　1/16
　 印张：34　　　　　　　　　　　2022年6月第1版
　 字数：553千字　　　　　　　　2022年6月北京第1次印刷
　 著作权合同登记号　图字：01-2009-6949 号

定价：199.80元
读者服务热线：(010)84084456-6009　　印装质量热线：(010)81055316
反盗版热线：(010)81055315
广告经营许可证：京东市监广登字20170147号

谨以本书献给布伦达和唐。

我想不出哪本俄国小说中的角色会常去画廊。

————毛姆

中文版序言

　　中国具有悠久的科学和艺术传统，一直强调优雅地表现信息的重要性。因此，我很高兴这本书能有中文版。自从英文版《科学的画廊》首次问世以来，世界已沿着"可视化"这条道路更快速地演进。技术创造出新的信息表现和分享方式，主导了人们的交互方法和科学出版物的常用形式。年轻人已经很难想象，在现代多媒体成为常见的传播手段以前的世界是什么样子的。如今，参加研讨会的演讲者们可以同时在不同的地方被全息展现成三维形式。不过，童书仍在为纸上的插图和设计提供舞台，不断让它们达到创意和魅力的新高度。优秀的教育者以令人印象深刻的形式使用图片和图像。可视化以出人意料的方式把科学和艺术联系在一起：美术家和音乐家拥抱新技术，科学家则在医学、工程和设计作品中寻找美感。当我们展望未来时，更应充分地了解过去，这肯定会加深我们对图片和图像的认识，体会它们在发展、运用科学和数学时起到的重要作用。

约翰·D. 巴罗
2018 年 11 月于剑桥

　　*本书中某些地图示意图、地质图、历史地图、气象图等均为作者阐述学术观点所用，仅供读者参考，不代表本出版社意见，特此说明。

前言

爱丽丝想:"要是没有图片或对话,书还有什么用?"

——刘易斯·卡罗尔(Lewis Carroll)

书籍,尤其是科学类书籍,通常借助图片来说明文字。一图胜千言。图片改变了行文节奏,变换了文字风格,也使内容更加难忘。它们用具象的图像来传递抽象的思想。

但这并不是本书的目的。本书中与图片相伴的文字,讲述着如何让人类对宇宙科学的理解变得更深远、更生动。而图片,有时候以一种新颖而别致的方法记录下信息,有时候展现了完成创作或看待事物的全新方式,有时候只是讲述了一个文字力所不及的故事。

然而,本书绝不是一本"图片集"。书中的每幅图片都讲述了一个故事,这些故事要么意义重大,要么不同寻常,要么前所未闻。它们结合在一起,构成了一幅上下几千年、纵横几万里的科学史长卷。

我创作这样一本书的动机,部分源于科学本身在社会学和技术上的演变。在短短几年里,不论是在面向同行的技术研讨会上,还是在面向公众的科普宣传中,科学的呈现方式已经变得极其视觉化。随处可见的 PPT 文件、网络视频、数码摄影和计算机模拟无时无刻不在提醒着我们,图像在当今的科学中占据着重要位置。而在 20 年前,这在资金和技术上都是无法实现的。当今的科学中存在一种视觉文化,并且它还在迅速变化。

视觉化不仅深刻改变了科学的呈现方式,而且也深度渗透进了科学实践。微型计算机给科研带来了一场革命:一个科学家和小型研究团队首次能够以视觉化方式研究复杂而混乱的现象,而他们所需的不过是一个容易购得、价格又不那么昂贵的硅芯片"魔盒"。小科学也可以有大作为。全新实验数学的输出结果让科学研究变得天宽地阔。这种新方法的视觉效果极强,人们终于可以借助直接模拟技术研究复杂事物的发展。"发表论文"不再只依赖纸质形式了。

我们见证了科学史上的一场革命。这场革命没有遵循科学哲学家们曾坚信的模式——当然，这种模式现在不会实现了——这是一场由新工具、新视角和新思维方式引领的革命，无须推翻旧事物来迎接新事物。

科学的未来将逐步被人工图像和模拟技术主宰。技术设备的日新月异让符号图像越发难以存续。所以，无论是回顾过去还是展望未来，此时此刻都是一个有趣的时间点。我希望本书中的图片能够发挥出重要作用，帮助读者们理解科学，指导大家从数学和其他科学的角度来理解自然和自然规律。

遗憾的是，当表现较为特殊的复杂形式时，使用图片反而会弄巧成拙。我在写作本书时也逐渐认识到了这个问题。所幸一路走来，我得到了很多人的帮助。他们不辞辛劳地帮我查找图片，搜寻第一手的高质量图片，并联系版权所有人。兰登书屋旗下鲍利海出版公司的威尔·苏金（Will Sulkin）、若格·汉森（Jörg Hensgen）和德拉蒙德·莫伊尔（Drummond Moir）为本书的写作提供了大力支持，并把我的黑白手稿变成了你现在手中拿着的这本书。我的孩子们虽然已经长大，但始终对我的书怀抱着不同寻常的兴趣，他们也许还期待着能随书发行一款电子游戏。伊丽莎白终于等到成书的这天了，没有她的无穷耐心和鼎力支持，本书是很难完成的。

许多朋友和同事也为我提供了帮助。他们与我讨论内容，为我提供文本、图片和资源。为此，我要特别感谢萨拉·艾丽（Sarah Airey）、马克·贝雷（Mark Bailey）、朱恩·巴罗-格林（June Barrow-Green）、纳丁·巴沙尔（Nadine Bazar）、阿兰·贝尔顿（Alan Beardon）、理查德·布莱特（Richard Bright）、罗萨·卡巴莱罗（Rosa Caballero）、阿兰·查普曼（Alan Chapman）、帕美拉·康特科特（Pamela Contractor）、吉姆·康西尔（Jim Council）、卡尔·德亚希（Carl Djerassi）、理查德·艾登（Richard Eden）、卡里·恩奎斯特（Kari Enqvist）、加里·埃文斯（Gary Evans）、帕特里夏·法拉（Patricia Fara）、肯·福特（Ken Ford）、玛丽安·福利伯格（Marianne Freiberger）、桑迪·吉斯（Sandy Geis）、加里·吉本斯（Gary Gibbons）、欧文·金格里希（Owen Gingerich）、谢尔顿·格拉肖（Sheldon Glashow）、爱德华·格兰特（Edward Grant）、彼得·欣利（Peter Hingley）、莎朗·霍盖特（Sharon Holgate）、迈克尔·霍斯金（Michael Hoskin）、马丁·坎普（Martin Kemp）、罗布·坎宁克（Rob Kennicutt）、保罗·朗可（Paul

Langacker）、伊姆雷·里德尔（Imre Leader）、莱默·雷迪（Raimo Lehti）、尼克·米（Nick Mee）、西蒙·康威·莫里斯（Simon Conway Morris）、安德鲁·默里（Andrew Murray）、迪米特里·纳诺波罗斯（Dimitri Nanopoulos）、克里斯·普利特查德（Chris Pritchard）、海伦·奎格（Helen Quigg）、斯图亚特·拉比（Stuart Raby）、马丁·瑞斯（Martin Rees）、西蒙·罗德（Simon Rhodes）、阿德里安·赖斯（Adrian Rice）、格雷汉姆·罗斯（Graham Ross）、马丁·鲁德尼克（Martin Rudnick）、克里斯·斯金格（Chris Stringer）、罗斯·泰勒（Rose Taylor）、弗兰克·提普勒（Frank Tipler）、约翰·特纳（John Turner）、史蒂文·温伯格（Steven Weinberg）、约翰·A. 惠勒（John A. Wheeler）、丹尼斯·威尔金森（Denys Wilkinson）、罗宾·威尔逊（Robin Wilson）、特蕾西·温伍德（Tracey Winwood）和阿里森·怀特（Alison Wright）。他们热忱地为我答疑解惑、提出建议、提供有用的信息。

约翰·D. 巴罗
2008 年于剑桥

引言

每幅图片都讲述了一个故事

他说:"抱有目的之人很难与漫无目的之人同行,但我们可以试一试。如果你能帮我拎包的话,那就跟我来吧。"

——亨宁·曼凯尔(Henning Mankell)[1]

人们喜爱图片,总能第一眼就看到它们。我们的大脑不是用来读字母、写数字、做复式记账、编乐谱或解数学方程的,这些都只是人类故事的插曲。人类生存和进化的环境其实更适合被理解和记忆为图像。世世代代之后,比一般人更谨慎、更耐心的人存活了下来,并对环境中的各种特征产生了某种敏感性。

从这一简单的开端开始,人类遗传了对图片的喜爱。我们觉得图片趣味十足,能传播知识、便于记忆、给人以启发。在最早的人类学文化遗址中,蕴含着极其复杂的图像,例如拉斯科洞窟壁画。即使在今天,这些图像也堪称艺术品。图片以生活为基础,把原始社会中的关系拼接在一起,以各种风格和主题勾勒出人类历史的各个阶段,并跨越千古留下了传统和社会的记忆。图片也曾集中反映宗教情感与宗教思考,激发人们把自己单纯作为主体进行内在的思维活动。在所有表现形式中,图片力求再现并概括现实的东西,使之产生瞬间的冲击力——无须记忆,却难以忘怀。

每个学科都有其标志性的图片。有些图片在美术领域和功能设计领域都广为人知。无论是《蒙娜丽莎》还是阿尔罕布拉宫,无论是伦敦地铁线路图还是伦敦塔桥,这些图片都经久不衰、影响巨大。它们塑造了我们对世界的记忆。在科学领域也是如此,有些图片影响了人们探索宇宙的步伐;有些图片有效地传达了现实的本质,并成为思维过程的一部分,如数字和字母;还有些图片同样影响深远,只不过我们对此太熟悉了,没有注意到它们在科学发展中的作用,它们是科学词汇的一部分,被我们不假思索地使用着。

本书的主题是科学图片。我们将考查一些图片，它们在塑造我们对世界的科学认识的过程中发挥了重要作用。其中有些图片极其精妙，主导了科学实践和描述现实的方式，而我们竟然毫无察觉。有些图片随处可见，主导了某些科学分支的表现形式或者我们对科学历史的理解。还有些图片既有美学价值又有科学内涵，因而也是本书中重要的组成部分。

图表和图片在科学实践和传播中的使用不是出于艺术的需要。科学家有时会自己作图，创造出视觉表现的新手法，但大多数时候，终稿是别人的作品。技术美工（甚至是一个计算机程序）可以将科学家手中的草图变为更精美的图片。真正的艺术家真的会参与这种事情吗？科学家追求的是让人们能够瞬间感知眼前的信息。但我们也看到，他们的努力有时比我们所想象的更持久、更具影响力。有时，他们的作品也是极具争议的。

有些重要的科学图片是人们出于特殊目的而特意为之的，有些则是对自然现象的记录。新仪器让我们瞥见了新世界——有的似秋毫之末，有的难以洞悉，有的极度膨胀，有的遥不可及。这些图片标志着人类踏进了新领域，这些新领域需要精良之图，因为在科学的发展过程中，把深入研究的希望寄托在无用的人类感官上是一种徒劳。我们进入新领域后会发现，一些图片的科学地位可与文字及数字比肩。精心构建的图片家族可以自成体系。如同所有成功的符号系统，当图片有了适当的语法结构后，就能帮我们做更多的事情，而我们也不必刻意思考。

在所有因素中，我们发现了一股来自幕后的直接技术推动力，它为科学家提供了使用图片的新方法。在过去的几十年中，我们见证了人类历史上一场最伟大的革新：互联网和万维网支持图片的即时检索和传输，因而史无前例地整合了人类思维和信息检索，超越了人类个体的生物机能。当然，伴随这场革命而来的现代科学发展也带有显著的视觉化特征。拥有一流图形技术的廉价微型计算机一出现，就改变了许多学科的实践方法，也改变了整个科学界展示实验结论和计算结果的方式。

以前，计算机体积庞大、价格昂贵，是研究"重磅"问题、资金充裕的大型研究机构所独有的设备，当时的计算机被用来研制炸弹、预测天气、探索天体运动。但是，个人计算机革命改变了这一切，让研究混沌、复杂的对象成为可能。数学成了一门实验学科。把这些问题编入计算机程序后，只需观察输出结果即可，因此，个人也能研究那些前所未解的难题了。计算机的输出往往是一连串静态或动态的图片，演示了复杂过程的来龙去脉。银河系如何变成我们今日所见的大小和形状？在飞流直下冲过激流的瞬间，激荡的湍流现象又是如何发生的？这些问题太复杂，单靠纸笔无法精确作答。但图片和胶片却能直指问题的关键，只需将控制系统行为的数学等式转换成模拟程序即可。制图技术发展迅速，几乎人人都可将研究结果做成炫丽的图片示人，其视觉效果的惊人程度已超出几十年前电影业取得的成就。个人计算机革命让科学更可视、更直接。通过创建动态的数学虚拟世界，人类的直觉思维变得更强，从而可以通过经验领悟复杂的行为模式。

在过去的十几年里，诸多文化领域越来越重视视觉艺术。带有特殊视觉效果的影片迎合了大众口味。在电影中，比起层层堆砌的灾难场景，故事情节已近乎多余。有些场景是真实的，但大多数场景则是计算机模拟的产物。影片的 DVD 中会有拍摄这些场景的幕后花絮，并附有关于电影制作的独家报道。实验剧场也大胆引进了新舞台技术，令视觉体验更加逼真。流行音乐大都配上音乐短片或做成 DVD——只有声音还不够。动画制作也日臻复杂，甚至图书都有了自己的网站——只有文字也不够。

科学实践的发展也如出一辙。过去，会议报告和专题研讨常常依赖于板书、宣传册、高架投影或 35 毫米的幻灯片。如今，科学家向同行及公众展示科学时大多通过 PPT 演示数据，计算机模拟的视频比比皆是，音频剪辑、胶片和分屏图像技术的应用同样司空见惯。甚至科学研究的出版方法也因这场技术革命面目一新。现在，人们实现了去线上期刊和与纸质期刊有关联的网络上发表大量彩色图像和视频，而这些事情在几十年前是办不到的。想要图文并茂相当简单，只需点几下鼠标即可。而在 20 世纪 30 年代，伟大的科学阐释者亚瑟·爱丁顿（Arthur Eddington）却写道，给文章配上图表是耗财耗力的事情。当然，在他的众多图书中也见不到图片的影子。可今天看来，事实却恰恰相反。

当前，思考图片之于科学的作用还是颇具挑战的。不仅现在如此，几百年来亦复如此。一些经典的图像、图表和照片极大拓宽了我们的眼界。本书将这些精彩的图片汇集在一起。当然，选择略带个人偏好。其中许多选择应该符合大多数人对科学的理解，但有些图片的选择则侧重个人的意志，这是因为有些图片的重要性不易被发觉，公众尚未知晓其深刻的内涵。科学图片常常并不只关乎科学。或许，它们能吸引眼球在本质上是因为其科学价值，但其美学价值也不可忽略，这一点毋庸置疑。它们甚至可能一直以来主要被当成艺术作品，却兼具科学的信息。

书中的每幅图片都有一个故事，有些故事谈及其创作者，有些谈及图片中传达的科学观点，有些谈及表现的技法，还有一些谈及貌似简单但其重要性不可估量的图片——因为它激发了一种全新的思维方式。当然，还有一些故事就仅仅是一个故事，只是其情节出人意料。

目录

第一部分　你眼中的星星

第二部分　地球与偏见

第四部分　心胜于物

第一部分
你眼中的星星

天文学是我们今天用于取代神学的东西。其中没了那么多恐惧，却也再没有慰藉。

——约翰·厄普代克（John Updike）[2]

球状星团 NGC 6377，距地球 8500 光年，是离地球最近的天体之一

在科学领域中，没什么比天文学更令人神往了。天空是块自然的画布，点缀其间的星星激发了我们天马行空的想象。一些人类的原始记录记载了月亮的盈亏，讲述了夜空带来的故事。星辰的起落、北天群星围绕北天极的运转、充满寓意的星座、日食和月食，在古人眼里都是了不起的大事。它们昭示着宇宙的稳定性和规律性：黑暗的天空布满航海的"灯塔"，天体的循环运动是挂在天上的时钟，让人类和大地万物有序可依。我们最初看到的是一些关于星体的精湛画作，有的富于艺术成分，有的则相对平实。图画逐渐演变为图表。图表崇尚简约实用，通过压缩信息来剔除大量的数据。从 20 世纪早期天文学带来的关键图像中，我们可以看到当代天体物理学和宇宙哲学是如何在早期照片和图表的帮助下建立起来的。那些照片和图表浓缩了宇宙的多样性，反映了宇宙快得出奇的膨胀。黑白图像逐渐演变为彩色的。爱因斯坦的时空扭曲理论演变为类比和图片的解释。空间与时间变成"时空"[①]，人们在电磁波频谱的帮助下让更多的光变为"可见光"，我们还能看到接近时间起源的宇宙。当代天文学让我们看到其他星系的样子，也把我们自己身处的星系的地图绘制得更加复杂。

---

① 科学家们曾认为空间与时间没有关系，宇宙被视为三维的，而爱因斯坦在四维结构中构建了时空关系，并提出时空是可以扭曲的。——译者注

　　然而，这些由天体图像不断引发的反应讲述了一个同样有趣的平行故事，让我们看到了宇宙中的自己。宇宙，庞大而古老，黑暗而寒冷，在生命与不偏不倚的无垠世界之间建立了情感关系。星辰的格局一度被认为可以影响人类的行为和心理，而现在，虽然占星学已被天文学取代，但哈勃空间望远镜拍摄下来的宇宙图片仍在以某种特别的方式影响着人们[3]。它们的美学吸引力引发了人们的共鸣，唤起了先驱者的冒险精神，促使人们去探索新视野，探究原本只有在科幻小说和电影中出现的星体的诞生与灭亡。

安德里亚斯·塞拉里乌斯绘制的北半球
及其星空，1660 年

午夜之子

星座

丽莎："记住，爸爸，北斗七星的勺柄指向北极星。"

荷马："说得不错，丽莎，但我们不是在上天文课。我们在树林里。"

——《辛普森一家》(*The Simpsons*)

很久很久以前，夜空对任何地方的每个人来说都十分黑暗。那时没有人造光源，人们用肉眼可以看见月亮和许多星星。而如今，在现代城市里已经很难看清星了。星星是那么令人感到熟悉：人们依靠它们的位置导航，穿越陆地和海洋；它们的形状是灾难的预兆；它们的规律分布和可预测性展示了人类对宇宙的信仰。宇宙是如此合理，如此有规律，它不是天神们复仇和互相争斗的游戏场。星星真的非常重要。

最持久、最生动的星空图像被保留在星座图上。恒星聚集在一起，形成了星座。给星座赋以动物或其他日常物件的形状，或许是为了彰显它们及其在天空中位置的宗教或神话意义，或许只是为了便于记忆和读懂星空。夜复一夜，恒星缓慢而稳定地在黑夜中运行，月亮有盈有亏，地球绕着太阳年复一年地旋转，这些都是人们计算时间的方式，让航海家们在夜幕降临之后也有办法导航。如果你在陆地上旅行，当夜幕降临时，你可以停下来等待太阳升起后再出发，但如果你在海上航行，通常就无法这样做了。

缓慢演变的星座图在人类历史中扮演了一个多面的角色。它曾经是迷信的助力、天文学的推手、导航的仪器，它也曾创造了宇宙一体论。夜晚的星空是人类最古老的共同体验，图片和彩绘手稿中再现的星空展示并升华了多种文化中的人类体验，在任何伟大的科学图片展中都少不了这样一些展品。

在地球上的人类看来，太阳每年的运行轨迹在天上画出了一条巨大的弧线。在古代，太阳每年（看上去）围绕地球运动的平面被划分成了黄道十二宫[4]。时至今日，世界上还有很多杂志和报纸的占星术专栏用这十二宫来糊弄人。实际上，黄道十二宫（zodiac 的字面意思是"动物之环"）与黄道上的星座不同，即使它们用的是同样的名字。星座是一群毗邻的星星，形成某些可以识别、令人浮想联翩的图形。而相比之下，黄道十二宫[5] 是 12 个各为 30° 的区域，或者说对应着时钟面上一小时的区域，它们在天空中形成了 360° 的一整圈。传统上来说，每个星座占据天空中 18° 的区域。起初，十二宫及其同名的星座有着很紧密的联系，但渐渐地，人们命名了越来越多的古代星座，星座很快比十二宫要多得多了。由于十二宫只用于占星，因此它们的数量最终保持在了 12 个。其实，星座主要用于导航，在世界上不同区域导航需要在天空中有不同的标记和线条，因此要不停地增加星座的数量，以保证覆盖整个天空。大部分人知道自己的星座，占星术正是通过研究一个人出生时的特定星座以及该星座在性格上的传统解释，来预测一个人的个性和行为。

最古老的星座图还有一个令人着迷的特点：它能让天文学家确定创造星座的古老文明所处的年代和具体地点。地球在旋转的时候会发生轻微的晃动，就像一个正在旋转的陀螺。因此，地轴不是一直指向天空中同样的方向，而是要花约 26 000 年才能完成一次循环。现在，地轴已经与南北磁极有一定的偏离，地轴的北端指向我们所谓的"北极星"，但在过去或未来，地球的北极会指向不同的方向，要么指向另一颗星星，要么根本不指向任何星星。例如在公元前 3000 年，当时的"北极星"是天龙座 α 星。因此，当莎士比亚笔下的尤利乌斯·凯撒说自己像"北极星一样永不动摇"[6] 时，这是犯了时间上的错误，因为在凯撒的时代，根本没有所谓的"北极星"。

地轴北极的进动（天文学称这一现象为岁差），意味着对处于地球上不同纬度和历史上不同时期的观察者来说，天空看起来完全不一样。最有趣的是，一个从北纬 $L°$ 观测的古代天文学家无法看见以南极为中心的 $2L°$ 范围内的天空。19 世纪和 20 世纪的一些天文学家宣称，他们根据古代星座图可知，最早的星座图绘制者处于北纬 35° 附近，因为该星座图上没有描绘南部某个区域内的天空。

北纬 35° 线穿越地中海，米诺斯、腓尼基和古巴比伦都位于其附近。通过定位星座图空白区域的中心点，可以倒推出岁差的历史，从而找出南极何时处于空白区域的中心。最终，人们推断出古星座图绘制的时间在公元前 2500 年到公元前 1800 年[7]。

　　星座的形状和命名，其来源已经湮没无闻，但如果我们假定命名者是地中海的航海者，那么许多动物的形状就能够解释了。这些航海者追逐天空中升起的星星，以便夜晚也能继续航行。地图象征着人类理解和控制周遭事物的渴望。为一片区域绘制地图意味着占领这片区域；为天空绘制地图为人类提供了一种终极确认，即宇宙中的一切都有迹可循，我们处于掌控宇宙的中心位置，在宇宙演进过程中扮演着特殊角色。

　　每种宗教对十二宫和星座都有自己的理解。尤利乌斯·席勒（Julius Schiller）制作了一幅基督教的星座图，图上用《新约》和《旧约》中的名字取代了奇怪的异教形象。但最伟大的星图制作者和艺术家是荷兰裔德国数学家、宇宙学家安德里亚斯·塞拉里乌斯（Andreas Cellarius）。他在 1660 年绘制的作品《宇宙和谐之擎天神阿特拉斯》（*Atlas Coelestis seu Harmonica Macrocosmica*）是有史以来最美的书之一。这本手绘雕版画集在星座图的范围里用生动的色彩绘制了丰富的人物，是这位制图者的巅峰之作 [8]。

　　时至今日，我们能见到的最古老的星座图像不是绘于纸上，而是刻在石上，同与众不同的擎天神阿特拉斯相结合。在意大利那不勒斯国家考古博物馆中，"擎天神阿特拉斯"（The Farnese Atlas）是一座公元 2 世纪的罗马雕塑，展示了擎天神阿特拉斯肩扛一只绘有星座图的白色大理石圆球。这座雕像因为是古埃及的遗物而著称于世。雕像高度超过两米。阿特拉斯一腿半跪，半披一件斗篷。绘有星座图的圆球直径约 65 厘米。雕像唯一的缺陷是其顶部有一小孔，穿过大熊星座和小熊星座之间。球上共有 41 个星座，全部都是浮雕，而没有一颗星星；赤道、南北回归线、分至圈 [9] 和两个极圈都以浮雕的形式展现，环绕天球表面。这个圆球上的星座图非常精准，其位置与天空中的实际位置相差不到 1.5°。2005 年，美国路易斯安那大学教授布拉德利·谢弗 [10]（Bradley Schaefer）重新分析了 "擎天神阿特拉斯" 肩上圆球的星座分布，确信它们是古代最伟大的天文学家罗德岛的喜帕恰斯（Hipparchus of Rhodes）遗失已久的星图。喜帕恰斯的众多成就之一就是通过精确的观察，发现了上文提及的约每 26 000 年一次的岁差循环。通过研究星座的位置和星图中没有显示的大空，谢弗推测圆球上的星图绘制于公元前 125 年，前后误差不超过 55 年。喜帕恰斯的星图绘制于公元前 129 年，但已消失在历史的长河中，除了被一些人提及之外，至今我们仍未见过其真身 [11]。具有讽刺意味的是，

擎天神阿特拉斯

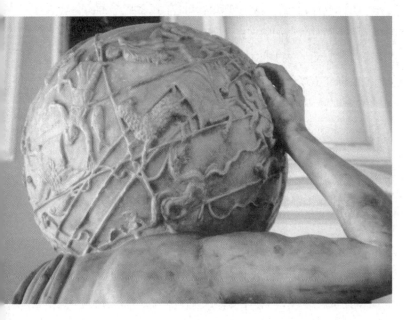

上图：正面展示了划分
大犬座和南船座之间天
空的分至圈

下图：背面展示了赤道、
黄道、二分圈和两条回
归线。白羊座的犄角正
好处于二分圈上

喜帕恰斯发现的岁差循环周期恰好用于检测这张星图绘制的时间。

然而，星座创造了一段奇妙而神秘的历史。利用岁差和古代星图中的空白区域来确定已知星图的绘制日期和制图者所处位置，最初使用这一技巧的是一位鲜为人知的瑞典业余天文学家卡尔·斯沃茨（Carl Swartz）。他在 1807 年出版了一本用瑞典语和法语写成的书[12]，并在 1809 年出了第 2 版。他依靠手头已有的星图，推断出星图最初的绘制者生活在公元前 1400 年左右，所处位置是北纬 40° 附近。他推测，亚美尼亚海岸边的小城巴库很可能是绘图者的家乡。后来，其他天文学家，如英国皇家天文学家爱德华·蒙德[13]（Edward Maunder）和迈克尔·欧文登[14]（Michael Ovenden）分别在 1910 年和 1965 年（他们两人似乎都不知道斯沃茨的书）将星图绘制者所处的纬度范围缩小到了北纬 36° 左右，并将其所处时代范围缩小到了公元前 2500 年到公元前 1800 年。欧文登相信，星图来自米诺斯文明的可能性最大——尽管许多历史学家不接受这一点[15]，因为米诺斯人通过航海与同一纬度上的先进文明有所联系，而这些先进文明却因自然灾难在大约公元前 1450 年突然消失。但欧文登注意到一个历史疑团。最有用的古代天文学记录保存在索利的阿拉图斯[16]（Aratus of Soli）所写的一首叙事诗中，该诗名为《现象》（Phaenomena），发表于约公元前 270 年。诗人将这首诗献给生活在公元前 409 年到公元前 356 年的伟大希腊天文学家和数学家——科尼杜斯的欧多克索斯[17]（Eudoxus of Cnidus），并在诗中列举了 48 个星座和它们在天空中的相对位置。古代文学中提到过“欧多克索斯区域”，人们普遍相信欧多克索斯拥有一个天球仪，但是关于这个天球仪，以及他本人的天文学著作和星图，没人知道更多信息了。幸运的是，阿拉图斯在诗中描绘星空时，借鉴了欧多克索斯失传已久的著作。因此，诗人让我们一个星座接一个星座地领略了欧多克索斯的天空。但在 150 年后，喜帕恰斯在研究这首诗时感到相当迷惑：阿拉图斯和欧多克索斯描绘的星空并非两人所能看见的星空。如果算上岁差，他们在所处的年代和位置根本看不见那些星座，而且两人还忽略了一些他们本可以看见的星座。此后，欧文登分析了这首诗，发现它描绘了在公元前 3400 年到公元前 1800 年只有在北纬 34.5° 和北纬 37.5° 之间才能看到的一片星空。这非常接近于我们从古星座图推测出来的时间和地点[18]。

一种可能的结论是，欧多克索斯继承了古代星图，该星图是身处其他位置的另一个文明绘制的。但欧多克索斯不知道如何更新这幅图，或许他根本没有意识

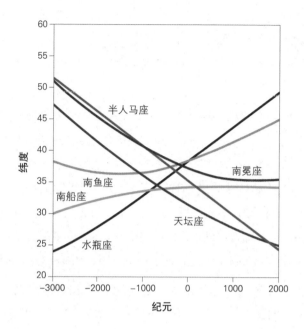

布拉德利·谢弗对创造 6
个星座的文明所处纬度和
时期的判断

到需要更新，因为他并不知道地轴会发生偏移。如果欧多克索斯拥有一个非常古老的天球仪，他就会描述从天球仪上看到的天空，而不是自己看到的天空。是否真的存在一个来自古埃及或其他地中海文明，比如古巴比伦文明的古代神秘天球仪？

　　这是一个奇怪的故事，但至少事实并没有幻想那么奇怪。布拉德利·谢弗仔细检查了欧文登及其前人对星图上南部天空空白区域的大小和位置所做出的研究，发现了许多错误和不确定性 [19]，因为有很多星星是看不见的。为了区分事实与虚构，谢弗采用了现代天文分析方法 [20]，检查了所有已有的历史信息，复查了过去的分析结果，并引入了更可靠的全新技术，来确定星图绘制者所处的时期。他检查了南天六个主要星座中星星的可见度，包括天坛座、南冕座、南鱼座、水瓶座、半人马座和南船座。他追溯到公元前 3000 年，并算出了能够看到这些星座的最靠北的纬度[21]。随着时间的推移，能看见水瓶座和南鱼座这两个星座的地点越来越靠北，其他星座则相反[22]。总之，能看见这些星座的纬度随着时间变化，前两个星座和后四个星座的曲线相交。有趣的是，我们看见所有曲线的相交点都处于纬度和时间相对狭窄的区域内。如果说这些星座都是由一个独立的文明创造出来的，而不是在一段时期内由不同民族创造出来的，那么这些相交点暗示着它们被创造出来的时间和地点。

在公元前 500 年前后，同时可见这些星座的纬度相差仅为 6° 左右；在公元前300 年前后，这些纬度仅相差 2.5°。谢弗的结论是，通过研究这些不确定性能推导出，在公元前 900 年到公元前 330 年，这六个星座的创造者处于北纬 30° 和北纬34° 之间[23]。这一结论排除了先前的一些假设，而且从历史角度看更容易理解：它排除了米诺斯和古希腊文明，但相当符合处于北纬 32.5° 的古巴比伦文明。这是一个显而易见的结论，因为我们已经知道古巴比伦文明在公元前 500 年前后为星图增加了 16 个星座，其中之一就是南鱼座，而这正是谢弗选择的六个例证之一。

时至今日，我们不仅仍在欣赏古星座图的美丽，还能从中发现谁最早讲述了星座的故事，这真是令人难以置信。

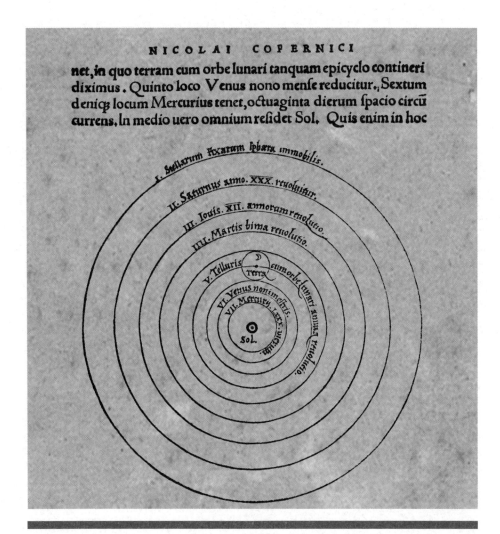

哥白尼在 1543 年发表的著作《天球运行论》中提出的日心说模型。日心说是天文学的一次革命，它取代了之前的地心说。这张标有拉丁文字母的图示显示了以太阳为中心运行的天体。最外面的是群星，接下来从外向内分别是土星、木星、火星、地球（和月球）、金星和水星[①]

---

① 本书中的某些图片摘自原出版物，为呈现真实的效果，图中文字不予翻译，望读者谅解。

——编者注

太阳帝国

哥白尼眼中的世界

换一个灯泡需要多少个苏格兰大学生？在爱丁堡只需一人，他握住灯泡，世界围绕他转动。

——苏格兰匿名学者[24]

尼古拉斯·哥白尼（Nicholas Copernicus），人们通常认为他是个改革者，是一位将人类从宇宙中心位置赶下台的科学家。但是，假使他真是个纯粹的改革者，那他也必定是个不情愿的改革者。况且，真实故事其实更加复杂，戏剧性也远没有那么强[25]。哥白尼的伟大著作《天球运行论》(*De Revolutionibus*) 于 1543 年出版，不久后他便与世长辞，此书影响甚微，发行量不大，还有极少数内容人们从未读过。但是，哥白尼的工作成果终究还是引起了人们宇宙观的转变。它打响了一场消耗战，这场战争终将颠覆古典的"托勒密宇宙体系"——地心说，并建立起今天有着稳固地位的日心说[26]。然而，他对人们世界观的影响无疑大过对世界模型的影响。

印刷术在 16 世纪早期就发展起来了，因此哥白尼所著的图解书中的图片已经可以被准确地安插在文字之间。那些出现在开篇论述中的著名图表向人们展示了一个以太阳为中心的太阳系简单模型。最外边的圆环标示了太阳系的边界，它是"固定恒星所在的固定平面"。其他六个外圈是后来为人们所知的六大行星的轨道平面。它们从外向内分别代表了土星、木星、火星、地球（还有和它相邻的弦月）、金星和水星。所有行星都环绕着中心的太阳。人们相信，月亮绕着地球转动。

在 16 ~ 17 世纪，哥白尼体系和托勒密体系并非人们对宇宙的仅有的描述。这一时期，由乔万尼·里奇奥利（Giovanni Riccioli）在 1651 年所著的《新阿尔马杰茨姆》[27]（*The New Almagest*）就为后哥白尼时代的天文学家出色地总结了宇宙的图像。书中列举了 6 种不同的太阳系模型（标识 I-VI）。模型 I 是托勒密体系，它以地球为中心，太阳的轨道环绕地球且位于水星和金星轨道的外侧；模型 VI 是哥白尼体系，我们已看到哥白尼自己的阐释。模型 II 是柏拉图体系，它以地球为中心，太阳和所有行星的轨道环绕地球，而太阳位于水星和金星的轨道内侧。模型 III 就是所谓的埃及体系，水星和金星环绕太阳运转，太阳和外层行星环绕地球。模型 IV 是由第谷·布拉赫（Tycho Brahe）所创的第谷体系，地球固定在中心，月亮和太阳环绕地球运转，而其他所有行星环绕太阳。所以，水星和金星的轨道有一部分介于地球和太阳之间，而金星、木星和土星的轨道同时围绕着地球和太阳。模型 V 是半第谷体系，它的发明者就是《新阿尔马杰茨姆》的作者，也是本幅图片的创作者乔万尼·里奇奥利。在他的模型中，火星、金星和水星环绕太阳，而太阳和木星、土星一起围绕着地球。里奇奥利试图区分木星、土星与水星、金星、火星，因为木星和土星像地球一样有已知的卫星（火星的两个卫星当时尚未被发现），所以它们应该环绕地球而非太阳。

　　对世界而言，哥白尼曾就是整个哲学的代名词。在科学领域，任何一种"反哥白尼"的观点都会被鄙视，会被认为是狭隘或带有偏见的，是在以不公正的方式看待人类自身及其位置。在宇宙学中，"哥白尼原理"常常让一种观点更具威信——我们自认为在宇宙中的位置其实并不特殊。于是人们有了经典的宇宙观，并建立起相应的理论。有时，人们也视"哥白尼原理"为哲学基础，它假想了一种宇宙模型——空间中的每个点基本上都是一个模样。尽管这种"宇宙平均主义"是每位科学家都要学的重要一课，但人们逐渐意识到了它的缺陷。虽然我们不能指望自己在宇宙中的位置会变得特殊，但如果我们认为自己的位置毫无特殊之处，那么这也是一种误解。现在我们知道，有生命存在的宇宙区域必须具备一定的特征——我们无法存在于恒星的中心，或宇宙中不满足形成恒星条件的低物质密度区域。并且，生命存在的时期也是特殊的——我们不能存在于宇宙的早期，因为那时某些元素还未产生，比如恒星内部的碳[28]。

　　如果这些宇宙中的"典型"区域不容许生命进化，那么我们不可能处在一个典型的位置。这种对哥白尼观点的适度解释对检验现代宇宙学的预测起到了重要作用[29]，并且把我们拉回到一个问题：如果抛弃预测，抛弃哥白尼的观点，那么宇宙会是什么样子？通过补充，我们对宇宙的科学解释在一种更深远的意义上成了哥白尼的模式。很

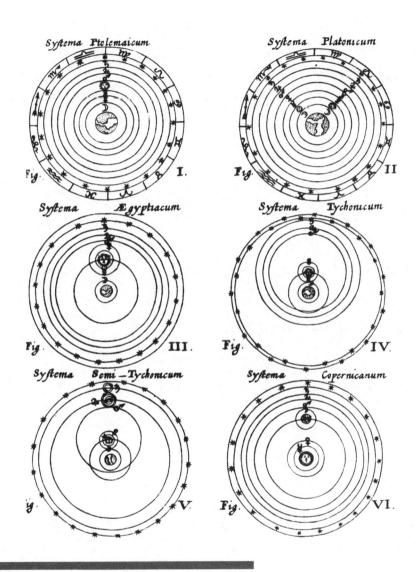

乔万尼·里奇奥利在 1651 年的著作《新阿尔马杰茨姆》
中总结的后哥白尼时代的六种太阳系模型

遗憾，牛顿著名的运动定律只能适用于一类非常特殊的观测者——他们相对于最远的恒星没有转动或加速度。如果你在转动，就有悖于牛顿第一定律适用的条件——如果观测者没有加速度，你就会看到恒星加速经过你家窗前，即使它们没有受到外力作用。爱因斯坦认识到了这个问题，并通过将自然法则转化为公式，解决了这个问题。我们无法选出某些特殊的观测者来描述自然法则——在他们眼中，因为自身的运动，世界显得更简单了。但是，他们只可能发现大自然在某些方面变简单了，不可能发现方方面面都变简单了。爱因斯坦的伟大贡献就在于，他发现了自然法则体系。如此一来，无论观测者以何种方式运动，他们看到这个体系里的东西都是一样的。哥白尼观点的真谛蕴含在看不见的自然法则中，而非这些法则在复杂世界的应用结果中，比如被发现了的行星、恒星或星系。哥白尼的图像不仅正确地描绘出了太阳系，而且还画出了一幅全新的世界图景。

上图为 1845 年罗斯伯爵手绘的
M51 星系的原版图片
下图为美国国家航空航天局在现
代为同一星系拍摄的图片

星光灿烂的夜晚

涡状星系

星光，星光灿烂的夜晚，

星空把你的画板描得灰暗幽蓝。

——唐·麦克林（Don McLean）

1773 年 10 月 13 日，夏尔·梅西耶（Charles Messier）正在忙于观测一个当年在夜空中出现过的彗星，他有了更惊人的发现——一对有着明亮中心区域的星系[30]。这给他带来了无上的荣誉。这个发现成了第 51 个被收录到《梅西耶星表》的天体，它就是今天天文学家通晓的 M51。它还有一个更生动的名字——涡状星系。

1845 年春天，罗斯伯爵三世威廉·帕森斯（William Parsons）开始用 6 英尺（约 183 厘米）口径的大型反射望远镜进行观测。这台名为"帕森城的利维坦"（Leviathan of Parsonstown）的反射望远镜位于爱尔兰奥法利郡的比尔城堡庄园。罗斯伯爵忍耐了好几周的坏天气之后，空气变得又冷又干。此时，他将这台当年世界上最大的望远镜对准了 M51。伯爵激动不已，他观测到了前所未有的现象：螺旋结构的星星好似以一种"螺旋式的回转"正在围绕着星系中央打旋。当时没有摄影底片，所以伯爵做了一件后世天文学家纷纷效仿的事情——仔细画下自己的观测情况。这些精准的素描于 1845 年 4 月首次完成，并在同年 6 月的英国科学促进协会的剑桥大学会议上第一次展示，吸引了众人的眼球。人们开始对星系的螺旋结构进行研究。如今，人们很熟悉这些星星的涡状结构，因为我们在杂志上见过不计其数的美丽螺旋状星系图。我们必须花点功夫才能回到 19 世纪，去体会这些令人瞠目的图片究竟产生了何种影响，毕竟它们第一次解析了河外星系[31]。

法国天文学家卡米伊·弗拉马里翁（Camille Flammarion）也是第一批观测到涡状星系的人之一。不久之后，他于 1879 年在巴黎天文台出版了《大众天文学》

凡·高的《星夜》，1889 年绘制。油画，规格为 73.7 厘米×92.1 厘米。
由莉莉·P. 布利斯（Lillie P. Bliss）遗赠给纽约现代艺术博物馆

（*L'Astronomie populaire*）。该书大获成功，影响巨大，销量超过 10 万册。约翰·埃拉德·戈尔（John Ellard Gore）在 1894 年将其翻译成英文。这本书就是当时欧洲的"时间简史"。无论志趣如何，有识之士几乎人手一册。弗拉马里翁在书中使用了罗斯伯爵的双重星系图，因此，这幅惊世之作在法语读者中传播开来，最终英语读者有缘识见。

我相信，这本书的读者之中必定有著名的印象派画家文森特·凡·高（Vincent van Gogh）。凡·高的名画《星夜》如今悬挂在美国纽约大都会艺术博物馆。如果以天文学家的眼光来赏析这幅作品，你会感到这幅画中的天空似曾相识。尽管画的名字叫《星夜》，但画中最令人印象深刻的是一对双心涡状螺旋中闪亮的"大旋涡"。除非透过罗斯伯爵的望远镜观察过星空或者见过他的素描，否则当年没人见过这种螺旋状星系。凡·高的这幅画与罗斯伯爵的素描十分相似。当时，罗斯伯爵的素描备受追捧，传播极广。而在 19 世纪 80 年代，弗拉马里翁的书也是法国街头巷尾热议的话题。所以我相信，凡·高可能在报纸上或在弗拉马里翁的书中见过这些素描，进而从天文学得到了灵感 [32]。

凡·高钟情于天空。人们正是通过分析天空实景，才推测出了《月初》这幅作品的精确创作时间。而凡·高的其他绘画作品，比如《罗纳河上的星夜》和《夜晚露天咖啡座》也都彰显了天文学的主题。一些天文学家甚至在讨论《星夜》这幅画的顶部背景是否遵循白羊座的恒星排列，因为凡·高本人正是白羊座（他生于 1853 年 3 月 30 日）。凡·高曾谈道："我一无所知、毫无把握，但望见星星，却让我有了梦。"[33]1889 年 6 月，凡·高在法国普罗旺斯的圣雷米完成《星夜》。可就在 13 个月后，他终因陷入极度绝望而饮弹自杀。

如今，现代望远镜的分辨能力能让我们再次感受到涡状星系的华美。尽管 M51 距离我们有 3700 万光年，但斯皮策空间望远镜拍到的图像（下页图）却清晰地记录下了其旋臂和伴星系的每个细节。这些图像也展示了 20 世纪天文学一个最重要的发展——多波段观测。今天，架设在山顶的望远镜和空间望远镜能够观测到大部分波段范围内的天体辐射。这种功能使得恒星和星系在不同波段下呈现的样子大相径庭。一个星系不再有唯一的图像，比如 M51 和它的伴星系。在这里，我们看到并排的两幅图，一幅是可见光成像，它非常接近人眼的灵敏度范围 [34]；旁边一幅图是红外成像，它"拍到"的是组成恒星的气云和尘埃。无线电波成像、X

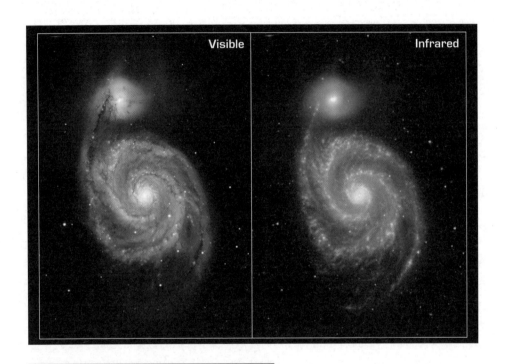

斯皮策空间望远镜在两种不同波段下为 M51 拍摄的
图片，显示了构成星系的两种不同成分：可见光成
像的恒星和红外成像的星尘

射线成像、紫外线成像、伽马射线成像会给我们展现不同面貌的星系，因为星系的组成和能量不同，所以不同波段对它们的灵敏度也不同。比如，X 射线拍摄的人体图像与手机拍出来的数码光学图像有着天壤之别。因此，所有宇宙天体都有一个复杂的光谱，光谱由天体发出的光决定，并覆盖一定的波段。

天文学家相信，正是在较小伴星系的引力的影响下，其"大邻居"才有着壮观的螺旋结构。旋臂并不结实，样子也不固定。它们处在引力最大且物质挤压程度最高的区域。这些条件促成了年轻恒星的诞生。这些发光的恒星照亮了整个螺旋结构。当星系转动时，不同物质穿梭于这些区域，并照亮了螺旋结构。这就像是"星际交通堵塞"。从空中看去，你会发现如果高速路段被封，车子变得更加密集，大家"摩肩接踵"，在堵塞中低速前行，但是堵塞中的车子总是不同的。这是车子的密度波，汽车以不同速度穿梭其间，最终形成了整个波的速度。这种说法同样适用于螺旋星系。整个螺旋结构的旋转速度不同于单个恒星围绕星系中心旋转的速度。而在某些位置，二者的速度是一样的，而且恒星之间产生了持久而强烈的引力影响。就是在这些地方诞生了特殊的恒星并发出灿烂的星光，引起了人们的关注。

凡·高的名画不是科学图像，它对星系研究也没有任何帮助。但在过去的一个多世纪里，《星夜》代表了整个印象派对星星的诠释。它打动了科学家和艺术爱好者，是艺术与宇宙沟通的桥梁。画家将自己对光与现实的独特见解融入了原始的天文观测中，令整幅图画历久弥新，如同完成时一样鲜活，令人振奋。今天，由于望远镜和摄影技术的发展，恒星和星系已经不像当年凡·高只凭想象画出的那样简单：正如画中所暗示的，它们让人类进一步了解自己在宇宙中的位置。它们占据着人类的精神天空，正如凡·高眼中的星夜一样不朽。

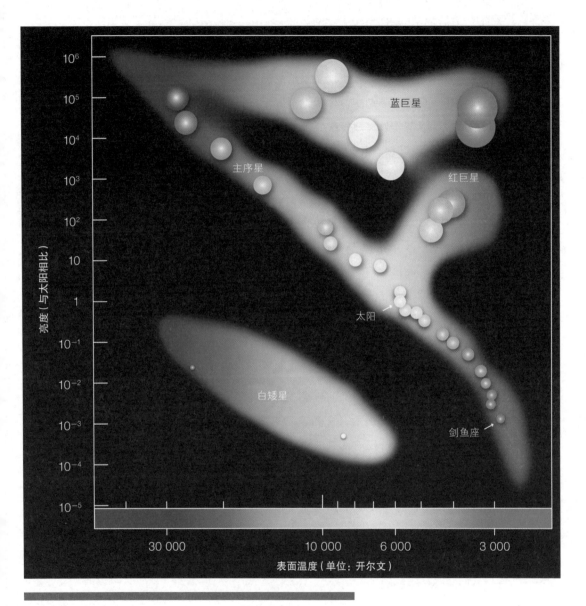

这是当代的赫罗图，它根据恒星的光度与温度（度量单位为开尔文）
显示了恒星的密度

这么说，你想成为一颗星星

赫罗图

他编了一个网，将它撒向天空，如今，天空是他的了。

——约翰·邓恩（John Donne）

天文学最著名的图表是由丹麦天文学家埃希纳·赫茨普龙（Ejnar Hertzsprung）和美国天文学家亨利·诺利斯·罗素（Henry Norris Russell）各自独立设计出来的。1911 年，赫茨普龙首次绘制了这幅图，同年，罗素也完成了一张图表，并加入了更多数据，这就是后来为天文学家所熟知的赫茨普龙－罗素图或称赫罗图。简而言之，它讲述了恒星的生命故事。

赫茨普龙出生在一个非常富有的家庭。他的父亲曾立志当一名天文学家，但苦于学成后无法找到工作，只好转投商界，并最终成为一家知名保险公司的董事。年轻的赫茨普龙学化学出身。或许是父亲的凤愿对他产生了影响，又或是出于对摄影的浓厚兴趣，赫茨普龙逐渐成为一名天文"发烧友"。他很幸运，家庭的财富支撑起了这位独立科学家的生活，他不需要工资或任何职位[35]。这是一项很好的"投资"：赫茨普龙成了 20 世纪最杰出的天文学家之一。他的研究成果产量惊人，甚至在他 90 岁的时候仍是如此。赫茨普龙很快得到了科研职位。1908 年，他以"特邀教授"的身份进驻波茨坦天体物理台。1919 年，他出任荷兰莱顿天文台副台长，并于 1935 年晋升为台长。直到 10 年后退休，他一直在这个职位上。

罗素同样很成功，他是当时顶级的美国科学家[36]。罗素生长在一个牧师家庭，毕业于普林斯顿大学，后曾在英国剑桥大学天文台工作了一段时间。再后来，罗素重返普林斯顿大学担任讲师，于 1911 年升为教授，1912 年起担任普林斯顿大学天文台台长。从 1900 年开始，他在 43 年里一直是《科学美国人》杂志天文专栏的主笔。在外行人看来，赫茨普龙和罗素的职业生涯没什么特殊之处。但他们花费了毕生心血去研究恒星，最终，二人的名字和恒星永远连在了一起。

　　直到 19 世纪中期，除了恒星的位置和它们在天上明显的光亮，人们几乎对其一无所知。只有少数离地球较近的恒星得到了相对准确的测量，人们测出了它们与地球之间的距离。随着时间推移，天文学家开始应用光谱分析这种新技术，因而能够解析恒星光谱上不同颜色的信息，还能利用多普勒效应，通过恒星波长上任意一段有规律的位移[37]，测量它们循着观测方向运动的速度和所在方位。19 世纪末，人们根据恒星的颜色将之大致分为四组：白色、黄色（比如太阳）、橙色和红色。这也引起了一种猜想：或许这个颜色序列反映了恒星温度的变化。人们开始大量积累数据、编目文档。其中，亨利·德雷伯（Henry Draper）的贡献最为突出，他是纽约大学的资深医学教授，同时以天体摄影为副业，并成为该领域最杰出的先驱者之一。面对编纂而成的庞大星群家谱，天文学家要用统计学方法才能将它们弄懂。

　　赫茨普龙和罗素都在寻找恒星不同性质间的相关性——寻找相关性是天文学家必须做的事，因为他们不能像实验物理学家那样对宇宙进行实验。比如，如果他认为恒星的温度随体积的增大而变高，那么他要尽可能找到所有恒星，然后看看它们的温度和体积是否相关。

　　1905 年，赫茨普龙在一份普通的科学摄影期刊上发表了一篇论文[38]。他指出，亮度很高的红色恒星一定体积很大，而且那些巨大红色恒星十分稀少，说明它们正处在生命的快速演化阶段，所以恒星的亮度和颜色之间必然有某种关联。1910 年，赫茨普龙在去美国访问的途中第一次遇到了罗素，并和这位今后的科学挚友分享了自己的研究成果。1911 年，赫茨普龙试图通过绘制图表找出毕星团和昴星团中恒星的颜色和视亮度之间的统计关系，最终发现了一个确定的关联，即恒星的光度越弱，颜色越红。而罗素也在 1913 年的英国皇家天文学会周会上展示了一幅相似的图表（旋转了 90°）[39]。他们同时发现，90% 的恒星都位于赫罗图自左上角到右下角沿对角线的一条窄带上，这条线称为"主序"。直到那时，天文学家还认为恒星要么高温暗淡，要么高温明亮，要么低温明亮，这几种情况的概率是相同的。突然，他们意识到事实并非如此。恒星的结构是由物理规则决定的，它们表现出的性质绝非偶然。

　　如果我们仔细查看赫罗图就会发现，很明显，图中恒星的分布既不是千篇一律的，也不是杂乱无章的。在传统赫罗图的横轴上，温度由左向右递减，而恒星的颜色也由蓝（O）变红（M）。绝大多数恒星沿对角线分布，这称为主序带。我们的太阳就坐落在这一带，它的表面温度约为 6000 开尔文。太阳是一颗典型的以燃烧氢为能量的恒星，也就是"主序星"。多数恒星位于主序线上，它们一生中绝大部分的演化和改变处在主序星阶段，通过氢氦聚变逐步稳定地释放能量。

大约 10% 的恒星体积巨大，甚至超级巨大，它们不在赫罗图的主序带上。这些恒星必定有很大的直径和表面积，这样一来，就算它们的温度相对较低，仍能发出足够的能量和耀眼的光芒。图表的左下角是一小群"矮星"，它们体积很小——和地球的大小差不多，但质量是地球的 100 万倍。这也解释了为什么矮星虽暗，但温度却很高。毫无疑问，赫罗图并不完美，我们从一些证据中得知宇宙有可能存在许多暗物质，但今天的摄影技术还无法捕捉到它们。赫罗图的右下角也可能聚集着不计其数的死亡恒星，它们体积小、温度低、光芒微弱。我们没有能力找到它们，这反映了天文学领域广泛存在的一种"偏见"。在任何一类天体的大范围研究中，总会有某种天体更加难以观测。它们要么很暗，要么有某些方面是仪器无法探测到的。在天文图表中，与发光较弱的天体相比，明亮的天体总能拔得头筹，占据大多数席位。正是这种"偏见"的存在令天文学家无时无刻不在思考，研究方法的局限对所得到的相应结果可能产生多大的影响。但是，幸亏赫茨普龙和罗素思虑缜密，赫罗图成为天文界的明星。

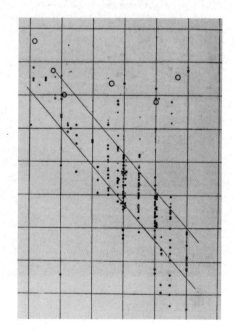

赫茨普龙 1905 年的图表显示出恒星的光度与光谱型的关系。纵轴为绝对星等，横轴为光谱型（表示温度）

M16，又名鹰状星云，云柱中挤满了氢气分子和尘埃，这是恒星的诞生地

壮美宇宙

星云

在时间试图看清空间之前，

这张古老的壁毯为你而挂。

——科尔黛拉·莱奇（Cordella Lackey）[40]

　　无论是在天文学杂志中还是在精美的画册里，最常见的图像既不是恒星也不是星系，而是爆发的恒星向四周高速辐射出去的能量——星云。恒星爆发的景象奇美壮观。辐射与气云、尘埃交汇，生成五彩缤纷的颜色和图案，形形色色的宇宙奥秘就藏在其中。星云中的尘埃令气云变暗，勾勒出明显的暗区，增添了宇宙的魔幻色彩，唤起了人们的想象，仿佛看见了自己想看到的东西——这是一个宇宙规模的墨渍实验。来看看人们给星云起的名字吧，个个精彩：狼蛛星云、马头星云、卵形星云、北美星云、项链星云、三叶星云、哑铃星云、猫眼星云、小精灵星云、苹果核星云、火焰星云、心脏星云、灵魂星云、蝴蝶星云、鹰状星云、蟹状星云……令人浮想联翩。

　　这场天文"灯光秀"的图景蔚为壮观，但它们产生的物理原因却不尽相同。有的靠辐射光，有的靠吸收光，有的仅仅靠反射光。它们的外观本就是不能定型的宇宙图像。彩色照相术让这些天体看上去更加壮观。或许在过去，就算是在发现者眼中，它们也远不及今天的样子华美。网络时代来了，高分辨率的制图法不再是极少数人独占的技术。如今，人们只需轻动指尖，就可将星云的图像完美呈现。自18世纪后期，天文学有了很大的进展，夏尔·梅西耶等观测者不问来源，就用术语"星云"来统称天空中的块状模糊光亮。这样命名将恒星和星系混杂在一起，就连彗星也被贴上了星云的标签。甚至在19世纪20年代后期，埃德温·哈勃（Edwin Hubble）提及星系时，也愿称之为"星云"。但在今天，这个词专指围绕在恒星残骸周围的云雾状发光尘埃和气体。[41]

星云在星际空间创造出等离子区。它们由包含自由电子的高温区域组成。这部分电子是中性原子内部被剥离的电子，而原子中只剩下了正离子。等离子体广泛存在于宇宙中，能在极广的温度范围内和大幅度的密度区间中找到它们[42]。等离子的运动方式特殊，与大多数气体、液体、固体迥然不同——你家里或许就有个等离子电视机。

这些现代天文学图片还有着令人着迷的"图中图"，芝加哥大学的艺术史学家伊丽莎白·凯斯勒（Elizabeth Kessler）发现了它们。当时，凯斯勒的眼睛对准哈勃空间望远镜——这是一双艺术史学家的眼睛，和天文学家眼中的星云图像不同，她看到了一幅伟大的 19 世纪浪漫主义油画，那是古老的美国西部，是艺术家阿尔伯特·比兹塔特（Albert Bierstadt）和托马斯·莫兰（Thomas Moran）画布上的风景。艺术家们用画笔记录下宏伟壮丽的山水，鼓舞了第一批定居者和冒险家，在这片富有挑战性的新疆土上，他们是勇往直前的开拓者。人们对科罗拉多大峡谷和纪念碑谷的描绘，开启了浪漫主义的山水艺术传统，勾勒出了人类心灵深处的冒险精神：艺术家伴随探险队深入美国西部，在那里，他们捕捉新疆土的自然奇迹；回家后，他们说服乡亲们去相信冒险多么重要和伟大。今天，战地艺术家和战地摄影师的存在正是传承了这一光荣传统。

你也许会问，这怎么可能呢？天文学的照片不就是天文学的照片吗？不尽然。望远镜收集到的原始数据相当于一维图像：它是关于波长和密度的数字化信息。这些波长往往位于人眼感知范围之外。我们最终看到的图片源自一个选择的过程，包括如何安排颜色标度，如何生成图像的"全景"。如果你在太空中飘浮，你是"看"不到哈勃空间望远镜拍摄出的样子的。相反，如果你见到我，那么你看到的我和我护照上的照片差不多。人们已经做出了各式各样的审美选择，就像当初山水艺术家做出的选择一样。

哈勃空间望远镜将原始图像数据过滤，去粗存精，去伪存真，用不同的色带拍出了三种迥异的图像。之后，出于展现照片的需要，还要选择颜色。待各项工序完成，最终得出一张精致的四方图像。这需要专门的技术和审美的判断。正如我们所见，星云的外观极易令人产生共鸣，对它们的修饰和诠释当然也屡试不爽。

一个典型的例子是鹰状星云，它由哈勃空间望远镜拍摄，其图像久负盛名，

托马斯·莫兰 1882 年的作品《位于怀俄明州的科罗拉多河上的悬崖峭壁》

这得益于双重因素。首先，气体和尘埃混成的大云柱是年轻恒星的诞生地——这里是宇宙生命的育婴室，它们伸向天空，宛如石笋。其次，图像本身也很美，结构各异。这时恰巧凯斯勒回想起托马斯·莫兰 1882 年的作品《位于怀俄明州的科罗拉多河上的悬崖峭壁》(*Cliffs of the Upper Colorado River, Wyoming Territory*) [43]。鹰状星云的图像可能多少以它为蓝图，要么被"上拉"了，要么被"下拽"了。鹰状星云图的成型、颜色的使用，让人联想到壮丽的西部风景，成群的山峰光亮夺目、威严雄伟，吸引着人们的目光。气体大柱子像纪念碑谷，是天文学的山水画；前排闪闪发光、曝光过度的恒星恰好成了太阳的替身。

事实上，我们可以沿着这条路，比凯斯勒走得更为大胆。让我们来欣赏一类独特的山水意象，它就是西部艺术的主角。这种创作形式独具魅力，园林艺术都是缘其而成的。它崇尚穿透人心的感染力，渴望安全的环境。几百万年前，我们的祖先踏上进化的旅程，一个更加安全或更具生机的环境无疑是增加存活概率的最佳选择。这种选择影响了我们对山水的喜好——我们更喜欢去看，而不是被看见。"开与阖"结合的环境让观测者站在了一个安全、有保障的优势地位 [44]，他们的视野也随之拓宽。我们发现，大多数美丽动人的山水艺术包含这一主题。确实，这种景象也超出了表现派的艺术范围。在《草原小屋》(*Little House on the Prairie*) 这本小说中，壁炉、树屋、大家齐唱圣歌《万古磐石歌》的场景都是"开与阖"的例子。这是对我们先祖进化、存活过数百万年的非洲大草原的写照：宽广开阔的平原中点缀着零散的小树丛（就像公园的景色），让我们放心去看，却不被看见。

茂密的森林遮天蔽日，到处是曲折的小道、隐蔽的小角，谁也不知危险藏在哪个深坳。这完全背离了上述的图景，就像 19 世纪 60 年代建造的塔式大楼——死气沉沉的走道、黑漆漆的楼梯。这都是不受欢迎的环境，但"开与阖"环境会吸引你走进去。这个测验能用在各种现代建筑上，常常透露出你为什么会对不同的结构好恶有别。

莫兰的画体现了经典的"开与阖"美学。广阔无垠的平原和连绵起伏的山脉一览无余。右前方是一小片茂密的树丛，还有另一处令人愉悦的景象——水。哈勃拍出的星云图不可能完全运用这种景象，毕竟它们呈现的是"异域"环境。那里有奔放的景观和直入天际的云团，它们重塑不朽的自然山峰，却总将"阖"的概念忽略。只有裂缝会夺走云团的位置，这裂缝就像"阖"。要是天公不作美，或是日光减退，站在高处的登山运动员就能看见类似的景观。柔和的光亮和重重阴影令人想起炉台上舒适、令人安心的火光，而不是地狱般的星际烈火。

　　哈勃拍出的图像令人叹为观止，精湛的创作技艺既保证了科学的精准度，又不失魅力。我们从图像中悟出了"门道"，同时也得到启示："看上去很美"的事物通常拥有人文背景的意义，而这层意义不总是客观的、特异的。人类根深蒂固的美学偏好源于祖先的生存环境，在那里，他们经历了大部分进化和繁衍过程。这些历程一直影响着我们今天的偏好。所以，为什么那么多艺术作品都以表现花草、水果、人物或一个合意的安全环境为主题，就不难解释了。如果科学图像反映了这一点儿进化史，绝对不足为奇。

这张蟹状星云的镶嵌图像集合了 26 种底片，是由哈勃空间望远镜在 1999 年到 2000 年拍摄的。丝状体的蓝色部分是氧原子，绿色部分是二氧化硫，红色部分是氧离子。橘红色部分是混合而成的恒星残余，其大多数为氢。靠近中心区域的蓝色是磁场中接近光速运动的电子

1054 年的预兆

蟹状星云

这是秘密星球大战计划的一部分吗？

——"小绿足球"博客 [45]

在天上的所有星云中，有一个星云的地位最为特殊。过去人们常说，任何天文学演讲都要引用蟹状星云的图片，所有天文学家也可以分为简单的两类：一类研究蟹状星云，另一类不研究它。今天，虽然这个夸张的说法值得商榷，但是人们拍到的蟹状星云确实是最重要的天文学天体之一。这一壮丽景观的图片成为书本封面、明信片和天文学杂志的首选对象。

在银河系，一颗距离地球 6300 光年的恒星爆炸了。这颗超新星产生的残骸，也就是气团和碎片，形成了蟹状星云。约翰·贝维斯（John Bevis）于 1731 年首次发现了它。这位来自英格兰威尔特郡的业余天文学家打算将蟹状星云收录进自己的星表——《大不列颠星表》（*Uranographia Britannica*）。不幸的是，由于出版商在星表制作过程中破产，贝维斯没得到应有的殊荣。确实，在很多方面，他都算不上是个幸运的天文学家。1771 年，他从望远镜观测台上摔下来，并在长久经受伤痛的折磨后去世。

1758 年 8 月 28 日，夏尔·梅西耶在搜寻哈雷彗星时重新发现了蟹状星云。此番激动人心的景象鼓舞了梅西耶，他着手编纂著名的《梅西耶星表》。如今，蟹状星云的标号 M1 也说明了它在梅西耶的观测事业中的地位首屈一指。后来，梅西耶得知了贝维斯更早发现了这一星云，便将荣誉归功于他。

现在我们知道，在 1054 年 7 月 4 日，中国宋朝的天文学家观测到了形成蟹状星云的超新星。这是个确信无疑的天文学大事件：爆炸的恒星发出耀眼强光，亮度约是金星的 4 倍，在最初的 23 天，即使是在白昼，也能见到它；之后的 630 天，亦可在夜晚用肉眼看到它。人们将其解释成一种"合理"的预兆——上天在肯定皇帝的智慧、宣扬帝国的光辉。一些中北美洲的印第安文明似乎也记录过它。可是在那段时间，欧洲人好像失去了对天空的兴趣，这颗超新星从权威学者和政治顾问的鼻子底下溜了过去。

1844 年前后，罗斯伯爵在比尔城堡用 30 英寸（约 76 厘米）口径的反射望远镜观测这团星云，并将其所见绘制成一幅素描图。随着图画的问世，加之人们长久以来的观测结果，"蟹状星云"之名第一次被叫开。那张涡状星系图已经让我们看到了罗斯笔下的成就，这次，我们又一次见识了他精雕细琢的作品——当时可没有摄影技术的支持。星云的螃蟹状外观显而易见，令人印象深刻，然而这张图片却使罗斯过早做出了很多推论。他认为，星云边缘生出了丝状体，说明那些区域中的恒星全都是可独立识别的。

多年以后，人们认识到蟹状星云一直在变化。我们知道，它形成自 1054 年的恒星爆炸。我们现在所见的是当初恒星爆炸时喷射出的物质。这些物质冲向宇宙，并在途中与冰冷的气体和尘埃发生作用。星云正在以 1800 千米每秒的速度膨胀着。它发出的部分辐射形式十分特殊，物理学家称之为同步加速辐射。当带电粒子，尤其是电子在强磁场中快速运动时，同步辐射就会发生。带电粒子沿着前进方向的螺旋轨道加速运动，发射出无线电波。1984 年，人们首次发现蟹状星云是一个强无线电波源。不久，人们又注意到它还是个"多产"的辐射源，能发出 X 射线和光辐射。它在所有波段都有辐射，并且总输出能量是太阳的 10 万倍。

蟹状星云还有另一个出名的原因。1968 年的 11 月 9 日，波多黎各的阿雷西波无线电波望远镜发现了星云中心区域的一颗恒星，这是个有规律的无线电波源，即一颗"脉冲星"。它发出的光波一闪一闪，像是灯塔的光束，其旋转周期可精确到 33.085 微秒。后来，人们发现它还发射出可见光脉冲，并且和无线电脉冲的变化周期相同。

这些脉冲发射是天文学的一大奇迹。它最先由乔丝琳·贝尔（Jocelyn Bell）偶然发现。当时，她在英国剑桥大学与安东尼·休伊什（Anthony Hewish）共事。首次发现之后，大量信号接连出现。在起初的一小段时间里，人们甚至怀疑它们或许是外星"小绿人"发来的信号，但是很快，天文学家找准了一个可能的候选目标：这个信号源很小，但足够坚定，能够解释发生的变化 [46]。如果一颗恒星的质量是太阳的 1.4 到 3 倍，当它燃料耗尽时，就会死亡并爆炸。这一过程留下的残余

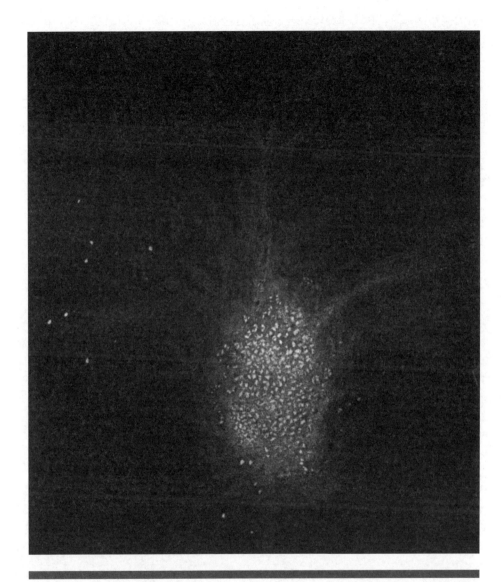

罗斯伯爵的蟹状星云素描图，于 1844 年首次发表。蟹状星云的名字就来自这幅图描绘的形状：它的丝状体向画面顶部伸展得最多。在比尔城堡，爱尔兰天文学家威廉·帕森斯，即罗斯伯爵三世，借助 36 英寸（约 91.4 厘米）口径的反射望远镜完成了这幅图画的绘制。蟹状星云于 1054 年 7 月 4 日首次被发现。当时，一颗巨大的死亡恒星正在爆炸，一连串气体外壳被抛向天空。这些高速喷出的外壳与星际物质相互碰撞，进而被压缩、变热、放出光亮。恒星爆炸时变成了超新星，超新星的核变成了一颗脉冲星。这是一个快速旋转的中子星，能发出有规律的脉冲辐射

物无比致密，而且在飞速旋转，由于原子自身引力的吸引，它们相互挤压，质子中和了电子，结合成坚硬密实的中子天体。这些"中子星"被塞得密不透风，质量可能是太阳的 2 到 3 倍，但直径或许只有几千米。从一颗恒星的规模压缩成此般大小，实在令人难以置信。这也意味着，它们所做的任何旋转在很大程度上都被加速了，就像滑冰者收紧双臂为的是增加转速[47]。在快速旋转的脉冲星中，蟹状星云并不特殊，但它的中子星每秒旋转达到 30 次。最快的脉冲星还要比这快上 10 倍。中子星确实令人着迷：想象一个地方，面积与一座大城市相当，却比地球重100 万倍，而且还能每秒旋转 400 次！

蟹状星云的图片是一张丝状的网，我们从那里得知了爆炸物的化学组成。氧、硫等原子存在于冷热混合的区域，由于爆炸过程很复杂，因此这些混合区域发生的化学反应并不相同。但是，这些丝状物的化学组成有一个最显著的特征，它提醒我们，在超新星的演化过程中，宇宙中所有比氢气和氦气重的气体经过核爆炸产生并分散，其元素贯穿整个宇宙空间。我们身体中的碳、氧和氮元素都来自超新星的爆炸，比如蟹状星云。看看这张图，它会告诉你宇宙如何获取足量元素来维持它的多样性，延续它的生命——宇宙如何从死亡的地狱变为生命的摇篮，天文学又如何创造出天文学家。

M31，仙女星系

仙女座

隔壁的星系

出售星系：潜力大，历史久。本地交易，防骗防欺诈。

——一则美国广告 [48]

想象你能走很远，直至进入宇宙空间。你已远离地球和太阳系，也远离了我们的银河系，然后，你转身回头看。我们的银河系，一个有着 1000 亿颗恒星的星系是什么模样？我们有个好办法可以解答这个疑问，因为银河系并不孤单。它有一个伙伴叫作仙女星系，距离我们约 250 万光年。仙女星系的半径约 11 万光年，质量是银河系的两倍。但在很多方面，仙女星系和银河系就如孪生：它们的旋转方向相反，而且在不断互相靠近——每一秒就接近 100 千米。30 亿年后，两者会碰撞；再过 10 亿年，两个星系将合并、融合，最终成为一个巨大的椭圆星系，和它们今天井然有序的螺旋结构大相径庭。

同时，我们可以欣赏仙女星系的图像，因为它映射出了银河系的美。在这张翻拍图像中，闪烁的小光斑随处可见，它们是一颗颗恒星，来自银河系附近。图的两边有两处光线集中的明亮区域，那是仙女星系的两个小卫星星系 [49]。仙女星系的颜色不仅令人难忘，而且藏有丰富的信息。星系的中间区域分布着年长的黄星和红星，红黄色的光就来自它们。如果我们看向歪斜的星系外环，就会发现略带蓝色的年轻蓝星，它们生于旋臂。这些恒星要想沿星系轨道走一遭，将花去 1 亿年。沃尔特·巴德（Walter Baade）最先注意到，恒星可分为鲜明的两组。当时的洛杉矶正处于战争时期，他借助灯火管制的有利条件，用威尔逊山望远镜对仙女星系进行观测，分辨出了两种不同的星族。

假如这是在银河系，那么太阳系可能处于一条最远的外旋臂的内侧。假如仙女星系里也有天文学家，他们所处的位置很可能与地球的位置差不多。恒星偏爱物质"交通堵塞"的地方——这里是它们的出生地，这里画出了星系的螺旋结构。所以，如果你与一颗恒星比邻而居，那你很可能就挨着旋臂。

仙女星系是唯一一个在地球上用肉眼就能看到的星系。除此之外，夜空中就只有一些彗星、恒星和行星。我们得知早在公元 905 年，波斯天文学家就对它进行了观测和识别。最早的手绘图片出自阿卜杜拉－拉赫曼·苏菲（Abd-al-Rahman Al Sufi）在公元 964 年所著的《恒星之书》（*Books of Fixed Stars*）中，当时他称仙女星系为"小云"[50]。它与我们距离相近，必然成为人们研究最深、拍摄次数最多的星系。在各式各样的研究中，比如研究恒星的运动、距离和颜色，仙女星系都能充当样本。幸运的是，和我们的银河系一样，它在很多方面都是一个有特点的螺旋状星系，而宇宙中 70% 以上的星系都是螺旋状的。

仙女星系得名于古希腊神话中的人物。安德罗墨达是卡西奥佩娅和克甫斯的女儿。可惜她母亲骄傲自大，自诩其美貌赛过海洋女神涅柔斯的女儿们。卡西奥佩娅很快领受到了海神波塞冬的愤怒。作为对她傲慢的惩罚，波塞冬把她的女儿安德罗墨达锁在岩石上，供奉海怪。但珀耳修斯将安德罗墨达救下，并求得她父母的应允，娶她为妻。两人此后一直过着快乐的生活。

1764 年 8 月 3 日，夏尔·梅西耶第一次观测到仙女星系，并将这个"星云"编号为 M31。他在笔记本中描述道："仙女座腰带上的美丽星云，好似纺锤的形状。"以下展示的是梅西耶 1807 年发表的草图，同时还有星系 M32（小椭圆矮星系）和 M110（椭圆星系）[51]。

哈勃空间望远镜发现了仙女星系的双核结构。在核附近，接近螺旋形状几何中心的地方有两个密集区域，隐藏着几百万颗恒星。这可能是很久以前仙女星系"吞噬"另一个小卫星星系的结果，小星系随即陷落至中心，开始围绕先前存在的密集中心运动，这个密集部分也是由其他被俘星系形成的。或许，仙女星系真的只有一个中心密集区，只不过因为一缕阴暗的尘埃从中径直穿过，使之看上去像两个。

在漆黑的夜晚，远离了人造光源的干扰，你用肉眼最多能看到 2000 颗星星，它们距离我们都不超过 4000 光年。但在 11 月份的北方，如果你抬头仰望天空，就能识别出一个由四颗星星构成的正方形，人们叫它"飞马－仙女大方框"。古人的想象力比我们丰富，在他们眼中，附近的恒星似乎是方框的四条腿、一个脖子、一颗脑袋，成了一匹飞翔的骏马。如果你站在方框下向北望，会看到仙后座五颗亮星摆出的 M 形。从这五颗星中找一个最亮的，然后由它画一条线到方形区域的亮星。沿着线的方向前进三分之二的距离，你会在右手边看到一个暗淡的云团，

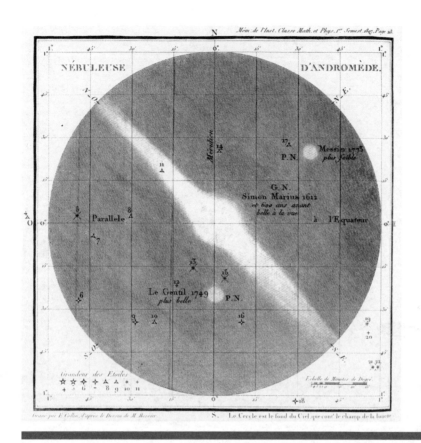

夏尔·梅西耶所做的历史原图，展示了仙女座的两个伴星系 M32（底部）和 M110（顶部）。图像对三个星系（后来叫星云）做了一些描述，并注明了它们的发现者。这证明了梅西耶在1773 年发现了 M110。而他将仙女座的发现归功于西蒙·马里乌斯（Simon Marius）。后者在1612 年对仙女星系进行了详细的描述，但从没自称过是其发现者。事实上，波斯天文学家阿卜杜拉-拉赫曼·苏菲早在公元 964 年就对仙女星系有过叙述与描绘。M32 在 1749 年由勒·让蒂（Le Gentil）发现

那就是仙女座。人们所见到的仙女座周围的恒星距地球都不过 1500 到 4000 光年。但闪亮的仙女座有 1000 亿颗恒星。当年，它们的星光启程从这个小云团向地球走来时，我们很清楚当时的地球上是什么样子。那个小云团离我们有 250 万光年，它是肉眼能见到的最远天体。因此，早在人类出现之前，它的第一缕光就来到了地球上 [52]。我们看到的只是它的历史照片。

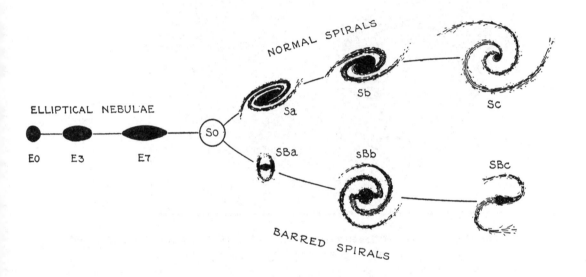

哈勃序列（也称哈勃音叉图）发表于 1936 年，由美国天文学家埃德温·哈勃所做。这幅图展示了星系的不同分类（图中旧称星云）。这个体系在今天仍被广泛使用。图的左边是椭圆星系，其数字表明不断增大的扁平率。图中所见的类型为 E0、E3 和 E7。右边是螺旋星系，被分为正规螺旋星系（右上方，为 Sa、Sb 和 Sc）和棒状星系（右下方，为 SBa、SBb 和 SBc）。与正规螺旋的球状星云相比，棒状星系的星云中有一个"棒状"结构。它们的旋臂始于棒状结构末端。小写字母 a、b、c 标明了不断松散的螺旋。过渡类型透镜状星系的标识为 S0，有着类似碟状的螺旋星系，但没有旋臂

完美音高

哈勃音叉图

废止图片就是在消灭获得启示的有力手段。

图画是探索的基石，是人们快速理解的通道。

——约翰·L. 辛格（John L. Synge）[53]

20 世纪 20 年代，在美国加利福尼亚州的威尔逊山，埃德温·哈勃完成了一项工程。他利用反射望远镜观测遥远的星系，积攒了数百张高质量的星系图像。自从罗斯伯爵第一张手绘涡状星系图问世，以及著名的《梅西耶星表》诞生之后，早期的欧洲观测者就尝试从图像中理解星系的多种形状及其亮度轮廓。不幸的是，面对这些表面上十分复杂的星系家族，哈勃的前辈们似乎有点儿灰心丧气。如果你仔细观察每幅图像，它们好像是独立的，无法明显看出属于哪一种特殊分类。哈勃精挑细选，成功地将星系家族的变化精简为一张图片，它简单明了，不仅实用，还便于记忆，是在经验法则指导下完成的分类图表。

最早，哈勃在 1926 年完成的一篇长论文中 [54]，将拍到的星系在天空中的摄影图像粗略分为三种：椭圆星系（E）、螺旋星系和不规则星系（Irr）——最后一种分类法涵盖了不能归为前两类的星系。螺旋星系再被细分为两个子序列：正规螺旋星系（S），旋臂出自星系中央的核心；棒状星系（SB），旋臂自穿过星系中央的棒状结构末端伸展开来。每一种细分的子序列都被进一步按照线性发展分类，从所谓的"早期"螺旋结构到"晚期"螺旋结构，即 Sa、Sb、Sc 和 SBa、SBb、SBc。它们的螺旋缠绕愈发松散，旋臂逐渐增多，轮廓变得模糊不清。同样，椭圆星系形状也按线性发展分类，从圆形（E0）至观测到的最扁平的形状（E7）[55]。

1936 年，哈勃确信还存在一种"透镜"星系。它类似于椭圆星系，光线分布均匀平稳，不能分解为发光的恒星，而且没有旋臂。但是，哈勃把它想象成椭圆星系和螺旋星系之间的过渡，称之为"无臂的螺旋星系"。后来，人们把这种星系称为透镜状星系。它的标识与螺旋星系相像，但被归为一种新类型，称为 S0。此后，哈勃和其他观测者发现了许多透镜状星系。

作为当时最优秀的观测者，哈勃所处的地理位置得天独厚。在威尔逊山，他可以随时使用世界上最先进的望远镜器材，这帮助他建立了自己的星系分类。这种分类简单合理，但人们之所以采用它作为标准，其真正原因还在于图片本身——便于记忆、发人深思。这逐渐成为众所周知的"哈勃星系分类法"。

哈勃"音叉图"从左到右的序列展示了星系的类型。这幅图出现在哈勃 1936 年写就的一本书中，从此影响巨大、受众广泛，从普通大众到哈勃的天文学家同行都是这本书的读者。《星云王国》[56]（*The Realm of the Nebula*）成为科学的经典著作，也使得音叉图扎根于每位天文学家的心中。世界各地的天文学演讲，只要是关于星系的，都能看到音叉图的身影。它似乎还对文学家产生了深远的影响，比如弗吉尼亚·伍尔芙（Virginia Woolf）就从哈勃的文字和发现中找到了美学灵感[57]。

音叉图经久不衰，但它的信息内容也经历了一些变化。它是个经典的例子，展现了具有暗示性的信息如何能成为读者心中经得起推敲的理论图片。用进化分支展现变化过程时难免会有相似的地方。一个好的图片可能既是误导，也是指导。

哈勃的音叉图启发了很多人，包括哈勃本人在内。人们都认为，从椭圆星系进入螺旋星系和透镜状星系是一个顺利、连续的星系进化过程。因为椭圆星系的旋转速度快慢不一，它们有了不同的扁平程度；螺旋星系随着年龄增加，其螺旋结构日渐松散，星系类型也会依次从 a 进化到 b、c。可惜，这些貌似合理的预测一概都不能成真。我们不能用旋转速度的增大来解释哈勃音叉图上从左到右的星系类型。出乎意料的是，音叉图最终在 20 世纪 70 年代早期得到了人们正确的理解：椭圆星系的扁率和旋转毫不相干。300 多年前，艾萨克·牛顿第一次用地球的旋转来解释地球略微扁圆的外形。但是，如果拿这种观点来解释椭圆星系的扁率，简直是天方夜谭，因为它旋转得太慢了。假使如前人所料，音叉图中星系进化的顺序为从左到右，那么图左边的星系不会包含所有年长的恒星，年轻的恒星也不会位于图右边的星系。事情要复杂得多，图表反映出星系不同的运动方式，这些运动方式存在于生成星系的尘埃和气体之中。天文学家也开始认识到，椭圆星系的外形可能是个三维椭球体。所以，根据它们在天空中的外观进行分类可能会丢失很多信息，无法了解星系真实的立体形状。如果你观察一个卵形星系的端点，它的

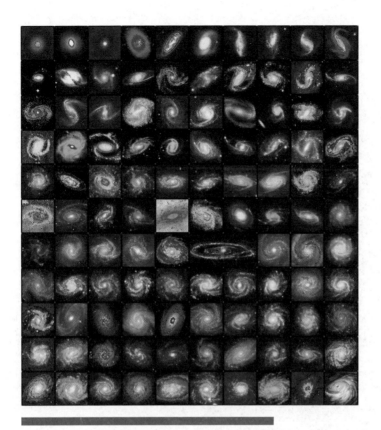

集锦：在不同波段下拍摄的所有哈勃星系的现代图像

外观却呈圆形，甚至它本来的形状也与球体相差甚远。最后，我们仍要牢记，比起组成星系的真正物质，我们在摄影图像中看到的大多数星系不过是沧海一粟。星系引力场的大小由星系内发光恒星的运动速度体现。奇怪的是，所有螺旋星系的引力场都表明，它们是由于更多质量的存在而产生的，不只是我们能见到的闪亮恒星。星系的大小比它展现给我们的外观大十倍。星系由暗物质组成，恒星只不过是其中的点缀。

　　虽然我们今天对星系的形状，以及原始气体和尘埃对星系形状的塑造过程有了更多的了解，但是，这仍旧掩盖不住哈勃音叉图的魅力。上网搜索"星系"或"哈勃"，你会发现数不胜数的演讲课程和教育网站，告诉你宇宙中星系的不同种类。无一例外，大家都在使用哈勃的图表展现完整、华丽的恒星演出。

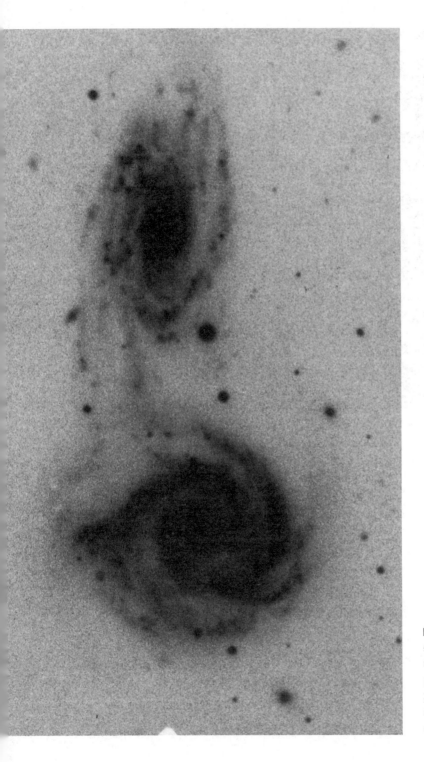

特殊星系，以哈尔
顿·阿普的名字命名
的阿普271，由200
英寸（508厘米）口
径的望远镜于1966
年拍摄

一些本就存在的怪现象

特殊星系

> 特点总能提供一些线索。一个罪犯越平凡、越普通，就越难被抓。
>
> ——亚瑟·柯南·道尔（Arthur Conan Doyle）[58]

"反常"永远是一条线索，引领我们找到寻常之中的不寻常。通过研究人类大脑的缺陷及其受损情况，探索正常人脑的步伐一日千里。研究星系也是如此。通过细心查看摄影图像中星系的总体形状，埃德温·哈勃设计出一种简单的星系分类法。他先将星系分成椭圆状和螺旋状两大类，然后进一步分出介于两者之间的透镜状星系。螺旋星系同样被细分为正规螺旋星系和棒状星系。这是一张内容充实的目录表，但表中的星系只占已知星系的大约5%。那些三三两两、独树一帜的星系绝不会被掩盖，人们也不会因为这些星系"摧毁"了宇宙的简洁感，就把它们打入另类而将其忽略。它们是星系中最有趣的部分，这些奇形怪状的"特例"激励人们去探寻星系的过去，发现令人激动的场景。

1966年，美国天文学家哈尔顿·阿普（Halton Arp）出版了著名的《特殊星系星图集》（*The Atlas of Peculiar Galaxies*）[59]。书中收录的图片涉及338个星系，包括由海尔望远镜拍摄的591张特殊星系图片。其中，编号271的天体图像被故意倒置摆放。阿普目录中的星系选自弗里茨·兹维基（Fritz Zwicky）[60]和沃龙佐夫-韦利亚米诺夫[61]（Vorontsov-Velyaminov）的早期著作。这本汇编集的学术地位举足轻重，但在许多地方也颇具争议。首先是关于星系的形状。天文学界盛行一种偏见，那些并非专门研究星系的天文学家认定，宇宙是简洁的，但阿普站在了他们的对立面。螺旋星系高度对称，因其绚丽多姿，往往成为被频繁复制的对象。所以人们很容易忘记，就算是螺旋星系也绝非完全对称、简单明了。阿普还有其他想法：他与少数天文学家为伍，再次挑战了主流观点，反对用单一因素解释星系的光谱红移——星系远离我们时产生的多普勒效应。受到"新物理学"的影响，阿普认为星系的红移可能有更多外界原因的介入。同时，他对支撑宇宙膨胀的整

M82：一个正在"爆炸"的星系。两个邻近的星系相撞，引发巨大的
爆炸，产生了高温气体和可传播到几千光年远的光

套大爆炸理论持普遍怀疑的态度。但是他并未给出新的观点，或提出假定的反常特例来解释正常的现象。所以，阿普感兴趣的天体很难融入"公认的常识"。

此类特殊天体总在观测计划中不时出现，有些并不那么神秘——只是两个普通星系间的碰撞或相交。但是，阿普积极搜寻这些另类星系，并将它们整合在一个"警方档案"里。阿普对一种情况特别感兴趣：两个星系看上去由一排排恒星相连，不分彼此，但二者的红移却非常不同。如果真的像"恒星桥"所暗示的那样，两个星系近在咫尺，那么红移的概念就与常识相悖了：红移并不代表星系离开我们的距离。争议点就在这里。当然，这些星系在空间上也许并不接近。它们与我们的距离可能完全不同，所以才会有不同的红移表现。而"恒星桥"或许不是真的将它们完全相连，而是位于两个星系间的假想物，人们把它在天空中的投影当作了一条物理链。如果有一张真实的三维地图，我们就能知道两个天体在空间上是否真的彼此靠近，是否有一个确实存在的结构将它们相连。观测技术日渐精准，图像拆分变得可行，我们看到在三维空间中，这些彼此邻近、红移不同的星系并没有物理桥的连接。

特殊星系目录的问世让问题浮出水面：能否从特殊案例中得出一般结论？而这些案例被选中，也只是因为它们很特殊？但是，除非这些特例讲述的故事能够推翻既往、自圆其说，否则便一无是处。从数据上看，特殊天体的数量并非在意料之外。并且，如果弃用多普勒解释，而用特例寻找支持红移现象的新理由，那么这个新理论可能会有巨大的缺陷——它无法解释 95% 的星系，不能像多普勒的解释那样给出一幅完美、一致的星系距离图。

阿普目录中最有趣的天体类型是毁坏星系。它遭受过碰撞，或与其他星系有过近距离的交错。在星系直接撞击的情况下，很容易产生毁坏星系。有时，撞击直接贯穿星系的核心，此时，对称的物质呈环状从中央冲向外部，犹如一颗石头投入湖中激起涟漪。"车轮"星系就是典型的例子。渐渐地，天文学家相信，星系间的碰撞和相遇在宇宙历史中非常重要。在比我们可知的历史更遥远的年代，宇宙不断膨胀。当星系第一次形成的时候，它们彼此可能更加亲近，所以碰撞时有发生。天文学家首先想到了哈勃音叉图，在这里或许能找到解释。我们能不能说，所有的星系始于螺旋星系，那些经过碰撞、相互融合的星系经过漫长岁月后，又在原始的地方稳定下来并演化成椭圆星系？遗憾的是，星系的生命不会那样简单。如果套用这种说法，则意味着所有螺旋星系里的恒星都要比椭圆星系里的恒星年长，但事实并非如此。

随着现代计算机能力的不断增强，我们可以模拟在不同星系之间大量恒星、气体和尘埃的近距离接触和碰撞。模拟成果非常壮观，属于规模最大的计算机模拟成果。如今，在任何研究领域，科学家都要运用计算机进行模拟。它帮助我们了解星系家族中很多不同寻常的混合物。我们愈发清晰地认识到星系形成的全过程。星系的形成需要沉积、合并许多小的物质云，因此，一系列的交互与融合成为星系形成过程中不可缺少的步骤。我们看到的大部分星系都成对出现，并且和它邻近的同伴有剧烈的引力作用。未来，当计算机的能力整体提高，模拟星系的形成过程变为计算机自行处理的一项工作时，图像的清晰度会变高，范围也会变广，我们便能更加精准地考察这些碰撞。无论是人们对特殊星系的研究，还是阿普图集里反常、古怪的天体，都是天文学重要的里程碑。由此，天文学家的注意力开始集中在一个新的过程上，因为它阻碍了正常星系的形成。"特殊"让人们豁然开朗，它告诉我们什么是"正常"。这一点，只有图像能做到。

大麦云，左边包含了超新星 SN1987A，右边是 1987 年观测到的爆炸

当世界崩塌

超新星 1987A

熟悉感是敌人。它不紧不慢，将每样东西都变为墙纸。

——加里·哈默尔（Gary Hamel）

伊恩·谢尔顿（Ian Shelton）是加拿大多伦多大学一位年轻的天文学家。1987年2月23日，他经历了人生中不平凡的一天。在近383年的人类历史中，只有他有幸亲见了一场奇观。那天，谢尔顿像往常一样在智利安第斯山脉的拉斯坎帕纳斯天文台进行观测工作。他瞄准了蜘蛛星云。这里是恒星的密集区，位于银河系的小卫星星系——大麦云 [62] 之中。大麦云离我们约 160 000 光年，但按天文学标准，它已经算是我们隔壁的邻居了。谢尔顿仔细观察着一次新恒星爆炸，对他来讲，参与宇宙活动是再熟悉不过的事情了——他已经看过数百次新恒星爆炸了。然而，这次有点不同，眼前的实景有如梦幻。在这个科技主宰的时代，谢尔顿做了一件其他天文学家几乎不会做的事情——冲出屋子，仰望天空。他所看到的不需要望远镜来记录：自 1604 年的开普勒超新星之后 [63]，第一颗肉眼可见的邻近的超新星出现了。一颗年迈而巨大的恒星在约 160 000 光年之外爆发了。现在，它的光芒刚好到达地球，成了夜空中最夺目的恒星。自此，人们简称它为 SN1987A，这是 1987 年观测到的宇宙中第一颗超新星，因此名字中有字母 A。多年来，超新星爆发数以百计 [64]，但除非使用强大的光学探测器来增加大型望远镜的聚光能力，否则也是难得一见。

很快，南半球的望远镜都对准了这颗超新星，观测卫星也加入其中，比如国际紫外线"探索者号"（IUE），它能够确定爆炸的恒星，即超新星前身的精确位置。它是赫罗图上的一颗蓝超巨星 Sanduleak-69 202，质量为太阳的 20 倍。

人们确信，这颗恒星首先在体积上不断增大，令外层的一些物质膨胀，结果引发了随后的收缩和剧烈的加热。顷刻间，它的核心内爆，一群高能量的中微子

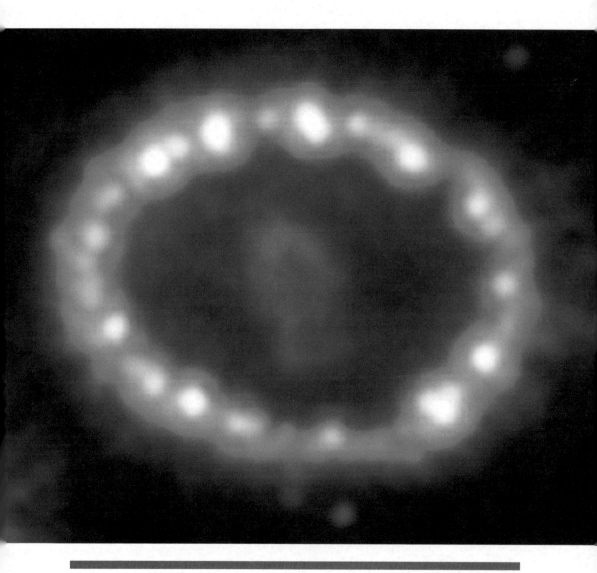

环状物质。SN1987A 爆炸前的两万年从死亡恒星中喷射出来，由哈勃空间望远镜在 2003 年 11 月观测到。环状结构的直径将近一光年，闪亮的斑点是环绕在死亡恒星周围、被冲击波加热的外层物质

瞬间将核心加热至 100 亿度的高温。突如其来的冲击波将恒星撕碎，同时，中微子冲向太空，预示着恒星即将死亡。令人称奇的是，我们在地球上探测到了其中一些中微子。19 个中微子经过了地球，当它们朝着地球表面飞来时，位于美国俄亥俄州的地下深层探测器捕捉到了它们的轨迹。同时，日本的探测器也在第一时间注意到了这些中微子。其实，日本探测器原本就是为了捕捉从太阳飞向地球的中微子而设的。

超新星 SN1987A 光鲜夺目，在随后的几个星期里，它释放的能量相当于 1000 亿颗太阳的能量。接下来，不出意料，同人们观测到的许多宇宙深处的超新星一样，其光度逐渐变暗。但是，首次被发现后的近一年内，它依旧闪耀，肉眼可见，亮度最大时接近 3 星等。夜空中用肉眼能见到的最暗的天体大约为 6 星等。

自 1987 年以来，SN1987A 的爆炸残骸一直在扩张。1994 年，哈勃空间望远镜精确、详细地观察了它的残骸，并看到超新星周围直径为 1.3 光年的环状结构。这些物质在恒星主爆发前就被抛射了出来。

天文学家或许愿意看到另外一颗邻近的超新星。这是一个绝佳的机会，通过它，我们能够检验自己的理论，弄清楚引发这些恒星爆炸的细枝末节。同时，我们关于光和基本粒子的性质的一些看法也能得到验证。然而，虽然在邻近处有颗超新星是件难得的喜事，但如果它与我们距离过近，就预示着地球上的生命要毁灭了。可能在几百万年前或几十亿年前，正是一颗邻近的超新星改变了地球的进化历程，其"功劳"不可磨灭。或许，这颗超新星给宇宙整体的智能进化踩了脚油门，给年轻、有希望的生命形式带来了生的曙光。想要活得长久，你需要一点儿好运气和一个好位置。恒星爆炸的图片，你必定不想拍太多。

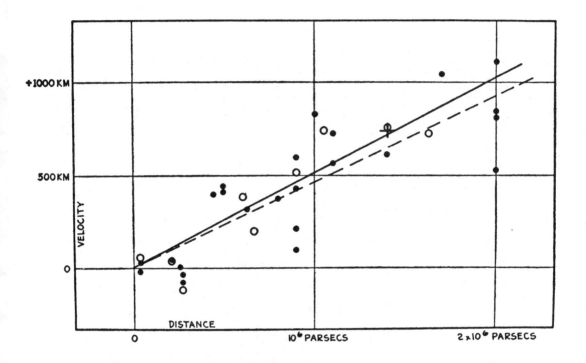

1929 年原版的哈勃定律图显示了远方光源的速率（以千米／秒为单位）与其远离我们的距离（以秒差距为单位）之间的关系 [65]。实线和黑点反映的是单个的恒星，虚线和圆圈反映的是恒星聚成团的情况

逃逸的星系

哈勃定律

> 宇宙的活动单调沉闷，无声、无色、无味；一堆物质来去匆匆，茫无涯际，毫无意义。
>
> ——艾尔弗雷德·诺思·怀特海（Alfred North Whitehead）[66]

在 20 世纪 20 年代，人们逐渐意识到，爱因斯坦建立的全新引力理论预测了我们的宇宙应该在不断扩张，遥远的星系和星团之间正以不断增大的速度相互退行。此后，人们开始积累观测数据。虽然过程缓慢，数据也略微有些杂乱，但最终，宇宙膨胀的观点为世人所接受。在收集和解释数据方面，美国天文学家埃德温·哈勃几乎赢得了所有荣誉。为了纪念他，美国国家航空航天局的哈勃空间望远镜就以他的名字命名。当年，哈勃使用世界上最先进的望远镜收集遥远星系发出的光。入射光呈现出一种原子条形码状态，称为"光谱"。部分光在行进途中被某种原子吸收，通过吸收光的情况，我们能判断出原子的组成。同样，根据原子的发光情况，我们也能知道它的种类。每个夜晚，哈勃都在不辞辛劳地工作。他收集遥远星系投来的每一束光，希望准确无误地鉴定出它们的光谱。哈勃对光谱的理解每每成为人们关注的对象。巧的是，无论在地球上还是在外太空，同种原子发出的光都有相同的条形码，除非是这一种情况：全部条形码基于相同的因素沿着可见光光谱的"红色"一端顺序移动。这种现象表明，遥远星系的光被拉伸，使得波长变长，而且每种颜色的光拉伸程度一样。

哈勃测量了一些"红移"（这是后来人的叫法），并将它们和发光星系离开地球的距离逐一做比较。与测量红移不同，想要准确测量这些距离并非易事。哈勃仅提出一种假想，他认为观测到的天体基本一致，所以它们的固有亮度也相同（就像所有 100 瓦灯泡的那样），因此比较视亮度就能得出相对的距离[67]。

哈勃的研究又向前迈出了重要的一步。他认为，星系光谱的红移是因为多普

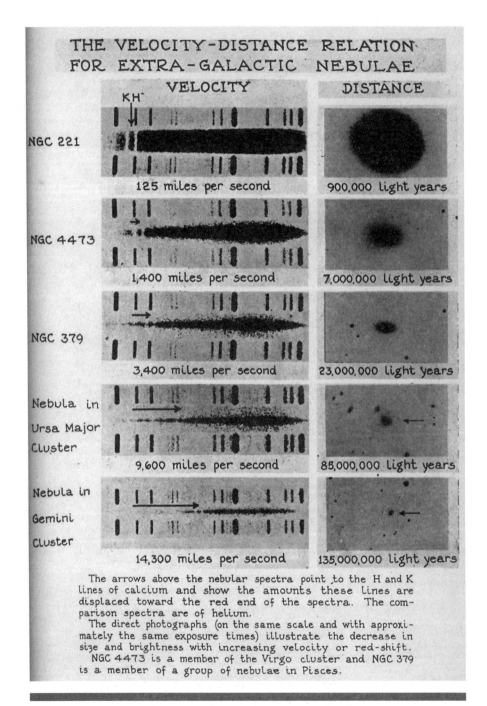

哈勃在 20 世纪 30 年代使用的红移光谱。位于离子钙出现的位置的 H 和 K 吸收谱线处有多普勒位移，速率自位移后下降

勒效应。运动波源的波动现象都存在多普勒效应，我们并不陌生。当波源发出的声波朝我们运动并经过时，音调升高，因为波到达的频率高于波源的频率；当波源远离我们时，音调降低，因为波到达的频率低于波源的频率。关于音调的升降，有一个典型的例子：午夜时分，经过卧室窗前的摩托车发出"咦——呜"的轰鸣声；当摩托车靠近时，音调升高（"咦"），当它离去时，音调降低（"呜"）。无独有偶，在老电影中，当坏人从悬崖顶跌落时，你通过他尖叫时的音调就能辨别出电影特效的好坏。如果尖叫声自始至终为同一音高，这就是较差的特效；如果随着坏人的迅速下落，尖叫声的音调也在同步降低，声音在离我们远去，这就是好特效。同样的情况也会发生在光波身上。如果光源接近你，你看到的光就会比光源发出来时更蓝。但是，如果波源离你远去，光的谱线会向红光方向移动。哈勃认为，光谱"红移"的原因在于产生光的星系正在远离我们。基于这种观点，他完成了20世纪最伟大的科学发现——宇宙的膨胀。

哈勃通过测量波长的变化计算出我们能看到的星系的缩小速度。红移越大，说明星系远离我们的速度越快。哈勃通过计算星系发散的距离，绘制出了宇宙膨胀速率图。这是科学史上最著名的图表之一。他发现，缩小速度与星系的距离成正比。1929 年 1 月 17 日，哈勃发表了包含这个图表的论文，提出了后来举世闻名的"哈勃定律"。图表中展示了 22 个"河外星云"[68] 的速度和距离，它们的速度和距离的比值处于一条完美的直线上 [69]。这条直线的斜率就是著名的"哈勃常数"，即 465 ± 50 千米每秒每百万秒差距 [(km/s)/Mpc]。

有趣的是，虽然哈勃试图让后人以为他在独立工作，但事实并非如此。许多新观测到的红移都是由他优秀的助手米尔顿·赫马森（Milton Humason）完成的。赫马森十几岁离开高中，之后在马德雷的山间小道当驴夫，在他担任威尔逊山天文台门卫一职前，还曾当过农场的劳工。他对天文学工作很感兴趣，并很快有了用武之地，表现出过人的观察能力。他与哈勃共事，也发表了自己的作品 [70]，只是运气不佳：摄影底片的一个错误隐藏了一个天体，让他没能发现冥王星。11 年后的 1930 年，克莱德·汤博（Clyde Tombaugh）在洛厄尔天文台发现了它。到了1931 年，哈勃和赫马森将"速度－距离"图扩展到 30 百万秒差距以外的星系。

自从哈勃做出了前所未有的发现，天文学家就一直想方设法在宇宙深处找到更暗淡的星系。电子探测器的发明帮助了他们。它非常敏锐，能够探测到 50% 以上的入射光——哈勃和后来天文学家所用的传统感光底片只能捕捉到百分之一的入射光。随着时间的推移，尽管后来得出的哈勃常数值与最初的值迥然不同，但人们对哈勃定律深信不疑。1953 年，赫马森和艾伦·桑德奇（Alan Sandage）作为带头人，彻底修改了所有星系的测定距离，改变了横轴上的刻度[71]。哈勃定律中速度和距离的正比关系并没受到影响，只不过图表的斜率——哈勃常数改变了。这仅是半个世纪以来，人们寻找哈勃常数的开始。此后很长一段时间里，测定遥远天体的距离一直是困扰天文学家的难题。从 1965 年到 1995 年，观测者之间展开了一场激烈的辩论。一部分人认为，他们从数据中得出的哈勃常数接近 100 千米每秒每百万秒差距；与此同时，由于测定星系距离的方法不同，因此另一部分人认为哈勃常数接近 50 千米每秒每百万秒差距。计算距离的不同方法造成了答案之间的偏差，人们得出的哈勃常数并不一致。建造哈勃空间望远镜的一个主要动机就是解决这个问题。通过它，我们可以到达至今无法企及的距离[72]，在遥远的星系中看出相似光源的本质。这些光源就是所谓的造父变星，它们的变化速率由亮度决定[73]。今天，人们对遥远星系的测量更加准确，哈勃常数最为可靠的数值是 70 ± 3 千米每秒每百万秒差距——与哈勃第一次得出的结果完全不同。所以，从某种意义上说，无论是支持 50 的一派还是支持 100 的一派，最终都是错误的。人们普遍认同的哈勃常数由温迪·弗里德曼（Wendy Freedman）和她的团队得出，他们使用的空间望远镜数据最精准，测得结果可见下页图。将数据集中，连成一条线，就是哈勃常数，它是图表的下半部分，并且向距离增加的方向延伸。

在 1997 年，强大的哈勃空间望远镜在地面望远镜的有力支持下，促成了一些难以想象的事情。天文学家几乎能够看到可视宇宙的边际，并且可以监测光彩夺目、逐渐消逝的超新星爆炸。他们惊奇地发现，所有这些闪耀即逝的天体几乎都与邻近的超新星经历了同样的演化过程。这意味着，天文学家们观测到的遥远天体与那些邻近天体的本质是相同的。这就好像在宇宙边缘找到了一盏盏 100 瓦特的灯泡。光谱线的红移很容易测出，而且精度丝毫不减，但天体的距离也要得到准确的测量。测量结果出人意料。如果这些记录的距离依然遵循哈勃定律，随着宇宙不断膨胀，当膨胀达到现在范围的 75% 时，哈勃定律的形式将会改变。在那种尺度上，宇宙会从减速膨胀转向加速膨胀。

从此，宇宙加速膨胀这一发现成了宇宙学的核心，两个独立的观测小组分别

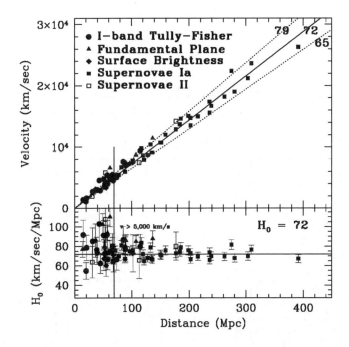

温迪·弗里德曼及其团队绘制的当代哈勃常数图。数据显示，哈勃常数最有可能是 72 千米每秒每百万秒差距[74]。哈勃原本的推测只涉及 2 百万秒差距

证实了它。这意味着哈勃定律这幅看似已完成、被尘封一时的图片又重新成为焦点。尽管它的外形在"远处的距离上"有些扭曲。

宇宙的齿轮因何而变？这仍是个大谜团。宇宙学家能够极为精准地描述这种膨胀，却不知道宇宙为何会这样做，也不知道长此以往，膨胀是否会继续加速。但物理学家们相信，加速是由宇宙的"真空能量"，即宇宙能够拥有的最低残余能量造成的。他们希望该能量值为零，可是量子的不确定性要求它必须是个正值。人们感到困惑，真空能量为什么要占据一个值，致使它在宇宙历史的晚期才主宰了宇宙膨胀。到目前为止，没人知道答案。在物理学中，人们研究宇宙在最初膨胀时的表现。有些理论认为，真空能量的大小是随机而成的。但理论并没有进一步解释其中的原因，只说明了真空能量小得恰到好处，促成了星系和恒星的形成，以及生命的存在。假如最初真空能量的值涨到 10 倍，那么宇宙会提早加速，而星系和恒星抵挡不住快速膨胀，就无法遵循万有引力定律压缩成现有的结构。一个既没有恒星和星系，也没有比氦更重的元素的宇宙，将是一个空空如也的地方，简单到无人知晓。

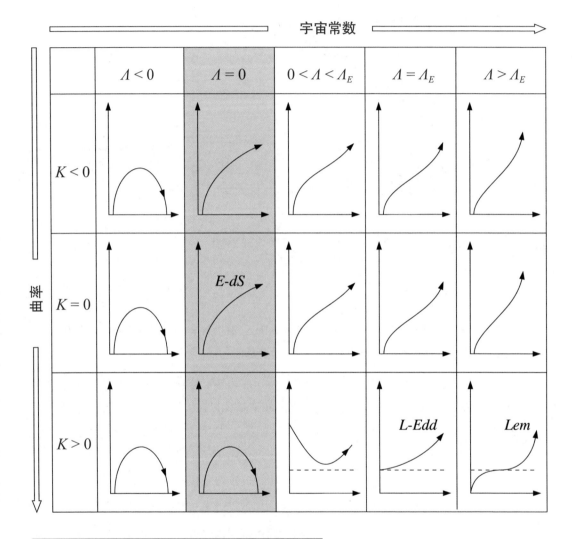

根据空间曲率（K 为负数、零或正数）和宇宙常数的可能范围（Λ 为负数、零或由特殊值 Λ_E 决定的三种可能正值），得出了不同种类的膨胀宇宙模型。我们宇宙所处的特殊位置似乎在 $\Lambda > \Lambda_E$，其中 $K = 0$ 或 $K < 0$ 这一范围内

明日世界

弗里德曼的宇宙

迟早，一种无法抗拒、难以置信的幻想会来到你身边：如果我们知道的每件事，即我们的整个宇宙，只是某人肩膀上的一粒尘埃，将会怎样？

——安德鲁·蔡金（Andrew Chaikin）[75]

1915 年，爱因斯坦的引力理论，即广义相对论，预测了宇宙的膨胀，这一发现令众人激动不已。广义相对论取代了牛顿在 1687 年创造的伟大理论。但是，一个星系的膨胀有多种方法，今天膨胀的星系也不见得会永久膨胀下去。爱因斯坦的理论描述了星系的多种可能：有些在不同方向上以不同速度膨胀，有些能够旋转，有些在缩小，有些永无休止地振动，还有些以相同的速度保持永久的膨胀。很快，哈勃与同事们的早期观测结果支持对此进行简化。正如爱因斯坦推测的那样，假设宇宙今天的膨胀在各个方向上都保持同样的速度，每个地方的物质密度也相同[76]，那么假设与现实相当吻合。事实上，这个假设基于对称性：遵循哥白尼精神，宇宙中没有特殊的方向和特殊的位置。但是，数学解答令爱因斯坦的等式更简单。简化留下许多可能性，我们可以将其当成一个集合，其中容纳了膨胀的物质球（范围有限或者无限）。物质球的尺度随时间变化，可以用来描述自己的历史。这个尺度仅仅是宇宙中两个参考点之间的距离：如果它随时间而增加，说明宇宙在膨胀；如果它减少，说明宇宙在收缩；如果它保持不变，说明宇宙是静止的。

亚历山大·弗里德曼（Alexander Friedmann）是俄国圣彼得堡的气象学家和数学家。他独树一帜，首次将宇宙明确地分为了三种最简单的模型。弗里德曼的爱好与父母截然不同：他的父亲是马林斯基芭蕾舞团的舞蹈演员，母亲是钢琴家。但是，这或许解释了他为什么会有富于冒险的性格。不幸的是，弗里德曼不顾一切地研究大气物理学，喜欢事必躬亲，这导致了他英年早逝。他一度是热气球飞行高度世界纪录的保持者。弗里德曼会事先带上仪器，到高空做气象学和医学的研究。他过于专心，甚至在高空不自觉地陷入无意识的状态，直到气球下降又回到低空，他才回过神来。1925 年 8 月，弗里德曼在一次飞行后死于伤寒。仅在一个月前，他刚将飞行高度的纪录升至 7400 米。

1922 年，弗里德曼基于两点被简化的假设——各向同性和同质性，成功解出了爱因斯坦建立的烦琐的方程式。他的解答为宇宙学家提供了一张重要的图片，如今在描述宇宙历史时，这张图片必不可少。如同这些解的名称一样，弗里德曼的宇宙是一系列数学模型，这种简单的方法帮助我们整合了所有关于宇宙膨胀的天文观测结果。这些模型是人们对整个宇宙的最早描述：宇宙选择在过去的某一点开始膨胀，要么长此以往地持续膨胀，要么最终收缩，在可知的未来又回到大挤压。人们在描述三种各向同性的膨胀宇宙模型时，总会用这张与众不同的进化图来表示，此图说明了宇宙大小与时间的关系。

星系中的所有空间物质都具有相互吸引的性质[77]。星系的膨胀始于一个"起

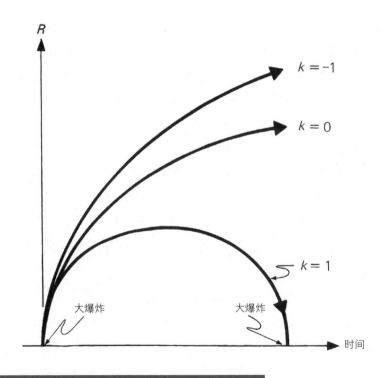

弗里德曼的 3 种简单宇宙模型，从大爆炸开始，宇宙常数为零

点"——奇点。看上去，奇点的密度无限大，体积却无限小。在宇宙中，引力作用于所有物质。星系在膨胀时，如果它的初始能量超过引力带来的减速效应，那么它将永远膨胀下去。这时，人们称宇宙是"开放的"，意味着它有无限膨胀的能力。但是，如果引力更强，那么宇宙最终会停止膨胀，转而开始收缩，回到无限致密的状态。这时，人们称宇宙是"封闭的"，说明它的大小是有限的[78]。

要对宇宙的"开放"与"封闭"进行物理解释，可以想象一下火箭从地球表面发射的情形。如果火箭想挣脱地球引力、进入太空，就必须达到一定的发射速度，这一点非常关键。如果发射速度低于"逃逸速度"，那么火箭会重返地球，犹如一个被抛向天空的网球还会落下。开放星系的"发射速度"大于逃逸速度，封闭星系的"发射速度"小于逃逸速度。而且，在这两种情况之间还存在一种特殊的"临界"宇宙，它有确定的逃逸速度，经过一段无限长的时间后，正是这个速度促成了宇宙空间的无限。然而，我们的宇宙实在令人着急，它就位于这个临界点附近。如上页图所示，我们能够看出临界轨迹的一个特性：随着时间的推移，开放宇宙和封闭宇宙的轨迹都转变了方向，离它远去。数学家称这种情况为"不稳定"状态。如果初始速度和宇宙的逃逸速度稍有不同，那么随着时间推移，膨胀会一直持续，空间距离越来越远。为了给140亿年后的膨胀（如同我们现在的宇宙）留下一点儿狭小的空间，膨胀在开始时不得不接近临界点。

这张内涵丰富的图片引发了宇宙学的一些大问题：宇宙是否如弗里德曼模型所说的，有一个开始？宇宙会永远膨胀吗？还是说，在将来的某个时间点，宇宙会有一场突如其来的终结吗？

1934年，美国宇宙学家理查德·托尔曼（Richard Tolman）推断，随着时间前移，封闭宇宙的闭合曲线可能不止一条，每条线也各不相同[79]。它们可能重回原状，生出条条循环往复的圆周，好似印度神话中的想象：一个凤凰模样的新宇宙从古老的尘埃中诞生了。托尔曼给这一情节注入了新的物理元素。可是也出现了这样的疑问：热力学第二定律会对振荡宇宙模型中的闭合曲线带来怎样的影响？第二定律揭示了生命的真相，因为一个封闭系统中的混乱程度总是增加的，所以从这种意义上讲，事物也是由差变为更差。其实，这并不神秘。让"秩序"倒退成"混乱"，比让"混乱"变成"秩序"的方法要多很多，虽然运动定律和引力定律的存在使得第二种情形的发生成为可能，但在现实中，我们看到的往往是第一种情况。能量购买的是一张"单程票"，它总是从一个有秩序状态向无秩序状态传递。这意味着，振荡宇宙模型中没有重复的闭合曲线[80]，而且闭合曲线总向最大的范围延伸，终其一生永不休止，距离膨胀的临界状态越来越近。

起初在 1915 年，爱因斯坦提出宇宙中可能存在着一种新形式的力，其表现形式如同万有斥力。他之所以这样说，是为了避开宇宙膨胀的预言。因为当时，人们对这种说法还非常陌生，而且在世界范围内，也没有天文观测数据予以支持。爱因斯坦引入的新斥力恰好能够平衡引力，避免了宇宙的膨胀或收缩。这是一个静态的宇宙。但很快人们就发现，爱因斯坦的理论并不能阻止宇宙膨胀。虽然他提及的力能够平衡所有宇宙物质间施加的引力，但这种情况并不稳定，好像一支铅笔在拿自己的笔尖作为支撑。一旦这个静态的宇宙中发生一丝混乱或者有一点儿不均匀，那么它将会进入一个完全膨胀或收缩的状态。无独有偶，弗里德曼的解也直接指出了这个问题，因为在爱因斯坦的等式中，一个静态的解显然不是通解。爱因斯坦曾一度认为弗里德曼犯了数学上的错误，他得出的非静态宇宙并不是等式真正的解。但最终，爱因斯坦认识到了自己的错误，并建议弗里德曼将其研究成果发表。

我们可以提出这样的疑问：如果爱因斯坦假想的"力"存在于托尔曼的振荡宇宙中，那将会怎样？答案是：宇宙必将停止振荡，其最终结局是不断加速膨胀。基于这种判断，右页的图片列举了各种可能的情况[81]。

宇宙存在的形式有诸多可能，当爱因斯坦的宇宙模型问世之后，第一个充分了解这些可能性的人便是比利时宇宙学家、天主教牧师乔治·勒梅特（Georges Lemaître）。他首次扩充了宇宙模型的图片，不再局限于开放和封闭两种可能的类型，还考虑到未来不断加速膨胀的宇宙[82]。关于这些宇宙的可能性，勒梅特在其1927 年的笔记中记下了第一幅草图（如右页图所示）。

勒梅特构思的物理图片史无前例。他认为，宇宙始于一个热密的状态——"原始原子"，然后不断膨胀，如今它处于暂时的稳定。就此看来，勒梅特才是"大爆炸"概念的创始人，虽然这一术语是由弗雷德·霍伊尔（Fred Hoyle）在1950 年提出的。勒梅特对宇宙学的见解非常精辟："宇宙的演化好比一场刚刚结束的烟火表演，充满零星的火光、灰烬和烟尘。站在冷却的残渣上，我们看到慢慢褪色的恒星，试图回想宇宙的伊始，想起瞬间消逝的光辉。"

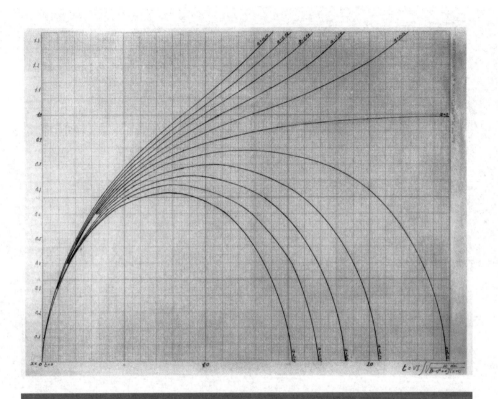

乔治·勒梅特在 1927 年绘制的第一幅草图。图片摘自他的笔记，列出了膨胀宇宙模型的可能范围 [83]

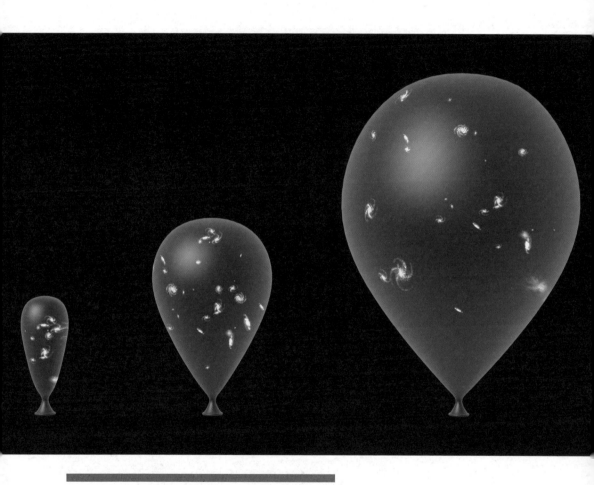

爱丁顿的气球。气球的表面被视为一个二维的有限宇宙。
当气球充气时，它开始膨胀。气球上不同的点彼此退行。
每个点都把自己当作膨胀的中心，但气球的表面并没有
中心，中心存在于三维或"其他"维度

充气

气球宇宙

但在某些方面，宇宙膨胀理论过于荒谬。出于本能，我们对这种说法迟疑不决，不愿相信。因为它包含的内容实在不可思议，我几乎能感到所有人的愤慨——除了我。

——亚瑟·爱丁顿[84]

宇宙膨胀是个极具挑战的概念，让人难以领会。我们所熟悉的膨胀都是宇宙空间中的爆炸，它们既有中心也有边界。随着时间推移，前方的冲击波在空间中艰难前行，逐渐远离中心爆炸点。尽管膨胀宇宙的"大爆炸"理论引用了"爆炸"一词，但这场爆炸没有中心和边界。怎么会这样呢？

宇宙无限的模样非常容易想象，毛里茨·埃舍尔（Maurits Escher）就做了个很好的尝试。1952 年，他创作了一幅惊世骇俗的透视作品，图中的横梁与立柱组成了无穷无尽的方格。想象一下，你正处于其中某个交叉点上。当你环顾四周，从每个方向上看过去的景象几乎都一模一样。除此之外，从其他任意一个交叉点出发，所见的图像也完全相同。无限的宇宙没有中心。当然，因为它无限，所以也没有边界。事实上，正是因为宣扬一个没有中心的无限宇宙，乔达诺·布鲁诺（Giordano Bruno）才被视为异端，终被以火刑处死。基督教会奉行了亚里士多德的古代哲学整整 1500 年。亚里士多德主张宇宙是有限的，称宇宙像一个圆球，所以它有中心。宇宙需要这个中心，只有这样，我们才能找到自己特殊的位置。布鲁诺却反驳说这是错的：一个无限的宇宙不需要中心。

但是，如果宇宙是有限的，那又会怎样？此刻，放飞你的想象吧。直到爱因斯坦出现之前，人们一直认为宇宙是有限的，必须有个边界。但是，人们会产生这种直觉是因为假定空间的样子是扁平的。为了便于想象，我们只思考一个二维空间的宇宙。如果它是平坦的、有限的，就像一页纸，那么它似乎必须有个边界。

毛里茨·埃舍尔的《立体空间分割》（*Cubic Space Division*）

可是，如果它是弯曲的，那情况则完全不同。球的表面是有限的，你只需要一定量的颜料就能去着色。但是，如果你绕着这个二维的球状表面来回移动，你将永远找不到边。

有一幅图片来自爱丁顿在 1933 年的著作《膨胀的宇宙》(*The Expanding Universe*)，它能帮助我们去想象一个膨胀的宇宙："我们可以假想，一个橡皮气球的表面嵌有恒星和星系，气球在不断充气。所以，除去单个天体的运动和它们之间正常的引力作用，所有天体都在相互远离，这仅仅是因为气球在膨胀。"

想象一下，给气球的表面做上十字标记，用它们来代表星系。给气球充气，观察发生的现象：所有十字彼此互相远离。如果你处在任意一个十字上，就会看到其他十字都在离你远去，好像你位于宇宙的中心一样。而实际上，膨胀的中心根本不在膨胀气球的表面。虽然膨胀的表面是有限的，但在上面运动的物体永远达不到边界。一个三维、有限的膨胀宇宙也是如此。它的表现如同一个四维膨胀球的三维表面。

在美国，少数人率先尝试向公众解释哈勃的发现——宇宙在膨胀，唐纳德·门采尔 (Donald Menzel) 便是其中之一。1932 年 12 月，他在《科普月刊》(*Popular Science Monthly*) 上发表了一篇图文并茂的文章[85]，震惊四野。门采尔解释说，哈勃观测到星云退行，是因为空间在膨胀。他还提出疑问：在宇宙明显的开端之前，发生了什么？门泽尔自己作答："史前的某一个 7 月 4 日，空间开始存在。"

亚瑟·爱丁顿是最受欢迎的科学作家之一，他也是同时期顶尖的天体物理学家，在恒星结构和星系中的恒星运动方面，做出过许多重大的发现。1919 年，爱丁顿率领一队天文学家组成考察团，深入非洲的普林西比岛。在那里，他们首次证实了爱因斯坦的伟大预言——太阳的引力可以使光弯曲，而且偏折量是牛顿引力定律预测的 2 倍（见本书"黑暗的正午"部分）。爱丁顿的作品中充满了精彩的类比和贴切的引言，但是图片不多。不过，"膨胀的气球"这一生动的口头描述曾是历代宇宙学家最广泛使用、最珍视、最推崇的模型。

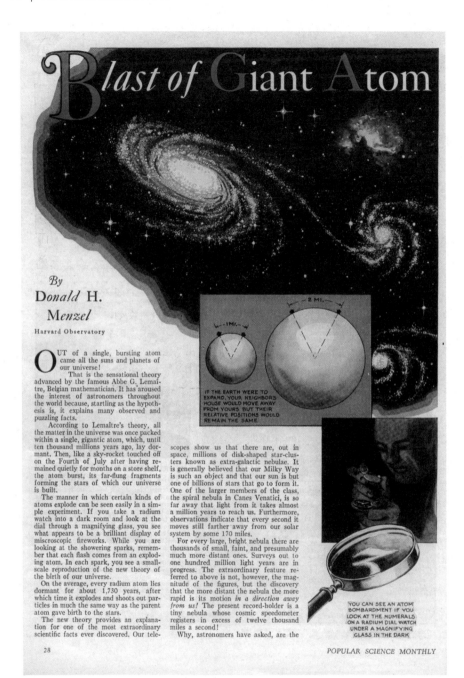

唐纳德·门采尔在 1932 年发表的文章，内容为宇宙的膨胀。文章引人瞩目、大受欢迎，发表于哈勃的发现三年之后

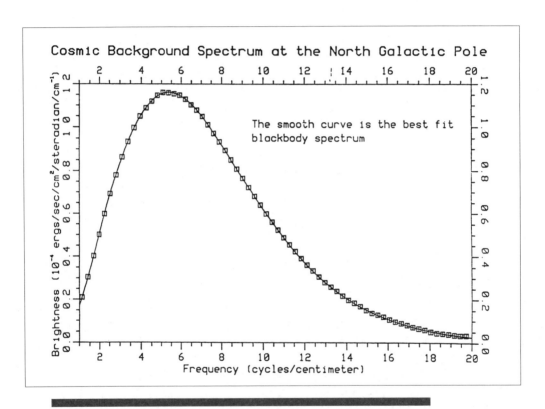

宇宙背景辐射形成的黑体谱，由美国国家航空航天局的宇宙背景探测器绘制，于 1990 年 1 月 13 日公之于众

深处的热

宇宙背景探测器光谱

我在周五醒来，因为宇宙的膨胀，我比平时花了更多的时间去找礼服。

——伍迪·艾伦（Woody Allen）[86]

1965 年，在美国新泽西州霍姆德尔的贝尔电话实验室，两位美国无线电工程师无意中完成了一项 20 世纪最伟大的发现。为了研究射电天文学，阿尔诺·彭齐亚斯（Arno Penzias）和罗伯特·威尔逊（Robert Wilson）正在改装一个接收器，以便跟踪"回声"卫星的信号。检测接收器时，他们收到了持续而微弱且强度相同的无线电噪声，噪声布满整个天空。彭齐亚斯和威尔逊一丝不苟地检查了所有可能的本地信号源，之后开始与一位当地宇宙学家进行交谈，看似巧合，那位普林斯顿的教授正在计划启动一项搜寻工作，试图找到宇宙早期的残留辐射。他们相信自己已经做出了一个全新的重要预言，找到了宇宙的开始——热大爆炸的残骸。但是在普林斯顿大学，没有一个人认真阅读过科研文献[87]。早在 1948 年，乔治·伽莫夫（George Gamow）的两位研究生，拉尔夫·阿尔弗（Ralph Alpher）和罗伯特·赫尔曼（Robert Herman）就开始发表一系列文章[88]，建立了自己对宇宙大爆炸的理解，设想大爆炸在最初几分钟应该留下了遗迹。他们已经预言，宇宙中应该一直残留着"散落"的低能级辐射，但因为宇宙数十亿年的膨胀，这些辐射已经冷却到一个很低的温度。他们还预测，辐射的当前温度可能约为 5 开尔文（约零下 268 摄氏度）。彭齐亚斯和威尔逊发现的是一个微波源，如果它是热辐射，且留有黑体谱的特征，那么它的温度应为 3.5 ±1.0 开尔文。事情很快变得明朗，他们的发现印证了阿尔弗和赫尔曼的预言——回声来自大爆炸的辐射。两份论文接连发表：其一是由彭齐亚斯和威尔逊所著[89]，关于测量结果的一份低调声明，文章题目也很低调——《在 4080 兆赫上额外天线温度的测量》（*A Measurement of Excess Antenna Temperature at 4080 Mc/s*）；另一份论文是纯理论性质的文章，出自罗伯特·狄克（Robert Dicke）、詹姆斯·皮布尔斯（James Peebles）、皮特·罗尔

（Peter Roll）和戴维·威尔金森（David Wilkinson）。这篇文章在关于宇宙膨胀的一节，对彭齐亚斯和威尔逊的测量结果给出了解释。后来，人们称之为"宇宙微波背景辐射"（CMB），因为这种辐射属于辐射谱的微波波段。此项发现影响重大，它肯定了宇宙的基本情况——膨胀，而且说明了宇宙的早期温度比现在更高、密度比现在更大。辐射的细节特征就是一块宇宙学的"罗塞塔石碑"，宇宙学家从"碑文"上破解信息，知晓宇宙的过去。彭齐亚斯和威尔逊获得了1978年诺贝尔物理学奖。

在宇宙微波背景辐射被发现多年以后，观测者都在重复彭齐亚斯和威尔逊的观测工作，只是方式略有不同，比如更加关注微波的不同频率。他们一直在探索，希望能够证实最后一个伟大的预测——这个信号确实符合纯热辐射谱的特征[90]。如果宇宙微波背景辐射确实是来自宇宙初期的信号，那么其辐射强度与波长之间的关系应该符合特殊的"黑体"谱线分布。伟大的德国物理学家马克斯·普朗克（Max Planck）在1900年首次计算出黑体辐射的能量[91]。普朗克辐射定律的重要特征是，随着辐射波长的前进变化，电磁辐射的强度先升至最高，然后再降低。

遗憾的是，人们从地球表面对宇宙微波背景辐射进行的早期观测只能探测到部分波段。由于大气的干扰，小于0.3厘米的波段改变了入射辐射。大气中包含的一些分子，比如水分子，对入射辐射有吸收作用，并且对所有波长的辐射都进行反射。逐渐，观测者开始将仪器送入大气层，他们使用气球，希望能减少大气对测量的影响。但这些观察必须小心谨慎地进行：你需要液态氦作为参考源，保证观测背景辐射时的温度接近绝对零度以上3开尔文的温度，因为在仪器周围，地球正在反射来自太阳的热，这一温度可高达几百摄氏度。

随着气球载探测器和地基探测器的建成，人们发现，普朗克频谱在接近峰值时明显变形了。这一发现备受争议。有人认为，它表明了在宇宙的过去，恒星和星系的形成所产生的许多剧烈活动。而有些人，比如弗雷德·霍伊尔和他的同事，甚至抓住这点信息来证明整个大爆炸理论终究可能是错误的。至于宇宙微波背景辐射的产生，他们力排众议，认为这完全归因于恒星杂乱无章的辐射，而非大爆炸在过去燃烧的烈火。还有些人不相信地基探测器，虽然他们承认保罗·理查兹（Paul Richards）和他的研究生戴夫·伍迪[92]（Dave Woody）发现的频谱变形确实存在，但认为这只是由于大气层的干涉。况且，任何单一的气球载探测器和地基探测器也只能看到部分有限的天空。

　　为了确定背景辐射是否存在，同时消除疑虑、平息争议，美国国家航空航天局在 1974 年已开始计划对宇宙微波背景辐射进行研究。但时隔 15 年，在 1989 年 11 月 18 日，人们盼望已久的宇宙背景探测器（COBE）才由"德尔塔"（Delta）火箭发射，进入太阳同步轨道[93]。它的任务就是观测整个宇宙的宇宙微波背景辐射，绘制光谱，解决两大疑问：第一，所谓的频谱变形是否在辐射进入大气之前就已存在？第二，辐射是否呈现普朗克黑体谱的特征？如果答案是肯定的，那么只要有精确的辐射强度峰值，就能够得出准确的辐射温度，分毫不差。

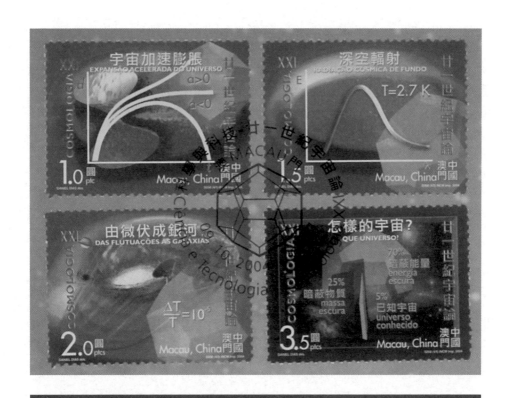

2004 年，中国澳门特别行政区发行的宇宙背景探测器邮票，展示了宇宙 3 种可能的膨胀方式（左上）、宇宙背景辐射谱（右上）、宇宙背景探测器的测量结果（整个天空中的背景辐射温度一致，有很小的波动，左下）和宇宙背景探测器（右下）[94]

人们等待着宇宙背景探测器的测量结果，心急如焚。观测小组一直小心谨慎地工作（虽然观测过程中伴有内部的摩擦和争吵）。到了 1990 年 1 月 13 日，约翰·马瑟（John Mather）公开宣布，宇宙背景探测器上的远红外绝对分光光度计（FIRAS）已经绘制出完整的宇宙微波背景辐射光谱[95]。然后他拿出了图片，座席上响起了天文学家雷鸣般的掌声。有史以来，这是自然界最完美的普朗克热谱，一个温度为 2.725 开尔文的理想黑体，没有变形、没有偏差。数据点与普朗克热曲线非常吻合，从图形上根本无法辨别。数据点的误差是曲线厚度的百分之一。这是最终的证明：宇宙早期是一个热密的熔炉。很遗憾，伍迪、理查兹和其他人虽然从地面上测到了引人好奇的光谱变形，但最后那些变形并没有确切证实在宇宙史上曾有一个复杂的爆炸事件，而只告诉我们大气的化学成分很复杂。仅此一次，宇宙比我们想象的更简单、更明了。

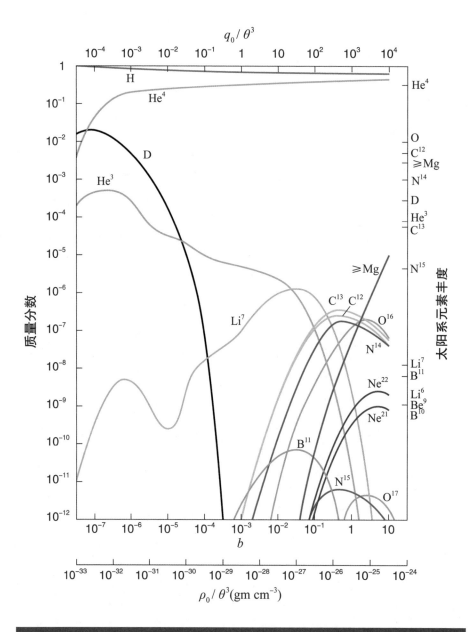

此图的纵坐标表示在宇宙起源的几分钟内，各种元素的丰度（即在所有元素中的质量分数）随宇宙核物质密度（横轴）的变化。氦-4 的丰度在可能的密度大范围变化过程中基本为常量。氘的丰度对密度十分敏感，为宇宙学家们提供了一种测量宇宙核物质密度的新方法。此图最早由罗伯特·瓦戈纳、弗雷德·霍伊尔和威廉·福勒在 1967 年计算得出。作为比较，在太阳系中观测到的元素丰度在右侧纵轴上标出

当质子遇上中子

宇宙大爆炸中的核聚变

比起过去，事物更像它们今天的样了。

——德怀特·艾森豪威尔（Dwight Eisenhower）

膨胀的宇宙似乎有一个确定的特征：它的过去必须与现在非常不同[96]。在过去，宇宙的温度更高、密度更大、物质更集中。1965 年，彭齐亚斯和威尔逊发现了宇宙起源时产生的残留辐射。此后，人们对重塑宇宙历史再度产生兴趣，希望能够回溯到宇宙更早期的状态。其实在 15 年前，拉尔夫·阿尔弗、罗伯特·赫尔曼和乔治·伽莫夫已经开展了这项工作。一个伟大的宇宙历史纪元成为众人瞩目的焦点。从大爆炸开始的第 1 秒到大约第 3 分钟，整个宇宙的温度和密度一直很高，以致任何原子和分子都不可能存在，同样也不会有恒星和星系。整个宇宙好像一个巨大的核反应堆，自发的核反应充满全部空间。直到几分钟过后，随着宇宙体积的膨胀，当温度和密度下降到一定程度时，反应停止。但在全部核反应都结束后，反应的残留物仍像化石一样遗留在膨胀的宇宙中，最终冷却。直到将近 140 亿年后，我们才开始观察并研究它们。

令人激动的是，我们可以用理论计算出宇宙残留物在今天的分布，再与相同的成分今天在银河系或其他星系的丰度做比较，从而检验这个理论的正确性。

首先，预测第一次核反应的产物似乎是不大可能的。毫无疑问，反应产物取决于初始成分。如此一来，核反应的产物就取决于我们完全不知道的宇宙开端时（如果它真的有"开端"）的物质成分。所有原子核都由不同数量的质子和中子组成。核反应开始的时候，这两种粒子含量的相对比例是多少？反应的产物是否只取决于宇宙开端时无法知道的成分及其组成？一切都依这些问题的答案而定。

长久以来，人们都在这种两难的境地中徘徊，对早期宇宙的研究停滞不前。直到 1950 年，日本天体物理学家林忠四郎[97]发现了宇宙一个简单却非常重要的

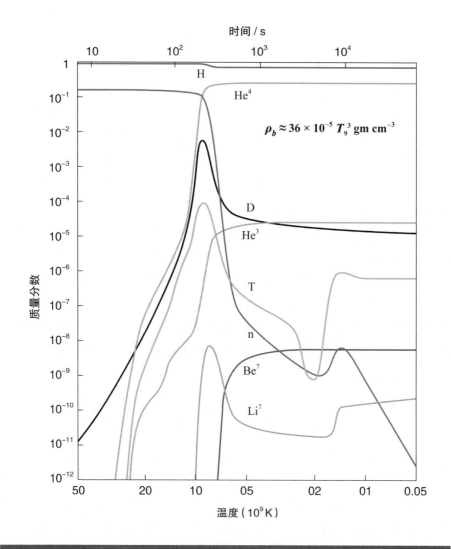

在膨胀的宇宙中，随着时间的增加和温度的下降，最轻的原子核的形成。经过核反应引起的快速变化，氦、氘和锂的丰度在 1000 秒后保持不变，因为密度和温度太低，核反应无法进行。

性质：在宇宙诞生不到 1 秒且宇宙辐射温度超过 100 亿摄氏度时，中子与质子处于完全平衡状态。放射过程中的弱相互作用，维持着质子与中子在数量上的完全平衡。当温度远高于 150 亿摄氏度时，它们总保持相同的数量。如果质子的数量增多，就很容易激发中子的产生，从而保持平衡，反之亦然。在温度下降到 100 亿摄氏度之前，随着温度的降低，宇宙逐渐膨胀，质子和中子彼此远离，质子和中子的放射性交换速度极力与宇宙膨胀的速度保持一致。这个平衡略微偏向质子，因为质子比中子轻一点儿，而且使质子远离中子所需的能量要比使中子远离质子所需的能量少一点儿。尽管如此，质子与中子的放射性交换仍在继续。一切仅取决于宇宙的温度，直到它降到 100 亿摄氏度。此后，重要的事情发生了。质子和中子的放射性交换无法再与宇宙膨胀同步。质子与中子停止相互交换，它们的含量固定下来——在整个宇宙中，中子和质子的比例大约为 1∶6。此后，该比例只会减少一点儿，因为在温度降至 10 亿摄氏度，也就是宇宙诞生两分钟以前，中子会发生微弱的衰变（其半衰期约为 10 分钟）。此后，像烟花般灿烂的核反应开始了。飞速进行的核反应让质子和中子结合为氘核，然后又将它们结合成氦和锂的两种同位素。一些更重的元素也出现了，如硼、铍、碳，但它们的丰度极小。最终的结果是，宇宙质量的 77% 仍然是氢，23% 变成了氦-4，还有微量的氘、氦-3（约十万分之一）和锂（约百亿分之一）——它们逃脱了变成氦-4 的命运。氦-4 的核力很强，核子很难分开，所以几乎所有的核反应产物都变成了这种核，只有很少的重元素逃脱了。值得注意的是，这些就是我们今天能在宇宙里找到的最轻元素的丰度。

过去，很多人试图详细预测在宇宙大爆炸时按这种方式产生了多少氦，特别是拉尔夫·阿尔弗、詹姆斯·福林（James Follin）与罗伯特·赫尔曼在 1953 年[98]，弗雷德·霍伊尔与罗格·泰勒（Roger Tayler）在 1964 年[99]，以及詹姆斯·皮布尔斯在 1966 年[100] 的研究。但是，最详尽的研究是由弗雷德·霍伊尔与威廉·福勒（William Fowler）和他们的学生罗伯特·瓦戈纳（Robert Wagoner）在 1967 年完成的[101]。他们的理论包括了所有核反应，计算出了所有原子核的含量，导出了宇宙结构中几乎所有令人感兴趣的结论。他们做出了两幅具有极大影响力、内容丰富的图像，不仅展示了在宇宙膨胀初期轻核的丰度是如何增加的，还描绘了物质的最终丰度与我们今天看到的宇宙物质密度之间的关系。这些图像向宇宙学家们展示了，宇宙中氘丰度的测量结果怎样显示了宇宙的物质密度。因为，正是物质密度决定了氘核变成氦-4核的核反应速度。在高密度的宇宙中，这种转变进行得很快，结果只有少量的氘留了下来。但是，如果参与核反应的物质的密度很小，那么就会有更多的氘留下来。氘成了宇宙的"比重计"。

1973 年，"哥白尼号"卫星在太空中首次发现了氘原子，其含量为二十万分之一 [102]。这说明宇宙中原子物质的含量太少了，不能让宇宙减速膨胀，并最终收缩——那需要超过 2×10^{-29} 克每立方厘米的密度。

在接下来的几十年里，越来越多的证据表明，在宇宙中有比"氘比重计"预测的更多的物质，大约是其 10 倍以上。这些物质通过引力（即可见恒星和星系的运转速度）和对光线的弯曲显示了自己的存在。综合所有证据，人们得出了一个令人高兴的、自洽的理论，但有一个奇怪的例外。在宇宙中，由氘的丰度决定并由质子和中子组成的原子核构成的物质（就像你和我）的密度，和我们现在发现的所有普通恒星、行星和宇宙碎片的总密度差不多一致。但是，作用于运动恒星和星系上的引力强度表明，一定还有 10 倍于此的物质以一种不可见的形式存在着，而且它们没有参加在宇宙早期发生的核反应，否则现在存在的氘就太少了。这就是众所周知的"暗物质"。人们认为暗物质由像中微子一样的基本粒子组成。如果宇宙中真的有暗物质存在，那么我们可以推测其质量，然后用灵敏的仪器去测量。

中微子只能感受到引力和放射的作用，所以它不能参加核反应，也不能对于氘的反应产生任何作用。中微子的相互作用非常微弱。就在此时此刻，正有大量的中微子以 250 千米每秒的速度穿过你的头部。它们的作用太微弱了，因此一天里只会有不到一个中微子让一个原子分裂。如今，人们做了很多实验，试图在地球内部寻找中微子与普通原子相撞的痕迹。因为在那里，宇宙中大量复杂的射线可以被几千米厚的地球岩石和地表的人造屏障阻隔。如果暗物质真的是由中微子构成的话，那么目前实验的规模和灵敏度正在逐渐接近能探测到反应的程度。我们希望在不久的将来，人们会发现瓦戈纳、福勒和霍伊尔的图像所描绘的这种难以捉摸的物质。

开普勒的"M图片",摘自他的著作《哥白尼天文学概要》(1618—1621年)。M代表世界(mundus),标记了星空中地球的位置

停电

漆黑的夜空

天狼星，太空中最明亮的恒星……我的祖父会说，我们属于一个不可思议的奇妙世界。它比我们想象的更非凡。我的祖父会说，我们应该偶尔走出去看看它，这样我们才不会在其中迷失。

——罗伯特·富尔格姆（Robert Fulghum）

我们头顶的夜空之景，是人类最棒的共享经验。自从我们的祖先睁开双眼，他们就目睹了日升日落。太阳限制了人类的眼界。因为黑暗带来的是危险和局限，所以我们祖先的生活被定型，是火保卫着他们，是人造光源将生活延续。如开篇所见，人类的想象力总被夜空中的图案激发。月亮和太阳的变换周期将时间固定，一颗颗恒星的不变位置又让人对现实的可靠性充满信心。

夜空中繁星点点，耀眼的月亮反射着太阳的光，或盈或缺，主宰着一切。宇航员所痴迷的和想挑战的，都来自这些闪耀的、只能从照片中看到的遥远世界。但是在它们之间，有一个更伟大、更艰深的谜题——夜空的黑暗。

为什么天空在夜晚是黑暗的？多数人在回答这个问题时都会相当自信。有人竟会问出这种"愚蠢"的问题，多少有些尴尬。他们会反问："你没见过吗？你没听说过吗？一天结束的时候，太阳就会落下。足球队的经理们都这么说。"

但是，夜空的黑暗与太阳毫无关系。第一个对此事感到迷惑的人是约翰尼斯·开普勒（Johannes Kepler）。1610 年，他收到了伽利略的新书《星际使者》（*The Starry Messenger*）之后，随即去信一封，提出自己的"有力"论据来驳斥宇宙无限的观点 [103]。如果宇宙布满恒星、绵延无际，那么"整个苍穹会像太阳一样明亮……我们这个世界不属于一个未分化的、混杂的蜂群"。

开普勒的想象是，仰望无穷的星空，犹如深入一片巨大的森林。你的视线随处终止，结束在某棵树的树干上。当你环视左右，只会看到层叠不穷的树木。

如果这就是你向一小片森林望去时所发生的事情，那么，它也应该是你仰望夜空时的情景，不是吗？无论在何处，你的视线都应该停止在一颗恒星的表面。所以，整个夜空也应该类似一颗恒星的表面。日复一日，整个天空会像恒星的表面一样，闪耀夺目。

开普勒是宇宙有限论的强烈支持者。在他 1605 年的著作《新星》(*The New Star*) 中，开普勒对于"宇宙无限"这一不切实际的观点表示了极度的厌恶[104]："这种荒谬的论点是否建立在宇宙没有中心这一观点之上，我不知道。事实上，一个人认为自己漫步在无限之中，进而否认有限和中心，结果也就否认了全部确定的位置。"[105]

开普勒所著的《哥白尼天文学概要》(*Epitome of Copernican Astronomy*) 中的"M 图片"(章首图片所示)展示出无尽星空的一部分。对开普勒来说，任何事物看上去都是一样的。我们的太阳不过是一颗平凡又典型的恒星，同那颗标记为"M"的恒星一样。下页图是开普勒所做的另一幅图片，它展示了被远处群星环绕的太阳系。

这是个令人困惑的观察方式，给宇宙无限论带来很多麻烦。17 世纪后期，在牛顿的宇宙模型中出现了宇宙无限的观点。而在 1720 年，哈雷彗星的发现者、牛顿的朋友埃德蒙·哈雷(Edmund Halley)发表了两篇短文，第一次解释了宇宙无限的问题[106]。哈雷提出，远距离的恒星外表发光微弱，它们不能给天空提供足够的亮度。他试图通过这一观点来解决矛盾。然而，这个论据并不成立。恒星无论远近，它们贡献的光亮是相同的，虽然它们表面的光亮因距离遥远而变暗，但数量上的优势实际上冲抵了这种影响①。

接下来的几百年中，各式各样的观点都来尝试解决这个问题。或许星光被恒星间的暗物质吸收了？又或者，星光在通向我们的途中"感到疲倦"，失去了能量？但没有一种说法是正确的[107]。

今天，我们知道了原因。理解夜空黑暗的关键在于一个重大发现——宇宙是膨胀的。如我们所知，庞大而古老、黑暗而寒冷的宇宙似乎对生命极具威胁。

---

① 关于"无穷"的矛盾和争论，请参阅《从无穷开始：科学的困惑与疆界》(人民邮电出版社出版)一书。——编者注

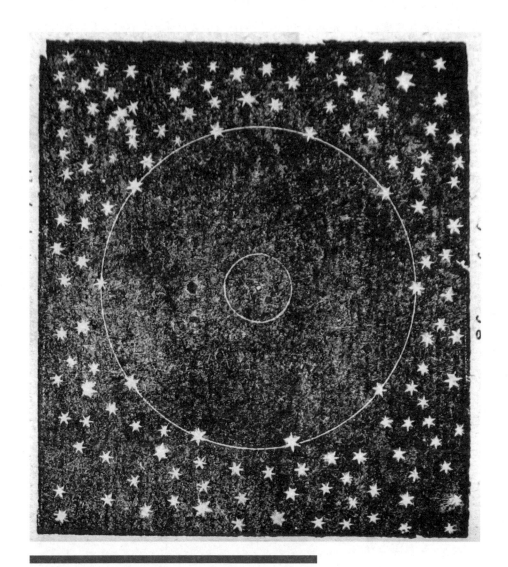

开普勒的图片展示了在黑暗的夜空中，太阳系被宇宙中其他
恒星包围，摘自他的著作《哥白尼天文学概要》

但是，这些性质是必不可少的。宇宙的"长寿"对我们自身的生存非常重要。每个人都由复杂的碳、氮、氧原子，以及磷、铁等大量其他原子构成，后天的生活方式也要依靠硅等其他原子。这些原子的原子核并不是和宇宙一起与生俱来的。原子核在恒星中要经历一系列长久而缓慢的核反应才能生成。这种"星际炼金术"几乎要花上 100 亿年才能将氢先变成氦，再变成铍，继而成为碳、氧及其他元素。死亡的恒星爆发成超新星，向宇宙四散生命的碎片。碎片变成颗颗尘埃和恒星，最终变成人类。你身体里的每个碳原子都与恒星相连。你是由恒星的尘埃制成的。

你或许明白了，宇宙为什么如此之大、如此之古老，这不足为奇。在恒星中，要花上至少 100 亿年才能生成建造生命大楼所需的基础材料。并且，因为宇宙在膨胀，所以其大小将有至少 100 亿光年。我们不可能存活于一个比这小得多的宇宙里。一个"经济实用"的宇宙正好和我们的银河系一样大，其中有 1000 亿颗恒星，还有相伴的行星系，看起来空间是足够的。但是，它可能仅有一个月大——这点时间勉强够你偿清信用卡的账单，但绝谈不上建造生命大楼或允许生命进化。

作为生命的家园，任何宇宙都必须是庞大且古老的，因此，它也必须是黑暗而寒冷的。因为一个膨胀的宇宙会变得越来越冷，随着空间的延伸，能量也随之减少。大爆炸的混沌在几百亿年后必定被我们眼前的黑暗夜空所取代，它包含一丝暗淡的微波之光，仅高于绝对零度以上 3 开尔文——这是宇宙热量起点的回声。大范围的膨胀和冷却是宇宙变得"宜居"的必要条件。这意味着，今天的宇宙所拥有的能量太微弱，以致不能照亮我们的夜空。即使通过爱因斯坦的公式 $E = mc^2$，瞬间将宇宙中的所有物质都转换成光，空间的温度可能也只能升高 10 开尔文。在一个支撑生命的庞大宇宙中，它拥有的光能实在太少了，不足以点亮夜晚的天空。但在 130 多亿年前，当宇宙压缩到今天的千分之一时，其温度可能会超过 3000 开尔文，整个天空会像太阳般明亮。可惜的是，在那样一种环境下，不会有原子，不会有行星，不会有恒星，也不会有天文学家去讲述它。

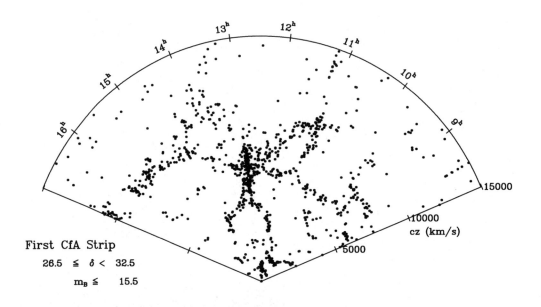

First CfA Strip

26.5 ≤ δ < 32.5

m_B ≤ 15.5

cz (km/s)

15000

10000

5000

13ʰ 12ʰ 14ʰ 11ʰ 15ʰ 10ʰ 16ʰ 9ʰ

1985 年，CfA 红移巡天展示出星系团的扇形结构。
距离被标注为速度，再运用哈勃定律将速度转换成
距离。惹人注目的"线条人"结构位于中央，第一
次表明亮星系分布如同"蜘蛛网"的薄片和细丝

时间的触角

CfA 红移巡天

事实上，我认为不满足于这个拥有数以亿计恒星的宇宙的人类更加贪婪。

——亚瑟·爱丁顿[108]

20 世纪 20 年代，埃德温·哈勃正在进行史无前例的星系红移测量。为了测量红移，他几乎要花上一整夜来收集足够的遥远光源发出的光亮。随着时间推移，测量到的红移数量增长得相当缓慢。绘制天体图和目录，需要对整个宇宙中成百上千的相似星体进行测量，而天文学家对这个耗时很长的方案并不感兴趣。更令他们兴奋的是寻找新型天体、最远的类星体、特殊碰撞星系或是关于黑洞和暗物质的证据。

红移可以推断星系的距离。红移测量进展缓慢，因为早期主要的星系图只记录了恒星在天空中的位置。其中有三个非常著名的概要。1932 年，哈罗·沙普利（Harlow Shapley）和阿德莱德·艾姆斯（Adelaide Ames）为亮度大于 13 星等的星系做了目录，其中包括 1200 个天体。20 世纪 60 年代，弗里茨·兹维基和他的同事从巡天照相底片中识别出 3 万多个星系，它们距地球不到 10 亿光年。1967 年，唐纳德·沙恩（Donald Shane）和卡尔·维尔塔宁（Carl Wirtanen）绘制出亮度大于 17 星等的星系[109]。沙恩－维尔塔宁星系表大约含有 100 万个星系，这是一部宏伟巨著，凝聚了作者们的奉献精神与耐心。他们仅凭自己的双眼研究底片，甚至作者的孩子们也在搜寻底片的工作中发挥了重要作用。如此一来，随着研究者年龄增长、视力减弱，他们识别出的特别暗淡的星系数量也如统计上预测的那样在不断减少。这些星系表对宇宙的探索越来越深入，不仅罗列出更加暗淡的星系，还绘制了它们在天空中的位置。1977 年，詹姆斯·皮布尔斯和雷·索内拉（Ray Soneira）将沙恩－维尔塔宁星系表数字化，展示出了天空中星系密度的变化[110]。

当沙恩和维尔塔宁公布星系表的早期成果时，一些统计学家也开始对理解宇宙图片的内在含义产生了兴趣，尤其是加州大学伯克利分校的耶日·内曼（Jerzy Neyman）和他的同事伊丽莎白·斯科特（Elizabeth Scott）。内曼是世界上最著名的统计学家之一。他们接受挑战并开始研究一系列复杂的数字，以此来决定天空中星系团的等级。

皮布尔斯－索内拉图对星系表进行了进一步的大型模拟，它包含了 100 多万个星系的信息。天空被分为不同的小单元，根据数字化图上每一单元的星系数目多少，配上不同程度的灰色。打印出来的结果是一幅有阴影的天空图，可以看出可视星系的结构和密度在天空中占大多数。图片给人的整体印象相当有趣，似乎有一道道细丝和一连串星系穿过。人们要相当小心这一点。人类的眼睛非常擅于观察那些没有真正图案存在的线条。我们的眼睛习惯去粗取精，将一个个点连接，绘制出对原有图案的印象。这难道是因为我们祖先的一种宝贵的生存技能？在原始的生长环境中，人类要能一眼看出树丛中的老虎。那么，这些图案是原本如此，还是人眼制造出来的？经证明，稍微随意挪动图片的灰色比例编码[111]，甚至是打印图片中圆点的大小，都可能让人对星系团的理解产生巨大变化。这让区分变得更难了。

但是，无论这些星空图的正确解释是什么，首要的难点是它们的二维性质。两个星系可能在星空图上彼此相近，但与我们的距离却截然不同。在真正的空间位置上，它们也可能不属于同一星系团。人们根据统计学的猜测制作出天体图的三维投影，但那些猜测本身却无法证实。当务之急是，人们需要一幅真正的星系三维空间图。

20 世纪 70 年代，人们使用自动测量方法第一次快速、简单地测量星系红移，并最终把测量的全部过程移交给机器人望远镜来完成。无须数个小时，几分钟内便能测量红移。1977 年，在哈佛－史密森天体物理中心（CfA），马克·戴维斯（Marc Davis）、约翰·赫克拉（John Huchra）、戴维·莱萨姆（David Latham）和约翰·汤瑞（John Tonry）开始创制一幅伟大的宇宙图。CfA 红移巡天在 1985 年进入第二阶段，赫克拉、玛格丽特·盖勒（Margaret Geller）以及他们的学生开始了一项巨大的红移测量计划。赫克拉、盖勒及其学生德·拉帕朗（Valerie de Lapparent）展示的第一幅部分宇宙图包括了 1100 个星系。这在天文学界引起了极大反响。真实空间中的星系结构揭示出了旧二维天空图中某些完全隐藏的部分。

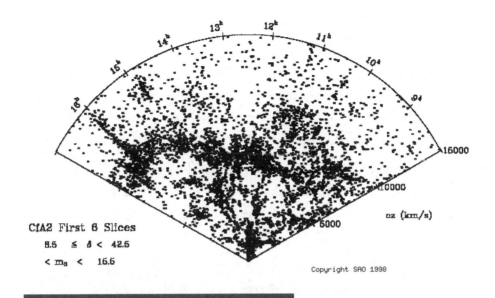

1989 年 CfA 红移巡天比先前的研究包括了更多的星系，
并揭示出穿越天空的星系"巨壁"

我们位于扇形圆弧的中央。当我们移动到扇形的边缘，此时所处的位置离中心大约 7 亿光年（切记，根据哈勃定律，离我们远去的膨胀速度与距离成正比，所以图中的"距离"被标注为速度），并且，如果我们绕着扇形旋转，就会看到类似于地球经度的天球坐标所标记出的不同位置。

这幅图的外观激起了广泛的讨论和研究的热潮，因为它的形式完全出人意料。小圆点代表着宇宙中的星系，但它们并非随机排列，其轨迹貌似线条和围墙，围绕着空间中空白的单元。中央是一个特殊的参照点，像是宇宙中的稻草人，被称作"线条人"。突然，人们不再争论沙恩–维尔塔宁星系表中的明显细丝是否真实，因为我们已识别出星系团中的图案，它表明，一个巨大的星系蜘蛛网结构存在于宇宙之中。为了解释这种结构，人们提出各式各样的观点。如同早期统计学家对原始沙恩–维尔塔宁星系表的响应一样，新发现又唤起了统计天文学家的极大兴趣，他们想设计出最佳方法来量化和评估这一三维结构的重要性[112]。

这幅图的另一个焦点就是星系间的空隙。之前，人们的注意力都集中在星团的结构上，并试图为它找到解释。但是现在很明显，那片没有可视星系存在的巨大的黑暗区域同样需要解释。它们果真是空的？又或是，它们仅有些非常暗淡的星系，因而在 CfA 红移巡天中不可见？

接下来的几年中，CfA 红移巡天小组在邻近的部分天空中测量出越来越多的红移值。将它们重叠后，会得到细致的更大的天空图。到了 1989 年，天空图的发展已然出乎人们的预料[113]。一个巨大的星系带穿过图片，"线条人"不见了。然而空隙仍在原处，令人印象更深的是围绕在它们周围的无数星系。巨型的星系束后来被称为"巨壁（Great Wall）"，它是宇宙中前所未见的最大单一结构。"巨壁"的大小为长 6 亿光年，宽 2.5 亿光年，厚 3000 万光年，包括了所有类型的星系和星团。同样，其视觉影响非同一般，激发天文学家去思考各种方法来解释天空中这一不同寻常的结构。

人们为宇宙绘图的夙愿远未实现。更大规模的自动巡天仪器在不断发展。一些研究人员探寻宇宙深处，观察那些暗淡的星系和狭窄的"铅笔"束，另一些研究人员则观测天空中的广阔区域，记录下距离远但相对明亮的星系。星团结构盘根错节，但并非随机排列，透露出形成此种排列方式的物理进程。一种可能的原因是，物质在自身引力的牵引下容易造成坍塌，继而成为巨大的饼状薄片。当这些薄片彼此碰撞，其结果可能类似于大小不等、高低不均的气泡形成泡沫的过程。在"气泡"之间拐角部位的接触点上，物质的密度会特别大，最亮、最红的星系团可能就在此形成。但是，随着对亮星系之间暗区的认识不断增加，人们却发现整个过程其实很复杂。宇宙中存在的暗物质大约是亮星系的 10 倍。虽然暗物质在图片上无法显示，却指导着图片构成的方方面面。

如今，考虑到暗物质的不同分布与存在的多种可能，天文学家构建了大型计算机程序来模拟星系聚集为星系团的过程。模拟结果辨认了宇宙结构的多种可能性，以此来与天空图中的真实宇宙对比。它们不仅告诉我们宇宙的全景是什么样子，而且还设定了日程表，指导理论天文学家在未来做出各种预测，甚至用计算机程序创造"人工宇宙"。

哈勃深场原图，拍摄于 1996 年 1 月 15 日

最终的疆域

哈勃深场

> 宇宙可能像洛杉矶一样。它有三分之一的实物，三分之二的能量。
>
> ——罗伯特·柯什纳（Robert Kirshner）[114]

哈勃空间望远镜让公众对天文学和宇宙学的认知发生了巨变。自从 1990 年 4 月 25 日第一次升空开始，它至今已拍回 70 多万张宇宙照片。这些壮观的"公版"图像为世人所熟知，并大量用于出版物、唱片封面，甚至印在邮票上。它们常常将天文学带到世界新闻刊物的头版。

从某种程度上说，其中最著名的图像最出人意料。1995 年，巴尔的摩空间望远镜科学研究所主管罗伯特·威廉姆斯（Robert Williams）接受了一个建议：作为研究所主管，他可以拥有个人观测时间，并按照自己的意愿完成一个单一项目。于是，他将望远镜对准北方天空的单一暗点（该区域周围没有发光天体，无法在图像上显示），并从 1995 年 12 月 18 日到 12 月 28 日连续 10 天收集光亮。在此期间，哈勃空间望远镜进行了 342 次独立曝光，其中 276 张照片被加工成人们后来熟知的"哈勃深场"。这是人们观察宇宙得到的最远的影像。

结果完全超乎了人类的想象。整幅图上的星系颜色各异、形状不一、亮度有别，还有几千个星系是人们从未见过的。不难看出，它们所处的位置相差极大，而且各自处于进化历史中的不同阶段。其中大多数星系距离地球 25 亿到 105 亿光年[115]。很多星系看起来很特别，仿佛经历过与其他星系的近距离接触或碰撞。

尽管图像中的星系不胜枚举，但哈勃深场也只是一张小小的宇宙快照，好像透过钥匙孔看宇宙一样。它所拍到的天空是整个月球直径的约三十分之一。考虑到宇宙在 137 亿年前就开始膨胀，当光长途跋涉到达地球时，我们看到的宇宙一隅已然包含大约 1000 亿个星系，而每个星系还包含着大约 1000 亿颗恒星。所以，尽管哈勃深场捕捉到了大量天体活动，而更大规模的巡天，比如斯隆数字巡天

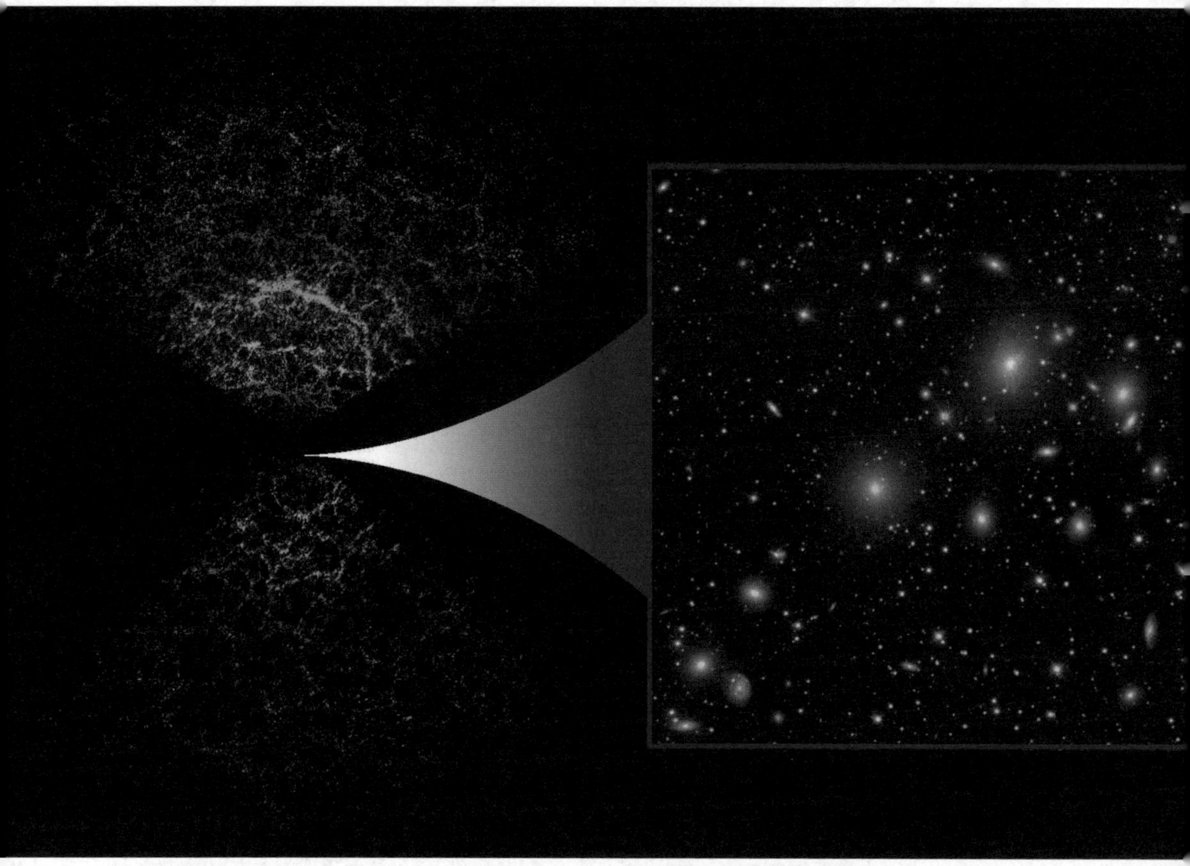

图中所示的哈勃深场图其实仅为斯隆数字巡天拍摄图像的一小部分。斯隆数字巡天覆盖了天空的 1/4，由此绘制的三维图像中包含超过 2 亿个恒星、星系和类星体。它是迄今为止最大规模的宇宙巡天

（SDSS）扫过的区域甚至远大于哈勃深场，并揭示出更大尺度上的宇宙结构，但是它们"看"到的都不过是"星"海一粟。

1998年12月14日，哈勃空间望远镜公布了另一幅深场图[116]，这次是南天深场的图像。历经10天，哈勃空间望远镜以同样的方式对准南天极附近进行拍摄，从反方向提供了一幅互补的宇宙深场图。图中虽然有数以千计的新星系，却进一步肯定了在首个深场图中发现的普遍构造[117]。未来，我们必定会改进这幅经典的哈勃图像。但我相信，规模再大的宇宙深场光学图也不会令我们感到如此惊奇了。

我们从图像中只窥见了宇宙的一小部分，但它却包罗万象：四散的星系交错纵横，千般姿态、万种颜色，年老年幼尽在其中。这幅绝妙的宇宙远景也成为空间望远镜无所不能的象征。比起简单地为天文研究者提供信息，这些图像的意义远不止如此：它们塑造了公众对宇宙的新认知。

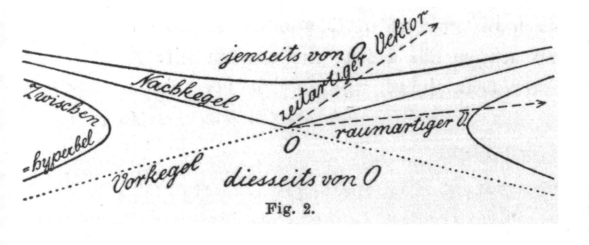

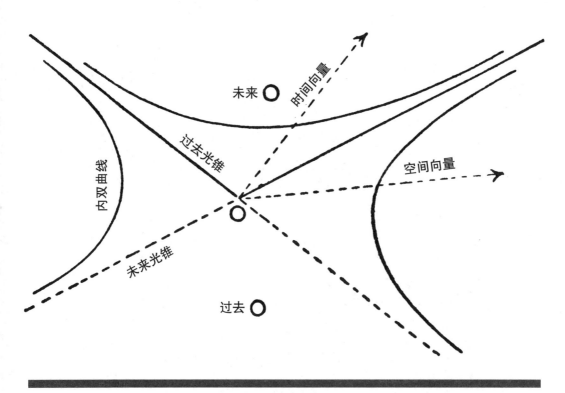

赫尔曼·闵可夫斯基的第一幅时空图，顶图摘自他 1908 年的著作《空间和时间》，其下图是翻译版本。时间和空间的方向由箭头标注。观测者位于空间和时间的 O 点

变革时代

时空图

我能在瞬间接受一切，比如一幅画或一尊雕像。在我的想象中，当一件作品呈现在我面前时，当它必须被演奏出来时，我反而听不到它。但当它受到阻碍时，我却能完全领会它……并且，当我成为"顺风耳"，可以听到全部乐器的配乐时，这就是最绝妙的时刻。

——莫扎特

用古老的牛顿学说看世界，空间是这样一个舞台：舞台上的事物被固定，时间的进程像一支不可弯曲的箭，区分出过去、现在和将来。空间是宇宙的舞台，大小事件频繁上演，没什么东西可以动摇。时间是线性的，笔直向前，任何事物都不能改变它流逝的速度。宇宙中发生的任何事件都不会影响空间的本性和时间的流动。时间和空间没有关联，它们各自分开，相互区别。在空间中，你可以向任何方向移动；但在时间上，我们通常猜测，你只能向前[118]。

1905年，在亨德里克·洛伦兹（Hendrik Lorentz）和亨利·庞加莱（Henri Poincaré）的工作的基础上，爱因斯坦创立了狭义相对论。其中最核心的假设是真空中的光速是自然界的普适常数。所有观测者，无论其自身和光源如何移动，都能测出相同的光速值。所以，如果有人在火箭上用手电筒照着你，无论这枚火箭是向你飞来还是离你远去，你测出的视向光速都是相同的[119]。这很奇怪，但很真实。

一旦自然界有了不变的量，比如光速（距离和时间的比），那么空间和时间二者必定有密切的联系。爱因斯坦构建出了它们的关联，并向人们展示，真空中的光速应该是宇宙的极限速度——没有任何信号能够传播得比它更快。曾在1896年担任过爱因斯坦老师的苏黎世瑞士联邦理工学院教授赫尔曼·闵可夫斯基[120]（Hermann Minkowski）在1907年提出一项著名的论断："从此刻开始，空间和时间本身都应该退居幕后，只有二者的某种关联含有重大意义。"

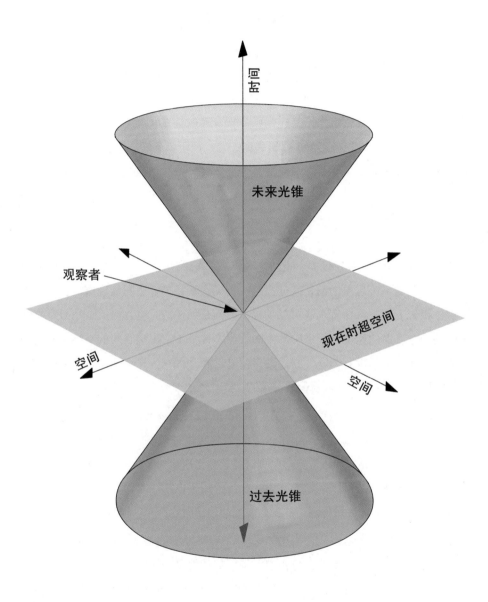

观察者眼中的时空图，展示了现在、通向未来的锥形区域以及回溯过去的锥形区域。信号以光速或低于光速的速度通向未来或从过去来到现在。这两个区域分别称为未来光锥和过去光锥

在关于这些研究的书面报告中，他又做了些解释："我要向你们阐释的时空观来自实验物理的土壤，那里孕育着它们的力量。时空观是根本。从此，空间和时间本身注定消逝在纯粹的暗影中，只有二者的某种关联将保留一种独立的现实。"[121]

光速的问题造成了人们沟通上的新障碍，催生了一系列艰深难懂的时空图。人们用时空图来描绘宇宙空间和时间的结构。其中，闵可夫斯基将空间和时间融为单一整体——时空。为了便于操作，人们通常隐去此类图片中的空间坐标系中的一维或两维，并将它们与时间轴垂直摆放，称之为"闵可夫斯基图"（Minkowski diagram）。在本书中，我们展示了仅有一条空间轴和时间轴的闵可夫斯基图（见章首图片），以及一张三维空间透视图（上页图）。在这两幅图中，时间方向都是90°垂直于空间方向（相反）。

如果我们坐在"观察者"这一点上，那么当我们画出两个圆锥体后，时间和空间将被划分为四部分。这些圆锥是光线的路径。它们从四面八方而来，由过去到达"观察者"，又朝多种方向穿出观测者，进入未来。这两个圆锥分别称为"过去光锥"和"未来光锥"。位于光锥外部的无限空间和时间是我们不可及的。我们只能"看见"它们，接收它们的信号，或者，当瞬间信号以无穷速度传递出去时，我们能影响它们[122]。

这张图片揭示了我们同宇宙的关系。过去光锥包括所有已经发生的事件，我们再也不能改变或影响它们——这个光锥是被动的。而未来光锥包括的区域是我们能通过积极行动来影响的。如同人们数千年来所信奉的那样，这两个光锥不互相接壤。而对于你来说，在时空图中，你可以触碰的点只能是标记着观察者位置的地方。

这幅简单的图片藏有许多奇异的悖论。比如，它表明"同时性"就在观察者的眼中。如果我看到两件事同时发生，那么相对于我运动的另一人将看到它们在不同时间发生。如果两个人沿不同路径穿过交叉的时空图，那么两人在交汇处时，各自的过去光锥是什么样的？两个光锥是不同的。在两人眼中，同时发生的过去事件分属于不同集合。只有当两人之间没有相对运动时，他们才会同意各自观察的事件是同时发生的。

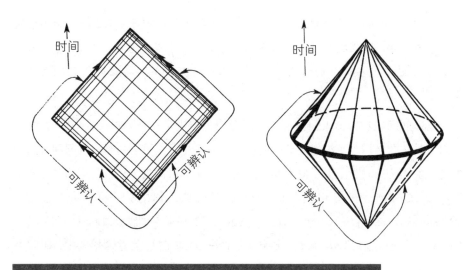

罗杰·彭罗斯所绘的第一幅共形时空图（左图）保有一根水平的空间轴，时间轴是垂直的，光射线沿对角线路径呈 45°。同样的构造用透视画法展示了一个拥有二维空间的宇宙（右图）

　　时空图包括了一整页的绘画，沿各种路径将时空图分割为条状，将图划分成不同的时间和空间。我们可以画出许多水平的平行切片，并将它们归为等时间线。或者，我们以不同的路径画出一组平行线，其斜率倾向于之前所绘的线条斜率，从而把画面切片。这就是爱因斯坦相对论的精髓。每一份切片相当于不同观察者眼中的时间和空间，而观察者之间的相对运动让他们看到的时空有所不同。随着观测者们的相对速度不断提升，倾斜度也在增加，相对性的影响变得更明显。

　　在空间和时间的分割中，这种相对性表明单个空间和单个时间都是次要的。真正有意义的是"时空"，即整个未划分的图片。它确实暗含着一些非比寻常的事情。因此我们会这样认为，真正的现实是整块时空[123]，它的每个部分都早已存在，甚至是处在我们未来的那一部分。未来——我们的未来，就摆在我们面前，好像一张固定的路线图[124]。但它并非由我们创造，因为我们是沿着自己的路线在前进。我们感觉自己拥有某种自由的意志，虽然表面如此，但其实不然[125]。或许我们能够描绘出的时空图也是有限的。如果你能设法进入未来，或涉足已经"发生的"那部分宇宙，那么你可能会实现时间旅行。

　　闵可夫斯基图的另一版本同样给时空图的研究带来了巨大影响。它由英国数学物理学家布兰登·卡特（Brandon Carter）和罗杰·彭罗斯（Roger Penrose）提出。人们称之为卡特－彭罗斯图、卡特图、彭罗斯图或共形图，名字五花八门。在研究黑洞结构、星系和复杂的时空方面，这张图发挥着重要作用。我们不用数学计算，就能从图片中轻而易举地观察到因果关系、光射线运动以及重粒子运动。在没有大量人为努力和计算机辅助的前提下，面对精确的数学方法都无法攻克的复杂问题，物理学家学会运用图片来理解它们。而时空图正是此种情形的经典例子。为了让图表简明易懂，人们将空间维数减为一维，这就好像假设空间的另外两维刚好以同样的方式运动；然后，再加上一根时间轴。闵可夫斯基图貌似更简单，它着重突出了一些离我们无穷远的区域。

　　世上有五种不同的无限。未来类光无限，所有光射线都通往无限的未来；过去类光无限，所有光射线都从它而来；未来类时无限，所有比光速慢的粒子都通往无限的未来；过去类时无限，这些粒子都从它而来；最后是比光速慢的光或粒子都无法进入的类空无限。卡特－彭罗斯图巧妙运用数学变形，展现了特殊的性质：它没有改变光线的路径（45°斜线），但引入了全部五种无限，并固定它们的距离，所以整幅图呈一个有限大小的菱形。类时和类空无限刚好成为菱形的四个顶点，过去和未来类光无限由菱形的四条边组成（呈45°）。菱形的外围没有任何事件存在。所有光射线沿45°斜线移动，所有具有质量的粒子沿稍平缓的斜线运动。这些线在未来类时无限汇聚，继而告终。上页图是罗杰·彭罗斯[126]所绘的第一幅彭罗斯图。这是最简单的卡特－彭罗斯图，可是一旦引入黑洞或其他物体，它就会复杂很多。但无论何种情形，在过去的40年间，当人们讨论时空的结构以及物理学或天文学中的因果关系时，卡特－彭罗斯图已然成为大家的通用语言。

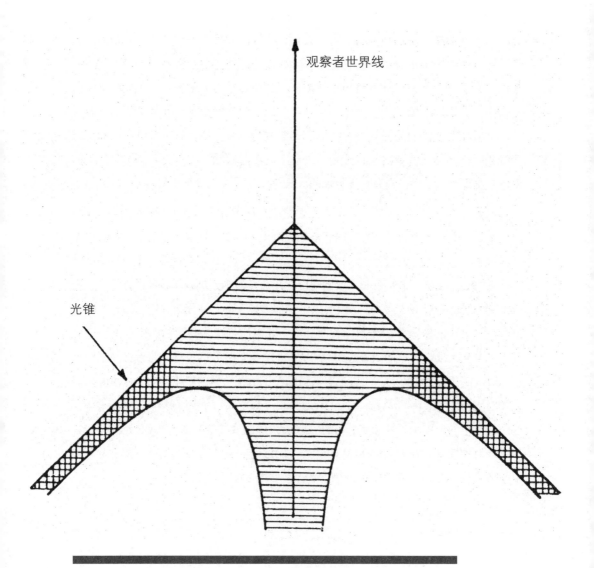

观察者世界线

光锥

弗雷德·霍伊尔在 1960 年完成的图片，描绘出今天观察者眼中的过去光锥，图中阴影区域刚好位于光锥的边界以内（我们通过地理学和天文学能了解的地方）。天文学家观测的所有光和辐射都沿着光锥的边界移动 [127]

我们的昨天

我们的过去光锥

我想大家都同意，过去已经结束了。

——乔治·W. 布什 [128]

　　时空图的问世创造性地描绘出光射线和粒子可能的过去和将来。当天文学家开始思考引力的作用时，时空图也随之步入一个新阶段。如果我们想探索宇宙，获取信息的方法有两种。其一，我们用望远镜和接收器收集可见光的光子或其他波段的辐射，比如 X 射线。其二，我们探测大质量的物体，比如陨星和彗星，或探测比光速慢的宇宙射线 [129]，因为它们具有质量。如果在时空图上观察这些"入射"信息，我们会看到，天文学帮助我们确定了过去光锥的表面结构。随着历史的脚步，这些信息将我们今天探测到的光射线和辐射带回原始的出发点，或者带到我们视线最终被挡住的地方。疾驰的宇宙射线、地球上的化石及其他来自太空的尘埃让我们回到大约 46 亿年前，刚好进入过去光锥边缘以内的区域。于是，我们直接进入了弗雷德·霍伊尔所绘图中的阴影部分。在霍伊尔 1960 年首次制图后，乔治·埃利斯（George Ellis）于 1973 年补充完善了该图的更多重要细节，展示了宇宙历史的不同时代，以及人们通过观测可以进入的空间和时间区域。

　　我们在追溯入射辐射的源头时会遇到一些阻碍。第一个阻碍发生在宇宙只有372 000 岁时，宇宙当年的密度是今天的 1000 倍，温度超过 3000 开尔文，以致任何原子或分子都无法存在。光子、电子、轻核，茫茫一片，在巨大的电离等离子体中相互作用，还有不计其数的中微子和引力子，除去引力的牵引外，它们好似幽灵，不受干扰地自由穿行。就算我们的望远镜能够回顾到如此远的距离（相当于辐射温度为 3000 开尔文），或许那也就达到极限了。这就好像透过一块毛玻璃看东西。光子散乱分布，周围环绕着自由电子，但稍后，待到温度降低时，电子会被原子束缚，光子将自由通过。这就像观察太阳。太阳深处的核反应会制造出无数四散的光子，我们眼中极度清晰的太阳轮廓正是光子结束的地方，这只是一个圆面。当我们"看"太阳时，看见的是光子最后出现的表面——太阳的"光球层"。它阻挡我们用寻常光来观察太阳的内部。同样的过程也阻挡我们直接观察来自宇宙早期的光子。

但光子并不是我们从太阳或早期宇宙能探测到的唯一物质。多年来，天文学家已经能从太阳深处探测到中微子。中微子的反应是弱相互作用过程，因为它自身不带电荷，所以不参与电磁相互作用。各种粒子从太阳中心流出，当其他大部分强相互作用的粒子被地壳吸收后，假如这些能穿透地壳的中微子偶然撞到深埋地下的特殊仪器，它们就将被捕捉。

或许有一天，我们能够利用中微子直接观测早期的宇宙。遗憾的是，虽然我们可以几乎肯定宇宙中的大部分物质由我们尚未探测到的某些中微子（它们比探测器捕捉到的中微子重很多）构成，但建造一架中微子望远镜任重而道远。来自宇宙早期的中微子能量很低，不能与现有的探测器产生任何明显的交互作用。但是，如果我们可以看到它们，就能重现过去光锥，各条路径都会回到宇宙对中微子和光子不透明的时间点。这种情形出现在宇宙诞生的第一秒，当时的宇宙温度比今天高 100 亿倍，体积也更小。

如果我们想直接观察宇宙诞生的第一秒，那就必须选择空气更稀薄的探测地点。在宇宙明显开端后的第 10^{-43} 秒，它的温度比今天高 10^{32} 倍，密度更加密实，引力子和引力波相应而生，它们畅通无阻地穿过早期宇宙。今天，利用引力子，即具有波粒二象性的引力波能量的波包，我们便可以"看见"宇宙历史上的这一点。

在思考过这些阻碍重建过去的屏障后，我们开始明白，自己可进入的空间和时间是多么狭窄。借助科学观察，我们能够研究的宇宙只是微不足道的一小部分。在我们不可进入的区域，宇宙是什么样子？为了确定这一点，我们不得不增强信心，即使无法验证，也要大胆猜测。有人会设想，在今天，宇宙的其他地方大致如我们能看到的一样，并无多大差别。长久以来，这种猜测被当作哥白尼模型的典型现代版本。这是因为哥白尼曾说，人类不应该处在宇宙的特殊位置。可惜，哥白尼眼中的世界是以太阳为中心的太阳系，但将其理论推广至整个宇宙却未必可行。近年来，宇宙膨胀理论在天文界的地位可谓坚不可摧，因此我们认为总体来讲，宇宙的结构相当复杂，各个区域迥然不同。如果看得足够远，甚至超出

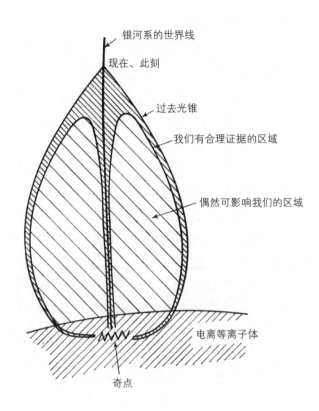

乔治·埃利斯绘制的过去光锥图，它包含了更多的细节。考虑引力的影响，图片描绘的"过去"指向原始的大爆炸奇点（除非有其他力介入）。我们无法用聚光望远镜直接观察电离等离子体时期

现代望远镜所能触达的地方，我们不会看到一个四处相同的宇宙。另外，人们也开始明白，为了满足生命进化的必要条件，我们在宇宙中栖息的这片区域需要许多不寻常的特征。

　　这个貌似梨的形状、能对我们产生影响的过去光锥还表现出宇宙的另一个显著特征。由于引力的作用，入射光线的运动轨迹不是直线。如果将它们掉转方向，追溯至过去，这些轨迹便开始聚集。爱因斯坦告诉我们，引力作用于一切事物，甚至是光。正是过去光锥中所有物质的引力吸引造成了光线的集中。罗杰·彭罗斯和斯蒂芬·霍金（Stephen Hawking）曾提出一项著名的推论[130]，它告诉我们，如果时间有一个起始点，那么宇宙应该具备哪些性质。而这一推论的首要前提就是万有引力。如果引力起到吸引的作用，并且宇宙中有足够的物质去创造过去光锥中的"梨形"汇聚（确实有），那么历史不可能无限地延长至过去。当人们第一次看到这些数学法则时，大家普遍认为在宇宙中，万有引力作用于一切物质形式，所以我们有理由相信确实有一个时间起点[131]。后来，人们预测物质可能存在新的形式，不施加引力的影响。同时，宇宙加速膨胀的这一发现也表明了，这种排斥引力的物质形式是当今宇宙的主导要素。这意味着，我们可以不再使用数学法则推论时间有一个起始点。但这也不意味着时间没有一个开始，只不过它没有必要有而已——更何况，我们也无法证明时间确实有起点。

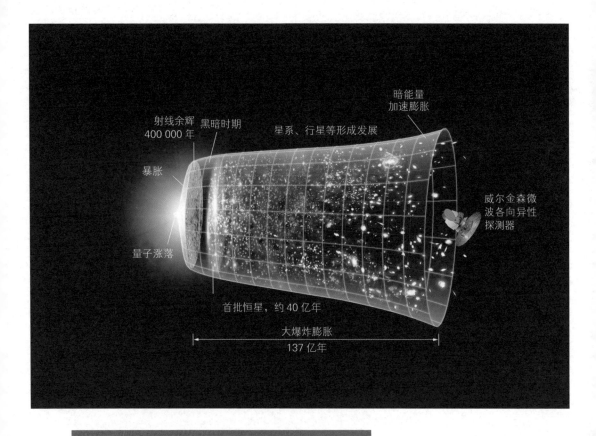

宇宙历史的现代图片。图中标有明显的开始，经过一段暴胀期后，进入等离子体主宰的阶段，之后进入暗物质形式主宰的阶段，此时星系和恒星形成。今天，我们生活在最近的时代，它始于 45 亿年前，当时宇宙在加速膨胀，因为神秘的暗能量占到宇宙的 70%

引力的彩虹

暴胀宇宙的光谱

如果你能洞穿时间的种子，知道哪一粒会发芽，哪一粒不会，那么请告诉我吧。

——莎士比亚 [132]

1981 年，宇宙学的一项新理论跃登新闻头条。它整合了人们对大尺度宇宙结构的理解，从此成为相关研究的典型范例。想到当年经济形势中的通货膨胀问题，理论创造者称之为"暴胀的宇宙"①。但从多个角度考虑，这个名字也十分恰当。宇宙学家对新理论产生了浓厚兴趣，相关的科学论文、会议、公众展览同样使人应接不暇。暴胀理论改变了天文学，也不断抬高了资助机构及大学院校的预算额度。所有一切只因粒子物理学家阿兰·古斯（Alan Guth）最先提出的一个简单想法。当时他在斯坦福大学工作。

古斯的构想很简单，他仅对公认的宇宙膨胀模型做了一处改动。当宇宙开始加速膨胀时，古斯在这一过程的极早期插入了一个非常短的间隔。由于宇宙中所有物质的引力作用，膨胀过程受阻，因此在通常的模型里，宇宙总是减速膨胀。加速膨胀需要一种新形式的物质存在，它们必须对同类其他物质施加相反的斥力 [133]。幸运的是，当时在基本粒子物理学领域出现了一种新理论：这类物质形式在超高能量的环境中或许非常普遍，比如在宇宙极早期发现的物质。

如果这类"反引力"物质确实存在，那么它将迅速超过传统物质和射线，引起宇宙飞快膨胀。假使如人们所料，这种物质的生命短暂，并且随着温度降低，能量很快衰退并进入射线和其他粒子，那么在无数次短暂的"暴胀回合"结束之后，膨胀会重新开始减速。

古斯在宇宙膨胀过程中加入一个暴胀的间隔，产生了诸多影响。无论是宇宙

---

① 通货膨胀和宇宙暴胀的英文都是 inflation。——译者注

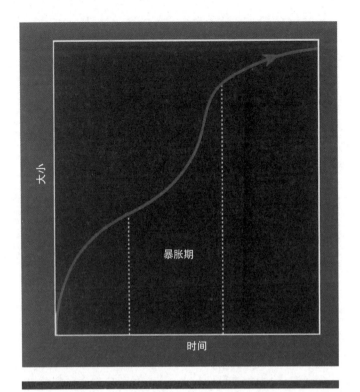

暴胀指的是宇宙在极早期经历过一段非常短暂的加速膨胀过程。
这意味着在暴胀期后，宇宙大小有了前所未有的膨胀幅度

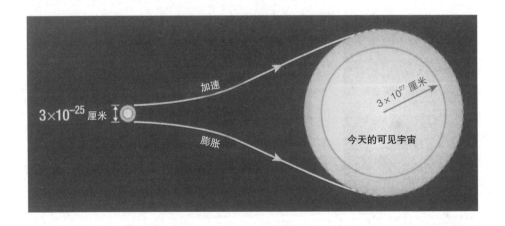

今天，我们可见的宇宙只是整个宇宙的一部分。自从宇宙在 137 亿年前膨胀，光也开始旅行。
暴胀引发的加速膨胀使得今天我们可见的整个宇宙成了原始区域的膨胀图像。原始区域足够
小，通过辐射转移（由高温区到低温区），它变得非常光滑[134]

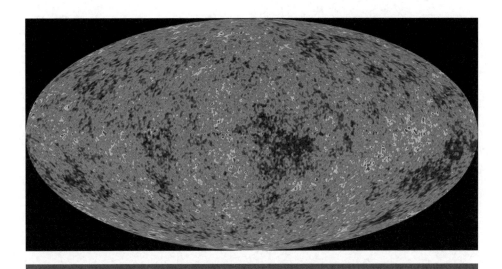

威尔金森微波各向异性探测器绘制的全天微波背景辐射温度图。红色区域高于天空平均温度 200 微开尔文，深蓝色区域低于天空平均温度 200 微开尔文

的大小，还是它体积增大的速度都令人吃惊。时间上的某一点曾经离膨胀的开始非常接近，并区分了宇宙不断膨胀的过程和最终的坍缩——大挤压过程。但对这一时间点的研究，我们却可望而不可即。我们看到的宇宙已变得非常平滑，空间中的任一方向都大致相似。在古斯提出新理论之前，宇宙表现出的上述特征全是未解之谜。引入一个短期的暴胀阶段后，所有问题便迎刃而解。

暴胀理论最有趣的结果是，加速膨胀时期让今天宇宙的全部可见区域（横穿140 多亿光年）从一个原始的、小范围的质量和能量波动扩张到如今的模样。这种波动足够小，光射线从一端移动到另一端，保持了波动的平滑[135]。人们预测，这个协调的原始区域会有统计上的变化，它将以暴胀的状态终结，继而引发大范围的温度和密度变化，正如我们今天所观察到的宇宙一样。

因此，暴胀解释了星系的存在。我们还预测，如果暴胀确实发生过，那么宇宙微波背景辐射的温度变化将非常特别。宇宙学家利用大量仪器一直极力找寻证明暴胀存在的确凿证据，他们确实做到了。美国国家航空航天局将宇宙背景探测器和威尔金森微波各向异性探测器（WMAP）送入太空，对宇宙微波背景辐射在天空不同方向上的涨落进行测量，试图找出人们之前预测的温度变化。卫星比地面探测器用处更大，它们不必穿过变化的大气层就可以扫描整个天空，对不同方向上的温度进行大规模比对，从而剔除了数据集中完全偶然的变化。

这些观测和理论预测的结果都已呈现在一幅重要的图片上，它描绘出了天空中不同角距范围内测量到的温度变化强度。标准宇宙暴胀模型在小尺度上的预测用实线表示。其中有个显著特征就是振荡，比如像钟声一样消退的振荡。当我们来到右边，探测越来越小的尺度，根据物理法则，能量由高温区转到低温区，因此最终所有波动会趋向一致。如果我们拉长实线来到左边，那么波动会是水平的——这与宇宙背景探测器探测到的结果几乎相同。最早，威尔金森微波各向异性探测器精确描绘出了实曲线的数据点[136]。我们注意到，在最初几个隆起处，其结构和人们预测的非常相似。但后来，当仪器灵敏度不能满足观测要求时，不确定性又开始增加。当信号在左边进行大角度扫描时，其中会出现一个特别的"点"，

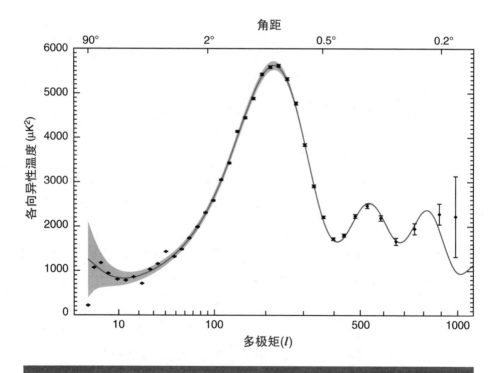

在不同角距下，分散的数据点表示了宇宙微波背景辐射中平均温度差异的大小（月球的视直径为 0.5°）。标准暴胀模型预测了红线部分。数据点来自威尔金森微波各向异性探测器

它一直是天文学家解释和争论的对象。在统计上，这个点没有看上去那么有意义，它或许只是接近宇宙大小的巨大波动被压缩后的结果而已，毕竟再大的波动也得"适应"这个空间。

2009 年，欧洲空间局将更先进的普朗克卫星发送升天，大大提升了小角度观测的准确度。同时，从地面进行观测的天文学家同样不甘落后，利用不断革新的电子学技术成果建造出超高灵敏的探测器，力求全面、精确地收集来自宇宙最早期的辐射信号。暴胀真的发生过吗？这可能得由普朗克卫星绘制的这张图片来决定[①]。当观察者能用完美的细节填补今天留下的空白时，我们会看到更多信息。这是暴胀演奏的音乐。它让我们刚好看到宇宙只有 $1/10^{-35}$ 秒时的模样。新闻媒体大量引用它；谈到现代宇宙学的发展情况时，这张图片更是技术论坛和公众谈话中不可缺少的一部分。某一天，我们会将它作为第一个证据，证明宇宙最开始可能的样子。它将是宇宙初生的真实写照。

---

① 　2013 年，欧洲空间局根据普朗克卫星探测并传回的数据绘制了迄今最精确的宇宙微波背景辐射全景图。——译者注

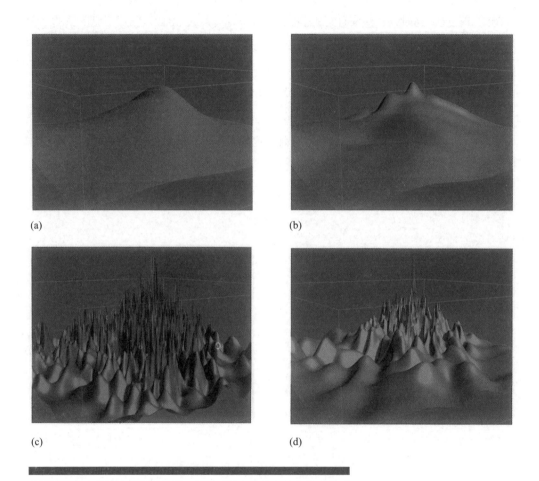

(a)　　　　　　　　　　　　(b)

(c)　　　　　　　　　　　　(d)

此图为暴胀自我再生的发展过程，按顺时针方向从左上角依次按时间顺序表现出来。空间中"小山"的形成表明暴胀开始。之后山又叠山，好像石笋一样，表明了暴胀宇宙的自我再生失去控制

世界不够大

永远的暴胀

窥一斑而知全豹。

——莎士比亚 [137]

宇宙早期暴胀图景引出了两种毋庸置疑的阐释。暴胀理论认为，宇宙在极早期经历了一个短暂的加速膨胀期。宇宙曾经如此之小，在它的早期阶段，自发产生的光射线和其他简单、流畅的过程让宇宙内部协调一致。而宇宙当时的模样与我们今天所见的这部分宇宙相比，除了大小有别，其余别无二致。首先，暴胀理论这一简单构想取得的非凡成就几乎吸引了人们的所有注意力，它解释了可见宇宙的重大性质：全部宇宙整齐划一，不规则的物质如恒河沙数，成为星系出现的前奏；宇宙的膨胀速率非常特殊；空间中从一个方向到另一方向，宇宙膨胀的速率极度相似。以上这些问题全是人们之前无法解释的巧合。现在，它们被视作一个单一假设的可能结果。

但是，这一简单构想很快显露出一些意外的难题。人类可见的这部分宇宙是如何发展变化的？它是如何从一个微不足道的原始区域膨胀成了一个广阔无际的光滑空间？思考这些问题固然很好，但所有邻近的区域又会怎样？它们同样会膨胀，只是不同区域间的暴胀程度有细微差别，而且它们会创造出属于自己的大范围光滑区域，但性质却和我们的宇宙不同。我们看不见它们，因为来自它们的光迄今还未到达地球 [138]。但是有一天，我们的后代或许会看得更远。他们会发现，在更大尺度上，宇宙的面貌会极其复杂、毫无规则。虽然在今天，我们所见的宇宙好像非常光滑，而且相对简单。暴胀理论让我们预测，我们能看到的这部分宇宙不能作为整个宇宙（可能是无限的）的典型。宇宙的全貌比想象的更加复杂。

令人头疼的问题貌似还有更多。之后，业历山大·维连金（Alexander Vilenkin）和安德雷·林德（Andrei Linde）提出，暴胀的宇宙还有一个令人苦恼的特征——

索尔·勒维特的作品

暴胀的自我再生。一旦宇宙中的某一小区域发生暴胀，不仅该区域自身会加速膨胀，而且它还会为其子区域创造出进一步暴胀的必要条件。结果就是暴胀会出现自我再生过程——牵一发而动全身，好像永无止境。所以，如果未来是永无止境的，那么过去为何不是如此呢？

永恒的、自我再生的暴胀意味着，虽然我们这个又小又鼓的"气泡"宇宙在膨胀开始时或许有一个"起始"，但是全部的"多元宇宙"——所有这些气泡宇宙不需要开始，也不会有终结。我们居住在其中一个或许很稀罕的气泡里。它不断膨胀，经过如此之久的时间后，使恒星、行星和生命得以发展进化。历史这门学科比我们想象的更难。

"永恒暴胀"的想法给理解宇宙的历史带来了新难题。这是因为我们认识到暴胀宇宙的全貌很复杂，而且发现自己生活的宇宙可能变化万千、历史纷杂，而且大多数空间根本无法进入。所以，人们更加痴迷于这个新想法。在浩瀚的宇宙中，我们生活在一片精心打造的小天地里，它既单一又简明。

林德是永恒暴胀宇宙概念的提出者之一。他以实际行动绘制出一幅生动的图片，说明了暴胀自我再生的过程。当不同强度的暴胀发生在不同区域时，弯曲空间的面貌开始改变，催生出低矮的小山。然后，尖状物从山上隆起，尖状物又叠在尖状物上……以此类推，好像暴胀在自我再生。这一成长阶段不仅复杂，而且呈现出不规则的形态。我们就生活在其中一个稀有的顶点上：在这里，暴胀已经停止，膨胀也趋于稳定。但是，它貌似只是个非典型状态。在无限的多元宇宙中，大多数空间应该仍处在暴胀期。我们把这个多彩的"暴胀石笋系列"称为"康定斯基宇宙"——虽然观念艺术家索尔·勒维特（Sol LeWitt）的作品更能让人产生联想。这或许是我们在上帝家中看到的一部新电影。

约翰·A. 惠勒在黑板前

无名引力

黑洞无毛

这些人一直感到不安，内心从未享受过一刻安宁……天体的变化令他们担心，令他们恐惧……太阳每天散发无数光线，却没有任何养料作为补给，它最终会耗尽自己，熄灭火光。那时，我们将面临地球的毁灭、行星的消亡。

——乔纳森·斯威夫特（Jonathan Swift）[139]

美国物理学家约翰·A.惠勒用自己发明的术语和图片阐释了引力的主要性质，令人印象深刻、广受启发，惠勒本人也因此闻名于世。他是术语"黑洞"一词的发明者，还与他人合著了一部精心编排、绘有插图的著作[140]。每逢演讲，他都利用事先精心准备的彩色粉笔在黑板上进行讲解，演讲内容翔实、绘声绘色。这些难忘的图像首先出现在惠勒的黑板上，继而收录进他的文章或著作中。可供选择的图片有很多，但我们挑出来的是全世界天体物理学家立刻就能认出的经典图片。

如今，黑洞既是现代天文学的一部分，也是现代文化的一部分。黑洞出现在电影中，也出现在高中物理的课堂上。黑洞，这一永恒的概念是天空中的一个陷阱。每当一个质量足够大的物质进入一个足够小的区域，黑洞就会形成[141]。黑洞周围存在一个没有出路的界面，我们称它为黑洞的视界。如果你通过入口进入黑洞里面，那里没有钟声奏鸣，也没有其他意外发生，你得不到任何事件的讯息。只有你试图掉转方向逃离黑洞时，才会有奇怪的事情发生：你永远回不到入口，无法穿过视界。你受困于空间和时间之中。随着时间流逝，你会被无情地甩到黑洞中央，强大的潮汐力最终将你和你的太空船一起撕成碎片。起先，你或许根本察觉不到有什么特别的事情。超大质量黑洞潜藏在许多星系的中心，它们的质量是太阳质量的数十亿倍，可密度比空气的密度还小。我们能瞬间穿越一个黑洞的视界，却完全感受不到有什么特别之处。这和我们此时在地球上的所见所闻并无两样。相比之下，对于一个远离黑洞视界的旁观者而言，黑洞中的情况就非常奇怪了。

当太空船濒临黑洞视界时，旁观者依然能够接收到我们的信号，并通过望远镜看到我们。但是，当太空船开足马力企图返回，尝试逃离越来越强的引力时，旁观者接收的光会越来越红。最终，太空船发来最后一粒光子和最后一束无线电信号，它穿过视界，进入了黑洞。此后，在距黑洞千万里之外的天文学家看来，生命变得简单许多。我们可知的黑洞内的物理量只有三个——黑洞的总质量、总电荷和旋转（特别是角动量）。黑洞内的物质或许有数不尽的其他性质：它可能由物质或反物质组成，可能是黑色的或白色的，可能是放射性的或惰性的，可能是圆形或方形，可能是金色的或银色的……然而，一旦视界封闭，外面的天文学家就无法再知晓关于黑洞的任何性质了。我们必须清楚地认识到，黑洞内的事物会保留其他性质——如果与它们并行，我们仍能确定这些性质，只是视界外的人无从得知。

对于远离黑洞的天文学家来说，黑洞是宇宙中最简单的天体。一旦知道它的质量、电荷和角动量，你就了解了它的一切。相反，一颗典型的恒星有不计其数的性质，我们只能了解其中一小部分，不可能了解它们的全部。

惠勒的图片抓住了信息的关键。因为含有丰富信息，所以具有多种性质的天体跌入黑洞时，留下的信息只有黑洞的质量、电荷和角动量。这三种物理量出现在伟大的物理守恒定律之中。如果在黑洞形成时，宇宙对这些量也失去了记忆，那么在宇宙中的任何地方，包括黑洞在内，质能守恒、电荷守恒或角动量守恒都可以被颠覆。

当物质落入黑洞时，物质的信息量将发生何种变化？这是现代物理学中一个重大的未解难题，我们称之为"信息悖论"。它会从宇宙中消失，坠入黑洞核心的奇点吗？它会通过量子蒸发（霍金在1974年的发现）而逃离黑洞吗？或者，会有更诡异的事情发生吗？

惠勒用便于记忆的术语精练地描述出黑洞的这种性质："黑洞没有毛发。"这个定理通常被称作"无毛定理"。黑洞只能有这三种性质。由于没有其他可以相互区别的特征（"毛发"），因此两个有着相同质量、电荷和角动量的黑洞是无法互相区分的。如果三个物理量中有两个量相同，那么两个黑洞也无法辨别。20世纪80年代，美国加州大学伯克利分校的斯普劳广场上常常出现一位精明的街头小贩，他向路人出售月球上的地产和宇宙中的黑洞（你还会得到一张所有权证书）。他对黑洞做了最简单的分类：它们既没有旋转也没有电荷，只有质量的区别。由于他贩售的黑洞的质量看上去都相同，我还曾问过他"业主们"该如何辨别哪个黑洞是自己的。

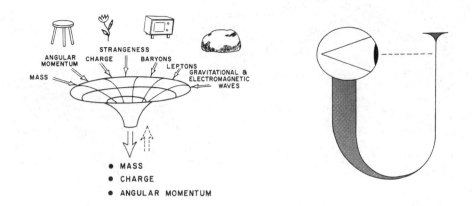

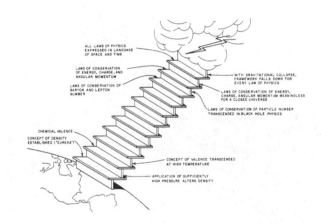

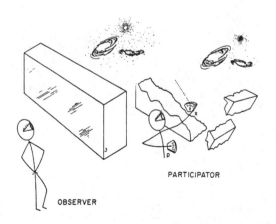

约翰·惠勒所绘的物理图像剪辑。顺时针从左上依次是进入黑洞视界后信息的消失；作为量子悖论的自我观察的宇宙；逐渐升高的楼梯，表明人们对自然定律更深入的理解；"观察者"（左）的角色，在量子世界，他同样是被观察的"参与者"（右）

第二部分

地球与偏见

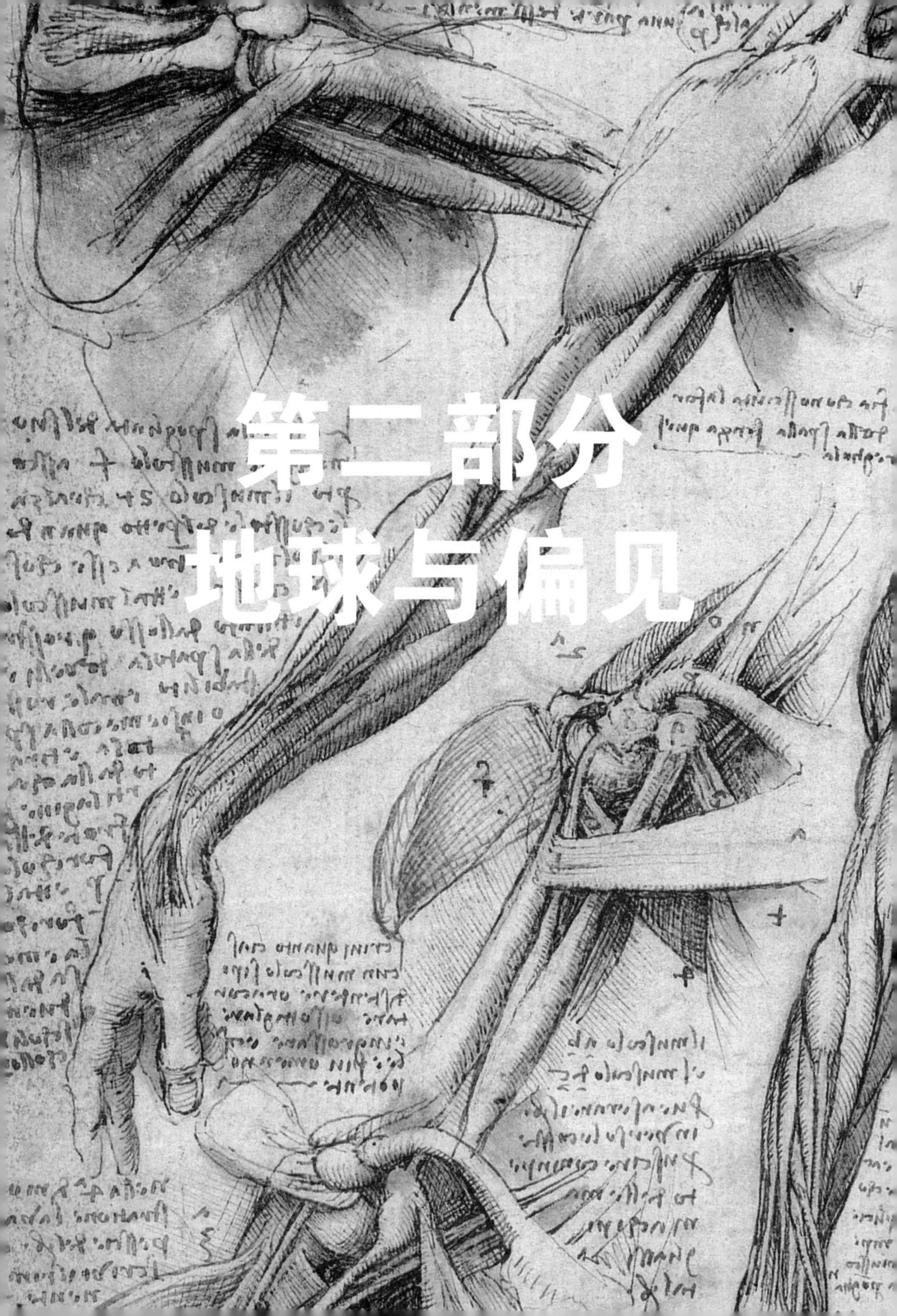

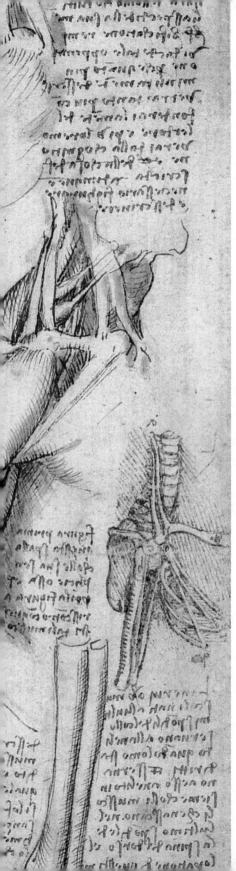

如果你想从头开始制作一个苹果派，你必须先创造一个宇宙。

——卡尔·萨根（Carl Sagan）

达·芬奇运用解剖技法绘制的图画，图中的注释是"镜像"文字

当人类想向远方的其他智能生命介绍自己，告知他们地球在宇宙中的存在时，也选用了图片作为交流工具。这些向太空发送的图片内容十分精练，包括人类的体形、知识、思想和我们在时空中的位置。但是，那些可能存在的"地外"生物是什么样的？早前，天文学家确信火星上有运河，并参与创作了虚构的火星人形象：文明先进的外星人以飞碟为交通工具，飞行数百光年、穿越银河系，在返程之前降落在弹丸大小的美国爱达荷州。

在这部分内容中，我们会站在大尺度上观察地球。借助"阿波罗号"拍摄的图片，人类第一次从太空中看到地球——贫瘠月球身边的蓝宝石。我们也在思考，这些地球图片为环境保护运动带来了哪些推动力。我们将看到一系列经典的地球图像，是它们定义了新科学：第一幅地质图、第一张天气表、等高线图、三维动植物图，还有迷人的陆地景观图——人们将一段历史绘制成图像。那时，欧洲制图者们是地图艺术领域中的顶尖工匠。

地图透露出人类的渴望：我们想知道自己所在的位置，也想确定自己的前进方向。地球拥有几乎是球面的表面，如果将之转换成平面的地图，那么变形就不可避免。有趣的是，人们常常利用这种变形表达政治暗示。同时，新一代科学家发明了新投影技术，希望取代前辈们使用的变形地图。

地球内部、表面及其全貌的图片一直深深地影响着人类对世界的看法。当我们第一次从太空中看地球时，我们不仅从"阿波罗号"拍摄的图像中获得无穷灵感，而且还认识到人类带给这个星球的威胁。地球的环境支撑着生命的发展，而我们却在破坏它。发现臭氧层空洞让我们终于首次了解到这颗小星球需要怎样的关心和保护。

我们还会看到一些描绘地球生命的经典图像，从创造恐龙的现代概念开始，到人类祖先最早的脚印，再到人类身体的演变；从艺术作品到第一幅教科书插图，以及无所不在、迷惑人心的人脸对称图形。

第一台显微镜揭示了一个出人意料而又神奇的微观世界。罗伯特·胡克（Robert Hooke）的著作《显微图谱》（*Micrographia*）详细地描绘出了这个小天地的错综复杂。胡克曾通过显微镜的目镜观察雪花。但直到 20 世纪，人们才完全破解了雪花的秘密。它们的外表是统一的对称图形，而其中的细微差别却透露出更多意想不到的复杂性。这种不易发现的复杂性带来了巨大的挑战，我们很难捕捉到其运动时的状况。我们还会讲到由高速摄影机拍摄的第一幅图像所引起的轰动。

这里，我们会看到从文艺复兴时期巧夺天工的绘画创作到"图表"和"数字"时代的转变——精准却枯燥，缺乏人文气息。各种植物学、解剖学、制图学图书中的早期插图是充满生活情趣和个人特性的艺术作品，揭示了一个供人类探索和复制的美好新世界，蕴藏着这个世界的哲学含义。我们不用继承古希腊人的智慧也可以一探究竟。印刷工艺的革新让人们第一次能大量复制科学插图，有些图片恰恰需要借助这种新技术才得以完成。在早前，图书和插图全部是手抄本，费时又费力。结果，仅有少数几份手抄本保留了图片的细节和原貌，而其他版本要么缺乏表现力，要么与原作出入太大。突然间，印刷术让科学图像变成了真正公共知识的一部分——这是人类迈出的一大步。

1968 年 12 月 24 日，宇航员威廉·安德斯（William A. Anders）
在“阿波罗 8 号”上拍摄的地球升起的画面

一个人的一小步

从月球看地球

是的，表面是细腻的粉状，我可以用脚趾轻易将它们踢起。粉尘粘着我的鞋底和鞋边，一层层的，就像粉末状木炭。我只走了不到一英寸，可能只有八分之一英寸吧。但是我可以看到自己的鞋印和鞋印上细微的沙状纹理。

——尼尔·阿姆斯特朗踏上月球后说的第二段话

1961 年 5 月 25 日，美国前总统约翰·F. 肯尼迪（John F. Kennedy）在美国国会的演讲令人为之一振：阿波罗计划将把人类送往月球。经过 10 次登月预演之后，在 1969 年 7 月 20 日，美国东部标准时间 4:17:40，阿波罗载人飞船经过 4 天的飞行，成功抵达月球。尼尔·阿姆斯特朗（Neil Armstrong）和巴兹·奥尔德林（Buzz Aldrin）离开了登月舱。在着陆点"静海"，阿姆斯特朗第一次踏上月球表面，迈出"一个人的一小步，人类的一大步"[1]。第二天，他们离开月球表面，与迈克尔·柯林斯（Michael Collins）驾驶的指挥舱在"阿波罗 11 号"的轨道上对接，开始漫长的回家之旅。7 月 24 日，3 名宇航员安全返回地球，指挥舱在太平洋降落。他们完成了历史上路途最遥远的人类旅行，直播节目也创下了收视新高。

美国国家航空航天局最初设立该计划的动机是政治和技术因素，但阿波罗计划取得的成就和带来的影响远远超过人们的预期。它完成了最复杂的设计方案——人们在地球上从未尝试过——首次启用了 20 多岁的新毕业生，其中最出色的詹姆斯·韦布[2]（James E. Webb）负责领导团队。这是一项伟大的集体成就。从技术上说，阿波罗计划对控制性和可靠性的要求非常高，它极大地促进了计算机技术的发展，也因此确立了美国微电子工业在世界上的长期主导地位。相反，由于苏联的航天计划全部保密进行，因此对其他产业帮助较小。但是，阿波罗计划的技术成就（还有因此发展起来的不粘锅技术）和管理经营并不是人们对它津津乐道的原因。对于大多数人来说，阿波罗计划意味着几张图片——月球自身的图像和拍自月球的地球图像。它们是人类从未拍摄过的壮观图像。

从月球表面看向太空，景象着实惊人。月球没有大气层，所以没有因大气分子作用而产生的光的散射和衍射。在月球上看不到五彩斑斓的天空 [3]，天空看上去总是黑色的，除非你看到远处特别的光源。这里也没有声音，周遭一片死寂。

离月球最近、最令人敬畏的光源就是地球，它反射着太阳的光，在距月球 238 857 英里（约 384 403 千米）的地方绕地轴旋转。"阿波罗 11 号"拍摄到两幅经典的地球图像，第一幅是三分之二个月牙形地球，第二幅是地球从月球上的史密斯海升起。6 个月前，"阿波罗 8 号"首次拍到地球升起的图像，这是人类从太空中记录下的第一张地球照片。

我们对这种天空中的月牙形状并不陌生，因为我们经常从地球上看到月相的变化。看见月球反面的坑洞令人激动不已。但是，这些传世摄影之作对于月球并无太大意义，反倒是人类从此开始对地球的环境产生了深深的忧虑。1962 年，雷切尔·卡森（Rachel Carson）的作品《寂静的春天》（Silent Spring）第一次唤醒了人们对地球的关心，从反对使用农药的风潮开始，到一些国家级环保机构的建成，最终，保护鸟类和动物免受化学污染的新法律也诞生了 [4]。照片暴露了这些问题，并第一次将问题带入公众视野。"阿波罗号"拍摄的图像与这种环保新思维不谋而合。在 1968 年的平安夜，"阿波罗 8 号"进入绕月轨道。作为"阿波罗 11 号"的前序飞船，它使用便携电视摄影机在太空中拍下地球的图像。第一次，人类离开地球，清楚地从太空中看到了它的模样——地球格外壮观。月球看上去单调死寂、毫无生气，而地球却色彩斑斓、生机盎然，如同宇宙中的一颗彩色玻璃球。地球环境美丽而多变，它是太空中的珠宝：多姿多彩、稀罕独特、无可替代、令人向往。

"阿波罗号"从太空中拍到的地球图像没有版权约束，因此被世界各地的人们随意复制、采用，在书籍中、明信片上，随处可见。图像中潜藏着有关地球本质的信息，直击人心。它们促进了环保事业的发展，与广大倡导环保的人士产生共鸣，比如恩斯特·舒马赫 [5]（Ernst Schumacher）、巴巴拉·沃德（Barbara Ward）和勒内·迪博 [6]（Rene Dubos）等。"阿波罗 11 号"拍摄的划时代图像让人们对环保的关注到达顶峰 [7]。

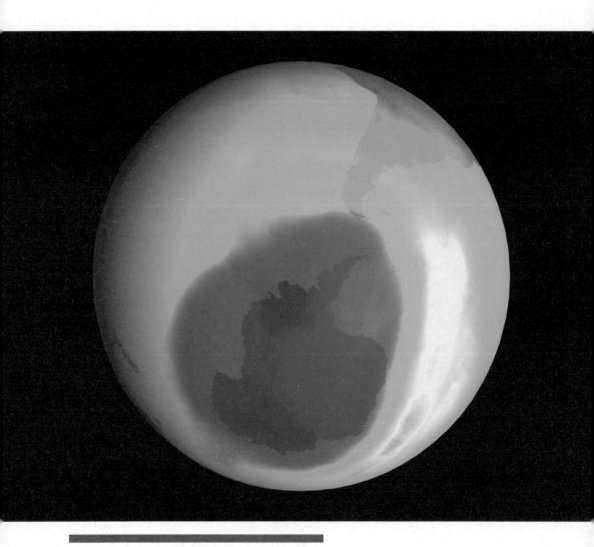

2000 年 9 月，从太空中监测到的南极上空的臭氧空洞

照料与维护这颗小星球

臭氧空洞

> 命该如此。我们都一样。科技文明象征着一个种族奋不顾身的努力，他们极力改造充满敌意的自然环境，试图建立梦幻的世界。有知觉的种族从不长期合作，因为他们无法与自己赖以生存的环境共处。毁灭或退化是他们仅有的选择。
>
> ——卡尔·施罗德（Karl Schroeder）[8]

一个臭氧分子由三个氧原子组成[9]。臭氧是地球大气层中不可或缺的一部分，虽然含量很低，但其存在对生命的延续至关重要。尽管我们看不见它，但偶尔会闻到它。雷雨过后，空气中常带有淡淡的硫黄味，这是因为闪电将一个氧分子（O_2）分解成两个自由的氧原子（O），当其中一个氧原子与另一氧分子（O_2）反应时，便形成了含有三个氧原子的臭氧分子（O_3）。虽然太阳光中的强烈紫外线是氧分子分解和氧原子复合的主要原因，但闪电（作用）引发的化学反应制造出了大气层中的多数臭氧。来自太阳、在生物学上有害的紫外线被臭氧分子吸收，到达地球表面时强度减弱，使脆弱的生命免遭破坏[10]。讽刺的是，很多肤色浅的人喜欢晒日光浴，任由空气中的紫外线将肌肤变黑。数百万年间，在我们的生活环境中，平均紫外线强度一直维持在安全水平，但自从工业化开始，新型化学废物产生，我们脆弱的自然环境便失去平衡，不禁令人担忧。

1974年，两位美国化学家马里奥·莫利纳（Mario Molina）和舍伍德·罗兰（Sherwood Rowland）预测，广泛应用于冷却装置和喷雾罐中的某些化学药品大量削减了臭氧的自然丰度，而这种消耗速度远远快过大气层中的补充[11]。这些广泛使用的化学药品是氯氟烃——后来被称作 CFC，由于比空气轻很多，它们进入高层大气，威胁着平流层中的臭氧屏障。莫利纳和罗兰敦促政府和使用氯氟烃的工厂采取紧急补救措施，但后者毫不理会。他们说，根本没有确凿的证据能证明臭氧正在损耗。

从 1975 年开始，英国南极勘测局（British Antarctic Survey）的科学家约瑟夫·法曼（Joseph Farman）、布赖恩·加德纳（Brian Gardiner）和乔纳森·尚克林（Jonathan Shanklin）一起在哈雷研究站（南纬 75.5°）监测南极上空的地球大气。鉴于人们围绕着臭氧层争论不休，法曼在 1977 年开始围绕南极观察臭氧含量的损耗程度。之后几年，他连续测出臭氧含量不断减少，却不愿做任何公开声明，因为美国国家航空航天局的"雨云 7 号"（Nimbus-7）卫星的臭氧总量绘图谱仪（一个高性能的计算系统）并没有明显测量出臭氧的消耗，也没有做出任何有关臭氧含量下降的声明。法曼怀疑是否是自己的测量有误。1985 年，仍没有美国方面的任何报告，可臭氧损耗却愈加明显。最终，法曼、加德纳和尚克林决定不再隐瞒，并在《自然》杂志上公开了自己的发现[12]。尽管他们的测量方法很简单，但他们声称南极上空的臭氧损耗巨大。令人吃惊的是，来自"雨云 7 号"卫星的计算机分析数据刻意忽略了臭氧量的减少，因为它们被当作异常数据处理，而且人们也不相信物理上会存在这种可能。更令人尴尬的是，"雨云 7 号"重新分析的结果证实了法曼的观测结果是正确的：平流层的臭氧含量比 20 世纪 60 年代下降了 35%。南极上空的臭氧损耗严重，犹如臭氧屏障破了一个巨大的洞，后来人们称之为"臭氧空洞"。

臭氧空洞率先出现在南极，这是因为在寒冷的环境中，破坏臭氧的化学反应进行得最快。虽然之后人们在北极上空也发现了臭氧空洞，但南极是陆地，不像北极只是冰冻的水域，所以南极比北极更加寒冷。臭氧空洞每年持续出现数月，并在南半球的春天面积达到最大，最大的空洞持续大约 2 个月，继而蔓延到南美洲最南端的上空。强烈的紫外线对刚从冬眠中醒来的小动物和植物造成了极大伤害。臭氧空洞的面积巨大，在个别时候，最广能覆盖大约 3000 万平方千米，几乎占到地球表面积的 6%[13]。到 2005 年年底，臭氧空洞的面积已大幅减小。

甚至在法曼的发现公布后，各大工厂仍不愿采取行动。但是，化学家警告政府：连年的观测结果显示，臭氧损耗的速率不容乐观。最终在 1996 年，在联合国的组织协调下，各国就氯氟烃以及相关化学药品的排放量达成重要的管制公

约 [14]。隔年，莫利纳和罗兰获得诺贝尔化学奖 [15]。21 世纪，人们将竭力恢复平流层的臭氧含量，争取令其回到 20 世纪 50 年代的水平 [16]。

章首图片记录下了震撼人心的臭氧空洞。同样，从附近的太空拍摄到的地球表面图像中，人们也能看到同样惊人而重要的卫星图像。在人类历史上，我们首次能够立即评估全球性影响带来的冲击。

1851 年 7 月首次通过银版摄影法得到的日食图片，拍摄者为贝罗科夫斯基

黑暗的正午

日食

主耶和华说，到那日，我必使日头在午间落下，使地在白昼黑暗。

——《阿摩司书》(*The Book of Amos*)[17]

　　我们被包围在城市刺眼炫目的灯光下，根本看不到夜空中的星星。对古人而言，事情却大不相同：数以百计的星星闪闪发光、气势非凡。在他们眼中，这是最令人激动的自然景象。而且几乎在每个晴朗的夜晚，他们都能看到这样的天空。星空周而复始的变化为人类理解自然界及其可靠性和规律性带来了重要的实际价值，对人类也产生了微妙的心理影响。在这个可预测的环境里，例外、灾难[18]、巨变是如此令人震撼。这些事情都被载入史册。

　　古时发生的日食对人类事件产生了巨大影响，因此也格外出名。英文中"日食"一词 eclipse 来自希腊语 ekleipsis，原意是"缺漏"或"抛弃"。而在中文中，"日食"隐含着"啃食"或"吞下"的意思，而且在传说中，太阳通常被神兽吞咬。我们可以找出许多颇具影响力的日食记录，它们甚至改变了人类的历史。公元前 585 年 5 月 28 日，日全食不期而至，结束了古代吕底亚人和米堤亚人为时 5 年的战争。从他们各自的记录中，我们看到当战争正在进行时，"白昼变为黑夜"。战争停止，双方很快签署了和平约定。几百年后的 1503 年，克里斯托弗·哥伦布(Christopher Columbus)的船只受损，搁浅在牙买加岛。他利用自己的天文知识，预测到月食（地球的阴影将月球表面遮蔽）即将发生，由此赢得了当地人的帮助。起先，他用小饰品与牙买加人交换食物，但最后，当地人拒绝给予更多帮助。哥伦布一行人饥饿难耐、濒临死亡。1504 年 2 月 29 日夜晚，哥伦布安排与岛民会面——他知道此时会发生月食。哥伦布声称，岛民的袖手旁观触怒了上帝，上帝要将月亮带走，以表示自己强烈的不满。当地球的阴影开始遮住月亮表面时，惊慌失措的岛民立即答应了哥伦布的要求，供其所需，只要他能将月亮还原。哥伦布说，他必须离开一会，说服上帝带回月亮。他看着沙漏，歇息片刻便适时返回。

他向岛民保证，上帝已原谅了他们不恭的态度，并将月亮复原。很快，月食退去。此后，哥伦布在牙买加的生活一帆风顺，最终全体船员获救，成功返回西班牙。

日全食的出现惊天动地，它的发生是一个自然界的意外。太阳本身的直径比月亮大 400 倍，但它们与地球的相对距离悬殊，以至于从天上看，两者外观大小几乎一致[19]。所以，当月亮经过太阳前方，它几乎能完全挡住太阳表面，让太阳光全部消失。相比而言，如果我们处在太阳系中任一星球的表面上，此时在它们的天空中，卫星通常比日轮看上去更大。在太阳系中，除了地球，唯一能看到日全食的地方是土星。土卫六（Prometheus）是土星的卫星，而且形状不均。但是，从土星上望去，日全食的持续时间很短，而且只覆盖天空的一小片区域，因为土星距太阳很远，而土卫六又很小。

地球与月球之间的距离以相当缓慢的速度不断增加——每年增加几厘米。但在 5 亿年后，地球上将不会再看到日全食。

1851 年 7 月 28 日，贝罗科夫斯基（Berkowski）在哥尼斯堡第一次拍下日食的照片。此后的 50 年间[20]，人们重复使用这幅图，四处传阅着这难得一见的奇观。图像同样显示出来自太阳表面的活跃太阳耀斑。

在人类进化过程中，日食间接地起到了重要作用。月球的体积够大[21]，足以产生日全食，这是出现日食的主要原因。如果月亮不存在或比现在小很多，地球上的生命就会面临可怕的命运。那时不再有潮汐，或许我们也能活下来，甚至经历着相同的进化。但是，由于其他行星的引力作用，地轴（大约为纵贯南北磁极的一条线）的方向将摇摆不定。地轴正常的倾斜度为黄赤交角的 23.3°。如果月亮不存在，那么这个倾角会显著变化，且变得毫无规律、无法预期，且几百万年一直如此。那时，季节更替将非常频繁，为了适应环境，生物进化也会面临严峻挑战。

火星就没那么幸运，发生了一连串杂乱无章的事件，因为它的两颗卫星只是束缚在其周围的小行星，体积非常小，无法起到任何稳定作用。而我们的月球却足够大，它的引力场阻止了其他行星带来的外部影响，长久以来，地轴的方向几乎没有变化[22]。

爱因斯坦的广义相对论发展了牛顿在 1687 年建立的经典理论，解决了强引力场和光速不变的问题。广义相对论提出了一个伟大的预测：当遥远的星光经由太阳

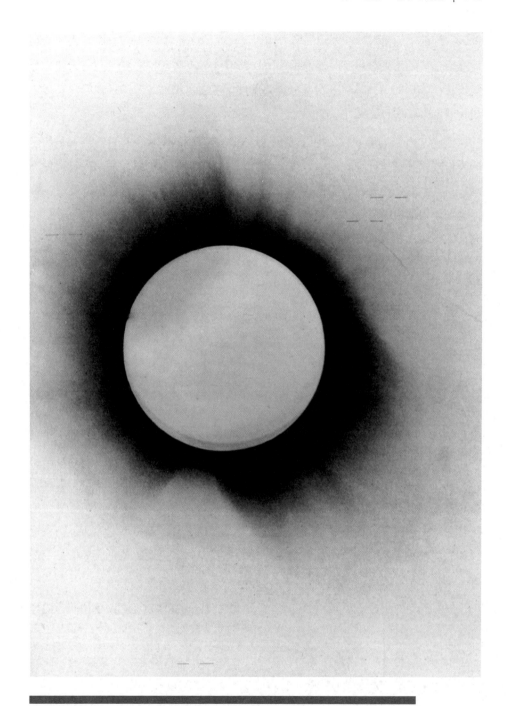

1919 年在巴西的索布拉尔拍摄的一张 4 英寸照片的底片。照片中的横线标注了恒星的位置，通过测量这些位置，可证明光线在太阳引力的影响下形成了弯曲[23]

进入我们的望远镜时，在太阳的引力作用下，光的路径将变得"弯曲"。爱因斯坦计算出偏离的角度，可它与牛顿定律所预测的大为不同（角度大了一倍）。如果想验证这个关键的预测，只有在日全食的条件下才得以进行，否则太阳的强光将盖过我们试图观察的东西。

夜晚，当太阳落下时，我们先拍摄一幅群星闪耀的图片。之后，当太阳位于同一群恒星的前方，而且同时发生日全食时，我们再拍下一张照片。在日全食期间，只有太阳处在这些恒星的前方，我们才能看到它们。如果光线并非笔直传播，而是如爱因斯坦所说，会因引力的作用而变弯曲，那么我们应该能看到一些恒星。它们在天空中的位置应当离太阳非常近，否则，假如光线笔直传播，当我们放眼望去时，这些恒星就会被太阳表面遮住。事实上，我们能看到一些太阳背后的恒星，因为光线的弯曲让我们看见了太阳的身后。

爱因斯坦预测，光线的偏折角度应该仅为 1.75″（太阳的角直径为 32′，比预计的光线偏离角度大 1097 倍）。在第一次世界大战结束后，英国天文学家亚瑟·爱丁顿和安德鲁·克伦默林（Andrew Crommelin）各自率领探险队，分赴西非几内亚湾的普林西比岛和巴西的索布拉尔进行重要观测[24]。1919 年 5 月 29 日这天，日全食正好处在毕星团的正前方，观测时间竟持续 6 分钟之久。尽管天气恶劣，但爱丁顿和克伦默林小组却得到了具有划时代意义的观测结果。我们能看到克伦默林在索布拉尔拍摄的一张底片。遗憾的是，爱丁顿在普林西比岛拍摄的底片已全部丢失。为了比较不同条件下（太阳在星域前方时或在太阳"消失"时）被测恒星所在的位置，人们用水平线做了标记。爱丁顿和克伦默林探险队证实了爱因斯坦的预测——光线发生了明显弯曲。1919 年 11 月 15 日，英国皇家天文学会将这一振奋人心的结果公之于世，爱因斯坦顿时备受瞩目。由此，他也成为历史上最伟大的科学名人之一。

1919 年 11 月 22 日，《伦敦新闻画报》首次刊登了此次实验的文字说明，内容如下。

"今年 5 月，英国探险队观测日全食得出的结果证实了爱因斯坦教授的理论：光的传播受引力影响。其中一位英国观测者克伦默林博士于 1919 年 11 月 15 日在本刊发表文章说：'日食的条件非常有利于达成观测目的。此刻，处于太阳边缘且光芒相当亮眼的恒星不少于 12 颗。在观测过程中，我们不断拍照，将日全食条件下拍到的恒星与它们在夜晚时的位置进行对比。如果太阳的引力将星光弯曲，那么相比另一组底片，在日食条件下拍到的恒星好像离我们更远……无论在索布拉尔还是在普林西比岛，我们拍摄的照片都支持了爱因斯坦的理论……'这一结果引发了深刻的哲学思考。在爱因斯坦的空间里，直线不存在，它们只是大幅度的曲线。"

假如没有日全食，人们就无法用上述手段验证爱因斯坦的引力理论。如果没有像水星这样与太阳近在咫尺的行星，我们就无法验证爱因斯坦的另一重大理论——行星的运行轨道偏离[25]。从这些意外的天文事件中，我们得到一个启示，无论外星人的智商多高，我们都不应妄自揣测他们也能发现我们已掌握的物理定律。人类的诸多科学发现都得益于有利的地理巧合。如果天空乌云密布，就会遮蔽天文学；如果缺乏磁性矿石和行星的磁场，磁学和电学的研究就会寸步难行；在近星球表面，如果地球上没有放射性元素，就意味着辐射和核衰变的研究终将受阻。在一颗行星上，通往科学发展的道路往往受制于环境——为了生存，人类要克服环境的挑战，受制于头顶上可见的天空。对于我们来说，难得一见的日全食是一场美妙绝伦的自然灯光秀：它提醒我们，人类的生存离不开月亮；它帮助我们，让我们了解最深奥的宇宙法则。

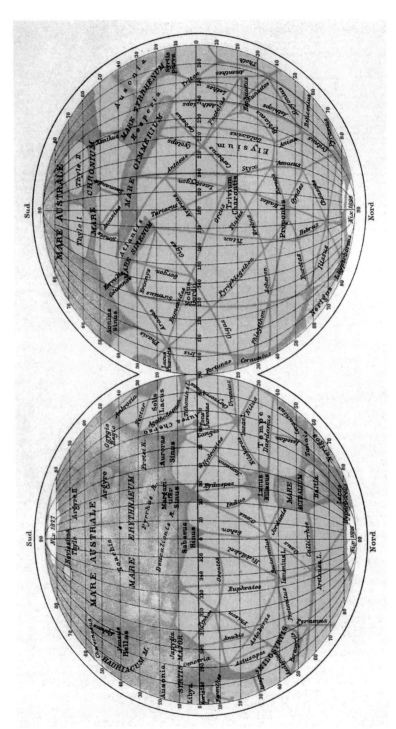

乔万尼·夏帕雷利
在 1877 年绘制的火
星表面图，在读者
看来，上面有"运
河"（canali）的痕迹

世界大战

火星运河

穿过太空的港湾，在那里，他们待我们就好比我们待亡兽。他们智力超群、冷酷无情，用一双嫉妒的眼睛望着地球。毫无疑问，他们在不紧不慢地制定对付我们的计划。

——赫伯特·乔治·韦尔斯（Herbert George Wells）[26]

在太阳系中，由内往外数的第四颗行星是火星，它是太阳系中第七大行星。古希腊人尊其为神话中的战神"阿瑞斯"，可原因却不得而知，或许是因为它鲜红的颜色吧。在我们的文化中，火星就是"外星球"的同义词——"火星人"一词众所周知。英文中的"三月"（March）就源自"火星"（Mars）。甜点商都在争卖玛氏巧克力（Mars chocolate bars），因为它的经典广告标语是："每日一块玛氏巧克力，伴你工作、娱乐和休息。"奇怪的是，土星、木星、海王星却没能融入我们的生活。只有浪漫的金星稍有贴近。是不是它们的居民选错了行销公司？或者，火星有某些特殊之处，能令世人如此着迷？火星是如何变成"外星世界"的代名词的？

在夜空中，人们用肉眼很容易看到火星。它的亮度和距地球的远近变化差别很大。每隔 26 个月，火星来到离地球最近的地方。此时，我们可以发射空间探测器，令其用最少的燃料到达火星。所以在 2004 年，我们接连看到欧洲和美国的太空船降落在这颗红色的行星上，或在其周围运行。那正是火星距地球最近的时刻。虽然它比地球小很多，但其陆地面积与我们的星球不相上下。火星的小卫星——火卫一（Phobos）和火卫二（Deimos）貌似两个畸形的土豆。火卫一的直径只有22 千米，而火卫二的直径更小，仅为 12 千米。这两颗小卫星只是和火星比邻，并被其引力捕获。

我们对火星的着迷源自它充满魅力的地表图案。1877 年秋，在布雷拉天义台（Brera Observatory），当火星再次来到地球附近时，意大利著名行星天文学家乔万尼·夏帕雷利（Giovanni Schiaparelli，知名时装设计师埃尔莎·夏帕雷利的叔叔）认为自己观测到了火星表面的"沟渠"，意大利语为 canali[27]。当他的报告被翻译成英文时，canali 被译成了"运河"（canal）。这个词因此被视为人造痕迹，这难道是火星上的居民为了灌溉或运输而兴建的？火星表面亦明亦暗，夏帕雷利给这些区域配上了海域、海角和半岛等地球上才有的名称。他还创造出了异域情调，为它们取了华丽、悦耳的新名字，比如大力神柱、静海、极光湾。借助丰富的想象，夏帕雷利重塑了火星的面貌，它好似一幅远古地球图，蕴藏着谜团与深意。后来者再无雷同。

夏帕雷利的描绘令人心动，观测报告同样细致周密，这激起了当时美国头号天文学家珀西瓦尔·洛厄尔（Percival Lowell）的兴趣。他推波助澜，令误解继续加深。1894 年，洛厄尔声称，火星表面盘根错节的网状痕迹是智能生物的杰作，甚至它们仍居住在此。他推断火星表面存在云层，且温度适宜，还识别出许多大型工程项目。洛厄尔的观点体现集中在三本著作中：《火星》（*Mars*，1895）、《火星和它的运河》（*Mars and Its Canals*，1906）、《作为生命居所的火星》（*Mars as the Abode of Life*，1908）。从此，火星已成为太阳系中最具魅力的地方。

洛厄尔的推测为科幻小说家搭建了创作平台。韦尔斯、奥拉夫·斯塔普雷顿（Olaf Stapledon）以及无数接踵而至的后来者以此为创作基础。直到今天，火星仍让作家们文思泉涌、想象不断。同样狂热的还有美国民众，他们似乎完全接受了智慧火星人的存在。1938 年 10 月 30 日，万圣节的前一天，美国年轻演员奥森·韦尔斯（Orson Welles）让数百万美国人惊慌失措。收音机里，韦尔斯正在讲述广播剧《世界大战》，可听众们迅速断定，他们听到的是真实的报道。听众们深信巨型发光物在新泽西州着陆，火星人正在入侵美国。韦尔斯请专人模拟新闻

火星古谢夫盆地（Gusev Crater）的岩石，图像均为真实色彩。这里能看到三种岩石：瘦削型，它是埋在沙层下的锯齿状岩石，以及浅灰色的圆形岩石和黑色的坑洼岩石。黑色岩石起初应该是火山岩，由于水的冲刷，圆形岩石变得光滑。这幅图像来自"精神号"探测车。其颜色由多种相机滤色镜合成，模拟了人眼的视觉效果。2004 年 7 月，"精神号"在火星的古谢夫盆地着陆，在工作 809 天后，它于 2006 年 4 月 12 日拍下此图[28]

广播，描述飞船上初现的火星人。在普林斯顿天文台，解说员卡尔·菲利普斯（Carl Phillips）中断了对理查德·皮尔森（Richard Pierson）教授的访问，直接说出亲眼所见："它们好似一根根触角。在那儿，我能看见这东西的身体。大小如熊，闪着光亮，皮肤好像湿漉漉的皮革。但那张脸……难以形容。我很难强迫自己一直去看它。眼睛是黑色的，像蛇一样闪着光。嘴呈 V 形，颤抖震动的嘴唇毫无轮廓，口水下流不止……这东西正在站起。人群后退。他们看够了。这是最不寻常的经历。我找不到词了。我要扔掉麦克风了。我必须停止描述，我要换个地方。等等，请等等，我马上回来。"[29]

民众陷入了恐慌。最后，真正的新闻广播不得不呼吁市民保持冷静，并解释这只是一个故事。

如今却是我们"入侵"火星。很久以前，细致的观测结果已经说明，洛厄尔所说的运河不过是眼睛跟我们开的玩笑。人类的眼睛不论看向何处，只要看到图案，就会"一厢情愿"地把它与邻近区域连接，并尽其所能将图案整合为笔直的线条。但是，一些曲折的通道却真实存在。2004 年，空间探测器"火星快车"（Mars Express）已证实火星南极存在冰冻水，而且，流动的水或许曾冲刷过火星表面的大型沟渠。可能在地表深处，浮冰群的强大压力至今仍足以融化成液态水。美国国家航空航天局发射的"精神号"（Spirit）探测车传回了超高解析度图片，让人们真正"看"到了这颗红色星球的地表特征。

对天文学家来说，火星也告诉了我们地球的奇妙特质。火星没有板块构造：它的地貌非常简单。和地球不同，火星没有磁场。这种缺失使得火星的大气任由太阳风摆布，快速流动的带电粒子从太阳不断向火星传送。逐渐地，太阳风吹散了火星大气，几乎什么也没留下。如果地球的大气没有磁场，那么它的命运将和火星一样。地磁场阻止了太阳风，由于引力作用足够强大，因此太阳抛出的粒子仍将绕地球大气而行。

火星的极端气候史远甚过地球。其形成原因同样引人注目，正如我们在上一章所见的。地球和火星的倾斜角度，即黄赤交角均在 23° 到 24°。但是，火星的卫星不够大，无法保持运行稳定。面对长驱直入的太阳风，火星也没有能力保护自己的大气层。因此在我们看来，火星表面的温度变化无常、差异巨大。长久以来，它的气候一直混乱不堪。如果没有月球，地球或许同火星一样——在这里，复杂生命的存在仅仅是其他生物的幻想，或是科幻小说中的情节。

　　未来，人类探索太阳系的重点将全力集中在火星表面上。如我们所知，火星的光环将点亮一个全新的世界，它曾经生机勃勃，但最终消亡。或许它曾为地球播下生命的种子，为精彩的世界尽了最后一份力。

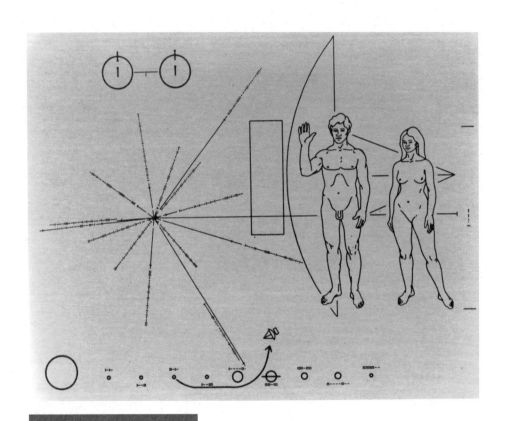

"先驱者"铝板,由卡尔·萨根和法
兰克·德雷克设计,林达·萨尔兹
曼·萨根绘图,完成于 1972 年

人类的金色光碟

"先驱者"铝板和"旅行者"唱片

我读到过的一条最经典的广告语是这样说的："空白墓碑出售，适合内斯比特家族。"

——戴维·弗罗斯特（David Frost）[30]

1972 年和 1973 年，美国国家航空航天局先后发射了行星探测器"先驱者 10 号"和"先驱者 11 号"[31]，这是人类历史的特殊一站。"先驱者 10 号"于 1973 年 12 月 3 日飞过木星，"先驱者 11 号"紧随其后，于 1974 年 12 月 4 日再次拜访木星，并于 1979 年 9 月 1 日到达预定地点，与土星交会。最后一次联系到"先驱者 10 号"是在 2002 年 4 月 27 日，最后一次联系到"先驱者 11 号"是在 1995 年 10 月 1 日。当时，后者的科学任务已经完成，天线远远抛离地球。20 世纪 80 年代，"先驱者号"成为第一个飞出太阳系的人造探测器。此后，两个探测器分别驶向邻近的恒星。"先驱者 10 号"飞往金牛座的毕宿五恒星，到达那里需要 200 万年。同时，"先驱者 11 号"飞往与射手座相邻的天鹰座[32]，到达最近的恒星还要经过 400 万年的星际航行。但是，如果它们想完成旅行，到达恒星，就必须在残骸中求得生存——航道上的小行星、石块、沙土足以将其摧毁。"先驱者"探测器还有一个特殊之处：它们将人类的信息带到了宇宙。探测器的侧面均附有专门制作的镀金铝板，标注着发射日期以及星球来源。我们期盼有朝一日，其他世界的接收者或许能够读到上面的信息[33]。

"先驱者 10 号"携带地球的信息，这是空间科学作家埃里克·伯吉斯（Eric Burgess）最先提出的想法。之后，两位探索地外信号和外星生命的人类先驱——卡尔·萨根和弗兰克·德雷克（Frank Drake）受到启发，随即着手设计铭牌，并由林达·萨尔兹曼·萨根（Linda Salzman Sagan）完成绘图，总共用时不到三个星期。设计目的"显而易见"：联系文明进步的外星人。图中绘有探测器的轮廓，一男一女站在旁边，以相对比例大致表示出人类的体型大小。男性画像右手举起，以示友好。但人类身体的一些细节被模糊处理——显然，女性画像的生殖器不够完整，美国国家航空航天局曾做过删减[34]。在铝板底部，从左到右依次是太阳和及太阳系的行星轮廓。地球被特殊标注，引申的轨迹指示探测器的来源。我们还能看到探测器经过木星和土星（土星周围绘有光环作为识别线索），最后离开太阳系。行星旁边的二进制数字代表了它们与太阳的相对距离，其单位相当于水星公转轨道的十分之一。

太阳的位置也以银河系中心和 14 颗脉冲星的位置为参考体现在图中[35]：辐射线上有一列二进制数字，表示了各个脉冲星的相对信号周期，由此显示出它们的空间位置。线条的长度表示脉冲星相对于太阳的距离。通过以上信息，外星人可以推算出太空船的发射时间和发射地点。每段线条的尾部记号表明了脉冲星距银河平面的纵向距离。只需三颗脉冲星，外星人就能用三角测量法确定地球的位置。但是，图中还绘有许多"备用"信息，以防接收者只知其一不知其二，或是有些定律在外太空根本不成立。除了 14 条放射线，还有一条笔直的长线延伸到人像后方，标记出银河系中心相对于脉冲星的方向和距离。

图中用二进制方式表示"8"，并以氢原子为定量的依据。在铝板的左上角，一个哑铃状图像代表了氢原子的"超精细"跃迁。电子自旋产生的磁矩相对于氢核质子自旋所产生的核磁矩有两种可能取向：磁矩平行（自旋向上）或反平行（自旋向下）。前一种状态的能量略高，当处于上能级的中性氢原子跃迁到下能级时，多余能量将被释放。这时，氢原子可以辐射大约 21 厘米谱线[36]——这是天文学中的基本量，任何从事射电天文学的优秀观测者均已熟知。

由此，21 厘米波长作为基本单位用以计算板上其他符号的长度[37]。女性画像旁绘有以二进制方式表示的"8"，标示了她的高度为 8×21 厘米，即 168 厘米。同时，探测器的真实大小可作为比对，再次确定女性的身高。

此后，推广人类的"星际广告"更加张扬。"旅行者 1 号"（Voyager 1）和"旅行者 2 号"（Voyager 2）探测器分别于 1977 年 9 月 5 日和 8 月 20 日升空。伴随这些伟大的航天任务，人们还准备了更加翔实的"瓶中信"送往太阳系外，以弥补"先驱者"铝板由于匆忙绘制而造成的缺陷，希望为外星人带去更多信息。抛弃以往的想法，此次不再只是标注我们在空间和时间上的位置，"旅行者号"试

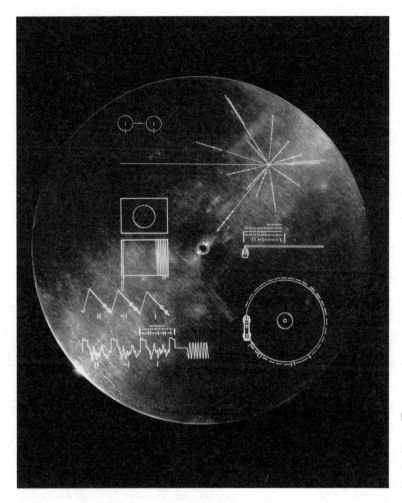

1977 年，"旅行者号"探测器携带的金色光碟的封面

图用声音和图片来表达人类，用包罗万象的记录介绍我们的世界和文化。这些信息存储在一个约 31 厘米厚、表面镀金的铜质留声机唱片上，它有点儿像畅销碟片的合辑，还有一层内接保护壳。

人类的金色光碟将播放什么？当然，我们需要一个组织来决定——在美国国家航空航天局召集下，卡尔·萨根主持创立了一个委员会[38]。该组织收集了各种门类的 115 幅影像，录制了大自然的声音和 55 种人类问候语——从古代的阿卡得语、闪族语到现代的汉语和旁遮普语，还有美国前总统吉米·卡特（Jimmy Carter）和

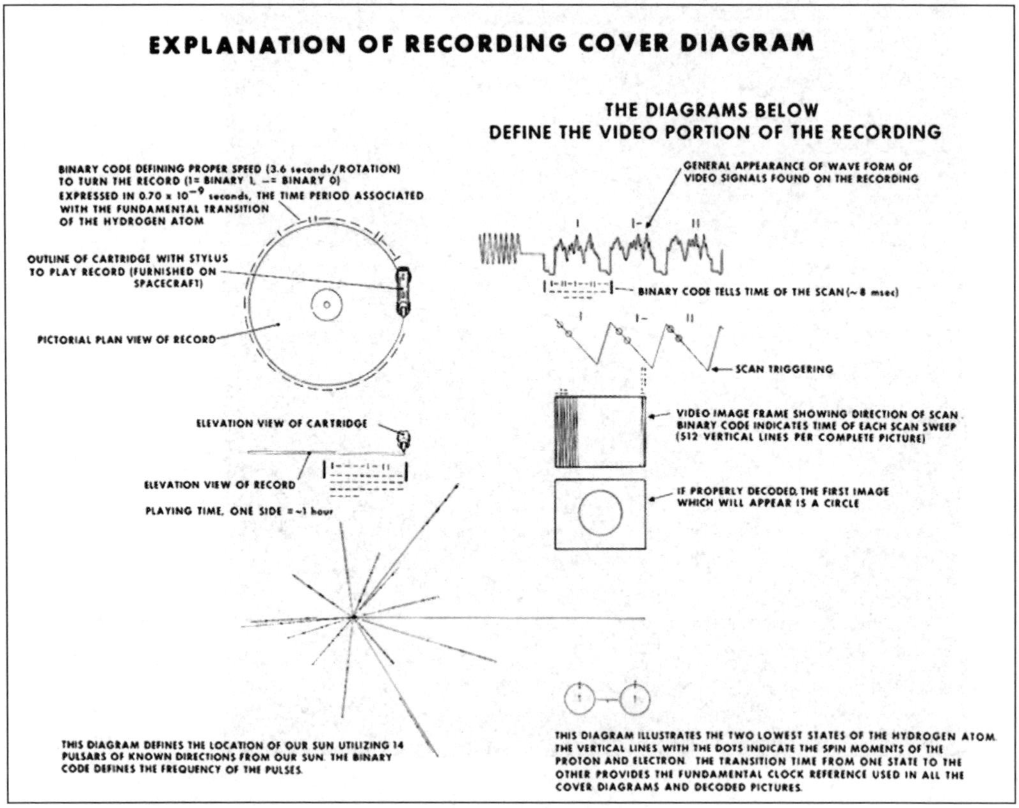

EXPLANATION OF RECORDING COVER DIAGRAM

THE DIAGRAMS BELOW
DEFINE THE VIDEO PORTION OF THE RECORDING

BINARY CODE DEFINING PROPER SPEED (3.6 seconds/ROTATION)
TO TURN THE RECORD (1= BINARY 1, –= BINARY 0)
EXPRESSED IN 0.70 x 10^{-9} seconds, THE TIME PERIOD ASSOCIATED
WITH THE FUNDAMENTAL TRANSITION
OF THE HYDROGEN ATOM

OUTLINE OF CARTRIDGE WITH STYLUS
TO PLAY RECORD (FURNISHED ON
SPACECRAFT)

PICTORIAL PLAN VIEW OF RECORD

ELEVATION VIEW OF CARTRIDGE

ELEVATION VIEW OF RECORD

PLAYING TIME, ONE SIDE =~1 hour

THIS DIAGRAM DEFINES THE LOCATION OF OUR SUN UTILIZING 14
PULSARS OF KNOWN DIRECTIONS FROM OUR SUN. THE BINARY
CODE DEFINES THE FREQUENCY OF THE PULSES.

GENERAL APPEARANCE OF WAVE FORM OF
VIDEO SIGNALS FOUND ON THE RECORDING

BINARY CODE TELLS TIME OF THE SCAN (~ 8 msec)

SCAN TRIGGERING

VIDEO IMAGE FRAME SHOWING DIRECTION OF SCAN.
BINARY CODE INDICATES TIME OF EACH SCAN SWEEP
(512 VERTICAL LINES PER COMPLETE PICTURE)

IF PROPERLY DECODED, THE FIRST IMAGE
WHICH WILL APPEAR IS A CIRCLE

THIS DIAGRAM ILLUSTRATES THE TWO LOWEST STATES OF THE HYDROGEN ATOM.
THE VERTICAL LINES WITH THE DOTS INDICATE THE SPIN MOMENTS OF THE
PROTON AND ELECTRON. THE TRANSITION TIME FROM ONE STATE TO THE
OTHER PROVIDES THE FUNDAMENTAL CLOCK REFERENCE USED IN ALL THE
COVER DIAGRAMS AND DECODED PICTURES.

此图解释了"旅行者 1 号"和"旅行者 2 号"携带的金色光碟上的图像和符号。光碟的设计目的是向未来的外星生命表示人类的友好，光碟录制了有关地球和人类的声音及视觉影像。图的左上角是播放说明，右上角是信息图示。矩形中的圆圈是地球给人的第一印象，这能让外星人确信自己的解释是正确的。左下角是地球相对于 14 颗脉冲星的位置，右下角的两个圆显示了氢原子的自旋态。"旅行者号"在 1977 年发射，它将于 40 000 年之后抵达离我们最近的恒星

时任联合国秘书长的友好致辞，外加 90 分钟的各国声乐集锦。为了方便使用，唱片配有内藏留声机针，并绘有象形图示介绍播放方法。

其中的 115 幅影像涵盖了一系列主题。首先是天文图像，包括我们的太阳和邻近的行星，还有从太空中拍到的地球。其次是物理学单位和数学符号列表，以及化学符号和人类基因的结构图。再次是生理学和解剖学知识导图，表现了人类的出生方式，以及由不同年龄的父母子女组成的家庭结构。接下来，人们站在外星人的视角，绘制了地球旅游风景图，展示了各种各样的自然地域风光和海上美景，还可以看到不同种类的动物，如鸟、鱼、昆虫、野兽，等等。下一单元则举例说明了人类生活的方方面面：从古老的丛林人到现代的城市居民，展现了人们开展体育运动、社交、耕种、购物、田径比赛和骑自行车等各种活动，展现了高峰期的交通状况和忙碌的劳动者，此外还有食品和饮料、普通住房和古今中外的建筑奇观、运输系统、望远镜、艺术家、管弦乐队、学校……人类的生活全部在此，这是一部浓缩的动态历史，是在某个时刻地球生活的真实写照。

在记录声音时，人们试图将人类的听觉感受全部收进指定的播放时间。在唱片中，各个民族的音乐几乎一项不落。有非洲音乐、爪哇音乐、巴赫、贝多芬、莫扎特的作品、秘鲁的笛声、印度的拉格、所罗门岛的排笛、查克·贝里的摇滚乐、合唱乐曲、路易斯·阿姆斯特朗的爵士乐、蓝调——但"披头士"乐队的歌曲和其他流行乐均未被收录[39]。

唱片的铝制外壳部分保留了萨根和德雷克为"先驱者"铝板设计的内容，"金唱片"就嵌在其内。封面左上角是唱片说明和唱针使用方法图示，一旦触动唱针，音乐将自行开始播放。唱片 3.6 秒每转的转速是用特殊的时间单位 0.7×10^{-9} 秒来表示的——这是氢原子的跃迁时间，相当于 21 厘米谱线。它的下方是唱片侧视图，其中的二进制符号（"1"等于二进制的 1，"_"等于二进制的 0）与单面唱片的播放时间（大约 60 分钟）相同。封面右上角是一些绘图，说明了光碟上的声波信号如何通过转换变成 512 条垂直线进而形成视频图像，就像传统的电视信号一样。一张图通过扫描映像时间的二进制数字（8 毫秒）和图像构建方式的简图，展现了光碟中影像的大致波形。下方画出了唱片中的第一幅图像（一个圆），便于外星人检验其解读的真伪，并正确处理图像的横纵缩放。封面左下角是摘自"先驱者"铝板的脉冲星图，以及表示频率和时间单位的氢原子自旋跃迁图。最后，唱片封面还有一块电镀的 2 平方厘米区域，全部由高纯度的铀 238 制成。由于铀 238 的半衰期为 45.1 亿年，所以通过检测它在该区域的相对丰度（相对其衰变产物而言），外星人有可能推算出探测器的发射日期，借此再次核对自己从更加精准的脉冲星图中所计算出的结果是否正确。

这些图像看似简单，却信息丰富，人们（至少是萨根、德雷克和他们的同事）第一次尝试融入尽可能多的人类生活信息，并希望外星人能够了解。唱片尚不够完善，但物有所值。或许有一天，正是这些五彩纷呈的图像将人类送入从未发现的世界，接触从未知晓的心灵，看见从未见过的面庞。这是很清醒的思考。光碟上还有美国前总统卡特的问候："这是一份来自遥远的小世界的礼物。上面记载着我们的声音、我们的科学、我们的影像、我们的音乐、我们的思想和感情。我们正在努力生存，因此才有望进入你们的世界。"

一直以来，人们认为"先驱者"铝板和"旅行者"唱片是人类第一次认真尝试向外星人传递信息。我们将人类在地球上的生活浓缩成精华，用一种通行方法与未知的智能生命进行沟通。但现在，我们知道还有一位先行者，他的步伐比萨根和德雷克早了近一个世纪。

这个"第一人"就是爱德华·昂格勒贝·内奥维乌斯（Edvard Englebert Neovius）。他尝试设计特殊符号，希望将人类文明送往地外。内奥维乌斯是 19 世纪一位鲜为人知的芬兰陆军军官和数学家。在芬兰南海岸、赫尔辛基以东大约 350 千米的哈米纳，他在当地一所海军学校任教，讲授天文学、航图测读和航海学。他曾经是这所学校的学生，之后前往俄国圣彼得堡工程学院，并于 1845 年返回哈米纳任教。

内奥维乌斯对外星人非常感兴趣，他相信宇宙的合理性，并热衷于这一性质带来的结果。内奥维乌斯的灵感最初来自 1869 年用瑞典语出版的《自然精神》（*Anden i naturen*）一书，其作者是丹麦著名物理学家汉斯·克里斯蒂安·厄斯泰兹（Hans Christian Oersted）[40]。书中，厄斯泰兹极力表明一种观点：思想和知识是宇宙中所有智能生物的共有性质——萨根和德雷克也这样想过。因为环境历史各异，所以智能生物的感知可能不同，但为了知晓和探索自然界的运作法则，他们都会用自己的方式推断动力学和物理学的基本定律。所以在宇宙其他地方，生命的发展会遵循类似的模式。以上观点还有贴近现代的表述，厄斯泰兹提到了查尔斯·

达尔文（Charles Darwin）和阿尔弗莱德·华莱士（Alfred Russel Wallace），将他们的自然选择进化论当作论据，说服人们相信感知的普遍性，就如同人的视线一样。厄斯泰兹的论据确实有些理论基础。他认为，宇宙的合理性来自上帝，在自然法则、生活、理性活动和宇宙的不同部分中，人们期望的相似性只是一种表象，它的背后是非凡的神圣理性（divine reason）。

内奥维乌斯接受了厄斯泰兹的观点，着手与理性的外星生命直接联络。他自信地认为，它们正在观察和接听自己的信号。内奥维乌斯设计的信息更引人入胜。1875 年，这些信息用瑞典语出版成小册子，其书名相当震撼——《这个时代最伟大的任务》（*Vår tids största uppgift*）。这本书又被翻译成德语和俄语。一年之后，此书瑞典语版再版，但数量不多[41]。尽管此书吸引了人们的眼球，可好景不长，它几乎没有后续影响——这不足为奇，哈米纳很难成为传播思想的中心，内奥维乌斯没能将自己的观点推广到全世界。

内奥维乌斯首先选择火星和金星作为外星生命的备选居所。二者择其优，他锁定了火星，因为火星表面有陆地和冰冠的迹象，还呈现日常和季节的周期性变化，与地球极为相似。当时，关于行星系的起源最广为接受的理论是：离太阳越远的行星越早形成。所以，内奥维乌斯迎合当时的风潮，认为火星上的太阳系文明比金星的甚至比地球的文明更古老、更进步。当然，顺理成章，他认定火星上有智能生物，它们和人类有许多共通的感觉和共同的思维模式。虽然一直相信神主导万物，但内奥维乌斯对达尔文的进化论也有所认识，并将其作为假设依据来解释不同类型的进化趋同。

在内奥维乌斯的小书中，最重要的部分要数他为外星人创作的地球信息。他认为有规律的星光会传递信号，还强调，人们应该搜寻来自火星的入射信号，同时将它们传送出去。他在基多（Quito）和内华达（Sierra Nevada）山脉这些高纬度的地方待了一段时间，利用直接进入反射镜的光源（多达 90 万个光信号）测量了恒星亮度。为了推动整个项目的运作，内奥维乌斯甚至开出大约 1 亿法郎的预算。图书再版时，他的广播系统结构大为简化，预算也降到 3000 万法郎，因为他只需这样假设：火星人有能力探测到 16 等星发出的光信号。如果想再次降低预算，还可以这样假设：火星人有望远镜，像罗斯爵士在比尔城堡庄园的那架“列维亚森”一样。如此一来，只需 970 个光信号，火星人就能看到外界的信息。

1, 2, 3, 4, 5, 6, 7, X. —— 1 A 1, 2 A 2, 3 A
3, 4 A 4, X; 1 Tillt 2, 2 Aft 1, 1 Tillt 3, 3 Aft 1,
2 Tillt 3, 3 Aft 2, X. ——

2 a 3 A 5, 5 b 3 A 2, 2 c 3 A 6, 6 d 3 A 2.
—— 7 a 1 A 10 A 2 c 2 c 2; 10 c 10 A 100; 10
c 100 A 1000, X; 2 c 10 A 20, 3 c 10 A 30, X;
2 c 100 A 200, X; 10 a 1 A 11, 10 a 2 A 12, X;
100 a 1 A 101, 100 a 10 A 110, 100 a 10 a 1 A
111, X. —— 17 c 26 a 3 A 515, 17 c 7 a 1 A 152,
515 a 26 A 543, 152 a 7 A 161.

e Aft 3, e Tillt 26 d 7, e Aft 515 d 152, e Tillt
543 d 161 X; e A f d g; g A 2 c h, f A 2 c e c h.
—— e c h c h A aa. —— 4 c e c h c h c h d 3
A ab. 4 c e c h c h A ac. ——

ad, ae, af, ag, ab, 1ba, 2ba, 3ba, X 224ba, bb,
bc, bd, be; ad A 40000000 c ah, ad A 4634300 c ag,
ad A 1700 c bb; ad ab A 4634300 c ag ab, ad ac A
26620 c ag ac, ad h A 154 c ag h. — ah bf A 1235
c ah bg, ag bf A 555 c ag bg a ag bg d 4. ——

1 A 1, 1 oA 2, 2 oA 1, ag A ag, ag oA ad.
—— ag B ab, ag oB aa, ad B ab, ad oB aa, e oB
f, e B bh. —— 1 B bh, 2 B bh, 3 B bh, X, 1 d 2
B bh, 1 d 3 B bh, 2 d 3 B bh, X. — 1 B ca bh, 2
B ca bh, 3 B ca bh, X; 1 d 2 oB ca bh, 1 d 2 B
cb bh; 2 d 3 B cb bh, 3 d 2 B cb bh, X. —— e
oB ca bh, e oB cb bh, e B cc bh. —— ca bh oB
cc bh, cb bh oB cc bh, ca bh B cd bh, cb bh B cd
bh. —— e ceA f d g, e o ceA 543 d 161, e cfA
543 d 161. ag cfA af. ag bf cfA 555 ag bg a ag
bg d 4. ——

ad C ad, ag C ag, X; cc bh C ocd bh; cd bh C
occ bh. C cfC A; —— 1 b 1 A o, 2 b 2 A o, X;
bh b cg bh A o . bh d cg bh A 1. —— ch C ocg,
bh b ch bh oA o; bh d ch bh oA 1. —— da C o;
da ca bh Tillt 1. —— o d o A db bh; db cb bh B
cd bh. dc C odb oda; dc cb bh Tillt 1. ——

2 Tillt 3, 3 Tillt e dd 2 Tillt e. —— de bh
Aft e, df cg bh Aft 3, dg e Aft 3. de bh oB cc bh,
df cg bh B cd bh. —— db bh B dh cd bh, dh cc
bh. db cb bh dh Aft 1, db Tillt 1, ea 2 d 3 Tillt
1, 3 d 2 Aft 1. ——

eb cfC ea; dc ca bh Tillt e, ea 2; dc ca bh Tillt
e, eb 1, 2, 3. —— ec cfC a, ed cfC oec, ea 1, 2 ec
3 Tillt e, ed 4 Aft e. —— ee cfC ec, ea ah Tillt
ag, af ee Tillt ag, ed bb Aft ag. —— ef cfC cg, ea
bh, ef Tillt e, ee Tillt 4; cd bh, ef Tillt 1, B cb bh,
ed cd bh, ef Aft 1, B dh ca bh, dh cb bh. ——

f B eg, h ee B eg. h B eb eg; f B fa eg. aa
B eh fb, ac B fa fb. ab B fc. —— fc fd 3 fe, fb
fd 2 fe, eg fd 1 fe, ff fd o fe. —— fg B ff; db aa
fd 1 fg; db ab fd ee 1 fg. —— ff, ef fh, ga eg; eg,
ef fh, ga fb; fb, ef fh, ga fc. ag fh gb ad gc 1 ag
bf, ag fh gb gd gc 1 ag bg; gd B g. bf B ge, bg
B ee ge. bg A gf a gg, bf A gh a ha. gf B hb ge,
gg B hc ge. ad B hb fc, ag B hc fc. gh B hd ge,
ha B he ge. ad B hd fc, ag B he fc. ag B hf, db
hf B hc ec he fc. ad oB hf. ad B hg, db hg B hb
ec hd fc. —— 1hb cfC hb; 1hb fhb hh ad aaa ag gc
ge, ef A 1 ag bg d 257. ——

内奥维乌斯的信息，发
表于 1875 年 [42]

如此一来，技术和资金要求下降至原计划的千分之一。

　　内奥维乌斯设想通过一系列光脉冲将信息传出，这一方法与德国电报员弗雷德里克·克莱门斯·格克（Friedrich Clemens Gerke）在 1848 年发明的现代国际莫尔斯码类似。在哈米纳海军学校，莫尔斯码可能正是内奥维乌斯的教学内容之一。他的想法是，在描述地球在行星系统中的位置前，首先要定义计算方法，然后介绍逻辑关系和几何关系。光脉冲的形式完全相同，只有两种例外——强度的增加和减弱。他的"字母表"由 22 个字符组成。

1. 一小段闪光是零或 o。

2. 有 7 个字符被标记为短暂的闪光，分别是数字 1、2、3、4、5、6、7。这有点出人意料。它告诉我们，内奥维乌斯将使用八进制，而非通行的十进制。他确实考虑过用二进制或许更合适，但首先引入八进制可以使用更多的字母，便于保存信息。

3. 有 8 个字符被标记为较宽的脉冲，分别是 a、b、c、d、e、f、g、h。

4. 有 3 个字符被标记为更宽的脉冲，分别是 A、B、C。

5. 有 2 个字符脉冲宽度相同（但大于 A、B、C 的脉冲宽度）。强度增加的记为 Tillt，降低的记为 Aft。

6. 还有一个非常宽的脉冲，其代表字符为 λ.，意思是"等等"。

　　你可以利用这些字符造"词"，比如 aa3 或 cdC，词和词之间要留出足够的间隙，以区分单词中某几个字符的脉冲宽度。最后，标点符号标记为"."",""；"，用于分隔字符串。运用这些简单的法则，内奥维乌斯创作出了带给火星人的信息。

　　如果将这些字符全部翻译出来，读者或许会感到乏味，所以我们只稍加举例，作者的思想也可略见一斑。第一段完全是描述。它引进了将要使用的符号——请记住，传送模式如同脉冲次数，能更清晰地解释一些符号。下一张表中出现的符号，比如"1A1, 2A2, 3A3, …, ?"，它们表达的含义是，"A"就是"等于"（=），"?"就是"等等"的意思。

　　接下来的例子里，Tillt 就是"小于"（<），Aft 就是"大于"（>）。通过观察代表这些符号的脉冲的强弱，同样能够帮助外星人了解其中的含义。

《这个时代最伟大的任务》（第一版，1875 年），书中包含着内奥维乌斯设计的给外星人的信息

下一自然段中，内奥维乌斯利用字母 a、b、c、d 介绍了加（+）、减（-）、乘（×）、除（÷）四种基本运算。比如 2a3A5、5b3A2、2c3A6、6d3A2 的意思是 2 + 3 = 5、5 - 3 = 2、2 × 3 = 6、6 ÷ 3 = 2（切记这里是八进制）。接近段尾的地方，他还介绍了一些新字母 e、f、g、h。通过不等式，他指出 e 就是数 π（= 3.1415...），f、g 和 h 分别代表圆的周长、直径和半径。接下来有一些方程式，比如 "echch A aa"，它的意思是 "π 乘以半径再乘以半径等于 aa"，所以 "aa" 就是圆面积。看看你能否辨认出这两个方程式："4cechchchd3 A ab" 和 "4cechch A ac"。

在第四自然段，内奥维乌斯利用这些圆形和球形全面描述了太阳系。关于火星和地球的时间尺度（日和年），他引进了新符号 bf 和 bg 表示数量关系："地球 bf = 655 × 地球 bg""火星 bf = 669 × 火星 bg"。

他继而介绍了一些逻辑关系，符号 bh 的意思是 "数字"，符号 cg 的意思是 "与……相同"，比如 "bh d cg bh 𝚲. 1"。表示零的符号 "o" 出现在以下关系式中，比如 "1b1 𝚲. o, 2b2 𝚲. o, 𝚲."。

内奥维乌斯布留下的思维线索或许能激励你继续阅读，直到看完所有信息。最先接受测试的人是他的姐夫、数学家洛伦兹·林德勒夫（Lorenz Lindelöf）。他用一天就破译了全部内容。

很遗憾，火星人并不存在。所以，内奥维乌斯对太阳系的特殊情感也白费了。可有趣的是，不论是内奥维乌斯的最初设计还是 100 多年后的 "先驱者" 铝板，其风格及结构都如出一辙。长久以来，搜寻地外文明计划（SETI）的中心就是接收宇宙信号。不仅如此，它还计划将人类的信息送往太空。今天，我们认识到无线电波比可见光更具穿透力，更适合信号传递。正如厄斯泰兹和内奥维乌斯一样，我们期盼所有智能生命都能了解这些信息的含义。在众多探索地外文明的研究者中，内奥维乌斯表现得最为乐观。虽然他的影响力没有走出芬兰，但是他运用的想象、简化和逻辑的本领却非同一般。对于正在倾听的火星人来说，他或许是第一个可敬的联络者。

亚历克斯·朔姆堡（Alex Schomburg）所绘的漫画封面，1955 年

E.T.，外星人与家庭电话

飞碟

……飞过时像个圆盘。

——肯尼思·艾伦（Kenneth Allen）[43]

"飞碟"的照片广为人知，它表意明朗，无疑抓住了外星世界和外星文明的精髓，地位无可取代。或许人们对飞碟的存在一直抱有怀疑，但无论是在科幻小说中还是在大众的奇思妙想里，只要涉及外星生命和时空穿梭，就不得不提到飞碟。

19 世纪，一些作家开始构思星际旅行，其中尤为著名的是法国天文学家卡米伊·弗拉马里翁。他在 1877 年出版的《外星世界》(*Les Terres du ciel*) 一书讲述了太阳系内的奇幻外星之旅。他后来创作的《其他星球的居民》(*Inhabitants of Other Worlds*) 在对外层空间和望远镜的发现极度着迷的公众之中也可谓风行一时。

早些时候，奇幻故事的创作有一个传统，当描述幻想世界时，比如斯威夫特的《格列弗游记》和伏尔泰的《迈克罗梅加斯》(*Micromégas*)，作者们总是喜好比喻，试图针砭时弊、月旦社会。人们不会把这些作品当作科幻小说，正如我们不会混淆乔治·奥威尔的《动物庄园》和《农民周报》里的文章一样。

随着新技术的开发和远程旅行的逐步实现，现代风格的科幻小说相继问世。热气球的升空告诉我们，如果你想飞往月球，把目标定高点就可以了。这种"技术崇拜"渐渐与"进步精神"交织在一起，用现实主义的细节着眼未来。因为从现实主义出发，当前的技术让故事变得令人信服。在持此类观点的早期支持者中，最著名的当属儒勒·凡尔纳（Jules Verne）。1865 年，他完成了小说《从地球到月球》，其笔下的英雄利用 300 米的炮弹桶直接升入太空。书里的动力装置和火箭是虚构的，至此也没人提到过飞碟。

1947 年 6 月 24 日下午 3 点，肯尼思·阿诺德（Kenneth Arnold）正驾驶私人飞机前往爱达荷州的博伊西。在回家途中，他在雷尼尔山巧遇"飞碟"。据阿诺德描述，他看到9个闪闪发光的金属物体，它们大致呈圆形，只有一个是新月状，正在向南飞进。金属物体排列有序地穿过山脉，几分钟后便消失在去往俄勒冈的路上。阿诺德降落在下一个临时跑道为飞机加油。他向人们说出了自己的所见，详细讲述了这些物体的外观和它们的运动方式。他形容这些物体飞行好像"碟子掠过水面"。到了6月26日，阿诺德的故事已成为美国人街头巷尾的热议，登报纸、上电视，一跃成为国内新闻的头条。阿诺德只是单纯地描述了自己所见的类"飞碟"物体，可后续影响却并不"单纯"。人们对"不明飞行物"（UFO）的狂热开始流行，鉴于空军也给不出任何解释，局面一发不可收拾。无可置疑，阿诺德看到了一组圆盘飞行物在雷尼尔山上空出现。从此以后，人们认为外星人是开飞碟来的。20世纪50年代正是科幻类故事画报的鼎盛时期，这些漫画凝聚了人类全部的想象。"飞碟"一词风靡全球，欧洲不同国家就有许多不同翻译版本，比如fliegende Untertassen、soucoupes volantes 或是 dischi volanti。

今天，人们对飞碟的痴迷依然不减，但本文的兴趣并不在此。我们只想突出飞碟图像的非凡影响力和渗透力。它满足了许多人的心愿，因为这些人确信外星生命的存在，甚至自认为见过它们。这种渴望曾经在欧洲的大教堂中显露无遗。在那里，我们发现了令人兴奋的艺术作品，试图与其他世界的天堂和地狱进行对话。科幻小说发生了转变，开始进入新阶段：其他文明世界的古老宗教符号不复存在，来自现实世界（或许如此）的技术和科学打下了烙印。首先，书中充满了先进的机器和配件。到了20世纪下半叶，科幻小说又被宇宙学的抽象概念和粒子物理学概念占据——时间穿梭、黑洞、虫洞、多重宇宙……无论是爱因斯坦的相对论还是基本粒子理论，它们都催生出无数惊人的可能。我们已来到新起点，外星世界不再只是幻想。在多数情况下，它们比科幻小说家笔下的情节更具奇幻色彩。飞碟不过是想象空间中的冰山一角，是人类想象力打通的科学事实与科幻小说之间的桥梁：这只是一个来自厨房碗橱里的简单形状，却将我们与宇宙的另一端相连。

威尔逊·本特利在 1931 年发布的显微镜下拍摄的雪花图片，这仅为他拍摄的 5000 多张图片中的一张

本特利先生对雪的感受

雪花

总是冬天，不曾有圣诞。

——C. S. 刘易斯（C. S. Lewis）[44]

六角对称的雪花是大自然中最美的图案之一。围绕它有着各式各样的神话。人们推测，世界上没有两片相同的雪花，但每片雪花的六条雪花臂却一模一样。可惜，虽然雪花美丽多姿，但是任何浪漫的褒奖都很难洞悉它的真谛。或许有可能出现完全相同的两片雪花？其实不然。如果仔细观察，单片雪花的每一条雪花臂与其他五条都迥然有别。我们陶醉于雪花的对称结构中，甚至天真地想象它们的每条臂都比实际上更相像。虽然雪花臂的长短看似相等、彼此分离，但如果你再认真些，就会看到雪花的六条棱角条条不同、面面相异。

约翰内斯·开普勒是第一位致力于解释雪花复杂结构的欧洲科学家[45]。他同时也是一位伟大的天文学家，太阳系内的行星运动定律便是由他发现的。1611年，开普勒时任神圣罗马皇帝鲁道夫二世的皇家数学家。作为对资助人的"新年献礼"，他著书一本，名为《六角的雪花》（*On the Six-Cornered Snowflake*）[46]。他是第一位设法解释雪花六角对称结构的科学家。不幸的是，他的努力并没能解决这个问题。开普勒观察宇宙中的每一个细节，试图寻找柏拉图基本对称结构，这种结构巧夺天工，仿佛是"造物主"亲手创造的作品。他想知道，雪花形状的形成是否有一个多面体那样的终极原因，是否有某种不为人知的"未来结局"，是否只是造物如此，不可更改。雪花的美丽隐藏着特殊的秘密吗？或者只是大自然开了个迷惑人心的"玩笑"？最终，开普勒不得不承认自己的无知。但他确信这个谜题有答案，等待后来者应该寻找和解释："如同植物的规则形状，如同数字常数的亘古不变，雪花的六边形也应当隐藏着某种特殊原因。既然之前的问题都有因可循，那么毫无疑问，世间万物绝非不着边际，它们的存在好像从一开始就是造物主的设计，从开天辟地到物种群生，丝毫未变。所以我不相信，一片雪花中的规

水结成冰后的冰晶结构分子模型。冰晶体结构说明了它为何是坚硬、易碎的固体。这里的六重六边形对称结构（称为"1h"）解释了雪花为何呈六重对称。红球代表氧原子，灰色的枝干代表氢原子，两个氢原子和一个氧原子通过氢键相联结。左、右两图代表的结构一致，只是视角不同

则结构会是随机排列。"[47]

雪花掀起了科学家和摄影师的狂热。其中最著名的人是威尔逊·本特利（Wilson Bentley，1865—1931），人称"雪花人"（Snowflake Man）。本特利是佛蒙特州耶利哥的一位农民，他穷尽一生，用显微照相机拍摄了5381张雪花图，试图抓住它们稍纵即逝的美丽。

本特利自学成才、做事认真、极具耐心。他的母亲当过学校老师，在本特利15岁时，母亲送给他一架显微镜。非常凑巧，那天下起大雪，这份特殊礼物的镜头下的第一个标本恰好是一片雪花。本特利立刻着迷于此，开始了终其一生的研究。他小心地将暗箱照相机和显微镜结合起来，以便提高观察水平，切实抓住六角雪花的美。不必说，他一辈子也没见过两片相同的雪花。本特利的

名著《雪晶》(*Snow Crystals*)在他去世当年出版[48]，他也成为学术界以及博物学领域的传奇人物。本特利是研究雪花结构的先锋之一[49]，他发表过60多篇学术论文，但他一生中只有一次走出佛蒙特州旅行。如今，在研究论文、圣诞卡片、圣诞装饰、教科书和各种文章里，他的照片比比皆是。如果有人在谈论雪花的文章中没有提及本特利美丽的显微照片，那绝对是不可想象的事情。

比起本特利所在的时代，我们今天对雪花的结构有了更加深入的了解，但这绝不是我们想知道的全部。水点需要黏附在一些灰尘，即空气中的尘埃上才会凝固，形成雪花。雪花之所以呈六角形，其实与水分子的结合有关，当水分子以一种格子状结构结合时便会形成六角对称形状。如上页图所示，红球代表氧原子，灰色的枝干代表氢原子，两个氢原子和一个氧原子通过氢键相联结（H_2O）。

尽管这是典型的冰晶平面图，但每一个晶体的具体结晶过程却有着细微的差别。随着温度和湿度的变化，漂浮冰晶的体积逐渐增大，六条棱角迅速伸张。当遇到周围的水汽后，凝华让棱角快速增大，形成了突出的雪花臂。每个冰晶的内部环境基本一致，所以单个雪花臂的增长速度几乎相同，两两之间呈60°角，棱角再生棱角。它们的结构复杂，好像枝叶繁茂的圣诞树[50]。虽然第一眼看去六条棱角毫无二致，但这是因为雪花突出的六角对称结构迷惑了我们。如果仔细观察，你会发现每条雪花臂上的齿状物都有所不同，甚至是一条雪花臂的两面也互有区别。雪花的降落过程历时越长，其形状就越多变，棱角也就越复杂，每条臂之间的区别也就越明显。当雪花穿过变幻莫测的层层大气时，每一片雪花会经历不同的热过程，所以雪花各自形成的结构也不尽相同。随着雪花不断增大，它们之间的差异点会变得更多。虽然初生的雪花娇小玲珑，只含几十个水分子，但在我们看来，它们几乎相同。雪花的形状千变万化，但其表面却规则有序，这正是它无比迷人的原因。

充当雪花"种子"的冰晶一般含有10^{18}个水分子，而且大约每1000个水分子中就有一个与众不同，它们含有重氢或不同种的氧原子。所以可能的情况是，这其中的1万亿个水分子都会互不相同。这一庞大数字说明，你永远不会遇到两片相同的雪花。10亿是个很大的数——如果你现在试着开始数数，不用多久你就数不下去了。出于所有现实原因，雪花是独一无二的。

雪花的现代特写镜头照片，展现了雪花"几乎"六重对称的结构，揭露了雪花臂内部和彼此之间细微的不对称之处

事实上，形成雪花结构的基本冰晶形状或许在一开始就各自有别了。这取决于雪花的形成和降落过程。冰晶的全部种类都在大气中形成。它们有着各式各样的形状和大小，有些太过微小，我们根本观察不到。无论在人们眼中还是在摄像镜头下，雅致的雪花都是最美的图像，因此总会吸引人们的注意。

至今仍有许多关于雪花的有趣谜题。雪花每条雪花臂的尖是如何"知道"其他"同伴"的长度的？是什么样的过程保持了每条雪花臂步调一致地伸长？有一种说法是，晶体内部会发生振动，并且振动会逐渐趋同，好像一队士兵在整齐行进。这些协调的振动能保证每条雪花臂的伸长同时进行。这些过程的随机性意味着，没有一条雪花臂会比其他五条抓住更多的水汽，所以它们的伸长速度几乎一致。乍一听貌似很有道理，但我们仍缺少关于内部振动的确切描述。然而不可否认，内部振动让雪花的形状在瞬息万变的环境中几乎保持不变。

亚历山大·冯·洪堡关于赤道植物的地理学研究。这张图表现了厄瓜多尔的钦博拉索火山上不同海拔的动植物群变化，绘于 1817 年 [51]

山尖之上

冯·洪堡男爵的植物生态学

男爵讲着一口流利的英文，略带德国口音。此时我注意到，他的演讲竟如此流畅，而且飞速的"话语"间夹杂着英语、法语、西班牙语。听他这样讲话十分有趣。他能言善道、博闻强识，植物学、矿物学、天文学、哲学、博物学无所不知。男爵接受的是开放式教育。他一直从世界各地收集学者们的信息。正如他告诉我们的，他的旅行自从 11 岁开始启程，在一个地方停留的时间不会超过 6 个月。

——查尔斯·威尔逊·皮尔（Charles Willson Peale）[52]

或许在德国以外，亚历山大·冯·洪堡（Alexander von Humboldt）不是个家喻户晓的名字。但在过去的 200 年间，如果说他是最伟大的科学家之一，恐怕无人质疑。1769 年，洪堡出生在柏林，他的父亲是一位军官。当时的普鲁士正在腓特烈大帝的统治之下，处在欧洲政治的核心。洪堡接受了很好的教育，家庭地位让他极易接触到政治和学术方面的大小事件。在伦敦，与约瑟夫·班克斯（Joseph Banks）的会面令首次游历欧洲的洪堡备受鼓舞，年轻的他决定跟随班克斯的脚步，为了科学环游世界。他继续接受正规教育，不断提高自身能力，将勘测、探索和编目作为发展方向。他崇尚纯粹的科学创造精神，在为数不多的开拓者中，洪堡的成就有目共睹。他开创了生物学、地质学、气象学、动物生理学、地磁学和动物学，发现了新的矿物和金刚石矿床，得益于国家的经济优势和跨学科的科学合作，他潜心研究，在各个领域均卓有建树。在家乡普鲁士，他不仅致力于大学改革、促进科研，为学校的科学家和工业产业之间搭建桥梁，还促进了科学会议的发展和学术团体的创新。总之，洪堡令科学和教育实践走向大规模的专业化。他的足迹遍布欧洲，拜访过无数科学家和学术团体，这让他促成了第一次国际科学合作。他还横跨大西洋，成为欧洲与美国建立科学联系的第一人。在美国，托马斯·杰斐逊（Thomas Jefferson）也是洪堡的仰慕者，对他的学识、求知欲和旺盛的精力大加赞赏。

从 1805 年到 1834 年，洪堡大多数时间都在专心撰写自己的回忆录（30 卷）以及记录在早期旅途中，特别是在南美洲收集到的科学数据。他对绘制整体的全球气温趋势图很感兴趣，是这一研究领域的先驱者之一。当其他人还在收集植物标本、确认它们首次被发现的时间日期并记录原产国时，洪堡却在研究大范围的世界气温变化。他还认识到，在生态地图中引入其他变量有着重大的意义，比如海拔、地貌。洪堡描绘的图是现代全球平均季节温差图的始祖，近来它们在研究全球变暖中变得至关重要。1817 年，洪堡在一篇论文中谈及地球表面的平均温差，从而创造了等温线的概念 [53]。

洪堡创作了许多有价值的图片，这些图片浓缩大量信息，只看一眼便能记住。他是一位优秀的艺术家，也是一位细致的绘图员。他认识到，一张设计严谨的图表可以代替冗长的数据列举，省去烦琐的文字说明。本书也选取了其中一个生动的例子。从 1799 年到 1804 年，洪堡和植物学家艾梅·邦普兰（Aimé Bonpland）在中美洲及南美洲进行了多次调查研究。

章首图片展示出洪堡在厄瓜多尔的钦博拉索山及其周围考察的植物生长状况。他将山的横切面（高约 6.3 千米）作为基准，用于标记所发现的各种植物群的海拔和分布，并在图表上用拉丁文和通用名称记录下它们的名字。他留意到，位于高海拔的赤道区域的物种和位于中海拔的海平面区域的物种可以进行比较研究。图中的顶峰是科多帕希火山和钦博拉索火山，此外还有维苏威火山的高度在一旁用作比对。图中能够清晰地看见云高以及林木线。一个简单的想法加上美妙的构思和辛勤的工作，洪堡为描述生态学信息树立了典范。

洪堡涉猎广泛，他很自然地引入了多学科间的比较研究，同时关注气候、多样性、植物群和地形学之间的关联。他用图片进行描述，生动地表达了不同种类的数据信息，这种创造性的应用令自然科学家眼前一亮。它预示着一种新的方法，让人们重新思考事实以及事实之间的关联，它包含着这位德国博学者的伟大才能——巧妙综合简单与复杂，令人回味。

图中是一些恐龙模型，由维多利亚时期的本杰明·霍金斯和古生物学家理查德·欧文共同完成。当模型在 1853 年完成时，一场盛大的晚宴在禽龙模型的内部举办，同时代的顶尖科学家全都应邀出席。在锡德纳姆的伦敦老水晶宫旧址旁，这些模型至今依然可见

与恐龙同行

词和图

恐龙是自然界的特效。

——罗伯特·T. 巴克（Robert T. Bakker）[54]

在科学世界中，没什么能像恐龙一样牢牢抓住孩子们和大人们的想象。点开亚马逊购物网站，看看有多少儿童恐龙图画书吧——目录太长了，我根本读不完。恐龙的流行可以理解：我们将恐龙的外貌和生活方式完美重塑，再配上奇异的名字——雷龙、霸王龙、三角龙、翼龙……试想哪个公关公司能独自完成这一切？遗憾的是，"恐龙"一词逐渐意味着"无力改变"和"无力适应新环境"。对于一个物种来说，恐龙不全是一个传说，在环境突遭变故前，它们相当成功地生活了1亿700万年。在它们的时代结束后，哺乳动物才出现并最终主宰了地球。相比而言，人类只出现了大约200万年。

恐龙的图片易于识别、众人皆知。比起其他主题的图片，恐龙的图片更能吸引年轻人对古生物学和相关学科的兴趣。但是，人们真正关注恐龙其实是最近的事。数千年来，虽然恐龙的遗骨在中国、希腊、罗马相继出土，还时常被比作龙的化身，或被当成其他稀奇生物的原型，成为神话传说中的主角，但恐龙归根结底是维多利亚时期的创造物。

当年，业余化石搜寻者吉迪恩·曼特尔（Gideon Mantell）和古怪的牛津大学地理学家威廉·巴克兰（William Buckland）最先发现了大型爬行动物的化石，并对其做出解释。他们将1824年第一批出土的化石命名为斑龙。曼特尔对这些生物的描述很平淡，只把它们看作"低等的爬行"动物，更像是人们熟悉的蛇和蜥蜴。在海洋故事中，"大海蛇"并不陌生，这些早期化石与人们先前的想象不谋而合。直到解剖学家理查德·欧文（Richard Owen）用双手将这些生物的面貌改换一新，它们才真正获得了新生。欧文称之为dinosaur（恐龙）——这是将希腊语

deinos 和 sauros 集合在一起的名词，意为"可怕的蜥蜴"。此外，欧文将恐龙与现存的爬行动物区分，极大地改善了它们的形象，并提升了它们的影响力。甚至在发现巨型龙骨前，他就推测这些生物的体型是大象的 5 或 6 倍。欧文认识到，它们拥有一些共同的结构特征，比如五根脊椎骨连接骨盆带，腿在腹下支撑身体，而不是分节的附肢在躯干两侧展开。对外行人来讲，欧文创作的一幅远古图像最具震撼力，它描绘了大型肉食恐龙（如霸王龙）和其小兄弟间的殊死搏斗，这幅图超出了人们的想象，甚至比神话故事中人马怪和独角兽生死决斗的情节更加激动人心[55]。

众所周知，欧文在科学研究上似乎有些利欲熏心，他是个不折不扣的自我宣传专家。为了推广"恐龙"这个新名词，他设计出与众不同的实物形象，设法夺走公众对曼特尔和巴克兰研究成果的注意力。在 1851 年英国的"万国工业博览会"上，这些生物第一次颠覆了人们的想象。在伦敦南部，欧文重塑的恐龙模型在壮观的锡德纳姆"水晶宫"顺利展出。在雕塑家本杰明·霍金斯（Benjamin Hawkins）的帮助下，欧文监督设计并建造出实物大小的恐龙雕像，它们由金属和水泥制成，摆放在维多利亚女王开设的"维多利亚主题公园"内。女王的丈夫阿尔伯特亲王对恐龙十分着迷，对欧文和他的演讲也相当喜爱，亲王个人的支持成为恐龙雕塑进驻水晶宫的关键因素。它的展出吸引了当时顶尖的科学家及各国政要。仿造的翼龙翅膀向科学家发出了开幕晚宴的邀请，这场豪华宴会在体积更大的禽龙模型内举办，风传宾客们相聚甚欢，饮酒无数。

在锡德纳姆，欧文和霍金斯用水泥将恐龙重塑。这些塑像经久不衰，全世界的人们都能得见。虽然旧水晶宫在 1936 年被大火焚毁，但欧文和霍金斯的模型幸得留存。今天，在水晶宫广场上人工林立的建筑群间，我们依然能看到它们庞大的身影。

其实，欧文和霍金斯手中的化石数量非常少，他们重塑的恐龙面貌很大程度上源于想象。展览上表现的恐龙生活方式也是如此——有些是陆生的，有些在天然的湖泊中游弋[56]。但在今天，我们通过许多更完整的化石知道了锡德纳姆展出的恐龙与事实存在很大差距。欧文选择让恐龙模型处于相互决斗的状态，让公众心中产生这样的印象：它们是好斗的庞然大物，长着红齿獠牙——展览有点儿像维多利亚时期的《侏罗纪公园》。连环画、小说和电影也续写了这个故事。

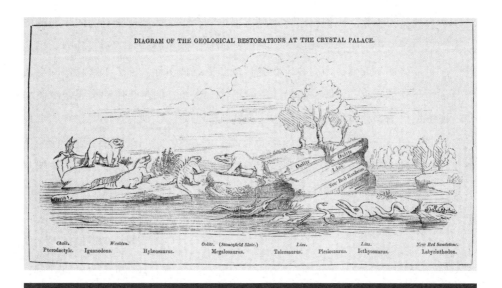

DIAGRAM OF THE GEOLOGICAL RESTORATIONS AT THE CRYSTAL PALACE.

在锡德纳姆展出的图像，由本杰明·霍金斯完成。他重塑了恐龙的生活：在陆地上，从左到右依次是两只禽龙、林龙和斑龙。年代排序从右到左，所以最右端斑砂岩上的动物最古老，而最左端白垩上的动物最新近。图中部陆地上类似鳄鱼的动物是完龙，是一种非恐龙时期的中生代爬行动物，其他中生代水生爬行动物，比如蛇颈龙和鱼龙，在图中右侧的水中依稀可见

最早发现的恐龙化石全部来自欧洲。在 1858 年，人们第一次在美洲大陆新泽西州的哈登菲尔德小镇边发现了恐龙化石，并称其为鸭嘴龙。这是一个激动人心的发现，因为其骨骼几乎完整无缺。这块化石也使科学家确信，有些恐龙一定是用两条腿行走的。美洲大陆的发现加上欧文在锡德纳姆的展览促成了一个狂热计划：在纽约市新建的中央公园内举办恐龙展览。霍金斯从伦敦赶来，应邀担任展览顾问。"中央公园古生代博物馆"计划在 1870 年竣工，锡德纳姆的模型也在有条不紊地组装，但可惜的是，政治腐败和社会动荡令计划提前终结。纽约新市长威廉·特威德，人称"老板"（William "Boss" Tweed），认为恐龙展览毫无盈利空间，决定停止建设，其实是因为接替而上的新项目提供了更多非法回扣。在多方阻挠后，市长径直派手下的一帮"流氓"将霍金斯工作室的恐龙模型全部损毁。霍金斯在荒蛮的美国东部经历了此番浩劫后，震惊之余决定暂时前往普林斯顿大学，随即赶回英格兰，而中央公园的恐龙也不复存在。

幸运的是，恐龙的画像得以在这场人祸中幸存。这些前所未有的图片和雕像让人们形成了对史前世界的印象。一旦图片印在脑海里就很难重塑或移除。恐龙的名字可能会偶尔改变，因为古生物学家试图更好地引导大家去了解它们的生活以及那个年代的故事[57]。但人们仍然争论不休，比如它们是热血动物还是冷血动物？展览馆里也随处可见它们的身影，但我们对恐龙的认识总会局限在它们奇特的名字和我们脑海中它们巨大而凶猛的形象上。毕竟，它们在地球上漫步已经是数亿年前的事了。真正的恐龙多半与理查德·欧文和本杰明·霍金斯的图像相差甚远，但我们还是得感谢维多利亚时期的这对"双簧"表演者为我们带来的挥之不去、影响深远的恐龙图像。

一个人的脚印，发现于坦桑尼亚的莱托里遗址。它在火山灰的庇护下已经存在了360万年

走出去
莱托里脚印

泥土的功劳。

——无名氏

1976 年，美国耶鲁大学的古人类学家安德鲁·希尔（Andrew Hill）和玛丽·利基（Mary Leakey）的研究团队正在坦桑尼亚的莱托里进行挖掘工作。出人意料的是，在这个早期原始人类考古学遗址地里，希尔发现了一件前所未见的史前遗留物——360 万年前，原始人类在泥土上留下的一行脚印。此前，人们得知的最早人类脚印距今只有几万年。引人注目的是，希尔发现的莱托里足迹长近 30米，因为藏于火山灰下，它们形成了像水泥一样的固体，塑形完好，犹如石膏。人们脑中闪现着这样的镜头：首批史前原始人类之一在直立行走。火山灰的覆盖让脚印的表面材质近乎完美。附近的赛迪曼火山爆发，火山灰落在沙层上，当雨水落下时，乌黑的火山沉积物变得松软，好像湿水泥一样，在上面行走的鸟类和小型动物都会留下它们的小脚印。但在这些脚印之间，贯穿着一大一小两个原始人类的足迹。或许还有第三个人——一个小孩？小脚印紧随大脚印之后，与前面的大脚印有些重合。后来覆上的火山灰密封了脚印，防止了雨水冲刷，我们才得以一见。小雨将火山灰变成水泥，继而凝固。几百万年来，脚印丝毫未变，只被稍稍侵蚀，直到被科考队发现。

莱托里脚印引发了各式各样的推断和假设。它们和黑猩猩的脚印完全不同，却和现代人类的脚印差别不大，有成排的脚趾、后脚跟和弓形足 [58]。体重较轻的那个人（因为脚印相对较浅）步履不平，有一侧身体的承重更大——可能抱着小孩。同样，我们瞬间明朗，两足行走并不是制造工具的始因，直到莱托里脚印留下后的一百万年，人类才开始制造工具。正如有些人所说，脑部体积的增大很可能是制造工具的动因，而不是双手解放作为他用这样简单。

360 万 年 前，两足行走的原始人类留下的足迹

　　这些独特的脚印同样包含很多有关其主人的有趣信息。比如，大脚趾旁紧挨着更小的脚趾，就像我们今天的脚趾一样，但它们没有分开，反而像黑猩猩的脚趾。因此，大脚趾不可能像拇指一样被使用。一连串的凹陷同样显露出原始人走路的方式：脚后跟最先着地，前脚趾随后踮起，脚后跟再离地，如此反复，就像我们自己走路的方式。两个脚印的长度为 19 厘米和 20 厘米（在英国的鞋店里，这对应的鞋号大概是"男童 1 号"），表明他们的身高分别为大约 120 厘米和 152 厘米 [59]。

　　借鉴人类今天的活动，我们就能毫不费力地理解这张史前人类的智能活动图。我们在夏日的海滩上漫步也能在沙土上留下同样的印记，但只有大自然的绝妙意外才能将它们留存。然而在 360 万年后，还会有人在这里吗？

　　这些史前生活的特殊印记捕捉到了我们祖先的动态生活，促使我们提出有关他们的各种问题——虽然我们从未奢想能够全部回答，但仍可以怀揣希望，期待这些令人激动的发现背后的秘密能够在未来真相大白 [60]。或许有一天，尼尔·阿姆斯特朗留在月球上的脚印也会令其他人如此着迷。

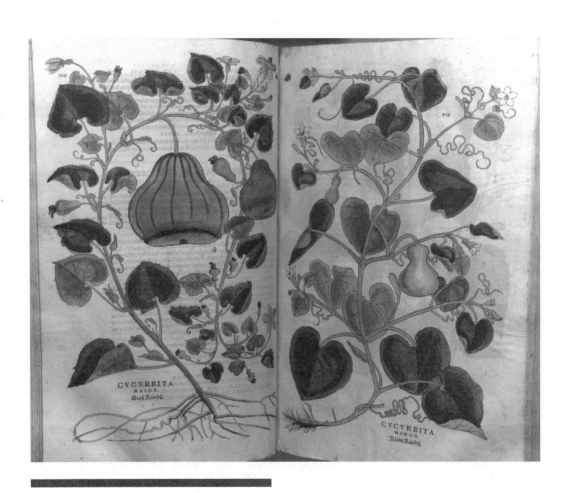

南瓜的图像，摘自《论植物的历史》，绘于 1542 年

第一场图片秀

繁花似锦的插图

就图片本身而言，它们必须描绘出植物的特征和样貌。我们力求完美……倾注所学、孜孜不倦，确保呈现每株植物的根、茎、叶、花、种子和果实。

——莱昂哈特·富克斯[61]

在 16 世纪和 17 世纪，艺术和科学的关系非常紧密，二者犹如共生。科学知识的发展影响了许多伟大艺术作品的创作，而科学本身也以特殊的方式从艺术领域汲取养分。在文艺复兴时期，艺术家发明的透视画法以三维视角完美临摹了山水风景，同样，在曲面上表现几何图形也并非难事。直到 19 世纪，数学家才明白曲面上存在着首尾相接的几何图形。但在很早以前，艺术家就已经凭直觉意识到，可以运用正负曲率在曲面上将直线和角度进行类比分析。在一些特殊的学科领域，透视画法的正确运用至关重要。在呈现人体解剖结果时，比起单一的文字叙述，解剖图给人的印象更加深刻。当对透视图做出必要修正时，我们又从一个全新角度更准确、更细致入微地对人体结构进行科学解读。如果艺术家想要准确地重现骨骼的形状、肌肉的起伏以及它们在紧张状态和松弛状态下的不同表现，他们就必须对人体结构有非常详细的了解。有些伟大的艺术家和雕塑家，比如达·芬奇和米开朗琪罗，他们对人体解剖学的研究可谓丝丝入扣，当年几乎没有科学家能做到如此程度，也没有任何作品能够完美重现他们的创作辉煌。

富有美感的图解示例精致而逼真，作用不可小觑：它让人类知识的表现形式焕然一新，使其易于复制、便于传播。维萨留斯在 1543 年发表的解剖学论文（下一章会讨论到）是人体解剖学的里程碑。就在此前一年，莱昂哈特·富克斯（Leonhart Fuchs）的《论植物的历史》（*De historia stirpium*）出版发行。这部伟大的植物学著作最先以拉丁文出版，后来又被翻译成德文。正如维萨留斯强调的那样，绘画应准确表现人体部位，摆脱迷信和象征。正因如此，富克斯提到了阿尔布雷克特·迈耶（Albrecht Meyer）的绘画作品。这是一幅植物写生，作者的描绘美丽逼真，如同大自然的副本。图解丰富的书籍并非一种创新，它只是传承了古人的智慧并稍加拓展。相关知识来自古代的植物学权威，如迪奥斯科里季斯（Dioscorides）、盖伦（Galen）、特奥夫拉斯图斯（Theophrastus）和普林尼（Pliny）。切记，植物对药草医学同样至关重要，富克斯希望自己的书能够成为医生和医学院学生的主要参考借鉴。但是，正是他背弃了既定风格和象征意义的植物绘画引领了一次彻底的革新。此前，植物的作用是装饰生物书籍，而不是作为图例帮助阐释书中内容。富克斯开拓了一种新思路，书中甚至有一块特殊的金属板，上面刻有艺术家海因里希·福勒马尔德（Heinrich Füllmaurerde）的名字——福勒马尔德将做于纸上的手工调色图像变为木板雕刻，并致力于描绘麦仙翁——富克斯希望以此来强调信息转换的真实性：大自然的信息能够如实地通过印刷模具转移到书中。

这些插图的诞生与其呈现的美丽和重大的科技进步密不可分。活字印刷的发明让书本可以被大量复制，而且成本低廉，其中的插图也是如此。以前，图书的生产效率低下、价格昂贵，手工绘画极度费力。如今，我们通常只能在原件和作者留存的少数副本中见到某些书中的插图，其他复制版本都将绘画略去了。而且，即使图书能大量复制，其图片质量却总是不容乐观。随着低廉的复制品不断增多，图片的错误和遗漏也越来越多，就好像谣言一般以讹传讹，原始版本逐渐被篡改，变了模样。

印刷术改变了一切。每一件印刷品都和原件都毫无二致。首先，人们将图片刻在金属板上，一张张分开，独自印刷。然后，在书的正文里手工加入空白页。木刻印版的出现让文本和插图能够相互融合，印刷在同一页上[62]。耗时的单独编页技术已被淘汰，正文能够轻而易举地与插图相关联。

这些早期插图为今天已被视作理所当然的技术铺平了道路。在摄影时代还未到来前，所有科学插图不得不依赖手工绘制。手工绘制所需的技艺可能会让今天需要重复工艺的大多数博物学者和科学家望而却步。幸运的是，在16世纪，艺术和科学关联紧密，自然界为绘制世俗主题的艺术家提供了众多创作对象，它们就如同欧洲宗教艺术家眼中的十字架一样纷繁复杂、令人印象深刻。

《论植物的历史》的卷首插画。图中讲述了三位主要的艺术家正在制作500多幅美丽的插图。首先，阿尔布雷克特·迈耶对植物写生；然后，海因里希·福勒马尔德将其刻在木板上；最后，技艺出众的木雕师法伊特·鲁道夫·斯帕克（Veit Rudolf Speckle）完成木雕

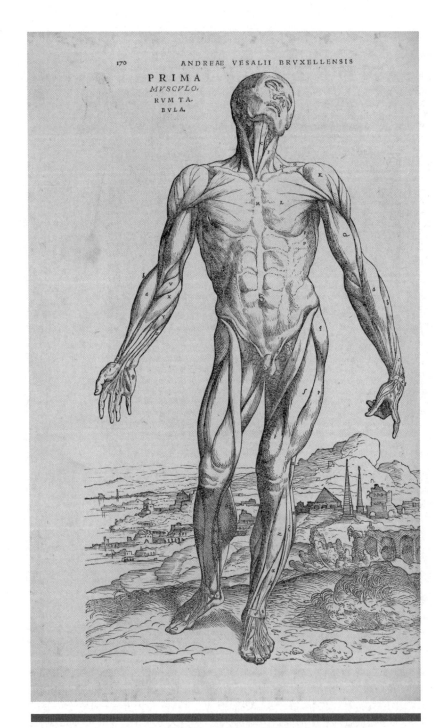

安德烈亚斯·维萨留斯，站立的男人，摘自《人体的构造》，1543 年

壮观的人体

维萨留斯和人的骨骼

赶走无聊的是好奇心。什么都满足不了好奇心。

——埃伦·帕尔（Ellen Parr）

安德烈亚斯·维萨留斯（Andreas Vesalius）是比利时解剖学家，他的《人体的构造》（*De Humani Corporis Fabrica*）一书转变了人类对人体的看法。这部配有插图的七卷本图书于 1543 年首次出版，被献给了神圣罗马帝国皇帝查理五世。在此之前，人类的解剖学知识基本来自亚历山大时期的盖伦。几乎没人想印证盖伦的理论，但维萨留斯告诉人们，盖伦掌握的人体解剖学知识来自动物解剖，而非人类。古人在描述人类的构造时，留下的也只是文字，没有图片[63]。维萨留斯描绘了第一张人体正面肌肉系统图，他希望这些图片不仅能使解剖学家和外科医生知晓人体局部器官的细微构造，还希望它们能展示一个"只有画家和雕刻家才会习惯思考"的完整肌肉结构图[64]。如果将这类图片按顺序摆放，再将它们的背景相互连接，它们就会构成一幅全景山水画——意大利北部帕多瓦地区阿巴诺泰尔梅的风光。

维萨留斯是第一个完整、细致地呈现人体内部结构的科学家，他精心准备了 200 多幅木刻画，将人体的骨骼、动脉、肌肉、脑组织和全身主要器官逐一展示。在书的开头，他自豪地陈列出诸多解剖工具，试图告诉读者他并非是在蹈袭前人、道听途说。而且，如果读者使用图中的工具，还可以自行核实书中的内容！维萨留斯将大多数解剖标本公之于众，鼓励民众前来证实他的观点——但他使用的尸体偶尔是盗墓所得（他在书中也承认了这一点），或是死囚。维萨留斯送给神圣罗马帝国皇帝的这本书多少有些令人毛骨悚然，但可以看出，他的心中对上帝充满敬畏，惊诧于造物主设计的人体竟如此令人着迷。

维萨留斯在鲁汶接受教育，之后成为帕多瓦大学的讲师，帕多瓦大学的解剖

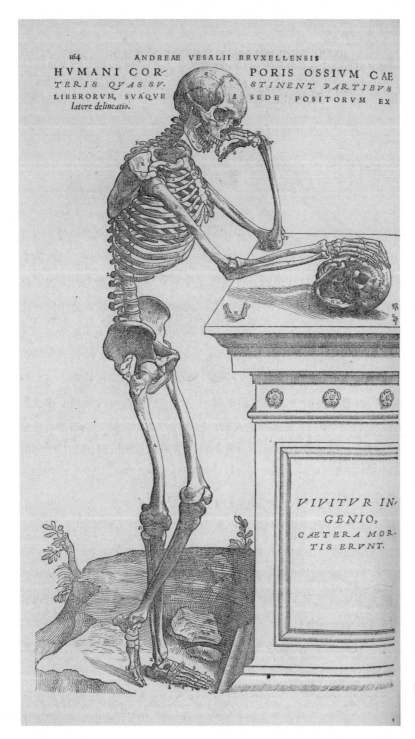

维萨留斯所
绘的骨骼

教室非常著名。教室虽然在第二次世界大战期间遭到毁损，但日后又重新翻建，至今仍然可见。在《人体的构造》出版时，维萨留斯才 28 岁，其首次印刷数约为 500 本，其中的 130 本留存至今。每本书有 700 张对开页。《人体的构造》与哥白尼的《天球运行论》在同年出版[65]。或许，这两本书在科学史上的重要性不相上下。但是，人们对《人体的构造》的研究和利用确实多过《天球运行论》。维萨留斯精致地描绘出错综的人体结构，他细致入微的实践研究鼓励着后人积极效仿。这本书标志着解剖学"文艺复兴"的开始：对当时的读者来讲，这是一场心灵的奇幻旅行。但对于今天的学生和研究者来说，它暗含着令人担忧的信息：想成为一名顶尖的解剖学家，你还必须是一个世界一流的制图师。

后来又发生了什么？经典医学教科书《亨利·格雷氏解剖学：描述与外科》（*Henry Gray's Anatomy, Descriptive and Surgical*）于 1858 年首次出版，从此成为医科学生手中的解剖学"圣经"。如今，人们简称它为《格雷氏解剖学》。

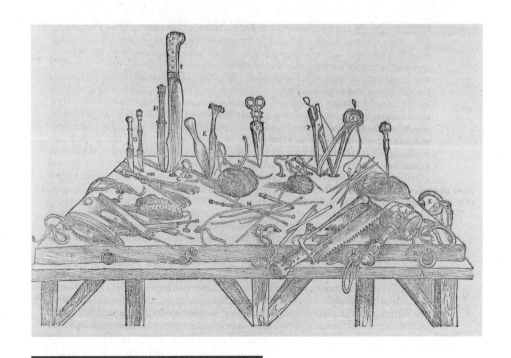

维萨留斯的解剖工具，强调解剖图片的实验基础

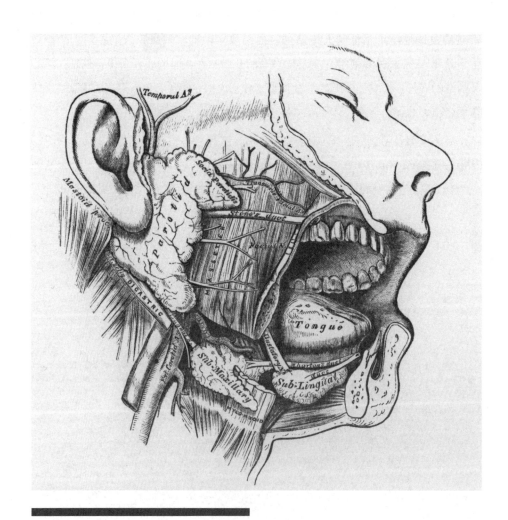

唾液腺插图，摘自 1858 年版《格雷氏解剖学》

这本 989 页的图书已再版无数次，表达力也愈发增强[66]。然而，当它首次问世时，人们看到的却是枯燥的绘画技术风格。这预示着伟大的解剖学艺术家时代已近消亡。这仅是一本教科书，装订简单、内容井井有条。"数字"和"图表"取代了图片成为主角。

这本书中由亨利·范戴克·卡特（Henry Vandyke Carter）所绘的 363 张图精细却单调、复杂却乏味，对于人体小器官的描绘准确有佳，却不再有整体感。维萨留斯笔下的尸体虽死犹生，仿佛要重新站起；而卡特笔下的尸体却"支离破碎"——它们只是单个部件，是病理研究的对象，不再令人惊奇。《格雷氏解剖学》终结了长达三个世纪的解剖学艺术，严密、精准但死气沉沉的解剖学由此诞生[67]。

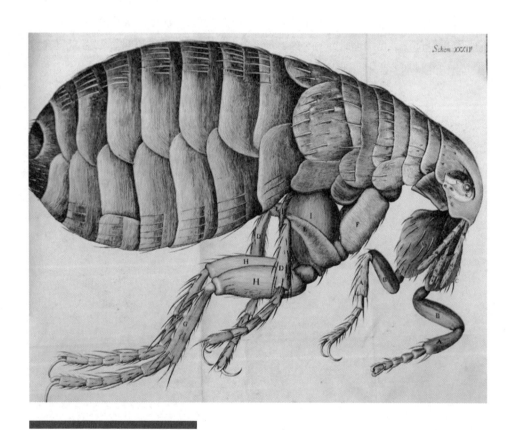

罗伯特·胡克在 1665 年创作的
《显微图谱》中绘制的跳蚤

你眼中的跳蚤

天才的胡克先生

我这辈子看过的最天才的书。

——塞缪尔·佩皮斯（Samuel Pepys）

科学史上的许多重大发现都得益于视力范围的不断拓展。人类发明了仪器，看见了先前见不到的事物。其中最激动人心的创造之一就是显微镜，几乎所有人都能使用它。显微镜揭示的图像毋庸赘言便可震惊四座。它让我们对自然界肃然起敬，把我们的视线带到一个未知的世界：这里有一些最常见的事物，它们复杂而美丽。第一次，人类抛开"非常大"，将目光好奇地投向"非常小"。有一个人功不可没，是他开启了进入微观世界的发现之旅，是他以超凡的技能和无比的细腻将微观世界公之于众。

1653 年，当罗伯特·胡克还是牛津基督教会学院的学生时，就已经开始了自己的科学事业。在那里，他遇到罗伯特·玻意耳（Robert Boyle）并成为其助手[68]。他非常敬仰玻意耳。在 1662 年，胡克成为伦敦皇家学会的实验管理员，这意味着他要负责学会会议上的实验示范工作。因为胡克兴趣广泛，实际操作技能卓越，他逐渐成为学会中最重要的成员之一。此后三年，在自己的诸多兴趣中，胡克积极地开发起更加强大的新型复式显微镜。胡克利用自己制作的精美仪器创作出一本惊艳的图解集[69]，将微观自然界完美呈现[70]。这本图集于 1665 年出版，名为《显微图谱》[71]，其中包括 60 张图片——58 张显微图片和 2 张有关月球和恒星的望远镜图片。每张图片都是胡克根据自己的观察精心绘制而成的，并附有详细的说明和解释，指导人们观察图片中的细节。胡克笔下的大部分显微图片展现了鲜活的生物：虱子、苍蝇的复眼、海绵动物、草本植物、蜜蜂的针刺、鱼鳞、蜗牛的牙齿、昆虫、刺人的荨麻、蜘蛛……这些图片不仅吸引眼球而且引人深思，其中最令人印象深刻的是第 53 号图片"跳蚤"。胡克在这张图片的注解开头这样说："假如它和人类没有其他关系的话，这个小生物的力量和美丽倒是确实值得一述。"

胡克将跳蚤画在折叠式插页上，足见他高超的制图技艺。事实上，胡克在十几岁时曾是一位艺术家的学徒，但油画颜料令他染上呼吸疾病。胡克小心翼翼，渴望准确呈现显微镜下的图像。他非常清楚如何运用光、影和平板投影的变化来表现不同的图片。他花了相当长的篇幅解释自己如何在目镜下对这个生物的三维结构有了全面的认识后，才开始作画。将胡克精湛的绘画与现代高质量的图片进行比对，这非常有趣。

对于这张描绘精准的跳蚤图，胡克主要集中评论了小生物自身的美丽和力量——这是一项杰出的精密工程。

"跳蚤有着奇特的腿和关节（为了发挥力量）。显而易见，在我观察过的生物中，没有一种像它这样。跳蚤的关节设计十分绝妙，它能将关节逐一叠缩，然后突然张开或伸至最长。就前肢而言，其中的 A 部分处在 B 部分内，B 部分在 C 部分内，它们相互平行或相互并排；但在接下来的两个部分中，对应位置完全相反，D 部分在 E 部分之外，E 部分在 F 部分之外，但它们同样相互平行；而后肢的组成 G、H 和 I，弯曲着逐一重叠，好像是'三折尺'或是像人的脚、小腿和大腿。这六条腿可一同收起，当跳蚤跳跃时，再全部展开，从而即刻释放所有力量。"

这些图片不仅令科学家备受鼓舞，促使他们开始系统、认真地研究昆虫的详细构造和功能以及自然界中的其他小型生物，还再度引发了古老的神学争论——说来也怪，在某些领域，我们一直能看到大自然界的绝妙"设计"。在图片中，人们看到像跳蚤一样的微小生物，它们的腿和臂能完美协调配合，因此，有人相信这必定是为了实现某些功能而被提前设计好的。在 19 世纪中期，这一说法最终被华莱士和达尔文的观点取代，这二人认为自然界中"恰到好处"的复杂是由自然选择所主导的一系列近似的演化过程。但是，这正是我们关注的焦点：生物自身的奇特"发明"、复杂的微观结构以及它们在诸多方面与环境的极度协调，恰恰体现了自然现象的特殊之处，需要人们进一步解释。当达尔文还是英国剑桥大学的本科生时，他就已经认识到他应该对这一演变的早期过程加以说明。若非如此，自然选择学说便也无用武之地。

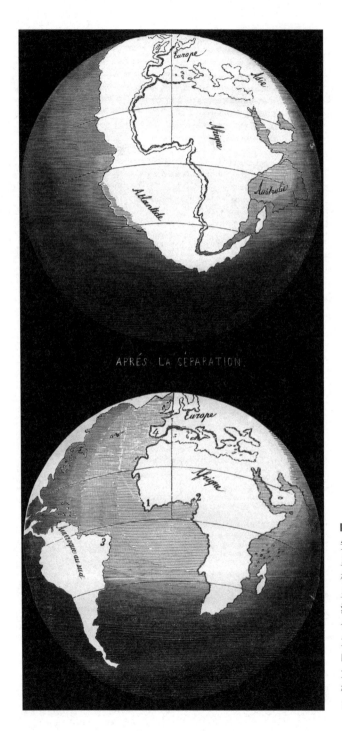

安东尼奥·斯奈德－佩列格里尼在 1858 年绘制的大陆板块分离前的板块图。该图显示了美洲东部与欧洲、非洲西部的海岸线是多么吻合。斯奈德－佩列格里尼认为，这是上帝在创世第六天的所为。过去曾有一块超级大陆的说法并不稀罕，但魏格纳的当代大陆漂移学说在 1912 年才被提出

大地因你而动？

陆地在运动

千篇一律是宇宙中的最强力。它所到之处，意义全无。

——琼·温格（Joan Vinge）[72]

直到 18 世纪，大多数欧洲人仍认为地球表面的最初形成源于仅在几千年前发生的毁灭性灾难。他们深受传统《圣经》文化的影响，相信人类文明在中东繁盛发展时，诺亚的洪水将一切终结，地球表面沉入水底。甚至那些对《希伯来圣经》有不同理解的人们也一直对这种说法深信不疑，认为所有地质变化都是由一系列灾难事件引发的。到了 19 世纪中叶，这种观点被更统一的历史事件进程所取代。此时，人类应用亘古不变的法则和定律，对地球的历史有了相对全面的理解。虽然突发的异常事件偶有发生，比如地震和火山爆发，但它们只是统一的物理进程中的次要因素，而非地质演化的主题。华莱士和达尔文主张，生物进化的阶段取决于自然选择的进程，而天文学家也提出了新兴的星云学说来解释太阳系的起源。人们因此受到启发：时间才是宇宙万物的根本。

1596 年，与格拉尔杜斯·墨卡托（Gerardus Mercator）同时代的佛兰德地理学家、制图师亚伯拉罕·奥特里乌斯（Abraham Ortelius）在最后一版《地理汇编》（*Thesaurus Geographicus*）中首次将大量地图整合到一本书里，而不再使用单个纸卷。后来，这一类书被称作"地图集"[73]。墨卡托对地图集的诞生功不可没。正如我们在本书开篇所见的图片——古希腊神话中泰坦族的擎天神阿特拉斯用肩扛起整个宇宙，正是早前墨卡托在 1590 年出版的地图书封面。奥特里乌斯在其名著《世界概貌》（*Theatrum Orbis Terrarum*）一书中称，地球的大陆在过去可能出现过移动。奥特里乌斯利用最精确的地图，并经过观察地球地形的平面图，认为美洲地区可能"被迫离开"了欧洲和非洲，而且考虑到这三块大陆的海岸线，他还认为"割裂后的残存部分可能自成一体"。

这是人类第一次用图来呈现这一观点——只要看一眼地球仪，你就会立刻明白这个观点了。来回移动大陆板块，它们好像能拼合在一起，如同七巧板。其中，南美洲和非洲的结合最令人信服。或许这只是灾难带来的后续影响，或许它只是证明了灾难观点的正确性，总之，这种观点一直无人问津。直到1858年，美国地理学者安东尼奥·斯奈德－佩列格里尼（Antonio Snider-Pellegrini）在巴黎出版了《创造和它的神秘披露》（*Création et ses mystères dévoilés*），这一观点才重新回到人们的视线中。斯奈德－佩列格里尼的书中包括许多地图，他猜想，今天的各大洲在分开之前曾合为一体。

但这个观点仍旧没能抓住19世纪地理学家们的想象力。直至1912年，潮流才开始微微转向。当时一位名叫阿尔弗雷德·魏格纳[74]（Alfred Wegener）的年轻德国气象学家提出了"大陆漂移"的完整理论。他假设地球上原本只存在一个超级大陆块——泛大陆，它在2亿年前分裂成两块大陆，即北部的劳亚古陆和南部的冈瓦纳古陆。这两块大陆继续移动并分裂成我们今天所见的大陆板块。魏格纳的理论基于两点：首先，不同大陆的形状拼接明显吻合；其次，沿各大陆海岸线的动植物化石相互对应。不同的大陆虽然今天距离甚远，但它们曾经彼此相连。魏格纳的理论确实引起了人们的关注，这是他的前辈们未能达到的。然而，这一理论并非主流。它的出现令"大陆位置固定不变"的传统观点第一次面临严峻挑战。魏格纳认为，大陆应该在持续、缓慢地移动，可他无法解释促使它们移动的巨大外力究竟是什么。后来，魏格纳终其一生都在致力于发展自己的漂移理论，并试图寻找相关物理机制解释此种现象的成因。遗憾的是，在1930年考察格陵兰岛冰冠的途中，魏格纳因伤寒去世，没能看见自己的理论被科学界广泛支持。

最终，魏格纳的设想被证属实，地球表面的"构造板块"一说为科学界广泛接受。地球表面由物质板块构成，它们各分上下，以不同的速度彼此滑动。大陆板块以一年几厘米的速度移动，可由全球卫星定位系统直接测出。

今天，地球物理学作为一门充满活力的学科，能够利用海洋学、天文学、古生物学和地理学的大量数据进行研究。对于居住在地球低洼地带和板块碰撞边界区域的人们来说，地球物理学的发展对他们的生存至关重要。或许最终，对板块构造的理解能使我们大致预测地壳运动给人类带来的后果，并减轻一些灾难性的影响。正是那些史无前例、充满想象的地球大陆相互嵌套图片让人们开始思考地

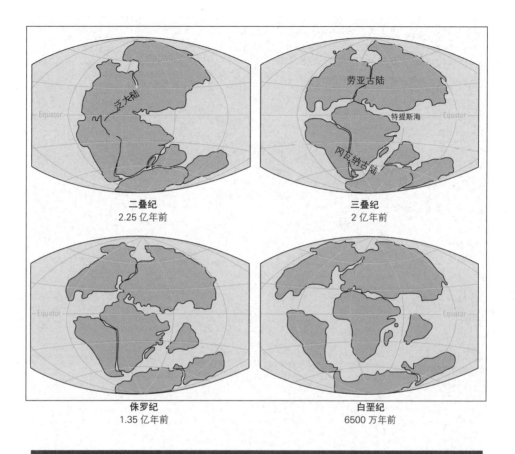

二叠纪
2.25 亿年前

三叠纪
2 亿年前

侏罗纪
1.35 亿年前

白垩纪
6500 万年前

大陆板块在不同时期的发展面貌，以及介于其中的海洋的演变过程，图片来自美国地质勘探局

球表面何以成为今天的模样。但更重要的是，它们告诉我们地球表面的现状并非最终成品。地球板块会平稳运动，永不止息。在太阳系中，没有一颗行星能以同样的方式做着"活跃"的地理运动。而且，作为生命的居所，地球表现出的宜居性与其活跃的地理运动密不可分。我们需要知道得更多：是怎样的一连串事件令地球变成了如今的模样？我们需要仔细研究这些变化，它们是巨大的自然力量带来的注定结果，而自然的力量却是捉摸不定的[75]。我们需要绘制一张地球的"大图"，揭开它如何成为现今模样的秘密。

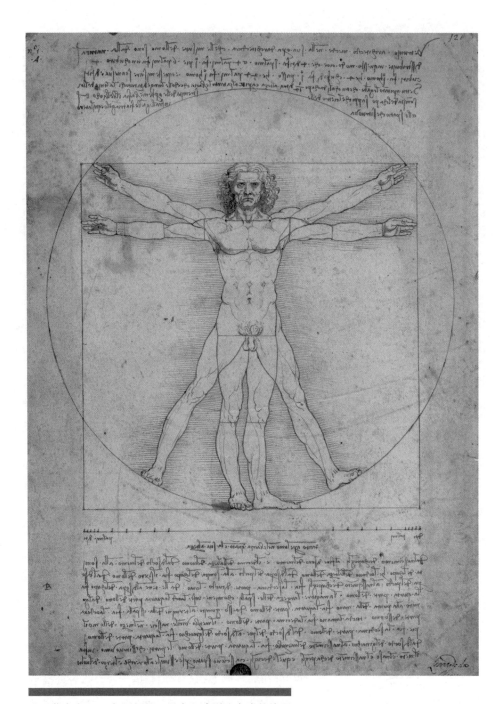

达·芬奇在 1490 年用钢笔、墨水和冲刷法完成的绘画
作品《维特鲁威人》

好身材

对称的生命

他拥有一种脸庞,只一见,便永不忘记。

——奥斯卡·王尔德(Oscar Wilde)

从出生以来,大多数人最容易记住和眼中最重要的画面就是一张张人脸。它们将我们各自区分,构成第一印象的基础。在许多文化中,人脸是艺术和社会意义的根源。但是,在这些表象的背后,有一个吊人胃口的谜团:我们的脸和身体为何惊人地对称?反之,没有生命的物体很少呈现出完美的对称。鲜活的生命却几乎无一例外地拥有外部的左右对称结构。当然,脸部的完美对称看似不大可能,毕竟它需要精妙的设计。人体自上而下也不对称,因为身体要学会对抗重力和体重的变化,应付身高带来的影响,还需要在轻微的摇晃下保持稳定,否则便会摔倒。前后对称的情况在动物界也非常少见,因为"设计"转身能力其实更加"便宜"。左右对称非常利于运动:任何一种左右不对称的结构都会引发不平衡,让直线运动变得相当棘手。而且,如果运动发生在陆地以外,比如在空中或水中,那么对称的好处就更加明显了。

关于人类对称结构的最经典的描述来自达·芬奇的著名画作《维特鲁威人》[76]。它在无数场合被人们复制或从艺术角度被重新诠释。这幅图被印上了意大利的1欧元硬币。与米开朗琪罗的巨型大卫雕塑相比,维特鲁威人看起来如此不同:他容貌夸大,手臂过长。

假如身体结构不符合对称形式,这往往暗示着一种损伤或基因缺陷,有些疾病的严重后果就是让病人失去了"完美"的身体对称。从外表来评价他人是否美丽、迷人时,我们总是率先关注他们的脸部及身体的对称性。整形外科接收的多数病例是为了重塑或提升自身的对称美,化妆行业的宗旨同样基于对"对称美"的追求,人们试图将它完美呈现、尽力加强。在低等动物中,身体结构的对称不论在择偶时，还是在识别同类、区别敌人的过程中都起着重要的指示作用。通过掩盖身体的对称结构，动物伪装不断升级。

人的脸部展现了高度对称。在万千景象中，人类通过脸识别生物，将它们与大树、圆石或叶子区分，这种重要的进化本领让我们对不规则环境中的两侧对称非常敏感。这是一个很好的向导，可以粗略地帮助我们从"死物"中找出"活物"。人类之所以对这类对称敏感，是因为如果你能够比同类更敏锐地分辨敌友、找到潜在伴侣，那么你更有机会存活[77]。

我们的脸和肢体高度对称，这种有趣的特征与皮肤之下混乱、邋遢的情况正好相反。我们的身体在皮肤之下并不对称。心脏在左边，反映了人类不同认知活动的大脑结构并不对称。如果皮肤下的结构仍旧对称，那么重要的器官可能会成倍出现。如果大脑如其控制的身体运动器官一样，是对称结构的话，那么会造成资源的极大浪费。大脑虽然本身不动，但它控制其他部件运动，可以说，大脑是个不对称的硬件接线设备。

我们对人脸微妙的情感来自进化，它促进了人类的生存与繁衍。如同许多进化遗产一样，这种情感有许多附带影响，但是，这些影响与我们现在所处的环境毫无关联。我们不必再专门通过人脸的对称性来识别自己的同胞，但是，我们经常使用这一信息作为对很多事物的评价依据。我们从祖先继承而来的这种敏感度（针对对称结构的敏感度）展现在许多其他地方，比如我们喜爱的家装风格、喜好的数学研究类型、善于创造的科学定理等。当人类第一次知道自己有脸时，剩下的都是时间的残余。

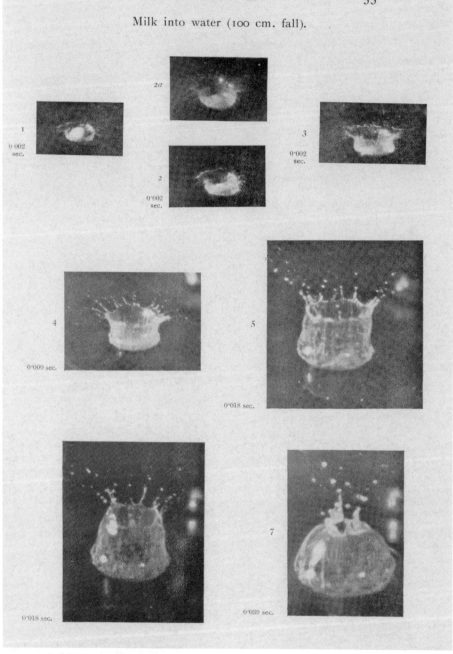

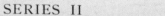

亚瑟·沃辛顿在 1897 年实时拍摄
的《液体界面冲击》

水花四溅

高速摄影

每个人都有着惊人的记忆力。有些记忆甚至没有任何影像。

——史蒂文·赖特（Steven Wright）

在 20 世纪前 10 年，一位摄影技术先驱的努力对流体和人类运动研究产生了深远影响，但他的名字却鲜有人知——亚瑟·沃辛顿（Arthur Worthington），他是澳大利亚德文泊特皇家海军学院的一位物理学教授。正所谓"在其位，谋其事"，沃辛顿理所当然对投掷物穿过水面的运动以及它们在水下的撞击作用深感兴趣。在那个没有计算机的年代，用笔和纸直接研究如此复杂的数学问题，难比登天。只有一种方法：亲眼看见发生的每一个细节。沃辛顿这样做了。他引进高速延时摄影技术来捕捉运动的瞬间。对于人眼来说，整个过程似乎是连续的，如同一连串静止的画面。沃辛顿研究了物体掉落水中时水花的形成过程，成就了一些早期摄影的经典作品。他能够在同等条件下，以百分之一秒为时间间隔捕捉到多组水花的形成过程。依靠自己的经验，在确保所有水花经历相同的过程后，沃辛顿能够制作出整个影片的单幅画面。

沃辛顿认识到，从表面看，水花的形成过程重复而有序。但全部现象太过复杂，用数学方程无法解答。因为水在波动，要描绘水中每一个点的路径几乎无法完成。沃辛顿几乎就要解出这个复杂的问题了：他发现水花的序列同液体的质地和材料的选择密不可分。液体的黏度，或者说，阻碍流动的"黏性"非常重要。因此，"水"花和"牛奶"花的形式完全不同。同样，投掷物的粗糙程度也会造成水花的样式不一。沃辛顿的图片最先发表在 1897 年的一篇科学文献上，1908 年又以书的形式出版[78]。但直到 1917 年，这些图片才出现在达西·汤普森（D'Arcy Thompson）的经典著作《生长与体形》（*On Growth and Form*）[79] 里，并为科学界广泛得知。

可惜的是，沃辛顿的发明从未给他带来过真正的荣誉。而后来者哈罗德·埃杰顿（Harold Edgerton），这位 20 世纪 30 年代极具眼力的麻省理工学院教授看准了频闪摄影术（一秒内能够捕捉 3000 张图像）带来的商业机会。埃杰顿本是一位电气工程师，在撰写博士论文期间，他需要利用高速摄影技术来监控电机的速度变化。他设计的第一台频闪摄像装置发表在《电气工程》（*Electrical Engineering*）杂志 1931 年 5 月号中，随后借此催生了科学界和摄影界的多项"第一"：战时夜间摄影的"闪光"系统、雅克·库斯托的水下照相机、发现梅里麦克号（1862 年沉没）和泰坦尼克号残骸的侧扫声呐。埃杰顿拍摄的图片，如子弹穿越纸牌的连拍和运动场面的连拍，以及他的书《闪光》（*Flash*）和他的电影《眨眼的瞬间》（*Quicker'n a Wink*）全部来自其研究项目"频闪观测器"和麻省理工开发小组的支持。这些作品是摄影史上的奇葩[80]。埃杰顿集科学界和摄影界的荣誉于一身，美国前总统里根还在 1988 年给他颁发了"美国国家技术奖"。

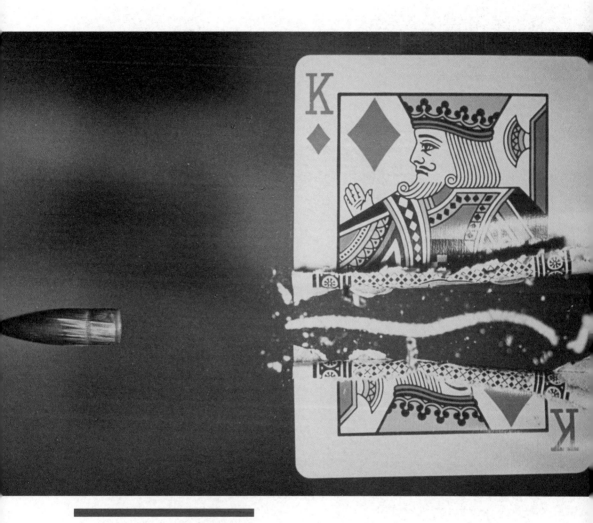

哈罗德·埃杰顿在 1970 年的摄影作品《纸牌方块 K 被口径 30 毫米的子弹击穿》

第三部分
数学的画笔

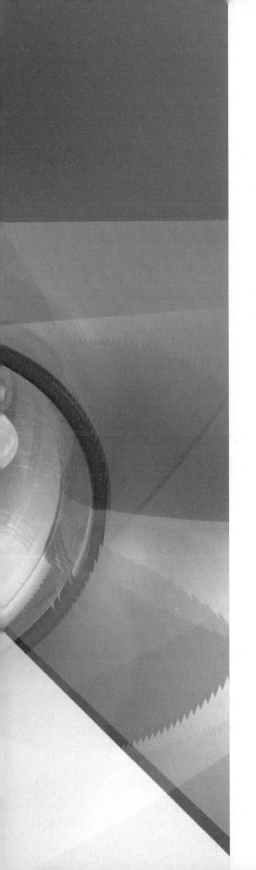

餐馆账单上的数字和
其他任何纸上的数字都不
一样，它们遵循另一套数
学法则。[1]

——道格拉斯·亚当斯（Douglas Adams）

数学,是包含所有可能模式的名录。要了解最令人叹为观止的人造图形和自然对称性,数学就是第一站。数学家总是用图形来表示新发现的几何学定理,也用图形来辅助推理过程。欧几里得的《几何原本》被传颂了几千年——从古希腊到中世纪,从文艺复兴到现代,它承载着图形在数学中的意义和传统。当然,偶尔会有如达朗贝尔和法国布尔巴基学派这样的纯化论者,他们认为图形并非逻辑学的理想支柱,容易误导众人。用图形来证明是不被允许的。但大多数数学家不肯套上这样的枷锁,他们继续挖掘着图形的力量。他们把图形作为逻辑学的直觉向导,并用图形简易地表达出自己脑中的第一感受或者"致命"的反例。

人们选择的都是数学上最重要的视觉例证,它们描绘了涉及空间本质的深层几何学真理:有的只涉及形状,有的揭示了空间组织和分割的真相,有的让我们看见了存在于迷人对称性中的华美结构。有些图形反映了无处不在的数学符号,它们比任何文字都更加常见。是谁发明了运算符号、无穷符号和等号?为什么它们是今天这个样子?很多图形有其数学的一面,却出于各种原因比数学符号更广为人知。骰子作为赌博工具的历史久远,但是,它慢慢地也开始象征着机会和随机性。伦敦地铁线路图是 20 世纪的标志性设计,是伦敦的名片,还是第一幅拓扑地图——一块充满线路和交换站的线路板,正是它重塑了伦敦的社会生态。在报纸上随处可见的曲线图是谁第一个画出的呢?出于什么原因?此外还有其他的符号性表达,比如,五线谱可以说是关于声音和时间的"曲线图"。桥梁和伟大建筑中的拱门是人类强大工程水平的生动见证,用形状也可以对抗重力。我们欣赏它们优雅的对称感,但这些形状究竟是什么?它们为何无处不在?

我们会看到在 20 世纪初,人们初次探寻一个精妙世界的成果——那些具有反直觉属性的令人着迷的数学图形。最终,它们被称为"分形",人们用新科技手段不断地挖掘着它们的丰富性。伯努瓦·曼德尔布罗(Benoit Mandelbrot)这位在 IBM 工作的数学家借助便宜、快速的计算机,以前无古人的计算能力探寻出了一个美丽的新世界。正如毛里茨·埃舍尔创造出的"不可能的图形"一样,分形也变成了数学的"墙纸"、算法计算的美学面孔。值得注意的是,所有这些美丽的图画都是描绘无限的有限尝试。"曼德尔布罗集合"这种结构只有在无限次的计算后才存在。但是,计算机带我们踏上了通往无限的蜿蜒长路,途中风光无限。

在过去的 30 年中,人类最伟大的成就之一,就是一些极其简单的规则可以从丝毫没有随机性和不确定性的条件出发，最终导致从任何现实角度上来说都完全无法预测的情况。有时候，这种不确定性是混沌而无结构的，但在某种简单意义上，也可以变成有序的复杂性。发现其中规律的最佳途径是用眼睛看——眼睛是比统计数据更敏感的分析器。

最后，我们来见识一下数学家和艺术家创造的"不可能"图像及其令人震惊的视觉幻象。它们探索了三维现实在平面上的投射，帮助我们想象一个多维物体出现在眼前会是什么样子。大脑对一部分图案和颜色产生的反应会令我们产生幻觉，幻觉可以用来欺骗、迷惑或是娱乐。眼见的未必是真的。但在数学中，我们必须要通过"看见"来确定自己是否真的理解了。所以，用英文表示"我明白了"时，人们会说"I see"，这并不是语言上的巧合。

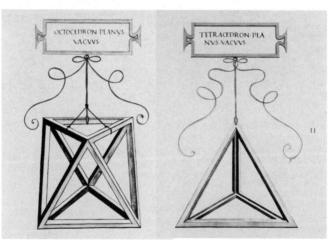

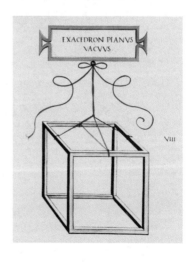

这些图形是莱昂纳多·达·芬奇的画作，收录在意大利数学家卢萨·帕乔利（Lusa Pacioli）1509 年出版的《神圣比例》（*De Divina Proportione*）一书中。图中的正多面体即为 5 个柏拉图多面体，也属于九大正多面体。其每个面都是相同的正多边形。正十二面体由 12 个五边形组成。正二十面体由 20 个等边三角形组成。正八面体由 8 个等边三角形组成。正四面体由 4 个等边三角形组成。立方体（或称正六面体）由 6 个正方形组成

五个大明星

柏拉图多面体

数学史上最美妙、最独特的发现之一。

——赫尔曼·外尔 [2]

多边形就是你在一张平整的纸上画的由直边围成的图形。正多边形的边长相等，内角也相等。尽管有这些限制，正多边形仍然有无穷多种。最简单的例子就是有三条边和四条边的正三角形和正方形了，当然还可以有更多条边。说出任何一个确定的数字，无论它有多大，只要你的铅笔够用，就一定能够画出一个拥有相同数量的边的正多边形。随着边数增大，你用肉眼越来越难以分辨多边形和圆形了。我们可以把圆形想成由无限多条边组成的多边形。总之，正多边形的数量是无限的。

如果我们把注意力从平面多边形转向它在三维空间中对应的概念，那得到的就是凸多面体，即向外凸的多平面立体图形 [3]。如果对平面没有特殊要求，那么它们就会产生无数种可能。但是，假设我们把对象限制在正凸多面体上，即各个面完全相同的多面体，那么会有多少种可能呢？

奇怪的是，总共只有五种正多面体 [4]：正四面体（有 4 个三角形面）、立方体（有 6 个正方形面）、正八面体（有 8 个三角形面）、正十二面体（有 12 个五边形面）、正二十面体（有 20 个三角形面）。人们已经证实，从二维到三维的变化是有局限性的 [5]。欧几里得在《几何原本》的结尾处证明了这五种多面体是唯一可能的立体图形。但希腊人在很早以前就已经知道这件事了，他们把这些称为"柏拉图多面体"，因为柏拉图曾在公元前约 350 年出版的《蒂迈欧篇》一书中描述过这些立体。在这部著作中，柏拉图开创了把这五种对称形状与宇宙的意义联系起来的先河，他把正四面体和火元素等同起来，把立方体同土联系起来，而正二十面体对应的是水，正八面体对应的是空气，正十二面体对应的是一种很轻的物质

四种星形多面体，有时被称为"开普勒－潘索多面体"。它们是大十二面体（左上）、小星形十二面体（右上）、大星形十二面体（左下）以及大二十面体（右下）

（以太）——这种物质构成了星群和天空。

想弄清到底是谁最先发现了正多面体，有点儿像尝试找出是谁发明了火 [6]。但是，柏拉图把正多面体的发现归功于雅典的泰阿泰德（Theaetetus），他可能是柏拉图在雅典学院的一个学生。历史学家相信，《几何原本》后几卷中的一些内容完全是由泰阿泰德的发现衍生而来的，还有其他一些记载在欧多克索斯和帕普斯的著作中。一个较早的说法是："所谓的五种柏拉图多面体其实并不属于柏拉图。其中三个是由毕达哥拉斯发现的，它们被命名为立方体、角锥体和正十二面体。而正二十面体和正八面体是由特埃特图斯发现的。" [7]

柏拉图神秘的立体占星学联想一直吸引着西方思想家。开普勒试图在《宇宙

文策尔·雅姆尼策绘制，约斯特·安曼
（Jost Amman）雕刻的美丽版画

的奥秘》这部著作中将柏拉图多面体的五重和谐与天空联系起来。开普勒太阳系的模型用到了所有五种柏拉图多面体，以此描述 16 世纪时人们知道的六大行星的轨道。他用柏拉图多面体内切球和外接球的直径之比，来指明行星在自身轨道中离太阳的最大距离和紧挨着的外层行星离太阳的最短距离之比。这就产生了六个已知星球的五种比例。每个柏拉图多面体都被安排在两个相邻的行星之间。当内层行星离太阳最远时，行星在柏拉图多面体的内切球上；而当外层行星离太阳最近时，行星在相应的外接球上。

　　当早期的古希腊人最早开始列举组成柏拉图多面体的五种正多面体时，他们把目标限定在凸多面体上，也就是向外凸的多面体。如果我们允许多面体向内凹的话，两个共用一条边的面可以形成小于 180° 的角，那么就会产生四个新成员，它们被称为正星形多面体，即大星形十二面体、小星形十二面体、大十二面体以及大二十面体。在文艺复兴时期，工匠们想利用柏拉图多面体图形作为装饰，于是逐一发现了这些新多面体。开普勒也注意到，可以把固定高度的角锥体添加到正八面体、正十二面体和正二十面体的面上，这样的话，角锥体的侧面就会连成一个平面。他由此引出将多面体组合起来的概念，因此它们就有了交叉面，很像三维版的"大卫之星"①。这些可能性并没有像凸多面体那样被系统化地理解。直到 1810 年，法国数学家路易·普安索（Louis Poinsot）的一篇文章中对其进行了说明 [8]，所以这些立体图形也被称为"开普勒 – 普安索多面体"。其实，纽伦堡著名的金匠文策尔·雅姆尼策（Wenzel Jamnitzer）曾于 1568 年出版了《几何美学》（*Perspectiva Corporum Regularium*）一书，书中的图就已经预示到了这些图形。1812 年，奥古斯丁·柯西（Augustin Cauchy）才证明，普安索推测的四种立体图形就是三维空间里所有可能的星形多面体 [9]。而这些略显奇怪的英文名字是在更久之后的 1859 年，由英国数学家亚瑟·凯莱（Arthur Cayley）命名的。

如今，这些多面体对于数学家来说仍然具有美学上的吸引力和几何上的魅力 [10]。一直以来，这些立体图形组成的模型都让人们惊艳于它们的美丽、对称性和简洁 [11]。由此，我们似乎可以理解为什么人类一直执着于找寻身边的有限事物和永恒的几何和谐之间掩藏的超自然联系。这种几何和谐对于人类来说意味着来自宇宙的暗示。

---

① 犹太教的标记，为两个正三角形叠成的六角星。——译者注

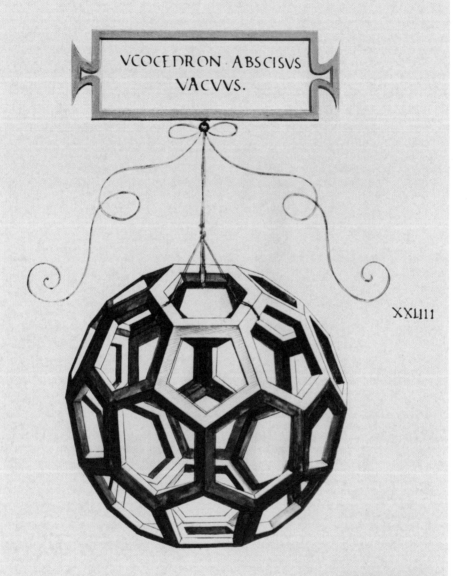

VCOCEDRON · ABSCISVS
VACVVS.

XXIIII

达·芬奇所绘的截角二十面体，这是他为帕乔利的书《神圣比例》绘制的插图

上帝踢足球吗？

巴基球

上帝或许不掷骰子，但可能会踢足球。

——哈里·克罗托

在研究了柏拉图多面体之后，阿基米德马上发现可以创造出 13 种半正多面体。只要对称地截掉立方体、角锥体、正十二面体、正二十面体和正八面体的顶点，就能创造出这五种相对应的多面体，这就是"阿基米德多面体"。这些多面体的面仍然是正多边形，但这些多边形却不尽相同。它们的顶点都很相似，但面却不完全相同。仿照此法，也可以构建出另外八个阿基米德多面体。我们可以把它们看作继柏拉图多面体和星型多面体之后的第二对称多面体。

人们发现，某一个阿基米德多面体在宇宙中具有极特殊的重要意义，并且在近 20 年来的化学发展中有着举足轻重的地位。这个特殊的多面体就是阿基米德截角二十面体。它有 60 个顶点和 32 个面，每三个面相交于一个顶点，此外还有 90 条边。32 个面中包含 20 个六边形和 12 个五边形，所以，每两个六边形和一个五边形相交于一个顶点[12]。这是一种美丽的结构，但对读者来说，比起上述事实，大家马上能想到的恐怕是另一样东西。足球[13]到了近代就变成了这种由黑色的五边形和白色的六边形组成的典型形状[14]。

建筑师理查德·巴克敏斯特·富勒（Richard Buckminster Fuller）在他 1949 年设计的网球格顶中大量运用了二十面体的几何结构。富勒是一位自学成才的结构工程师，一直以来都努力通过数学上的对称来达到多重优化的目的，比如减少用料、降低组装难度以及加强结构的稳固性。他很欣赏妙用材料的方法，比如，一种材料在某种情况下可能极其脆弱，但只要按照适当的几何构型加以组织利用，就可以达到相当大的强度。蛋壳就是一个大家都熟悉的例子。

1967 年，富勒为蒙特利尔世界博览会设计的美国馆就是一个由网格状球顶构

只要对称地切掉正立体的顶角就可以得到一个最简单的半正则多面体：截角四面体截角立方体

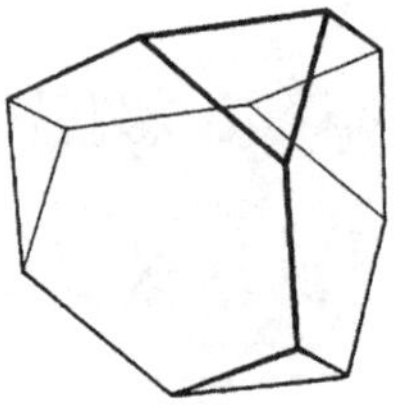

截角四面体

截角立方体

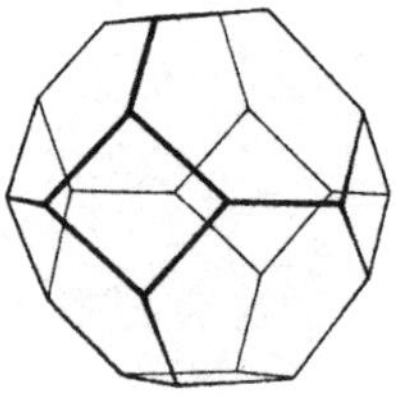

截角八面体

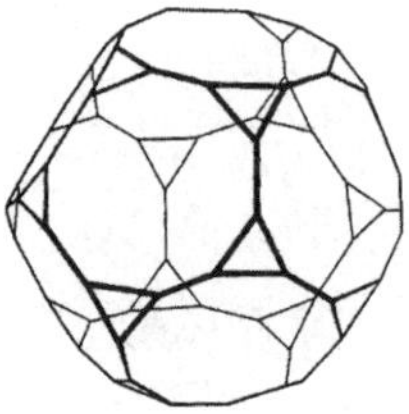

截角十二面体

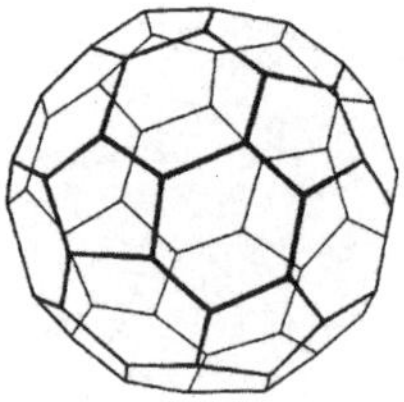

截角二十面体

另外八个阿基米德多面体如下所示：

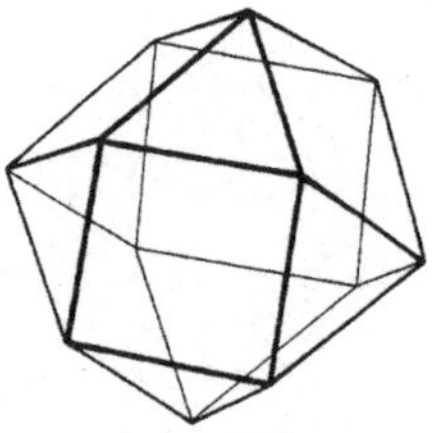

立方八面体

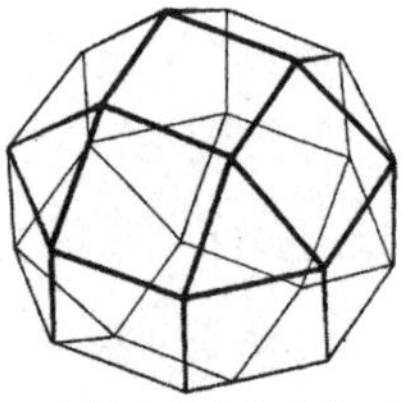

小斜方截半立方体

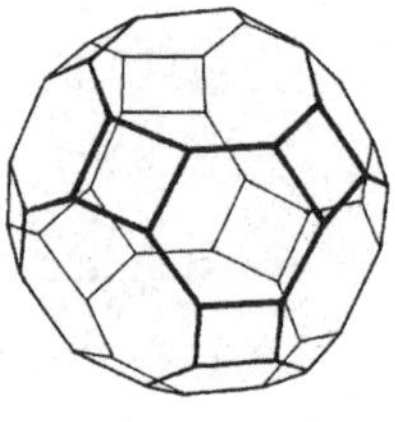

大斜方截半立方体

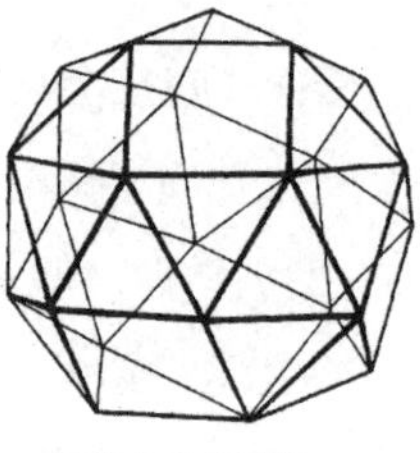

扭棱立方八面体

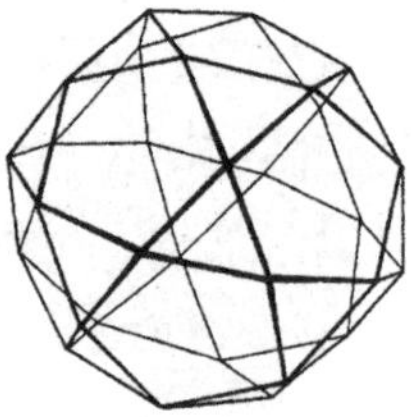

截半二十面体

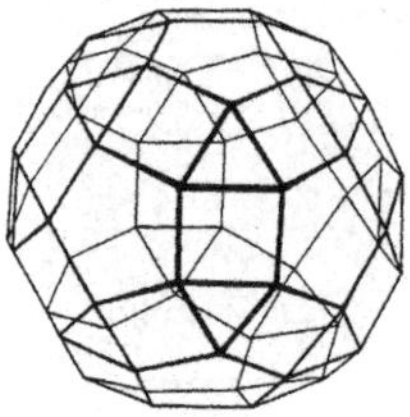

小斜方截半二十面体

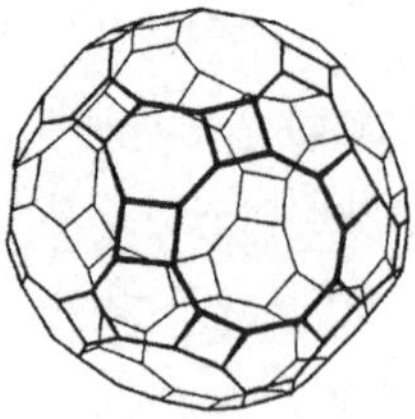

大斜方截半二十面体

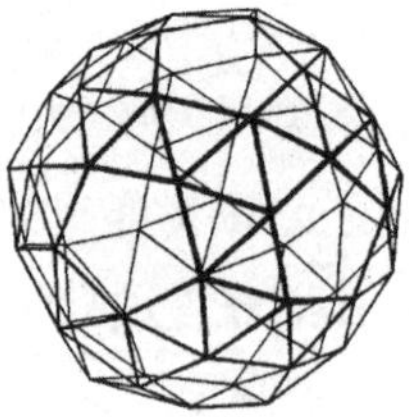

扭棱截半二十面体

阿基米德多面体，都由两种或两种以上多边形的面构成

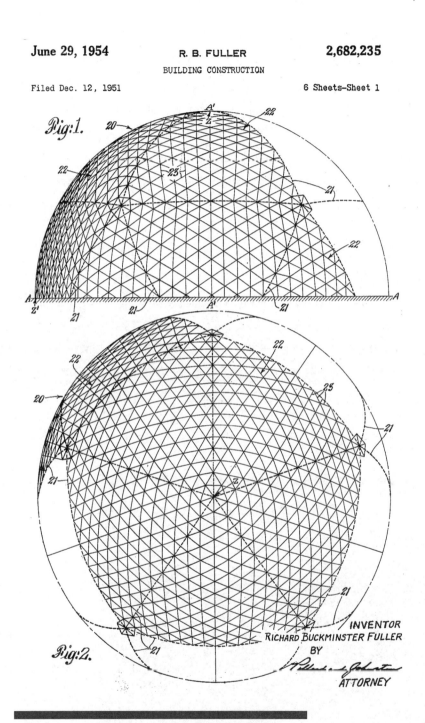

富勒在 1954 年的专利文件（专利号：2682235）中的画作

成的建筑，球顶上的面是由五边形和六边形交织构成的截角二十面体。整个建筑令人叹为观止。这是一个关于对称和功能的伟大宣言，建筑的规模和形态引起了很多科学家和设计师的注意，其中就包括哈里·克罗托（Harry Kroto）。克罗托是一位毕生都对建筑和平面设计充满兴趣的化学家。其实，哈里曾是我在英国萨塞克斯大学的同事，当我第一次被任命为讲师的时候，他甚至还坐在评审席上。哈里一直以来都对在特殊情况下碳分子能否在空间分子云里形成长链的问题很感兴趣。要验证这样一个问题需要两个步骤：首先，在严格控制的实验室环境中创造出类似的链；然后，看是否有空间中的分子和这些人工制造出的链在光谱的特征上相匹配。1985 年，哈里加入了理查德·斯莫利（Richard Smalley）和罗伯特·柯尔（Robert Curl）在美国得克萨斯的莱斯大学领导的研究团队，团队中还有研究生詹姆斯·希思（James Heath）和肖恩·奥布赖恩（Sean O'Brien）。他们打算用激光束打碎碳原子团，然后观察遗留物在汽化以后是否会凝聚成一些有趣的新碳聚合物。团队发现，形成的新团都有偶数个原子。在稍微调整了实验之后，他们可以创造出几乎总是包含 60 个碳原子的原子团。团队试图为实验结果找到一个合理的解释。哈里也百思不得其解，为什么碳会更倾向于形成碳-60 的形式呢？这时，他想起了曾为孩子们用纸壳做的小截角二十面体，以及富勒的球顶。他马上打电话

这个富勒顶的原型是一个斜方截半九面体，照片拍摄于 1954 年圣路易斯华盛顿大学

《自然》杂志 1985 年 11 月 14 日的封面，庆贺罗伯特·柯尔、哈里·克罗托和理查德·斯莫利发现了碳-60

给英国的家人确定了自己所做的模型的几何构成。他相信，碳形成的就是截角二十面体，碳原子位于该构型的 60 个顶角上。哈里做了一个由五边形和六边形构成的纸模型，并在随后的 11 天里疯狂工作。从 1985 年 9 月 1 日一直到 9 月 12 日，他完成了论文并投稿给《自然》杂志。该杂志在 9 月 13 日收到稿件后，于 11 月 14 日将其刊出，并在封面上刊登了相应的图片。

人们给这些碳原子起过很多名字。起初它被称作"富勒烯"，以纪念"富勒顶"结构为化学做出的贡献；之后还有更不正式的名字——"巴基球"，甚至偶尔也被称为"足球烯"[15]。

发现新的碳结构是化学界的一次伟大革命[16]，它使无机化学和有机化学联合在一起，并提供了在分子层面上构建物质的新方法[17]。柯尔、斯莫利和克罗托分享了 1996 年的诺贝尔化学奖。巴基球的对称造型自然而然地成了化学的象征，很多科学杂志都以这一形象为封面，以庆贺碳分子的新发现。这样的盛况恐怕只有当年发现脱氧核糖核酸能与之媲美。

1	3	5	7	9	11	13	15	17	19	21	23	25	27	29
31	33	35	37	39	41	43	45	47	49	51	53	55	57	59
61	63	65	67	69	71	73	75	77	79	81	83	85	87	89
91	93	95	97	99	101	103	105	107	109	111	113	115	117	119
121	123	125	127	129	131	133	135	137	139	141	143	145	147	149
151	153	155	157	159	161	163	165	167	169	171	173	175	177	179
181	183	185	187	189	191	193	195	197	199	201	203	205	207	209
211	213	215	217	219	221	223	225	227	229	231	233	235	237	239
241	243	245	247	249	251	253	255	257	259	261	263	265	267	269
271	273	275	277	279	281	283	285	287	289	291	293	295	297	299
301	303	305	307	309	311	313	315	317	319	321	323	325	327	329
331	333	335	337	339	341	343	345	347	349	351	353	355	357	359

埃拉托斯特尼筛选法的操作方法。画线删除了所有应被去掉的数，即所有可以被 3、5、7 整除的数……通过画出由不同颜色组成的平行线，再去除它们的倍数。没有任何彩色线经过的数就是质数。在第一行中，质数都被画上了圈。偶数从一开始就不在这个网格中，因为它们都是可以被 2 整除的

质数时间 ①

埃拉托斯特尼筛选法

质数，整洁而幽雅。它们不合作、不改变、不可分割，永生永世都只是自己。

——保罗·奥斯特（Paul Auster）[18]

质数是数学家遇到的最神秘的数了。除了其自身和 1 以外，它们不被任何数整除。它们是数字中的原子。最初几个质数很容易就可以找到：2、3、5、7、11、13、17……早在 2000 年前，欧几里得就给出了"质数无限"的完美证明[19]。但迄今为止，仍然没有简单、神奇的公式可以给出所有质数。数学家和密码学家都对已知最大的质数充满了兴趣，因为他们可以用这些质数创造出世界上最安全的密码。截至 2005 年，最大的质数 ② 是 $2^{30\,402\,457}-1$。

如果它被完整写出的话，一共有 9 152 052 位。这个数是柯蒂斯·库珀（Curtis Cooper）和他的同事们在 2005 年的"互联网梅森素数大搜索"计划中发现的。这是一个数学家版的在线搜寻地外文明计划，有一个起协调作用的中心计算机作为服务器，任何加入这个项目中寻找质数的计算机都会得到一些巨大的数，并检测它们是否是质数，就像搜寻地外文明计划会在线提供空间中的无线电信号，让大家分析是否存在智能模式的信号。非营利机构"电子前沿基金会"设立了 10 万美元的奖金，用来鼓励第一个找到位数超过 1000 万的质数的人。这项探索计划的最大驱动力主要源于大型计算机的计算能力，其进程也反映了当今计算能力的发展速度。

虽然寻找新质数的任务已经属于最快的计算机了，但曾几何时，这些工作都只能以人的推理为基础，通过手算来完成。第一个方法，也是最具影响力的方法来自昔兰尼的埃拉托斯特尼（Eratosthenes of Cyrene）。昔兰尼是希腊在北非的殖民地，现位于利比亚的沙哈特。埃拉托斯特尼是亚历山大图书馆的第三位馆长。他

---

① 英文中 prime time 也有"黄金时段"的意思。——译者注

② 截至 2018 年 12 月，最大的质数是 $2^{82\,589\,933}-1$，共 24 862 048 位。——编者注

找到了算出地球周长的办法，还算出了地球到太阳和月亮的距离。他的筛法出现在叙利亚数学家尼科美德斯（Nicomedes）在公元 100 年出版的《算术简介》中[20]。这是一本为学生撰写的学习手册，比欧几里得的《几何原本》简单得多，所以在中世纪以前的欧洲和阿拉伯世界都得到了广泛使用。埃拉托斯特尼通过筛掉其他的数来系统地寻找质数，这是一种很实用的技巧，只要数不是特别大。而且，这种方法也是第一个真正意义上的算法。不幸的是，埃拉托斯特尼的著作没有流传至今，我们只能通过其他人的记述来了解他的"筛法"。虽然他并不是当时某个学科的领袖级权威人物，但我们知道，同时代的人却评价他为"博学五项全能"[21]。人们给了他一个绰号，叫作 Beta，这是第二个希腊字母，也指"全能冠军"（pentathlos），因为古希腊运动会的五项全能运动员在每一项运动中表现得都很出色，却无法成为任何一个单项的冠军[22]。尼科美德斯用如下的方式描述了筛法的运作过程。

"筛法运作如下。我依次排下所有奇数，从 3 开始，越长越好。然后，从第一个觉得可以拿来测试的数起步。我发现，每隔两个位置就可以找到一个可消除的数，直至永远。我还发现，这一现象并非偶然，结果永远是在隔过两个数之后的第一个数，也就在去掉两个数之后数列中最小的数。因此，第一次得到的数是测试数的 3 倍。接下来，从这个数开始，再相隔两个数，到达数列中第二小的数，即测试数的 5 倍。然后再相隔两个数，到达数列中第三小的数，即 7 倍。最后也是相隔两位，即数列中第四小的数，即 9 倍。

"然后，我重新开始，看看第二个数可以测出什么来。我发现它可以每隔四个数消掉一个数，被消掉的数中第一个数是被测数的 3 倍，然后是 5 倍、7 倍……由此可以无限延伸下去。

"如此往复，这个过程可以一直进行下去……那些无法被整除因而成功避开的数，就是质数和非合成数，它们就像被筛子筛出来了一样。"

我来解释一下，筛法是这样工作的。把所有正数以每行 10 个排列，直到你所关心的最大数，我们叫它 N。现在，我们依据埃拉托斯特尼筛选法把这个数字列表中的非质数都划掉。首先根据定义，1 不是质数，所以把它直接划掉——如果你把 1 算成质数的话，那就要划掉列表中所有的数了。把剩余的第一个数（2）画上圈，然后把所有可以被其整除的数都划掉。这就去掉了所有偶数。然后圈起下一个数 3，划掉所有可以被 3 整除的数。如此进行下去，每次都圈起所剩数的第一个，然后划掉所有可被其整除的数。于是，剩下的画着圈的数就是质数了。

很快你就会发现，很多打算划掉的数其实在更早的时候就已经去掉了，比如 7 的倍数，因为这些数同时也是更小的数的倍数（比如，21 = 3 × 7），所以早已经被消除了[23]。

这种表达方式的美感在于，最后由列和对角线形成了各种图案。但是，我们没有系统的方法预测下一个被画圈的数（质数）到底在哪里。

学习埃拉托斯尼筛选法最勤勉的学生就是美国数学家德里克·诺曼·莱默（Derrick Norman Lehmer），他用筛法从数列中找到了 1000 万个质数，并发表了因子表[24]。莱默用局部机械筛法加速了这个冗长的过程。他的儿子制造了一个带有 30 个齿轮的轴，每个齿轮上都有 100 个齿，而这些齿都和其他 30 个齿轮相咬合。这些齿轮的齿数都由小于 127 的 30 个质数之一所决定。有人这样描述它的工作原理："第二列齿轮的每个齿上都有一个小洞。机器调整好之后，有一些小洞被堵上了，而剩下的是打开的。从机器的一端射出一束光，然后机器就由电机带动开始运转。主轴的旋转速度不变，但其上的齿轮转速不一，因为它们的齿数不同。或许要经过数十万次的转动之后，每个齿轮的小孔才能对到同一个点上。当 30 个孔都对齐的时候，也就是那束光径直穿过了机器的时候，光激活了感光电路板，停下了机器。主轴上记录转数的小计数器就可以给出我们所研究的大数含有的因数了。"[25]

从筛法的图片中可以很明显地看出，质数越大，它们之间相隔得就越远。这并不稀奇。随着数增大，可以整除它们的因数也变大了。比如，100 以下每 4 个数中就有一个是质数，1000 以下每 6 个数中有一个质数，而在 100 万以下，要每 12.7 个数中才有一个是质数，等到了 10 亿个数时，每 19.8 个数中才有一个是质数。所以粗略地看就是，在 10^N 以下，每 2.3N 个数中才有一个是质数。换一种说法就是，在比 N 小的数中，大约每 $\ln N$ 个数中有一个是质数，$\ln N$ 是 N 的自然对数[26]。卡尔·弗雷德里克·高斯（Carl Friedrich Gauss）在此基础上升华了这个猜想，在接近 N 的数中大约有 $1/\ln N$ 个质数，也就是说，在小于 N 的数中有 $N/\ln N$ 个质数。所以当 N 越来越大时，还会有很多数能被埃拉托斯尼筛选法筛出来。看来，密码学家不怕没有质数可用了。

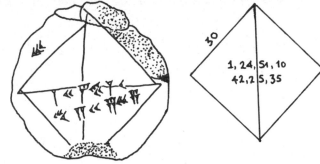

30

1, 24, 51, 10
42, 25, 35

这块古老的石头展现了古巴比伦人（约公元前 1700 年）如何采用六十进制计算 2 的平方根到小数点后 3 位（由比尔·卡斯尔曼绘制）

斜边上的正方形

新娘的椅子

有人说，几何的艺术就是用错误的图推出正确的结论。

——让·迪厄多内（Jean Dieudonné）[27]

世界上所有学校的大小学生都知道这样一条著名的数学定理，它存在于西方世界第一本伟大的数学书中。而该书的作者就是大家都知道的欧几里得。他是亚历山大城的图书馆和大学的顶级数学家。这座城市建于公元前 332 年，以其创造者亚历山大大帝的名字命名。城中的图书馆是古时最大的图书馆，拥有超过 60 万的卷轴。在公元前 300 年，城中的图书馆和大学都对外开放。

欧几里得搜集了毕达哥拉斯学派伟大的数学家们的成果，包括阿契塔（Archytas）、希波克拉底（Hippocrates）、欧多克索斯和泰阿泰德的作品，当然也包括他自己的作品。他按逻辑演进的顺序把这些内容编纂成一部共 13 册的书卷。这是人类历史上最有影响力的教科书——《几何原本》。这部书是一份珍贵的财富，它通过巧妙的数学论证展示了公理法在实际中的应用。欧几里得在一开始就清楚地列出公理、假说和推理原则，然后利用这些内容系统化地证明定理[28]。这种严格的演绎法之后的几千年中都是不同学科的学者们的推导模型。从托马斯·阿奎那（Thomas Aquinas）到巴鲁赫·斯宾诺沙（Baruch Spinoza），我们看到了一种以欧几里得命题和证明为蓝本的论证方法。的确，这种代代相传的数学推演方法在哲学和神学领域是被视为绝对的真理而存在的，它不是基于事实的简单描述或模型。

直到 19 世纪初期以前，欧氏几何一直被认为是对空间形态的真实描述。而当伯恩哈德·黎曼（Bernhard Riemann）、尼古拉·伊万诺维奇·罗巴切夫斯基（Nikolai Ivanovich Lobachevsky）、鲍耶·亚诺什（János Bolyai）和高斯在严格意义下创建出用来描述曲面（如球面或者马鞍）的非欧几何时，哲学家们都十分震惊。欧式几何一下子变成了几何学的一种，而其他几何也都是完备的、逻辑的、前后连贯的，并被一套严格的公理所定义。几何的发现激发了人们在大环境下的相对性思考，无论在几何学、政治学、宗教还是人类学领域里，"绝对真理"过时了。

没有人会质疑欧几里得的书在深度和广度上给人类带来的巨大影响，但其中的一个定理以及对应的一个图形已成为影响力最大的理论。它是《几何原本》第一卷里 48 个命题中的一个，最终被艰难地证明了。这是所有直角三角形的共有特点，即众人皆知的"毕达哥拉斯定理"：任何一个直角三角形的三条边 A、B 和 C，其中 C 是最长的边，于是有：

$$A^2 + B^2 = C^2$$

有一个传说，毕达哥拉斯在等待叩见萨摩斯岛的暴君波利克拉特斯（Polycrates）时发现了这个定理。在宫殿的门厅中等待的时候，毕达哥拉斯开始研究起地板上的正方形图案。如果他用一条对角线划分那个正方形的话，那么，由对角线形成的正方形的面积恰好是其原来的边形成的正方形面积的 2 倍。换句话说，三角形斜边的平方等于其他两边的平方和。这就是上面公式中 A 等于 B 的特殊情况。无论如何，这是个好故事！[29]

一幅早期的希腊平面图，欧几里得用它展示毕达哥拉斯定理

在《几何原本》中，欧几里得在限制更少的情况下，即 A 和 B 不相等时，证明出了这个定理。他采用的作图线方法和章首图片有些类似。其实，那块石头的作用是垂坠新娘在婚宴上所坐的椅子[30]。这个定理表达的是正方形 $BCED$ 的面积等于正方形 $AHKC$ 和 $GABF$ 之和（上页图）。

事实上，据我们所知，在远早于毕达哥拉斯生活的年代，古巴比伦人、中国人、古印度人和古埃及人就已经有上百种方法来证明毕达哥拉斯定理了。古巴比伦人在公元前 1600 年就知道如何通过毕达哥拉斯定理选择三边 A、B 和 C 来构建直角三角形。

在本章开头，那块小楔形文字碑上画有一个正方形及其对角线[31]。上面刻画的楔形文字注明了边长，它所用的计算方法是古巴比伦人惯用的十进制和六十进制混合法[32]。正方形的边长是 $10 \times 3 = 30$。如果你会用毕达哥拉斯定理，就能算出对角线的长度应该是 $30 \times \sqrt{2}$，所以对角线与边长之比就是 2 的平方根。在六十进制中（乘以 30 与除以 2 相同），对角线的表达方式是 42;25,35 和 1;24,51,10 等于 2 的平方根。把六十进制的算法变成十进制，古巴比伦值就是：

$$1 + 24/60 + 51/(60)^2 + 10/(60)^3 \approx 1.414\ 212\ 96$$

这个值已经精确近似到小数点后 6 位（对于六十进制来说是 4 位）。

从某种程度来说，已知中国最早的勾股定理的证明方法十分优雅，也最匠心独具。这个方法被记录在中国最古老的数学教科书《九章算术》中。这本书的一些部分内容甚至可以追溯到公元前 600 年。在大正方形里画四个一样的直角三角形，三角形的三条边为 A、B 和 C。这时候，你会发现大正方形的面积 C^2 等于四个三角形之和（$4 \times \dfrac{1}{2} AB$）加上中心小正方形的面积 [$(B - A)^2 = A^2 + B^2 - 2AB$]。所以，我们可以得出 $A^2 + B^2 = C^2$。或者，另一种也很简单的证法是，在大正方形内挪动四个三角形，形成两个长方形，你会发现在大正方形中非三角形部分的面积在两幅图中肯定相同，所以 $A^2 + B^2 = C^2$。

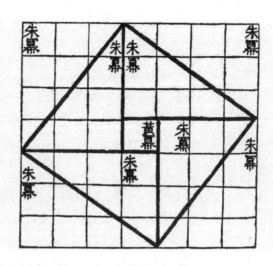

公元前 600 年，中国人证明勾股定理的图示：大正方形的面积等于四个直角三角形与小正方形的面积之和

毕达哥拉斯定理在今天仍然受到人们的关注。1670 年，法国数学家皮埃尔·德·费马（Pierre de Fermat）有了一个猜想：等式

$$A^n + B^n = C^n$$

当 A、B 和 C 都为正整数，且 n 是大于 2 的正整数时无解。费马猜想流传甚广。费马在 1621 年出版的《算术》[①]一书的第 85 页问题 11.8 旁留下了标注，说他已经成功地证明了自己的猜想，但"页面空白处太小，无法写下"（Cuius rei demonstrationem mirabilem sane detexi. Hanc marginis exiguitas non caperet）。可惜，至今没有人相信他。从那时起，费马猜想就是数学领域的一大问题。在长达几百年间，很多人都尝试过证明或证伪费马定理。直到 1994 年，普林斯顿大学的安德鲁·怀尔斯（Andrew Wiles）和理查德·泰勒（Richard Taylor）终于以极端复杂的方法证明了这个极具诱惑的猜想。费马是对的。只有 n 等于 2 时，等式中的 A、B 和 C 才有非零整数解。

---

① 这是由亚历山大的丢番图（Diophantus）翻译的古希腊数学文本的拉丁语译本。

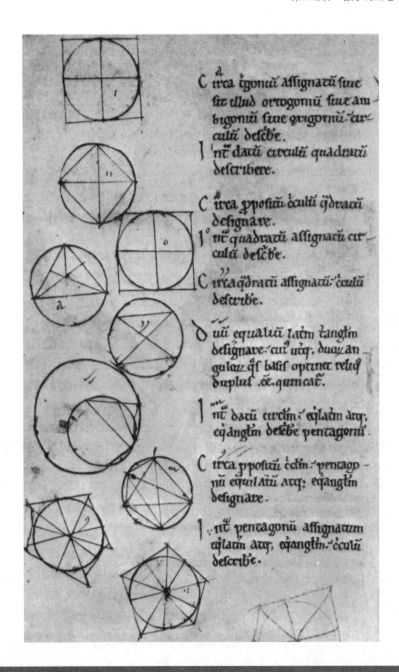

12世纪拉丁文译本的欧几里得《几何原本》第四卷并没有完整地证明毕达哥拉斯定理。书中只提供了不完整的图形供学生使用，尝试完整的证明。请注意每个图形中的标记是如何引导读者找到与之对应的陈述的。比如，内装有小圆圈的大圆圈（从下向上第四个图）中有两个"勾号"，对应于列表中的第六个陈述，并用"∂"标记出来

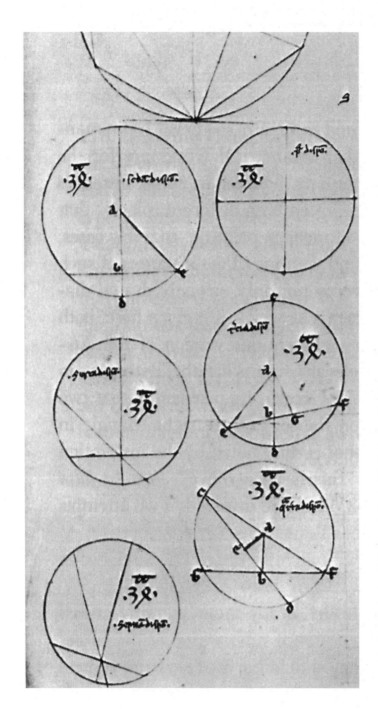

在 14 世纪一个不知名的《几何原本》版本中，定理的陈述和证明部分被删除了，但相关图形保留了下来，为读者创造了自己进行证明的条件。《几何原本》第三卷的命题 3.4 有多种不同情况展示：圆内任何相交弦的相交部分（从交点开始）所形成的长方形面积，取决于另一条弦的相交部分。不同的图中表达了弦相交的不同情况

本章中展示的图片不仅有伟大的历史和影响力，而且和其他很多图片一样，引发了众多争议。从 1934 年开始，以安德烈·韦伊（André Weil）为核心的一小群法国数学家开始在位于巴黎拉丁区的一家名为 Capoulade 的咖啡馆里聚会。他们的目的是用更新、更严谨的方式重新整合数学的各个部分，从而体现出他们共同信奉的逻辑结构。这群数学家为自己取了一个共同的笔名——尼古拉斯·布尔巴基（Nicolas Bourbaki），它是普法战争中一位将军的名字。他们从此开始了一项宏伟的工程。布尔巴基小组选择了纯数学核心领域的五个主题展开详细讨论，并排除了所有应用数学。（难道觉得它血统不纯？）让·迪厄多内如此评价道："在我看来，现代数学就像一个毛球，各种数学一丛丛、一束束的，以无法预测的形式纠缠在一起。这个毛球从各个方向伸出线头，它们和什么都不搭边。布尔巴基的方法很简单——剪掉这些线头。"[33]

通过小组成员不懈地批判和重写，布尔巴基学派的教科书不断取得进展。他们引入了很多当今数学通用的符号和术语——很多人都不知道，这些符号和术语其实是拜布尔巴基学派所赐。但很多数学家，尤其是应用数学家认为布尔巴基学派施加的某些影响是有害的。他们以牺牲问题和例证为代价来强调数学结构。比如，布尔巴基学派从不使用图。数学直觉被无情地塞进公理的紧身衣中，被紧紧包裹。追求不同领域的共同结构的梦想，最终影响了众多国家的学校课程。回顾过去，我们发现这并不成功。这一方法过早地引入了复杂的概念，学生们还没有从问题本身获得激励和兴趣，因此无法发展出解决问题的技巧。家长们都无法帮助自己的孩子，因为他们也看不懂需要解决的数学问题。

布尔巴基学派想要彻底废除"用图证明"的方法——然而，图在数学定理的证明中起着重要作用。这种思想其实并不新鲜。拉格朗日的四卷本力学巨著《分析力学》（*Mécanique Analytique*）就因完全不用图和几何表达而闻名。作者在前言中对这种做法甚为肯定。然而，拉格朗日的伟大前辈——牛顿，反而像今天的我们一样，凡是在图能发挥作用的地方就会毫不犹豫地使用它们。我们知道，一旦用图证明问题可能存在，就有办法用逻辑把这个过程表达出来，而表达出来的东西又可以用到更广阔的例证上。这些例证可能起初并不包含在图中，而且依靠人类的洞察力也并非显而易见。比如，欧几里得就是通过替换直角三角形边上的正方形和其他图形来推广最初的毕达哥拉斯定理的[34]。

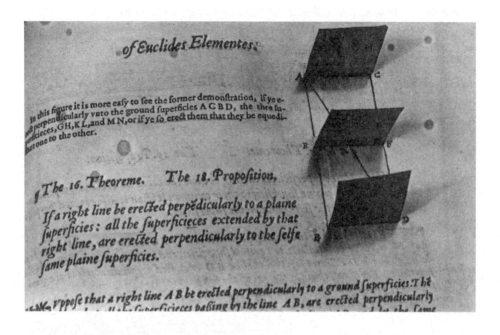

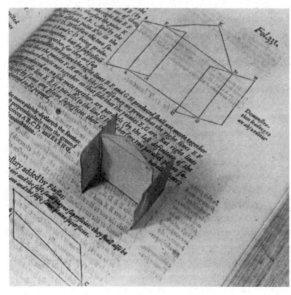

第一本"弹出式"图书也是关于立体几何的。这两页出自亨利·比林斯利翻译的最早的英文版《几何原本》（*The Elements of Geometrie of the Most Auncient Philosopher Euclide of Megara Faithfully Translated Into the Englishe Toung by Henry Billingsley, London, 1570*），展示了折叠图形的巧妙用法。这本书中一共有 34 处弹出图例，由著名的英国出版商庄台公司出版

但是，画错了的图会导致严重错误。在中世纪，falsigraphia 一词专门用来形容画错的图和有问题的论点。抄写古代手抄本的工作十分艰苦，经常会造成错误，图要么被漏掉，要么被抄错。出于类似的原因，有些证明也被省略了，取而代之的是一些用来表述定理的图例。在有些情况下，图例虽然都在，但没有配注标示的字母（留给别人去标）。拉丁文版的欧几里得《几何原本》第四卷给出了定理的陈述，还有一些不完整的图，但没有附上证明。相反，14 世纪版本的《几何原本》第三卷开头的 6 个命题都有相应的陈述、证明和图例，但是后来的命题也只是草草地给出了图例，没有证明或陈述。难道说，这类出版物的特点就是"点明关键点"，其目的只是方便考试复习？还是在课堂上的随堂测验，方便学生们填写留下的空白？

在 1980 年，因为主要成员退休，同时又和出版商产生了矛盾，布尔巴基学派最终走向了没落。几十年过去了，这个团体再没有发表过任何有影响力的出版物，其影响力逐渐消逝了[35]。这也许是因为人们都太喜欢图了？但是，把这作为结论实在是太草率了。布尔巴基学派的数学家们与持反对观点的数学家们展示了数学领域中存在的"两种文化"。一类人喜欢建立结构并形成可以推广的结论，另一类人喜欢提出和解决具体问题——虽然说，没有哪个数学家单纯属于其中一派。有时候，后者的研究重点会将他引导到前者的领域中，反之亦然。事实上，永远都存在不同的观点。人们不断争论到底哪种观点（应该）占上风，这也许恰恰证明了两个观点之间存在着有益的平衡点吧。

$$4 + 5$$
$$4 - 17$$
$$3 + 30$$
$$4 - 19$$
$$3 + 44$$
$$3 + 22$$

Zentner $3 - 11$ ℔
$$3 + 50$$
$$4 - 16$$
$$3 + 44$$
$$3 + 29$$
$$3 - 12$$
$$3 + 9$$

Wilt du das wyſ=
ſen oder deßgley=
chen/ So ſumier
die zenttner vnd
℔ vnnd was auß
—iſt/ das iſt mi=
nus dz ſetz beſon=
der vnnd werden
4539 ℔ (So
du die zendtner
zū ℔ gemachett
haſt vnnd das /
+ das iſt meer
darzū Addiereſt)vnd 75 minus. Nun
ſolt du für hōltz abſchlahen allweeg für
ain legel 24 ℔. Vnd das iſt 13 mal 24.
vnd macht 312 ℔ darzū addier das —
das iſt 75 ℔ vnd werden 387. Dye ſub=
trahier von 4539. Vnd bleyben 4152.
℔. Nun ſprich 100 ℔ das iſt ein zentner
p̃ 4 fl ½ wie kumen 4152 ℔ vnd kumē
171 fl 5 ß 4 heller ⅖ Vñ iſt recht gmacht

Pfeffer

约翰·威德曼的《商用算术》一书中的加号和减号，1562 年版

符号的时代

生物学家认为自己是生物化学家，生物化学家认为自己是物理化学家，物理化学家认为自己是物理学家，物理学家认为自己是神，而神认为自己是数学家。

——无名氏[36]

符号和象征是一种非常直观的呈现方式，可以让我们不假思索。像这样想都不用想就能做到的事越多越好。人类大脑的高级功能已经进化到可以把很多活动放在"无人操控"状态，并在无意识的状态下自动执行它们。这样做是合理的，试想如果你在跳舞的时候还要时刻想把脚放在哪儿，那不摔跟头才怪呢。数学就是流线型思维的最优雅体现，它引入了简洁的符号，既节省了人们解释的时间，也让推理过程变得更精确，不会产生误解。这是一种自带逻辑的语言。

最常见的数学运算当属加法、减法、乘法和除法了。正是它们保持着世界的运转。这些运算在很多古文明的数学中都十分常见，但为了指导读者如何合并数字，运算的指令和符号却多种多样。在欧洲，运算符号的统一在 15 世纪才完成，随着约翰内斯·谷登堡（Johannes Gutenberg）在 1456 年发明了西方的活字印刷术，运算符号的统一用法终于被广泛接纳。

已知最早出现四则运算符号加号（+）和减号（-）的出版物是一本名为《商用算术》（*Mercantile Arithmetic*）的德语书[37]。这是由约翰内斯·威德曼（Johannes Widmann）撰写的一本关于应用数学的书，最初于 1489 年出版[38]。但是，在一本年代更早（写于 1481 年，出版于 1486 年）的关于代数的手抄稿中，减号曾第一次出现[39]。

加号似乎源自拉丁语中 et（意为"和"）的多种不同写法，而减号则有些来历不明[40]。有一种说法是，减号源于商人们在区别运送的商品有无包装时所使用的不同重量记号。包装的重量被称为"皮重"或"减"（minus）。威德曼的书中有很多涉及加法和减法运算的商业问题，所以他不仅在等式中使用了"+"和"-"，而且在文字中有意地使用了这些符号，而非文字"加"或"减"。然而直到 16 世纪晚

这是 1486 年莱比锡大学学生的笔记，威德曼就在那里授课。这也是
最早使用加号和减号的记录。旁边展示的是现代表达法算式

期，运算符号才得以在算术和代数中广泛使用。在 16 世纪的意大利，$\tilde{p}$ 和 $\tilde{m}$ 仍然
作为"加"和"减"的缩写而存在；在同时代的西班牙和法国，它们也和"+"和
"−"符号一起被共同使用。加号曾经有很多变种，比如今天仍在使用的希腊符号
（+），以及各种来历的拉丁文和马耳他文中的十字符号。这些符号和宗教象征的间
接联系让人不禁想起 20 世纪数学巨匠保罗·埃尔德什（Paul Erdös）的故事，当他
被问及在美国一所天主教大学观光的感受时，他说："这里的加号太多了。"

但是，早期用来表示减法的符号却纷乱得让人迷惑，有时是"−"，有时是现
在用来表示除法的"÷"，有时是一对连字符"-"，有时是一排原点。比如在笛卡
儿的某些数学论著中，现在的表达式 7 − 1 = 6 在那时写起来就成了 7……1 = 6。

1557 年，英格兰第一次出现了"+"和"−"，牛津大学的数学家罗伯特·雷
科德（Robert Recorde）在他的代数学名著《智慧的磨刀石》（*The Whetstone of
Witte*）中采用了这两个符号。简单来说，就是让读者通过这本书提供的各种代数
变换来磨炼自己的智慧[41]。正如雷科德的其他作品一样，这本书是用英语写作的，
所以本地读者对它的接受度要比其他算术类图书高得多[42]。雷科德在英国牛津大学
和剑桥大学研究数学和药学，他可能是英国第一位支持哥白尼日心说的学者，也
是科学领域里一位极具感染力的演说家。雷科德后来成为布里斯托尔造币厂的厂
主，还曾因拒绝为国王的军队提供资金支持而被判处八个星期的监禁，但侥幸逃

过了叛国罪的指控。此后，他还成为英国国王爱德华六世的御医。但最终，雷科德不光彩地结束了自己的职业生涯，原因是他多年的敌人彭布罗克伯爵威廉·赫伯特（William Herbert）控告他欠钱不还达 1000 英镑之多，而雷科德当时既没有能力也无意愿偿还这笔钱，最后他锒铛入狱。雷科德在 1558 年死于狱中。其著作《智慧的磨刀石》因为把等号引入数学而闻名于世，并曾多次再版。当年，雷科德使用的水平双横线比今天我们使用的等号更长，有点像"＝＝"。雷科德的理论依据是：这两条线是平行的，而且"为了避免无休止地用文字重复'谁等于谁'，我在此规定一对长度相当的平行线作为表示两个事物相等的符号，即'＝＝'"。

不幸的是，雷科德在书中热情洋溢地推荐的符号并没有得到广泛应用。直到 1618 年，这个符号才再次出现在出版物中，虽然从很多数学家的个人论文来看，他们早就开始应用这个符号了。有些数学家采用了两条竖线（‖）作为等号，或许因为这代表希腊语中"等于"（$\iota\sigma\sigma\iota$）一词的第一个和最后一个字母（ι，iota）的缩写。而直到 18 世纪，仍有人使用字母 α 表示等于，但这个字母最后被用来表示比例，而非相等。我们甚至还发现，在欧洲大陆还有人使用"∏""Ⅱ""∥"")=(""з""æ"表示相等。其中最后一个符号是拉丁语中表示"相等"的单词 aequalis 的头两个字母。

从 16 世纪晚期到 17 世纪早期，很多欧洲大陆的数学家用"＝"表示其他含义，这曾造成了一定的混乱。有人曾用这个符号表示减法，而笛卡儿却还用它表示"加或减"[43]，而如今这是用"±"来表示的。直到 1670 年，有人甚至还用等号表示小数点，所以出版物中的"134 = 67"其实表示的是 134.67。因此在 1700 年以前，"＝"符号被用在五种完全不同的场合，而这些语义不明的用法极有可能同时出现在一个数学表达式中。在这样的环境下，这个符号能幸存下来可真是个奇迹。众多使用者的滥用造成了各种歧义，这促使人们发明了各种新符号来替代原来的用法。最终，雷科德的"＝"在 16 世纪的英格兰得到了确立，但直到 1660 年，即大概是他的英文出版物发表一个世纪之后，"＝"才正式作为等号在欧洲其他地区推行开来。

乘法是古埃及、古巴比伦和古印度数学家们熟知的运算，虽然有人觉得乘法只是重复加法。表示乘法的符号有时只是把数字彼此接连排放在一起，有时是在两个数字中间加上一个圆点，比如在古印度。在 1545 年的德国，迈克尔·施蒂费尔（Micheal Stifel）用哥特手写体的大写字母 $\mathcal{M}$ 和 $\mathcal{D}$ 表示乘号和除号[44]，算式 $6y$

The Arte

as their workes doe extende) to diſtincte it onely into twoo partes. Whereof the firſte is, *when one number is equalle vnto one other.* And the ſeconde is, *when one number is compared as equalle vnto. 2, other nombers.*

Alwaies willyng you to remēber, that you reduce your nombers , to their leaſte denominations , and ſmalleſte formes,before you procede any farther.

And again, if your *equation* be ſoche, that the greateſte denomination *Coßike,* be ioined to any parte of a compounde nomber, you ſhall tourne it ſo , that the nomber of the greateſte ſigne alone , maie ſtande as equalle to the reſte.

And this is all that neadeth to be taughte , concernyng this woozke.

Howbeit, foz eaſie altératiō of *equations.* I will propounde a fewe crāples, bicauſe the extraction of their rootes,maie the moze aptly bee wzoughte. And to auoide the tediouſe repetition of theſe woozdes : is equalle to : I will ſette as I doe often in woozke vſe,a paire of paralleles, oz Gemowe lines of one lengthe, thus:=======,bicauſe noe. 2. thynges,can be moare equalle. And now marke theſe nombers.

1. $14.\ze. \text{---} .15.\textit{\textipa{9}}=====71.\textit{\textipa{9}}.$

2. $20.\ze. \text{---} .18.\textit{\textipa{9}}=.102.\textit{\textipa{9}}.$

3. $26.\zh \text{---} 10\ze=9.\zh \text{---} 10\ze \text{---} 213.\textit{\textipa{9}}.$

4. $19.\ze \text{---} 192.\textit{\textipa{9}}=10\zh \text{---} 108\textit{\textipa{9}} \text{---} 19\ze$

5. $18.\ze \text{---} 24.\textit{\textipa{9}}=8.\zh \text{---} 2.\ze.$

罗伯特·雷科德的《智慧的磨刀石》中首次用到了等号

需要表示成 $6\,\mathcal{M}y$，而分数 $\frac{1}{2}$ 需要写成 $1\,\mathcal{D}\,2$ 的形式。15 世纪的一些作者已经意识到这种表示法前后不统一，$5y$ 虽然可以表示 5 乘以 y，但是 $2\frac{1}{2}$ 的意思却成了 2 加上 $\frac{1}{2}$，而非印度表示法表达的 2 乘以 $\frac{1}{2}$。

人们今天使用的"圣安德鲁十字"乘号"×"第一次出现在威廉·奥特雷德（William Oughtred）于 1631 年出版的《数学之钥》（*Clavis Mathematical*）中。虽然在 1618 年，对数的发明人约翰·纳皮尔在《描述》（*Descriptio*）一书中加了一份特别的附录，其中已经开始用字母 X 表示乘法，但这恐怕也来自奥特雷德的主意。奥特雷德所写的乘号和我们今天所用的乘号有少许不同，其体积只有"+"和"−"的一半人，而且位置偏上：2 × 2 = 4。17 世纪出现的乘号的"竞争者"是星号"*"和矩形"□"，在今天，这两个符号分别应用在复杂的共轭运算（$x − y$ 平面在图上旋转 90°）中和表示证明完毕。

1659 年，在施蒂费尔用 D 表示除号不久之后，瑞士数学家乔恩·海因里希·拉恩（Johann Heinrich Rahn）[45] 的一本代数书中出现了现代除号（÷）。在此之前，大多数人还把它用作减号。1668 年，拉恩的作品第一次有了英文译本，书中还有约翰·佩尔（John Pell）增加的内容 [46]。对于拉恩来说，这是很幸运的事，因为他的本国同胞对这个新符号没有表示出丝毫的热情，但这位英国数学家却欣然接受了，甚至在牛津大学和剑桥大学，像伊萨克·巴罗（Isaac Barrow）和约翰·沃利斯（John Wallis）这样的大人物也对此颇感兴趣。但遗憾的是，因为佩尔为这本书的英文译本做了一些贡献，所以符号"÷"被英国数学家们认作"佩尔的符号"。这个符号在英国的数学论著中变得无处不在，但在欧洲大陆仍不为大多数人所知。在 17 世纪的德国，如戈特弗里德·莱布尼茨（Gottfried Leibniz）这样的著名数学家偶尔会用倒向一边的 c 来表示除法，但更广为传播的符号是冒号（:）、一个偏上的圆点（·）、正斜线（/）或反斜线（\）。正斜线和冒号表示除法的用法沿用至今，比如，$a:b$、a / b 和 $a ÷ b$ 表达的意思是一样的。冒号是由英国天文学家文森特·温（Vincent Wing）在 1651 年引入的，在 18 世纪上半叶，冒号经历了很长时间才胜过奥特雷德为除法设计的圆点 [47]。

如今，表示加法、减法、乘法、除法和等于的现代符号在全世界通用。它们是比任何文字的字母都更被众人熟知的符号。这些运算符号虽然形象简单，在美学上并无突出之处，却成了我们对事物本质认知中不可磨灭的一部分。它们表示了事物最基本的变化，一旦付诸纸上字，便会在人们的脑海里触发思考。

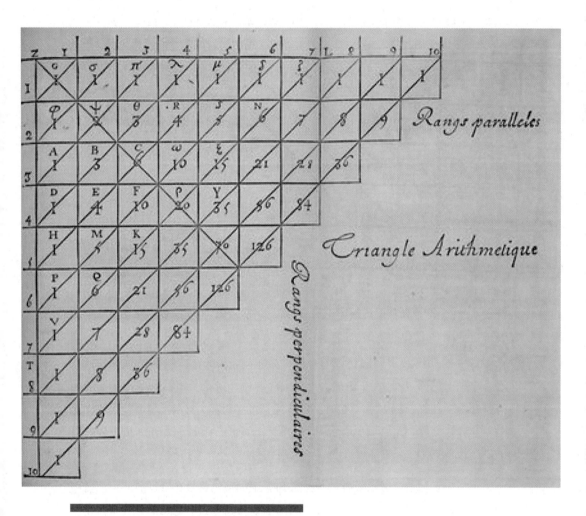

帕斯卡的数字三角形，源自《论算术三角形》的
第一页（1665 年出版）

数字堆成堆

帕斯卡的三角形

苏珊老师："到底什么是代数？是那些三角形的东西吗？"

菲比："代数是 x 减去 y 加上 y 之类的东西。每当你说它们相等的时候，心里其实都在想：这是为什么？"

——詹姆斯·M. 巴里（James M. Barrie）[48]

如果一样东西被不同时代、不同文化背景的人发现了很多次，那就意味着这样东西有着超乎寻常的意义，甚至是实用价值。当我们谈到"帕斯卡三角形"（也称"杨辉三角形"）的时候，历史的共通点显得尤为显著。如左页图所示，这个三角形从顶点处的 3 个 1 开始，下面各行的数都是由其上和左侧紧邻的数相加所得。三角形两个最外侧的边排的永远都是 1。

这个三角形可以这样一行一行地继续排列下去。它有一些很明显的特点。第 n 行的数相加等于 2^n。最外层的斜线都由 1 组成，紧挨着的那条线由 1、2、3、4、5……组成，顺次第三条斜线上的数字都是"三角形"数，即 1、3、6、10、15、21、28、36……而下一条斜线上的都是"四面体"数，即 1、4、10、20、35、56、84、120……以此类推。如果每行的第二个数是质数，那它就可以整除同一行的其他数，比如，在现代版帕斯卡三角的第 7 行，数字 7 可以整除其他两个数 21 和 35。如果沿着图中六边形格子的"浅色"对角线从右上向左下画线，并将经过这条线的数相加，那么就能得到著名的斐波那契数列，即 1、1、2、3、5、8、13……这个数列后续的数都是前两个数之和。

这个三角形最有用的性质是：三角形第 n 行中的各个数都对应着两数和的 n 次方展开式中的各项系数。假设在 $x + 1$ 的乘方情况中，不难发现三角形每行中的数和代数展开式中的系数一一对应：

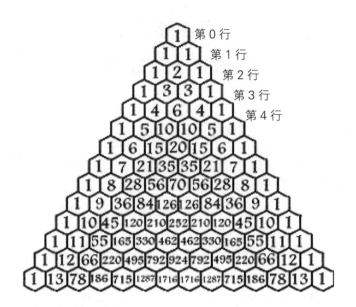

现代版帕斯卡三角形的前14行。任
何不在边上的数都是由其上两个紧邻
数相加所得

$(x + 1)^2 = x^2 + 2x + 1$

$(x + 1)^3 = x^3 + 3x^2 + 3x + 1$

$(x + 1)^4 = x^4 + 4x^3 + 6x^2 + 4x + 1$

$(x + 1)^5 = x^5 + 5x^4 + 10x^3 + 10x^2 + 5x + 1$

……以此类推。

法国伟大的哲学家、科学家、数学家布莱兹·帕斯卡（Blaise Pascal）在1665
年出版了《论算术三角形》（*Traité du triangle arithmétique*）一书，把自己的名字

和这个永不终结的三角形连在了一起。其实，帕斯卡早在 1654 年就已经完成了这本书，还把书送给了自己的一些朋友。这个三角形就出现在这本书的第一页，帕斯卡自己称之为"代数三角形"。帕斯卡的三角形和我们今天见到的版本仅是方向不同——它顺时针转动了 45°。

帕斯卡标出了重要数字所在的对角线。接下来，他详细解释了所有能在三角形上收集或发现的明显性质。在这一过程中，他发现了现代数学家所谓的"归纳法"[49]。帕斯卡的另一个兴趣就是"赌博"——他当然不是图财，而是将之作为数学研究的一项课题。帕斯卡也是研究概率论的先驱之一，而且在纸牌和骰子的博弈游戏方面颇有建树，比如，哪些结果会以多少种方式出现等问题[50]。他的三角形在这一领域功不可没，直至今日，这个三角形仍然能够揭示出未被发现的数学性质[51]。在帕斯卡生活的时代，这个三角形启迪了很多数学家推广理论，比如莱布尼茨的调和三角形[52]，它同时还作为象征符号出现在小汉斯·霍尔拜因（Hans Holbein the Younger）于 1533 年创作的名画《大使们》中[53]。

如果要严格地追根溯源，帕斯卡三角形肯定不是帕斯卡的首创。它在印度、中国和阿拉伯文化中都有历史久远的记载，也曾被很多对赌博或同时抛出多个骰子形成的排列组合等问题感兴趣的欧洲数学家们设计出来。在意大利，它被称为"塔尔塔利亚三角形"（triangolo di Tartaglia），这是以意大利数学家尼科洛·塔尔塔利亚（Niccolò Tartaglia）的名字命名的，他也和帕斯卡一样对（成功）赌博的理论颇感兴趣。在给定点数总和的前提下，塔尔塔利亚用三角形来计算骰子最后可能的结果的数量。他在 1556 年发表了一篇关于数字三角形的文章。但在此前很久，他就已经知道这个三角形了。塔尔塔利亚曾明确表示，在 1523 年的维罗纳市，他在"忏悔星期二"和"圣灰星期三"[①]之间的那个夜晚发现了这个三角形。但在最初发表时，这个三角形更多地被当成了一种神秘的方法，没能给塔尔塔利亚带来应有的声望。这个三角形最终以帕斯卡的名字命名，是因为帕斯卡将它的众多特性和应用方法融汇成了一个宏大的体系[54]。

然而，最早的代数三角形图来自古代中国，这的确令人叹服[55]。虽然画作的原本没有流传下来，但是从其他参考文献的记载来看，中国数学家贾宪在 1050 年到

---

① "忏悔星期二"（Mardi Gras）是"圣灰星期三"（Ash Wednesday）的前一天，"圣灰星期三"在复活节之前 7 个星期。——译者注

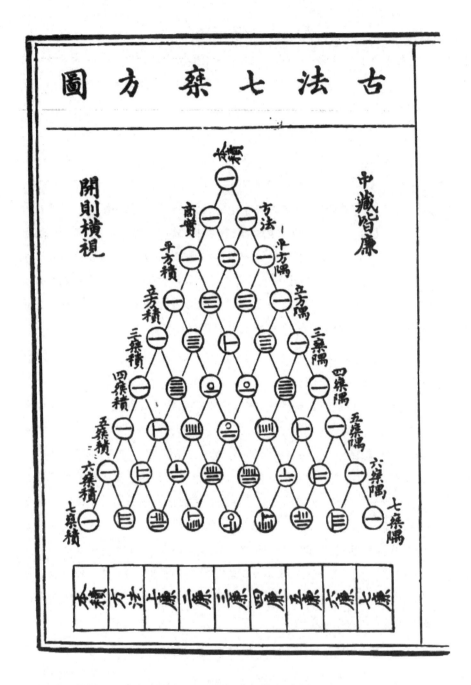

朱世杰的《四元玉鉴》卷头插画，题目是"古法七乘方图"，这
张图把 8 次幂的二项式系数制成了表格

1100 年就用这个三角形计算过数的平方根和立方根。无独有偶，在 12 世纪早期，伟大的波斯诗人、数学家奥马尔·海亚姆（Omar Khayyam）对此也有类似的研究。贾宪的研究逐渐被之后的中国数学家们拓展，在 1261 年，杨辉利用 6 行的三角形计算了算式 $(a + b)^6$，其中 a 和 b 可以是任何数 [56]。朱世杰在 1303 年发表的著作《四元玉鉴》中把这一算式延展到了 8 次幂。在《四元玉鉴》中，作者没有注明图的出处，而是把它简单命名为"古法七乘方图"。

　　这幅由数字堆成的图点燃了众多文明的想象力。它的对称性和易用性令人过目难忘，而且易于复制。如果仅用公式来概括这个三角形的含义，那么只会自动生出一串数列。但是，当同样的原理化身为三角形后，人们从最顶端开始计算，就能得到三角形中的每个数——这是一场"不经大脑思考"的思维游戏。

阿尔然·维尔维奇（Arjan Verweij）
收藏的古代骰子

偶然与必然

骰子

"来吧，我们掣签，看看这灾临到我们是因谁的缘故。于是他们掣签，掣出约拿来。"

——《圣经·约拿书》⁵⁷

骰子是人类迄今所知的最古老的赌博工具。今天，它有着各种对称的形式，但我们最为熟悉的莫过于在 19 世纪西方出现的六面立方体，这种骰子的 1 和 6、2 和 5、3 和 4 都是相对的面，所以相对面的数字之和一定为 7。但是，这种设定并不确定骰子应该是什么样的。如果你在西方国家，那里的骰子很可能是右手型的：把骰子放在桌子上，1 点向上、2 点在左、3 点在右。但如果你身在东方，那骰子应该是刚才所描述的镜像，即为左手型，当 1 点向上时，2 点在右而 3 点在左。古时候，东方和西方的骰子就是彼此的镜像。

立方体并不是唯一被当作赌博工具的对称立体图形。比如，硬币就被视为一种两面的骰子，它也是最简单的骰子。任何柏拉图多面体都可以被做成骰子，任何一面落地的概率根据不同形状而有所不同。立方体有一个很好的特性，朝上一面与落地面正好两两相对，自然而然，每次朝上一面的数字即为分值。如果把正四面体做成骰子，我们就不得不把落地面当作记分面，如此一来，每次就要把骰子拾起来才能知道得分。

英文中有一种说法叫 "no dice"，字面意思是 "没骰子"，它被用在生活中的方方面面，含义是 "行不通" "不可能"。这个词组源于骰子落地不成功，要么是没有平面着地，要么是几个骰子摞在了一起，所以需要重新掷。玩骰子的最基本要素就是公平。为了达到这个目的，骰子必须尽可能地接近正立方体。这一点非常重要，因为假如一个骰子在形状上有一点点不对称，就会让结果出现偏差。一般来说，骰子都会以其最大面着地。如今，机器制造和塑料模具可以做出高度对

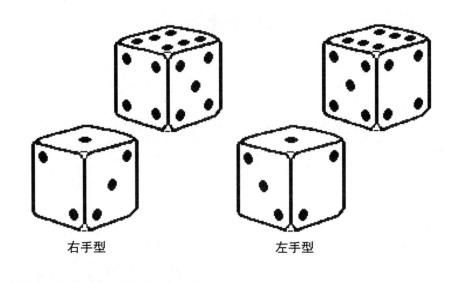

右手型　　　　　　　　　　　　左手型

右手型和左手型的骰子，两者互为镜像

称的骰子（误差只有 1/127 米）。赌场骰子的制造商甚至会把印制或镶嵌在骰子不同面上的数字所造成的误差也考虑进去：点数会以钻孔的形式出现在骰子的醋酸纤维表面上，然后，这些凹点会被相同密度的颜料填平，最终让数字出现在骰子上。赌场的骰子采用透明的醋酸纤维材质，可以防止骰子的重心偏向某一面而导致偏差[58]。相比之下，你在一些小玩具店买到的骰子上都会用刻痕来标记点数，这样一来，最大点数的命中概率通常最大，因为大点数上的刻痕最多，所以这一面也就最轻。在经过多次投掷之后，这种误差会变得越来越明显[59]。

对大多数人而言，骰子代表了概率和随机。骰子象征着投机游戏，同时也是统计学和概率等数学书籍里的永恒实例。但是，在我们熟悉的这种立方体背后还隐藏着一个非常有趣的问题。为什么对概率的研究出现得这么晚？其他为人熟知的数学研究领域，比如算法、代数和几何，都可以追溯到人类思想史的早期。所有伟大的人类文明都曾利用数字来建立会计系统，研究几何学来建造建筑物、制作星图。然而，概率仿佛完全和古代文明无缘。无论欧几里得、亚里士多德、阿基米德还是柏拉图，都对概率的研究不置一语。正因如此，直到 1660 年左右，帕斯卡和克里斯蒂安·惠更斯（Christiaan Huygens）等数学巨匠才出手研究概率问题。各个古文明中肯定都存在投机游戏，这一现象真让人百思不得其解。

关于这个悖论，我们想到了两种可能的解释。一种可能的解释是，这种忽视或许源于人们对于自然的信仰。在古代社会，人们几乎找不到"随机"这个概念。对任何人来说，随机都是不可预测的事件，这几乎等同于说，这事儿是荒谬的。在崇尚多神或一神的文明中，概率是神明显灵的方式，神明通过这种方式来表达自己的意图。以色列的大祭司们在自己的衣服里放着两个扁平的物件，当他们无法解决问题，需要请示上帝的意图时，就拿出来抛掷——两个正面朝上相当于"肯定"，两个背面朝上相当于"否定"，一正一反相当于"再等等"[60]。有一年，我在拜访亚洲的一座古老寺庙时，看见了类似的一幕：一个三十岁出头的男人跪在寺庙前，抛出了两块小木板，他口中念念有词，然后从竹筒里抽出一根木签，并找人解读上面的文字信息。我在问了同伴之后才知道，他想要神明帮自己实现一些愿望，也许是让他飞黄腾达，也许是拯救一位病中的亲人，但这也需要他承诺一些事作为交换。于是，他提出了一个条件，并通过掷木板得知自己的提议有没有被神明接纳。如果两块木板掷出了相同的面，那么他得到的答案就是肯定的；如果掷出不同的面，那么答案就是否定的。假如他得到了自己不想要的答案，那就需要掣签，也就是说，他可能需要增加交换条件，以求在下次投掷木板时加大得到想要的答案的概率。概率与神之间的联系是个很有趣的现象，在概率的历史中有着重要的意义，假如人们相信神明的意图和概率之间有着紧密的联系，那他们可能会停止任何针对概率的系统化研究，因为这会被视为亵渎神明，甚至招致死亡。

另外一种可能的解释（这两个解释并非完全不相关）就是，概率论迟迟无法出现是由于一直以来都缺少一个重要概念——相同可能性的事件[61]。今天，人们可以制造出完美的六面骰子——每个角都是方的，每个面的大小一致，重心恰在立方体的几何中心上。如此对称的骰子的投掷结果就是，它以任何面着地的可能性都是均等的。当然，你必须好好地掷。但是，古代的赌博工具可不是这样的。每个骰子都是不同的，而且非常不对称。一般来说，这些骰子都是由家畜（如羊）

的膝节骨或踝关节骨制成的，因此在某些地方，"掷骰子"至今仍被称为"滚骨头"。阿拉伯语中的"骰子"和"膝节骨"是同一个词，而这也是英语中 stochastic（随机）一词的由来。用膝节骨当骰子的问题在于，没有两块骨头是完全一样的，而集市上的职业赌徒凭经验就应该了解自己使用的工具有着明显的偏差。如果和这种人玩掷骰子，任何概率理论对你来说都没什么用了，因为投掷的结果并不是均等的。只有当每个人使用的赌博工具的偏差都是已知的，或者根本没有偏差，所得结果可能性是均等的时候，才有可能建立起一套关于"概率"的理论，也只有这时，研究概率才有意义。

最后，骰子被设计出了很多奇特的属性。我可以做出三个骰子，它们的特点是，你可以选择其中任何一个，而我在剩下的骰子中任选一个就能打败你。世上有很多这类"非传递性"骰子，其各个面上的数字可安排如下。

骰子 A：1, 1, 4, 4, 4, 4

骰子 B：3, 3, 3, 3, 3, 3

骰子 C：2, 2, 2, 2, 5, 5

如果反复多次掷下去，骰子 A 会击败骰子 B，骰子 B 会击败骰子 C，骰子 C 会击败骰子 A，在每种情况下，胜率都是 2 比 1。例如"打败""比……好"或"偏好……"这类表达方式都有非传递性。这种例子比你想象的要多：如果约翰喜欢乔治，而乔治喜欢玛丽，这并不意味着约翰喜欢玛丽。只有更加简单的表达法，比如"比……高"，这样的关系才是可传递的：如果约翰比乔治高，乔治比玛丽高，那么约翰肯定比玛丽高。

骰子象征了概率和随机的王国。它是妇孺皆知的工具，其背后却掩藏了历史的微妙性和数学的复杂性，它甚至神化了人们对现实本质根深蒂固的信仰。电子时代迫不及待地想把它纳入信息空间里好好研究一番。

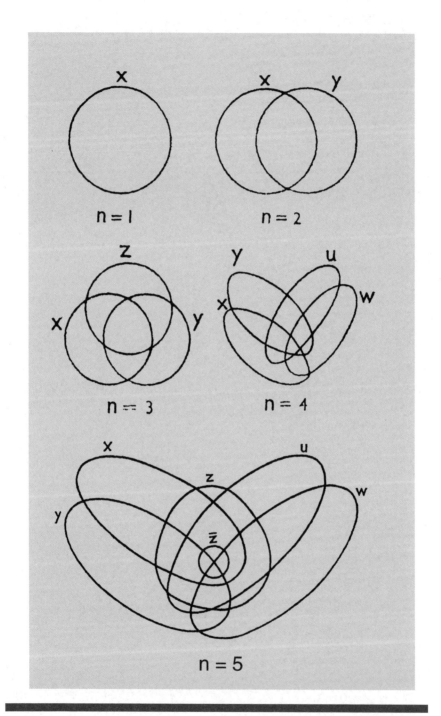

维恩表达 1、2、3、4 个集合相交的原图。图中显示，他也曾努力尝试表达 5 个相交集合

变成图的人

可敬的约翰·维恩

> 语言自有其含混之处……具体来说，表示关系的词语本身并不是关系……地图的优越之处就在于，如果一个地点在另一个地点的西边，那么在地图上相应的表示就是这个地点在另一个地点的左侧，也就是说，关系是由关系表示的。
>
> ——伯特兰·罗素（Bertrand Russell）[62]

约翰·维恩（John Venn）来自英格兰东部赫尔附近的渔港。他前往伦敦求学，然后又如其他前程似锦的数学家一样在 1853 年进入了英国剑桥大学冈维尔与凯斯学院。他以名列前茅的成绩从数学系毕业之后，又获得了奖学金。维恩继自己杰出的父亲和祖父（他们都是英国国教福音派信徒中举足轻重的人物）之后，在 1860 年被授予神职。此后四年中，他离开了大学，但并没有如大家所希望的那样开启了自己的神职之路，而是在 1862 年返回了冈维尔与凯斯学院，开始教授逻辑学和概率论。维恩虽然在逻辑、概率和神学方面都有研究，但他同样是一个务实的人，对机械制造也很擅长。他制造了一台扔板球的机器。1909 年，这台机器曾经在剑桥大学四次投杀[①]前来访问的澳大利亚巡回板球队。

从 1869 年开始，维恩开始教授逻辑学课程。在备课时，他发明了一种用来表示逻辑选项的简单图表，这种图后来被称为"文氏图"，现代所有关于逻辑学的书中都有它的身影。很多年以后，维恩在《符号逻辑》（1881 年出版）一书的序中回忆道："我现在成了第一个以内接圆和外接圆作为图解工具来表示命题的人。当然，这种工具并不新鲜，而且任何从数学角度考虑这一课题的人都会想把命题变得可视化，我也不例外。因此，发明这种方法对于我来说是顺理成章的事。"

事实上，伟大的瑞士数学家莱昂哈德·欧拉（Leonhard Euler）和查尔斯·道

---

① 投杀（clean bowl）是板球运动的术语，指的是投球手投出的球在碰到击球手的身体后或直接击中击球手身后的三柱门，借此将击球手投杀出局。——译者注

奇森（Charles Dodgson）都曾发明过比较简单的逻辑图。当时，道奇森还没有以刘易斯·卡罗尔这个笔名撰写《爱丽丝漫游仙境》，他还在牛津基督教会教授逻辑学。

1880 年，维恩发表了论文《命题与推论的图解化和机械化表达》[63]，在其中引入了一种以自己名字命名的图表[64]，用来表示不同集合的相交或不相交的元素。维恩展示了如何用这种方法表示 1 个、2 个、3 个或 4 个集合。假设集合 X、Y、Z 都是全集 R 的子集，R 代表所有猫的集合，X 代表黄色的猫，Y 代表雄猫，Z 代表懒猫。三个相交的集合 X、Y、Z 无法产生 8 个以上不同的集合[65]。集合互相重叠的部分表示的就是具有多重属性的猫的集合。最一般的情况就是它们产生了 8 个独立的集合，包括那个不包含 X、Y、Z 的集合，即代表了既非黄色、也非雄性、也不懒惰的猫。这个图正是 $n = 3$ 的文氏图所展示的情况。

$n = 4$ 时，文氏图展示了所有 4 个集合相交可能形成的集合（$2^4 = 16$），集合都用椭圆形表示。维恩成功地描绘了 4 个集合的棘手情况之后，在处理 5 个集合时遇到了更大的麻烦。他用闭合的凸形曲线来表示集合（见章首图片）。在这里，我们又一次见识到平面几何的特性如何让图表的构建出现了偏差。如果需要表示 4 个以上的集合，那么图的结构就会变得更复杂、更令人费解。和维恩一样来自剑桥大学冈维尔与凯斯学院的安东尼·爱德华兹（Anthony Edwards）找到了一种文氏图，可以在人类视觉可接受的前提下表示 3 个、4 个、5 个、6 个甚至更多的集合。遗憾的是，随着集合数量的增加，越来越难确定相交集合及其代表的含义。爱德华兹还为冈维尔与凯斯学院的礼拜堂设计了向维恩及其发明致敬的彩色玻璃。

当 $n = 3$ 时，文氏图曾被误认为欧拉的逻辑图。1768 年，欧拉描述了如何用图表来表示 4 种逻辑关系[66]。

集合 A 的所有元素都属于集合 B。

集合 A 中没有任何元素属于集合 B。

集合 A 中某些元素属于集合 B。

集合 A 中某些元素不属于集合 B。

但是，也有一些情况无法用一张图表来表示。比如：

集合 A 中没有任何元素属于集合 B，但集合 C 的某些元素属于集合 A。

这时，不存在单张图可以表示集合 B 和集合 C 之间可能存在的关系，因为集合 B 可能完全不属于集合 C、完全属于集合 C 或只有部分属于集合 C。

欧拉的简单方案有一些有趣的不足之处，这些都是由画在平面上的图形造成的。有一个数学定理被称作"赫利第一定理"，它是由爱德华·赫利（Eduard Helly）在 1912 年证明的[67]。这个定理说明，画下 4 个圆圈分别代表 4 个集合 A、B、C、D，假如 A、B、C 的交集，B、C、D 的交集以及 C、D、A 的交集皆不为

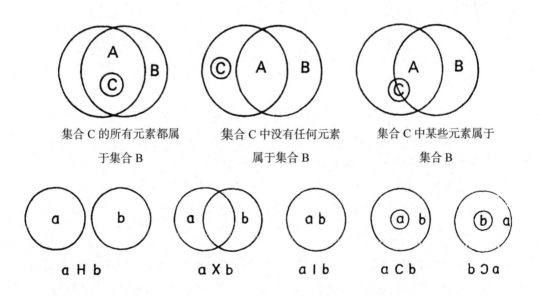

集合 C 的所有元素都属于集合 B　　　集合 C 中没有任何元素属于集合 B　　　集合 C 中某些元素属于集合 B

欧拉的逻辑图（1768）

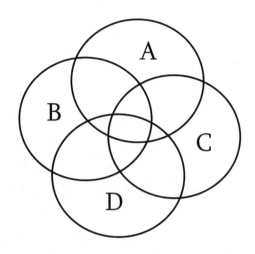

赫利的例证（1912年）。其中A、B、C、D是事物的
集合，在这种情况下，文氏图不成立了

空，那么从几何角度上说，A、B、C、D的交集也不为空，正如我们在上图中所
见到的那样[68]。

　　但是，当A、B、C、D都是事物的集合时，这个在几何上被证明有效的结论
就不一定成立了。比如，当A、B、C、D是包括底面的锥体的4个面时，每个面
都与其他3个面有交点，但4个面却没有共同的相交点。另一个例子是，假设有4
个好朋友甲、乙、丙、丁，那么由3个朋友组成的集合有｛甲，乙，丙｝，｛甲，
乙，丁｝，｛乙，丙，丁｝，｛丙，丁，甲｝。任意两组集合中都至少有一个共有的
人，却没有一个人是4个集合共有的。

　　维恩发现，欧拉方法的不足之处在于它没能考虑一个问题：人们对于不同集合
间关系的认识是不完整的。维恩把排除的区域用阴影标出，这就解决了由图造成
的不明确。所以，如果集合A的所有元素都属于集合B，那么阴影区就被排除了。
阴影区实际上代表了空集合。

如果在图表中加入"集合 A 中没有任何元素属于集合 B"的条件，那么这两个图就会排除集合 A 的所有区域。这两个图结合起来传达的信息就是集合 A 是空集。

到目前为止，我们所画的集合 A、B、C 都是圆圈，但这并不是永远可行的。当有 4 个集合时，圆圈就无法涵盖所有重叠情况了。但是，椭圆可以完成这项使命，如同我们在本章开头所见的当 $n=4$ 时的文氏图。

维恩踏出了极具影响力的一步。然而，这既不是用图形表示逻辑关系的开始，也不是收官之笔[69]。重要的是，人们对图表情有独钟，这些图表不仅是图形，它们表达的是可视化的形象，如企业商标。正如所有清晰的注释一样，图表有时可以帮助我们思考，更有甚者，它们可以代替我们思考。理解这类图形是如何工作的，是人类创造行之有效的人工智能的必经之路。这样一来，人工智能才能辨识、控制、创造出在表达上毫无疏漏的图[70]。

默比乌斯带

一面之词

默比乌斯带

"小鸡为什么要穿过默比乌斯带?""为了到另外一……呃……"

——无名氏

把一张长条纸的两端粘在一起,形成一个圆柱体。在上小学时,大家应该都曾做过无数遍这样的事了。这个圆柱体有内侧也有外侧。但是,如果你在把两端粘在一起之前先把纸带扭一下的话,就会创造出一个与众不同的东西。这个环看起来像是一个立体的数字8,并有一个令人震惊的特性——它没有内侧也没有外侧,只有一个表面。如果你用一根蜡笔为这个环染色,那么蜡笔不离开纸带的表面就可以染遍整个环。这一特性甚至会带来商业价值,工厂有时会利用这种单面特性来延长传送带的使用寿命[71]。在20世纪20年代,有人还为默比乌斯幻灯片和录音带申请了专利,这种方法加倍了连续环的长度,而其中的把戏不过是把带子扭曲的部分和滚转机分开。

奥古斯特·默比乌斯(August Möbius)是第一个注意到这种有趣的"表面现象"的人,如今数学家们称之为"不可定向曲面"。默比乌斯是德国数学家和天文学家,他母亲一族的祖先甚至可以追溯到马丁·路德。年轻的默比乌斯在测绘和三角法天文学领域取得了一系列成就之后,离开了最初求学的城市莱比锡,来到了德国数学界的中心——哥廷根,并在数学巨匠高斯领导下的哥廷根天文台做起了研究。他又从那里转去哈雷,在高斯的老师约翰·普法夫(Johann Pfaff)的指导下工作。在经历数次辗转后,这位乐于游学的天文学家最后在1848年回到了莱比锡,成为莱比锡天文台的主管和天文学教授[72]。

默比乌斯对天文学的贡献斐然,但其后半生在数学方面也有了许多新发现,特别是在几何学方面。时至今日,我们仍然在学习源于他的默比乌斯函数和默比乌斯变形。可以想见,作为高斯的学生,默比乌斯在自己的工作成果中设置了很

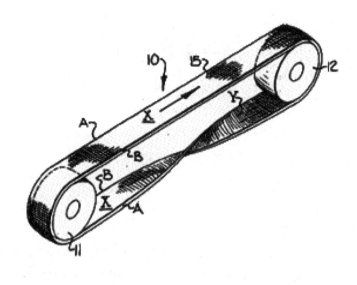

默比乌斯传送带的早期专利。与传统双面传送带相比，这种单面结构让传送带的使用寿命加倍，传统传送带只有单面可用

多标准，这让他的所有工作成果的最终成型和发表都很滞后。结果，关于默比乌斯带的论文还是在他死后遗留的论文中找到的，而真正发现默比乌斯带的时间是1858年，当时，他正为"法兰西科学院年度科学大奖"准备一篇关于多面体的文章[73]。在同年7月，默比乌斯带还被另一名德国数学家独立发现，约翰·利斯廷（Johann Listing）也是高斯在物理学和应用数学研究组的学生[74]。在高斯的建议下，利斯廷开始研究空间结构，而且，为了和他以前的老师在新课题上取得一致，他提出这门学科应该被称为"拓扑学"——这个名称一直沿用至今。然而不幸的是，利斯廷和他的妻子都家境贫寒，经常入不敷出，不时要面对高利贷债主的骚扰。大多数同事认为这对夫妇品行不佳，对他们甚少怜悯。所幸一位老友雪中送炭，在利斯廷濒临破产时，他的老同学萨托里乌斯·冯·瓦尔特斯豪森（Sartorius von Waltershausen）救助了他们。在很久以前，在二人一起读书时，利斯廷曾照顾过这位当时身染重疾的朋友，并救了他一命。30年后，冯·瓦尔特斯豪森得以回报恩

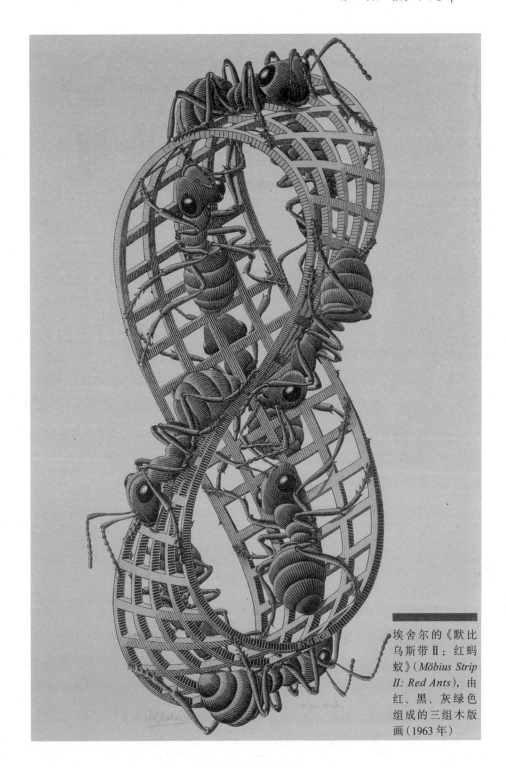

埃舍尔的《默比乌斯带Ⅱ：红蚂蚁》(*Möbius Strip II: Red Ants*)，由红、黑、灰绿色组成的三组木版画（1963 年）

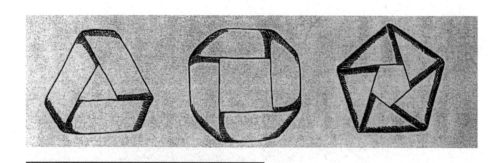

默比乌斯生前未发表手稿中的原始图画（1858 年）

人，偿还了利斯廷的债务。这样的命运反转发生在默比乌斯带的发现者身上，不能不说是一桩美谈。

默比乌斯带不仅对数学家充满了吸引力，而且激发了众多艺术家和设计师表达无限和完美的渴望。其中最著名的莫过于毛里茨·埃舍尔，他画出的"活"默比乌斯带已经成为 20 世纪制图术的标志性作品。埃舍尔在默比乌斯带启发下创作的作品中，描绘了 9 只红铜色蚂蚁在永无止境的带子上爬行。

在埃舍尔画廊中，有《不可能三角形》《瀑布》等主题作品，默比乌斯带也在其中 [75]，其外观经常让参观者陷入一种错觉：默比乌斯带是一种不可能的图形 ①。但默比乌斯带确确实实存在，只不过有点出人意料而已。

埃舍尔并不是唯一挖掘默比乌斯带特性的杰出艺术家，在 20 世纪 30 年代，瑞士雕刻家马克斯·比尔（Marx Bill）认为，拓扑学的发展为艺术家们拓展了一片未知的疆域。他以金属或花岗岩为材质，创作了一系列以"无穷丝带"为主题的雕刻作品。

比尔做出了实实在在的三维默比乌斯带。在 20 世纪 70 年代，美国高能物理学家兼雕塑家罗伯特·威尔逊用不锈钢和铜做出了类似的默比乌斯带。英国雕塑家约翰·罗宾森（John Robinson）的作品《永恒》（Immorality）是由抛光铜制成的被扭成默比乌斯带的三叶草结。在尼克·米的数码艺术作品中，这个闪闪发光的

---

① 关于埃舍尔的不可能的图形，请参阅《玩不够的数学：算术与几何的妙趣》（人民邮电出版社出版）一书。——编者注

三叶草结悬浮在一片虚幻的海上（下图）。很多人还把默比乌斯带结构应用在建筑中，创造出叹为观止的建筑物和生动有趣的儿童活动区[76]。

　　小说家们也抓住了机会，把默比乌斯环设计进了奇幻的故事中。1949 年，亚瑟·C. 克拉克（Arthur C. Clarke）把整个宇宙描述成"黑暗之墙"[77]。把平凡的生活和不可思议之物结合起来更显有趣，正如在阿明·道奇（Armin Deutsch）的短篇小说《一条名叫默比乌斯的地铁》（A Subway Named Möbius）中[78]，波士顿的一条地铁线变成了默比乌斯带，从此，列车经常消失，一位哈佛大学的数学教授被卷入其中……也许这才是故事的关键，这条地铁线可能就是这位教授设计的！

　　在新材料技术和各种思想突飞猛进的今天，默比乌斯带始终挑战着人们的想象力。无论谁都难逃它的魅力，说不定还有人反而羡慕那些从未听说过默比乌斯带的小孩子呢。

尼克·米虚拟地呈现了约翰·罗宾森的雕塑，被扭成默比乌斯环的三叶草结

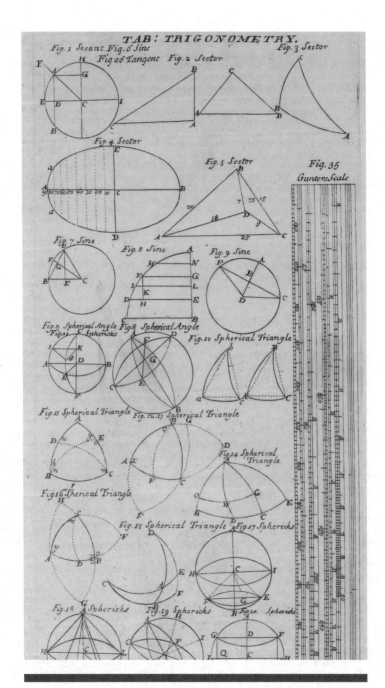

三角法图表，选自伊弗雷姆·钱伯斯（Ephraim Chambers）的《百科全书，或艺术与科学大辞典》（*Cyclopaedia, or an Universal Dictionary of Arts and Sciences*），1728 年于伦敦出版，本书曾在 18 世纪多次再版

琴瑟和鸣

正弦和余弦

只要学校还继续教授三角学和代数学，那么在我们的公立学校中总会有片刻宁静和真心的祈祷声。

——美国参议员斯科特·豪厄尔（Scott Howell）[79]

三角学是一个古老方法的现代表述。在古代文明中，所有天文学研究都需要观察、定向、精确计算相距甚远的点间距离和不同方向间的角度。英文中的"三角学"一词 trigonometry 听起来颇有希腊语风格。确实，它是由希腊单词合成的[80]。但是，"三角学"代表的方法却比这个单词本身古老得多。这个词是由德国数学家、天文学家巴托洛梅乌斯·皮蒂斯楚斯（Bartholomaeus Pitiscus）发明的，并出现在他的《三角学：用三角方法简要说明使其更清晰等》（*Trigonometria: sive de solutione triangulorum tractatus brevis et perspicius...*）一书的书名里。1600 年，这本书第二版的书名简洁了一些，叫作《三角学及三角维度》（*Trigonometria sive de dimensione triangulae*）。

这个有了新名字的古老学科涉及直角三角形三条边和内角关系的研究，其中最著名的概念莫过于角的正弦、余弦和正切。正如下页图中标注的直角三角形三边，它们一般被称为角的对边（a）、邻边（b）和斜边（c）。

θ 角的正弦、余弦和正切由不同边的比值定义[81]：

$$\sin\theta = a/c, \ \cos\theta = b/c, \ \tan\theta = a/b$$

正弦、余弦和正切的名称由来还真是百转千回。第一个被命名的是正弦（sine），来自古印度语。在梵语里，ardha-jya 的意思是"半弦"，古印度数学家阿耶波多在公元 499 年曾记载过这个词，之后又被简称为 jya 或者"弦"。古印度数学著作在 8 世纪被翻译成阿拉伯文，当时这个词被直译为 jiba，在阿拉伯语中并没有实际意义[82]。由于在书写阿拉伯语时元音都被忽略，因此这个词在最后仅保留了

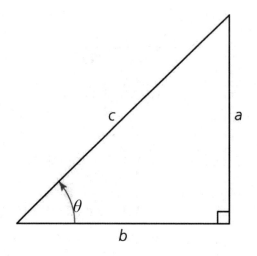

直角三角形

辅音，简写成 jb。过了很长时间，这个词又被从阿拉伯语翻译成拉丁语，译者没有参考该词的古印度语起源，却假设它是 jaib 的简写。在重新加入元音字母后，jaib 在阿拉伯语中有"海湾""山洞""羊栏""衣服口袋"之意 [83]。12 世纪，克雷莫纳的杰拉德（Gerard of Cremona）开始翻译托勒密的天文学经典著作《天文学大成》（*Almagest*），他用拉丁语词 sinus 替代了阿拉伯语词 jaib，这两个词有着相同的含义。从此，才有了如今的 sine 一词 [84]。

余弦和正切的故事就没这么复杂了。正切（tangent）源于拉丁语的 tangere，意为"触摸" [85]。丹麦数学家托马斯·芬克（Thomas Fincke）在 1583 年引入了这个词 [86]，但是，这个概念早在 10 世纪就已经由波斯人阿布·瓦法（Abu al-Wafa）率先提出了。1620 年，英国数学家爱德华·甘特（Edward Gunter）引入了余弦（cosine）作为正弦的补充概念，这个词源自拉丁语 compementi-sinus。

18 世纪末，约翰·兰伯特在其著作中用图表表示了数学方程式，此后，正弦和余弦图成了最常见的数学图形之一。下页图为兰伯特表示正弦函数的最早几张图之一。

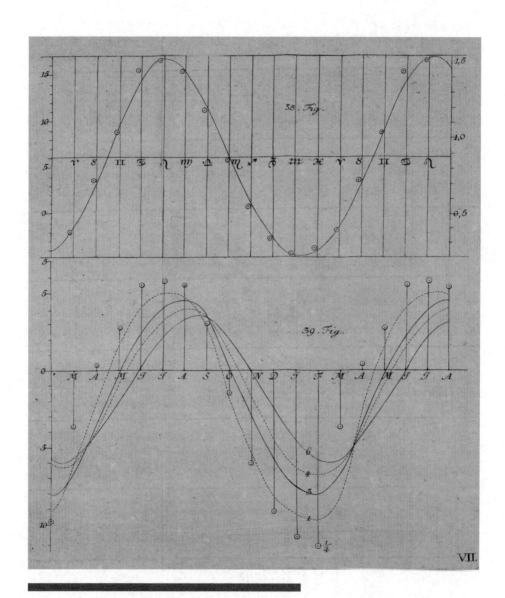

约翰·兰伯特用来表示正弦函数的最早的图（1765 年）

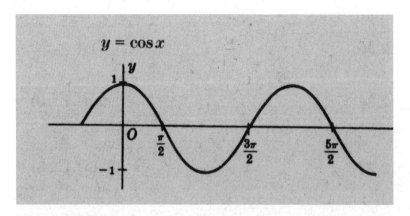

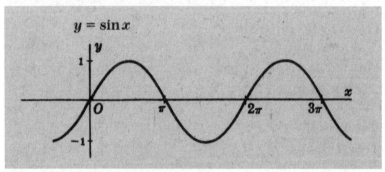

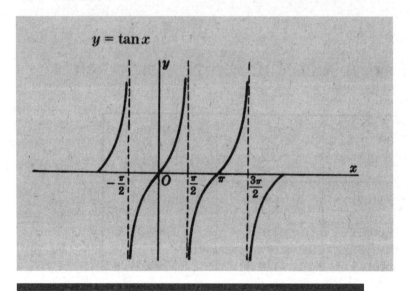

表示余弦、正弦和正切的图。在图中，x 表示弧度，2π 即 $360°$。随着 x 的增大或减小，这些图可以无限延长下去

对数学曲线来说，正弦曲线和余弦曲线有着独特的意义。如同只要以合适的方式将数字符号 1 到 9 相乘就能构造出任何数，或者把直线连接起来就能构成任何多边形，若把不同波长的正弦和余弦曲线相叠加，几乎就能描述所有重复、有规律的曲线[87]。这种全新的描述法被称为通过"傅里叶级数"逼近。这个方法是以法国数学家约瑟夫·傅里叶（Joseph Fourier）的名字命名的。1822 年，傅里叶的理论在其《热分析理论》（*Théorie analytique de la chaleur*）一书中发扬光大。他证明，不同周期的正弦函数和余弦函数的无限组合可以完美匹配周期性变化[88]。在实践中，只需几个函数就能完成非常好的近似。"傅里叶分析"仍然是数学领域重要的分支，并在工程、电路、天文、物理，以及地球科学中有着广泛的应用。

正弦和余弦变成了应用数学中最常用的图形函数，其中有一个很重要的原因。那些在大自然中常见的事物之所以会一再出现，是因为它们都很稳定。而不稳定的事物，如立在尖上的针，稀有且转瞬即逝。稳定的事物有一些令人欣慰的特质，在被轻微地扰动时，它们会重新回到均衡状态。树的表现正是如此，微风拂动时，树枝在平衡位置的范围内轻轻摇摆，无风时又会重归平静。还有很多其他例子，比如摇摆的钟摆、在盆中滚动的球、晃动的摇篮、呼吸时起伏的肺部。所有这些扰动都在偏差所允许的范围内。它们围绕着一个平衡位置摆动，从不超越特定的距离，正如正弦曲线和余弦曲线那样。这并不是偶然的。宇宙中表现出这种稳定特质的所有现象都如正弦和余弦之和那样，它们会稍微偏离平衡位置，同时摇摆也相对较小。如此看来，正弦和余弦的使用范围之广就不足为奇了，因为它们简单而全面地描述了世界的稳定性。

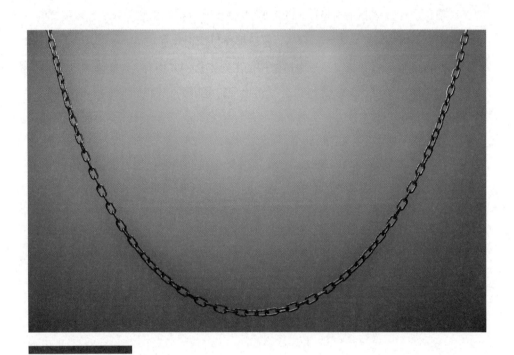

悬挂锁链的"悬链线"

湍流上的桥

链条与跨度

一幅有曲线的图上能看出很多有趣的角度。

——梅·韦斯特（Mae West）[89]

人类工程学最伟大的成就之一就是横跨河流和峡谷的大桥，它们能让人们跨越天险。这些巨大的建筑工程通常都具有一些美学上的特质，令它们跻身世界现代奇迹。优雅的金门大桥、英国建筑师布鲁内尔的克利夫顿吊桥、巴西的埃尔西利鲁兹大桥，都有着令人称奇的样式和颇为类似的流畅外形。这都是些什么形状呢？

其实有两种有趣的形状，每当需要承受重量和悬挂锁链时，就会用到这两种形状。但人们经常会把它们弄混，认为它们是同一种形状。人们最早研究这个问题，是为了描述一条绳子或锁链的两端被固定在同一水平线时所呈现的形状。只要手拿一根棉线并把两端放在同一水平线上，你就可以很容易地重现这种曲线。第一个声称知道这个形状是怎么回事的人是伽利略，他认为，一条悬挂的链子在重力的拉扯下将得到一条抛物线[90]。但在 1669 年，一位善于把数学应用在物理问题上的德国数学家约阿希姆·容吉乌斯（Joachim Jungius）证明，伽利略错了。遗憾的是，他自己没能发现这个问题的正解。这不是个简单的问题。"悬链问题"的公式最终由戈特弗里德·莱布尼茨、克里斯蒂安·惠更斯、戴维·格利高里（David Gregory）和约翰·伯努利（Johann Bernoulli）分别独立发现。伯努利在发现这一公式的一年前，曾公开抛出这个问题，作为对欧洲数学家们的一次挑战。这条曲线一开始被称为 catenaria，即"悬链线"，这个词源于拉丁语的"catena"（锁链）一词。它在惠更斯写给莱布尼茨的一封信中首次出现（莱布尼茨对悬链线的解释如下页图所述），但这个词的英语 catenary 似乎是由一位美国总统引入的，他就是托马斯·杰斐逊。在 1788 年 9 月 15 日，杰斐逊在写给托马斯·潘恩（Thomas Paine）的信中谈到桥拱的设计，并提到了这个词[91]。悬链线有时也被称为"索状曲线"。

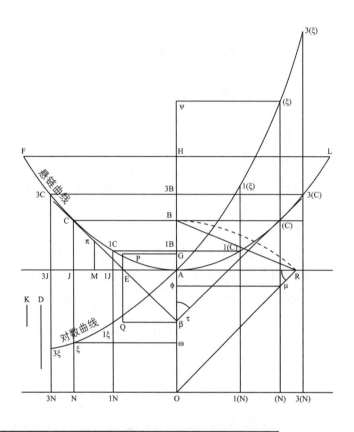

莱布尼茨对悬链曲线（从 F 到 A 再到 L）的数学推导，他称两个
曲线为"对数曲线"，其实是我们今天所说的"指数曲线"

　　悬链线的形状说明了一个事实，锁链的张力只支撑了其本身的一部分重量，
而其任何一点所承受的整体重量与该点和锁链最低点之间距离的长度成正比。

　　重量和张力之间的较量所产生的均势，可以由如下悬链等式表示：

$$y = \mathrm{Bcosh}(x/B) = \frac{1}{2} B \{ \mathrm{e}^{x/B} + \mathrm{e}^{-x/B} \}$$

其中 B 是恒定值，等于张力除以锁链单位长度重量[92]。把锁链的两端挪近或拉开，
锁链的形状始终可以被这个公式描述，但每一次的 B 值都不同。我们可以让悬挂
锁链的重心达到最低点，从而得到这条曲线。所以，要抵御重力的拉扯，这条曲

美国密苏里州圣路易斯市的"大拱门"

线是最稳固、消耗最少的构型。

悬链线在建筑上有很多用武之地，它经常被颠倒过来作为拱门。17世纪英国伟大的科学家、建筑师罗伯特·胡克曾在一份加密的声明中谈到过这种用途，加密内容翻译过来是："当把松散的锁链悬挂起来时，其颠倒的形状就是一个很好的拱门。"[93]

美国密苏里州的圣路易斯市有一个人造悬链线的经典示范，它就是该市的标志性建筑——"大拱门"，其造型是一个倒挂的悬链线。这是自我支撑拱门的最佳形状，因为应力总是沿着拱形指向地面，所以这种形状最小化了剪应力。其确切的数学公式蕴含在拱形之中[94]。正因如此，悬链线拱门经常被建筑师用来优化结构的强度和稳固性。另一个著名的拱门建筑就是安东尼·高迪（Antoni Gaudí）未完成的名作——西班牙巴塞罗那"圣家堂"高耸的拱门。

但是，悬挂的锁链和吊桥（如克利夫顿吊桥和金门大桥）之间有着一个很大的

布鲁内尔设计的克利夫顿吊桥

区别。吊桥不仅需要承受自身缆绳和锁链的重量，缆绳要承担的大部分重量来自桥面。如果桥面水平、密度均匀而且整体横断面均匀，那么其支撑缆绳的公式就是 $y = x^2/2B$，其中 B 是一个恒定值，等于张力除以桥面单位长度重量[95]。

英国 19 世纪最令人叹为观止的建筑杰作就是位于布里斯托尔市的克利夫顿吊桥。这座不朽的建筑是由伊桑巴德·金德姆·布鲁内尔（Isambard Kingdom Brunel）

在 1829 年设计的，但在 1865 年才建造完成，此时布鲁内尔已经去世 3 年了。这座吊桥的美丽的抛物线是向继阿基米德之后最伟大的工程师的致敬。

约翰·沃利斯在《圆锥曲线》(*De Sectionibus Conicis*,
1655 年)一书中首次使用了无限符号

无穷

假如上帝把零当作除数

无穷把可能转化成必然。

——诺曼·卡森斯（Norman Cousins）[96]

无穷符号奏响了双音和弦，它既彰显了带有数学冷酷精确度的"未知"和"不可知"事物的神秘吸引力，又展现了人们对描述无法想象的事物的渴望。这条像躺倒的数字 8 一样的丝带是一个古老的符号，有着衔尾蛇符号的影子。

在早期基督教传统中，这个符号出现在圣波尼法爵的神秘十字架上，直到 1655 年，它才进入数学的符号世界[97]。这还要多亏了牛津大学的数学家约翰·沃利斯。沃利斯既是一位著名的数学家，作为牛津大学的萨维尔几何学教授长达 50 年之久，同时也是一位著名的编码者和密码破译者。在英国内战期间（1642—1651 年），奥利弗·克伦威尔的"议会派"选择了约翰·瑟罗（John Thurloe）作为其情报组织的首脑。瑟罗创造了令人生畏的情报网，监视着全英国的往来信件和人民的一举一动。可想而知，瑟罗的间谍活动需要编码来保密，也需要破解别人的密码，从而知晓他们的秘密信息。为此，他招募了英格兰最重要的数学家沃利斯为"圆颅党"①提供秘密服务。从 1643 年开始，沃利斯成为"圆颅党"首席破译专家，表现极为出众，查理二世在登基时也对他委以重任。当然，今天编码和数学之间的联系已经非常明显，任何国家的安全机构都充斥着各种数论专家，美国国家安全局是全球网罗最多数学家的机构之一。

对于密码学规则，沃利斯留下的材料甚少。他认为旁人知道得越少越好，但他也认为运用数学符号和创造密码同等重要。解出方程就是破译密码——破解上

---

① 圆颅党（Roundhead）是 17 世纪中期英国国会的知名党派，身为清教徒的党派成员将头发理短，露出圆形的头颅，这与佩戴假发的权贵们极为不同。也有人将"议会派"和"保皇派"分别俗称为"圆颅党"和"骑士党"。——译者注

帝的谜题。

人们普遍认为，沃利斯根据罗马人用来表示 1000 的符号 ⊂|⊃（而非 M）创造出了无穷符号。这个符号随后被欧洲的数学家们广泛使用，但是形式较为随意。不难理解，人们对无穷的思考不同于其他量。直到 19 世纪中叶，欧洲仍通行着亚里士多德的思想，那就是无论是在现实宇宙中还是在数学中，真实的无穷并不存在。无穷符号只用于速记，类似于数学界的"等等"（etc.）符号，用来表示一系列无穷无尽的数字。所有正整数 1, 2, 3, 4, 5, …的无穷集合就是潜无穷的原型。如果宇宙的大小并非有限，那么现实世界就存在潜无穷。无论是乘坐宇宙飞船，还是数数到无穷，到达无穷的可能性都不大。事实上，你甚至无法在有生之年数到 10 亿。否定现实中的无穷与中世纪的思想不谋而合，这种思想来自亚里士多德的观点和基督教教义——无穷世界只属于上帝，在这一点上，任何被创造出来的事物都无法和"他"匹敌[98]。

	1	2	3	4	5	6	7	8	⋯
1	$\frac{1}{1}$	$\frac{1}{2}$	$\frac{1}{3}$	$\frac{1}{4}$	$\frac{1}{5}$	$\frac{1}{6}$	$\frac{1}{7}$	$\frac{1}{8}$	⋯
2	$\frac{2}{1}$	$\frac{2}{2}$	$\frac{2}{3}$	$\frac{2}{4}$	$\frac{2}{5}$	$\frac{2}{6}$	$\frac{2}{7}$	$\frac{2}{8}$	⋯
3	$\frac{3}{1}$	$\frac{3}{2}$	$\frac{3}{3}$	$\frac{3}{4}$	$\frac{3}{5}$	$\frac{3}{6}$	$\frac{3}{7}$	$\frac{3}{8}$	⋯
4	$\frac{4}{1}$	$\frac{4}{2}$	$\frac{4}{3}$	$\frac{4}{4}$	$\frac{4}{5}$	$\frac{4}{6}$	$\frac{4}{7}$	$\frac{4}{8}$	⋯
5	$\frac{5}{1}$	$\frac{5}{2}$	$\frac{5}{3}$	$\frac{5}{4}$	$\frac{5}{5}$	$\frac{5}{6}$	$\frac{5}{7}$	$\frac{5}{8}$	⋯
6	$\frac{6}{1}$	$\frac{6}{2}$	$\frac{6}{3}$	$\frac{6}{4}$	$\frac{6}{5}$	$\frac{6}{6}$	$\frac{6}{7}$	$\frac{6}{8}$	⋯
7	$\frac{7}{1}$	$\frac{7}{2}$	$\frac{7}{3}$	$\frac{7}{4}$	$\frac{7}{5}$	$\frac{7}{6}$	$\frac{7}{7}$	$\frac{7}{8}$	⋯
8	$\frac{8}{1}$	$\frac{8}{2}$	$\frac{8}{3}$	$\frac{8}{4}$	$\frac{8}{5}$	$\frac{8}{6}$	$\frac{8}{7}$	$\frac{8}{8}$	⋯
⋮	⋮	⋮	⋮	⋮	⋮	⋮	⋮	⋮	

康托尔一个个地计算有理分数的个数，以便保证无一遗漏，这也证明自然数集合与分数集合这两个无穷的大小相同

观察无穷的新视角

康托尔对角论证法

晴天方可见万里。

在 19 世纪，连高斯这样伟大的数学家都坚信，自然界中的无穷只是一种可能，如无止境的数列 1, 2, 3, 4, 5, …，永远无法穷尽。无穷的实际表达和数学变形是不存在的。但是，一位名不见经传的德国数学家格奥尔格·康托尔（Georg Cantor）却改变了这一切。他在保守派数学家们的圈子里引起了轩然大波，这些数学家相信数学和无穷应该没有任何联系，而且，任何让无穷成为某种"现实"或者尝试处理无穷的想法都被视为异端邪说，它们会威胁数学的整体发展。探讨无穷集合会在数学中引入各式各样的谬误，使整个数学大厦毁于一旦。

康托尔先展示了如何具体定义"无穷"，继而又揭示了无穷存在永无止境的等级，任何一级都要比其下一级大无限倍。其中最小的无穷应该是自然数集合，即 1, 2, 3, 4, 5, 6, …。若一个无穷集合的元素与自然数集合的元素能一一对应（也就是说，元素可以这样被一个个地数出来），那么该无穷集合被视为与自然数集合一样大，即"可数无穷"。

这个简单概念并不完全符合人们的简单直觉。你可能会认为，如 1, 2, 3, 4, 5, 6, …这样的无穷自然数的数量应该是所有偶数 2, 4, 6, 8, 10, 12, …的数量的 2 倍。牛顿就是这样认为的，他说："在一英寸中有无穷个小无穷，在一英尺中又有 12 个这样的无穷集合；也就是说，一英尺与一英寸中的无穷个数并不相等，前者应为后者的 12 倍。"[100]

但是康托尔证明，这两个数列作为无穷，大小是相同的，因为它们存在着一一对应的关系：1 对应 2、2 对应 4、3 对应 6、4 对应 8、5 对应 10、6 对应 12……以此类推，所以这两个无穷的大小是相同的。但是，如果数列是有限的，结论就不成立，除非这两个数列中的数字数量相同。无穷有别于有限。康托尔能抓住这个精髓，正是因为他让这些集合与作为自身子集的集合建立了一一对应的关系。[101] 在上述例子中，无穷的自然数集合确实可以和它自身的一部分——所有偶数的集合建立一一对应的关系。

这个重要观点让康托尔踏上了一场智慧之旅，使他登上了风景秀丽的数学实无穷理论巅峰。无穷可以像普通的有限数字一样被处理，虽然它们所遵循的加法（$\infty + 1 = \infty$）、乘法（$\infty \times \infty = \infty$）、除法（$\infty \div \infty = \infty$）的运算法则不同，康托尔称这些运算法则为"超限算术"。

随后，康托尔证明了存在不可数的无穷。有些集合的元素无法和自然数建立一一对应的关系，所以这些无穷更大，称为"不可数无穷"。无止境的小数集合就属于这类不可数无穷。而且，还有比小数集合大无限倍的无穷，它们无法和小数建立一一对应的关系，以此类推。康托尔解释说，无穷是一座塔，每一层都比其下一层大无限倍，而且这座塔没有塔顶——不存在最大的无穷[102]。

康托尔既然给无穷划分了不同等级，就必须用不同符号来表示它们，因为沃利斯简单的无穷符号 ∞ 无法区分这些不同[103]。康托尔将"级别"最小的无穷和整数集合定义为"可数无穷"，用希伯来字母阿列夫（aleph）和下角标 0 来表示，即 $\aleph_0$。任何在 $\aleph_0$ 以上且无法与下一级无穷建立一一对应关系的无穷都由阿列夫表示，下角标数字依次增加：

$$\aleph_1, \aleph_2, \aleph_3, \aleph_4, \aleph_5, \cdots$$

康托尔创造了两幅著名的图表，揭示出简单可数无穷的两个重要特性。这两张图表几乎出现在所有高等数学的课程中，其今天的形式和康托尔最初创造的原型没有丝毫差别。

第一个就是他证明出所有简单的分数，即诸如 2/3、3/8 这样以 P/Q（其中 P 和 Q 为自然数）形式出现的数是可数无穷。同样，你可能仍然认为这样的分数数量是"多于"整数的，因为在每两个整数之间都有无数个这样的分数存在。但事实并非如此。作为无穷集合，这类分数集合和整数集合"大小完全相同"。证明诀窍就是找到一个办法来系统、无遗漏地计数出所有这些分数。康托尔的计算方法见章首图片。

康托尔的对角论证法证明了无限小数集合是不可数的。他先假设这些数是可数的，并将其都放入一个列表中。从每个数中拿出一位数组成一个新数，如图中绿色数 3.436 25...让这个数的每位数依次减 1，将会得到 2.325 14...，这个数必定和列表中的数都有一位不同，所以列表不可能如假设的一样包含了所有小数

康托尔的方法很简单，只要你弄明白道理。列举出所有分子为 1、分母从 1 开始递增的分数，然后列出分子等于 2、等于 3、等于 4……的分数，以此类推。这样的列举无一遗漏，正如康托尔最初发现的，这个分数集合就是一个大小为 $\aleph_0$ 的可数无穷。在覆盖所有可能分数的网格中，列举的路线沿对角线形成了规律的"之"字形，时上时下，正如康托尔著名的图表所显示的。

在 1891 年，康托尔想出了另一种用图像证明的优美方法，这种方法第一次证明了存在一种无限大、无法用上述方法计数的无穷。最小的不可数无穷就是所有无限小数的集合。上图展示了康托尔著名的对角论证法。正如国际象棋手在将死

对方王之前走的一步妙棋，康托尔先假设可以列举那些不以无限个零结尾的所有无限小数，[104] 再一个个地把它们数出来。但是康托尔可以就此将你一军，他把列表中各个数相连数位上的数字都加一，构造出一个不可能出现在列表中的新数。这个能"将死对方"的数不会出现在列表中，因为它和列表中包含的数字相比总有一位小数不同。所以，无限小数集合是不可数无穷的。

然而具有讽刺意味的是，康托尔的主张并没有被当时德国本土的数学家们热情接受。他的作品被禁止发表，他自己也因为亵渎了数学结构而被当作数学界的"无政府主义者"。康托尔不得不从数学界隐退好一段时间，但他却从一个不曾料想的地方得到了鼓励和支持。天主教神学家意识到，区分无穷等级是具有革命意义的，这让人们在研究实际数学和具体无穷的时候不会威胁到上帝的无穷性[105]。神学的无穷可以居于无法企及的塔顶，被称为"绝对无穷"（符号 Ω），这可是区区可数无穷和不可数无穷难以攀比的等级，也是数学家和物理学家往往要面对的挑战。康托尔的主张是如此清晰而简单，在此前 2000 年竟然都无人发现，实在不可思议，否则经院哲学的发展历程该有多么不同。

无穷至今仍然是一个热门话题。从 1975 年起，物理学家们就开始研究一个所谓的"万有理论"，它可以用一个数学陈述联系起所有已知的自然法则。在很大程度上，这项研究的主导思想是寻求真实的物理无穷。在粒子物理学理论中，如果关于可度量量的量级问题出现一个无穷的答案，那么就警示着你可能走错了路。几十年来，仅有一种简化机制来应对这种无可避免的现象：为观测方便，把计算中的无穷部分去掉，仅留下有穷的部分，这就是"重正化"。虽然重正化在实验中取得了惊人的共识，但这种丑陋的做法始终无法让人摆脱深层的担忧，因为这并不是大自然的精简做法。真正的理论必须是有穷的。

一切都在 1984 年改变了。英国剑桥大学的迈克尔·格林（Michael Green）和加州理工学院的约翰·施瓦茨（John Schwarz）展示了一种独特的完全有穷的物理理论——超弦理论。这一理论的基本思想是，世界的基本组成并非是能量"点"，而是被称作"弦"的线或圈。所谓"超"是因为这些弦具有的对称性结合了物质和辐射。

超弦理论的要点在于，人们称为"粒子"的东西其实只是弦在"自激励振动"而已。终有一天，通过计算"超弦"的自然振动并利用方程 $E = mc^2$ 找到等同质量，人们就能知晓粒子的具体质量和相互作用属性。物理学家们热情地接受了这个新理论，因为它不仅独具匠心，而且摒弃了无穷这个一直困扰着他们的老问题。

超弦理论尚待实验验证，但是，从追逐这一理论的热情程度上可以一瞥科学家们的哲学观：假如物理理论中出现了真实无穷，往往意味着该理论已扩展到可应用范围之外了。而解决办法就是把理论"升级"，直到无穷被修正到很大却有限的数量。工程师们对这种方法并不陌生，只要在对空气的描述中加入更多现实成分，就可以驱除快速气体动力流的简单模型中的无穷。比如，鞭子落地的噼啪声是尖部运动速度高于声速所造成的声爆。如果忽略空气摩擦，再通过一个简单计算即可得到结论：它是由一个无限快的改变引起的。但是，气流属性的一个更精确模型会把这种无限快的改变变成一个很快但有限的改变。

在物理理论中普遍存在这种思想："无穷意味着你的努力还不够。"尽管如此，在某一科学领域仍然愿意认真对待真实无穷的预言。宇宙学家接受的无穷何其多，其中很多还只是"可能"，比如宇宙的大小"可能"是无穷的，宇宙的未来"可能"是无穷的，宇宙中恒星的数量"可能"是无穷的。虽然在现实中，这些理论不构成任何看得见的威胁，但是当我们仰视星空的时候，却忍不住想起尼采的无穷复制悖论：如果宇宙是无穷的，而且是彻底随机的，那么在任何有限概率下，此时此地发生的事（比如你正在读这本书）必定就在这一刻正在别处无限次地发生。而且，在已经发生的每段历史中，所有可能性都已经发生过了，错的选择和对的选择同时发生。对于任何伦理学和神学理论，这都是一个致命的考验。有人觉得这个想法太耸人听闻，甚至认为这可以反证宇宙是有限的。然而别忘了，光的有限速度把我们和自己的复制品隔绝开来。所以从实际角度出发，我们只能接收到来自有限部分宇宙的信号。

宇宙学家的挑战远不止于此，他们还需要考虑"现实"的无穷。几十年来，宇宙学家一直欣然接受一条理论：空间和时间都是从最初的大爆炸"奇点"开始膨胀的，温度、密度等几乎所有事物在过去某一有限时刻都是无穷的。而且，当巨大的恒星耗尽了自身的核能，并因自身引力而爆炸的时候，它们注定要在有限时间内达到无限的密度。但这些理论一律只能远观。人们认为，黑洞被事件视界遮盖了，视界是一个有进无出的表面，所以我们无法看到黑洞中心真实的无穷密度，也无法受其影响。

一些粒子物理学家对无穷有着不同的看法。罗杰·彭罗斯认为真实无穷确实存在于宇宙的起始，以及黑洞的中心。他提出，自然法则提供了某种形式的"宇宙审查"，保证不会出现"赤裸"的真实无穷，它们永远被视界隔绝[106]。相反，持粒子物理学视角的宇宙学家仅把宇宙无穷看作一种理论被过分扩展、仍需升级的信号而已。一旦理论被改进，无穷就会被驱除，正如弦理论曾多次做过的那样。所以，人们现在更有兴趣的是当宇宙随着时间收缩并弹回到膨胀状态的情况。人们怀疑，目前正处在膨胀阶段的宇宙曾经有过弹回状态，在过去某个时间段里，宇宙曾在有限的密度和温度条件下收缩。

我们从黑洞外面是无法观测到里面的情况的。但是，如果我们掉入黑洞，在陷入中心的过程中就要接受不确定的命运。那里是不是有真正的真实无穷？能量会流入另一次元的空间，还是直接消失无踪，抑或被所有物质和能量核心中的超弦的无休止序列振动所注满？我们无从得知。有限还是无穷，这是一个具有重大指导意义的原则问题。我们应该把无穷视为必须改进理论的信号，还是应该严肃地正视它，把它当作控制着无穷物理量的新定律？这种定律将告诉我们宇宙如何诞生，物质如何在残酷的引力聚爆中消失。

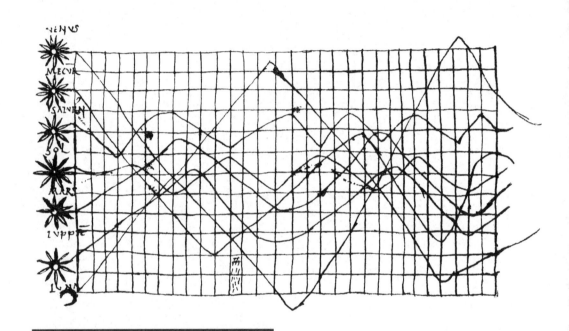

10世纪图表，展现当时已知行星和太阳的位置随
时间的变化。每条线代表不同的行星。图表也许展
现的是普林尼的研究成果。从右侧开始的四分之一
处，能看出作者似乎做了一些修改，删掉了一条曲
线。这是迄今所知的第一张图表

绘图机

图表的起源

（这种）表达方式的优势在于，它既能帮助我们获取信息，也能协助记忆……无论如何，在所有感官中，眼睛最能生动、准确地告诉我们任何事物想要表达的内容。当研究目标是不同量之间的比例时，眼睛的力量就更无可比拟了。

——威廉·普莱费尔（William Playfair）[107]

当你打开报纸，或任何一本数学、科学、经济学书时，不用翻几页你就会发现一张图表。作为有史以来最伟大的数学发明之一，到底是谁，又是为什么发明了图表呢？

已知最早用图表表示的数据出现在 10 世纪或 11 世纪，它用于表示此后被称为太阳系行星的轨道倾斜差异和时间之间的关系。十二宫的宽度沿纵向由 12 个部分表示，水平轴分成 30 个时间单位。这幅图解读起来并不容易，因为每个行星所用的比例尺似乎是不同的，而且，和太阳相关的波浪线代表的到底是什么，也不甚清楚。[108] 但是，如果知道这幅图所代表的是普林尼的一篇文章中的一段叙述时，解读起来就清晰多了。[109] 这位天文学作者名不见经传，他的图表出现在马克罗比乌斯（Macrobius）评注西塞罗（Cicero）的作品《西庇阿之梦》（*In Somnium Scipionis*）中，貌似与当年一位颇具影响力的主教——兰斯的热尔贝（之后的教皇西尔维斯特二世）有关。后者曾经把很多数学工具传播到欧洲的修道院和教会学校，其中最著名的就是印度－阿拉伯数字。

图表无处不在而又简单易用，如果你认为在很久以前就已经存在图表了的话，也是情有可原的，古巴比伦人和古希腊人在应用代数和几何时，怎么会没想到使用图表呢？最早用图表来系统地表示数量随着距离或时间的变化趋势的是利雪主教、法国国王查理五世的参谋尼古拉·奥里斯姆（Nicole Oresme）。他是最早尝试建立定量运动理论的学者之一，[110] 试图通过引入两个量之间的函数关系这一数学

尼古拉·奥里斯姆用"纬度"来表示运动速度的改变和时间的关系，并用它来讲解他关于不同种类运动的讨论。这一页来自雅克布斯·桑科托·马蒂诺的《关于物种完善》（*Tractatus de Perfectione Specierum*，1486 年），它解释了纬度的基本使用方法

这部分摘自尼古拉·奥里斯姆《论质量与运动的结构》。文中的小图用于简洁地表示不同的运动变化，如同速记法一样。作者先用文字来描述运动，然后写下"例如"（sicut hic）

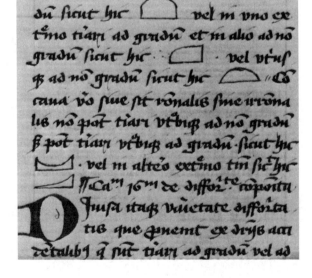

概念来解决问题，如果 $y = f(x)$，那么 y 在某种程度上是由函数 f 定义的 x 来决定的，而表示 y 和 x 的关系的图就是函数 f 的曲线图。让人有些困惑的是，奥里斯姆在度量时用"纬度"来表示移动物体的速度，用"经度"来表示时间。他用水平线表示经度，用垂直线表示纬度。最后，图表并不像现代图表那样有数字刻度，只是表达了速度随时间的变化模式，如恒定加速、变加速、恒定速度，等等。

奥里斯姆用图表来注解自己的研究成果《形式之纬度》(*Tractatus De Latitudinibus Formarum*)，其中包括了一系列小图表，用类似柱形图的形式来表示不同的运动状态。这些图出现在文中作为论证的一部分，就像数学符号或图例一样。上页中的下图就是从他最著名的作品《论质量和运动的结构》(*Tractatus de configurationibus qualitatum et motuum*)[111] 中摘录并放大后的一页。奥里斯姆并没有用文字来描述物体在特定位置时匀加速、速度达到峰值然后减速的过程，而是在文字中加入了小图表来表示这类运动。

Plate 20

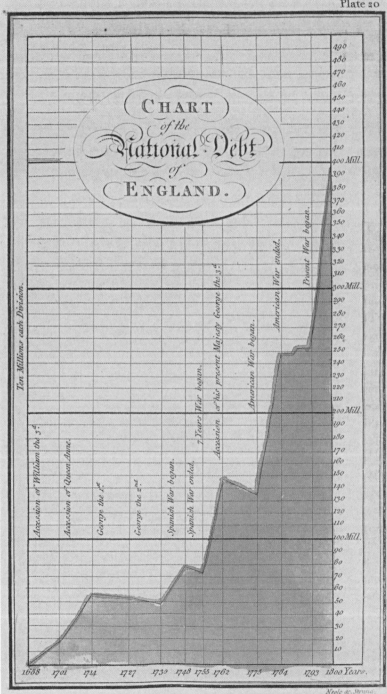

威廉·普莱费尔展现
1699 年 至 1800 年 的
英国国债情况的图表，
摘自《商业与政治地
图 集 》(Commercial
and Political Atlas，
1786 年)

图表专家

变化之谜

人们仔细阅读过这些图表之后，就会产生足够强烈的印象，在很长一段时间内，这种印象都毫发无损，而最终留下的那些想法既简洁又完整。

——威廉·普莱费尔 [112]

很不幸，奥里斯姆对于速记解读的新主张没有演变成具有普遍意义的工具。人们在注释或复制其作品时会用到这些图，但是，这些简单的图似乎没能系统地发展成像我们今天所使用的有数字刻度的实用图表。从历史角度看，图表完全是新奇玩意儿。展现数据点和数学方程的图表在 18 世纪的最后 30 年里才开始出现。英文 graph 一词是约瑟夫·西尔维斯特（Joseph Sylvester）在 1878 年创造出来的，尽管他只想把这个词用于展示分子间化学联系的图表 [113]。当曲线图第一次以今天的形式出现在出版物上的时候，它们分别拥有三种不同的使用背景，而发明图表的人们也不约而同地想出了三个不同且都让人记不住的名字 [114]。

一般来说，有三种不同类型的曲线图。第一种比较数据和其他量（如时间），这就像奥里斯姆的纬度图表一样。第二种用连续曲线表达具体的数学方程（如 $y = \sin x$）。第三种要在一张图中比较前两种图表，或者寻找和散落的数据点最拟合的连续曲线。

在 1785 年，威廉·普莱费尔第一次制作出展现英国从 1699 年到 1800 年的国债变化（几乎是阶梯性增长）的图表。他把这些图称为"线性计算"图例。而他的《商业与政治地图集》 [115] 一书包含了 43 幅记录着商业随时间变化发展的轨迹（我们现在称之为时间序列）和一张柱状图。普莱费尔深受苏格兰启蒙运动的影响，思维开阔，而且熟知当时的很多前沿思想。他的"地图集"没有任何地理上的意义，没有一张真正的地图。那是一本横版书册，折叠书页上有图形与统计图表，折页展开后是正常书页大小的两倍还多。有趣的是，在这本书的前两版中，作者

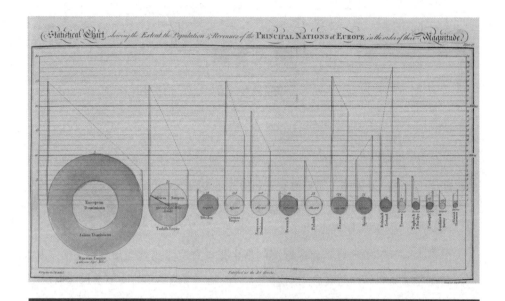

威廉·普莱费尔发明的饼图，用来比较欧洲主要国家的人口和税收收入，最早出现在他的《数据摘要》(*Statistical Breviary*，1801年)一书中。他用圆形面积来表示不同国家的面积，圆形左侧的垂直红线代表以百万为单位的人口数，右侧的垂直黄线表示以百万英镑记的税收收入。人口和收入水平以一根虚线相连。普莱费尔认为，虚线右高左低的国家，尤其是大不列颠和爱尔兰（从右数第6个）属于赋税过重。而其他国家的虚线几乎都是左高右低的

保留了作为制图数据源的表格，但在第三版中，他已经对这种图示足够自信了，所以拿掉了相对应的表格。[116] 后来，普莱费尔在《数据摘要》一书中发明了"饼图"，该书于1801年在伦敦出版。我们还发现，普莱费尔以柱状图结合曲线图的方式创造出颇具视觉吸引力的统计图表，比如展现一个季度的小麦价格走势（柱形图）和几个世纪以来小麦生产过程中每周报酬（曲线图）之间的关系。

普莱费尔还是一位天才机械师。从1777年到1781年，他一直是詹姆斯·瓦特（James Watt）的机械制图人，并为蒸汽机画过草图。他很敬佩瓦特的技巧和独创性。瓦特本人就是一位图形创作方面的先驱，虽然他把自己的图表称作"图解"或"示意图"。瓦特发明了笔式记录仪，可以在纸质图表或烟色玻璃上画下曲线来自动记录蒸汽机压力的大小。但直到1823年，瓦特才将这项发明公之于众。这也意味着，瓦特发明了自动记录机，用来记录不同压力下使蒸汽机工作的蒸汽体积

大小随时间的变化[117]。此后，自动记录机被广泛应用在生理学、药学和声学研究上。

1795 年，图表第一次在法国被用于向民众解释一些问题，当时，公制单位的革命性改革向政府的教育普及体系提出了挑战。负责普及新单位制的机构深知，在推行全新重量和度量单位的过程中，民众已经形成了坚决抵触或漠不关心的情绪。于是，他们创作了一系列图表，只要读取旧单位就可以直接转化为新单位，同时不需要任何算术[118]。路易 - 以西结·普谢（Louis-Ezéchiel Pouchet）创作了数量惊人的图表。他原本是法国鲁昂棉纺业的领军人物。正如普莱费尔一样，他也将自己的图视为"线性计算"图，但他又更进了一步，在同一张图上展示了几条曲线，每一条都代表了一个不同量的值，所以他用两条轴就表现了三种信息[119]。

继奥里斯姆之后，率先用曲线图展现数学方程而非表示数据随时间变化或在空间分布的人是德国天才数学家、物理学家约翰·兰伯特。他也是绘制正弦函数图的先驱之一，我们在前面已经介绍过了。从 18 世纪 60 年代起，兰伯特绘制了

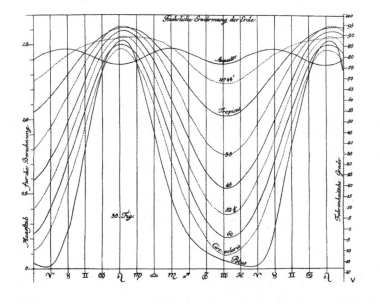

1779 年，兰伯特的曲线图展示了太阳热能随时间变化对地球表面的影响。右边纵轴的垂直刻度是华氏温度，每条曲线都用观察所在地相应的纬度标注

一系列被称为"图"（figuren）的优美数学曲线。这些曲线的应用之处现在大家都很熟悉了，但在当时还颇具革新性，比如把曲线和分散的数据点相比较，消除因波动影响或错误造成的分散的数据点，同时绘制一条连续曲线来概括这组数据点。上页图就是兰伯特在1779年绘制的一幅典型曲线图，表现了太阳热能随时间变化对地球表面造成的影响。纵轴表示的是华氏温度，横轴是时间，每一条曲线都被标了纬度值。

到了19世纪30年代，曲线图被喜欢创新的科学家们广泛应用。英国天文学家约翰·赫歇尔（John Herschel）是率先在天文学领域善用图表的科学家之一，他还鼓励同行们也使用这种工具。1833年，赫歇尔写下了自己是如何用事先画好的轴线、合理的标注和刻度来制作曲线图的，他说："这种图表在很多领域都非常实用，需要描述物理－数学方面内容的人都会发现常备这些图表（的好处）。"

大部分曲线图都有两条"轴"，它们彼此呈垂直关系，有时会有一堆标绘好的点分散在两轴之间的各处，有时是一条连续的曲线在空间里划出一条路径。以前，两条轴中的垂直轴被称为ordinate，在拉丁语中意为"一条有序的线"，水平轴被称为abscissa，在拉丁语中意为"截断"。两条轴上的数字称为coordinate，拉丁语中意为"排列"，因为它们标注出了不同点的位置。两轴相交的点就叫作"原点"。今天，两条轴被简单地称为横轴和纵轴，或是x轴和y轴，因为很多曲线图都用数字y表示纵向点的值，并用x表示横向点的值。这个过程就需要"坐标系"，这是法国数学家、哲学家勒内·笛卡儿（René Descartes）在1637年引入的概念。据笛卡儿自己说，他是躺在床上望着在天花板上爬行的苍蝇时想到这个主意的。

今天，我们对两轴互相垂直的笛卡儿坐标系很熟悉，但也有其他方法可以精确标注出一个点在页面上的位置。数学家们为了在不同场合更方便地说明点的位置，引入了很多坐标系。其中一种常见的系统被称为"极坐标系"，极坐标系用点到极点（原点）的距离以及点与极轴之间的角度来确定该点的位置。法国工程师莱昂·拉兰尼（Léon Lalanne）创造了第一个由极坐标生成的图。在1843年，拉兰尼用"风向频率"图表现不同风向的事件频率（到极点的径向距离）。

最简单的图就是直线，它显示被标绘的两个量之间呈比例关系。只需两点就可以确定一条直线。相比之下，曲线则需要更多的点才能被确定。1846年，拉兰尼意识到通过标绘两个量的对数来表示它们，可以把曲线变成直线，于是创造出

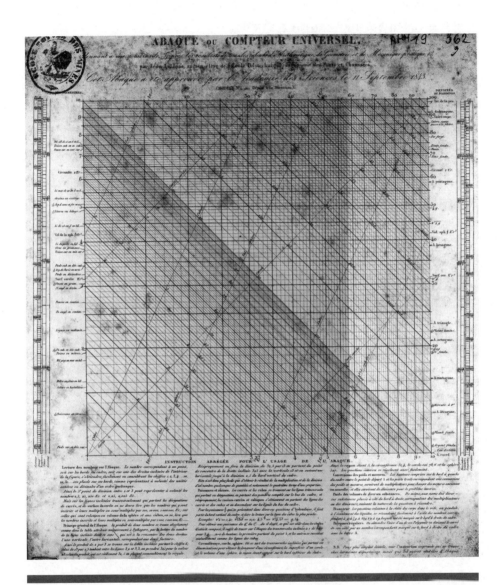

终极完备计算表。"拉兰尼算盘"或"通用计算器"于 1843 年 9 月 11 日由法兰西科学院通过。使用者可以通过其中的斜线计算各种几何量，如球体积、表面积、几何形状的周长，以及不同重量和长度单位系统间的转换。垂直刻度和水平刻度都是对数的

了"对数"图。现在，对数图已经成为表达两个非线性关系的量的标准方法。拉兰尼将其称作"变形图"[120]，并希望借助在艺术上使用的极度扭曲的视角，创造一种更具野心的图表来实现"通用计算器"[121]。

17～18世纪，图表在科学界和数学界有了强有力的拥趸，有人把图表视为经过漫长等待、姗姗来迟的终极科学语言，但也有人指责图表缺乏准确性和严谨性。然而，事实恰恰在两种观点之间。图表可以让我们更快地看出趋势和可能存在的关系，也让我们只需一瞥就可以获得从前至少要计算一堆方程式和数字才能了解的信息。人们更接受模拟形式，而非数字形式。我来举一个生活中的例子吧。当你在跑步时，如果仅想瞄一眼跑步时间的话，那么佩戴一枚老式秒针秒表就足够了。你只需看一眼手上的设备就能读出它记录下的每圈跑步时间。相比之下，如果你佩戴的是一枚电子秒表，在记录每圈跑步时间时，你的脑力运转就会慢很多，因为你需要用脑子来处理表上显示的数字。

最后，在把定性的数据集合演变为定量的数据分析时，图表也功不可没。当数据待在列表或表格里时，人们无法直接从中发现它们的几何或算术规律；而图表激发了人们寻求数据规律的愿望。收集信息并不是科学，只是科学的前导。只有当人们开始寻找不同数据之间的关联性时，科学才存在。一旦找到了规则，我们就可以摆脱冗长的数据，得到更紧凑的结论。

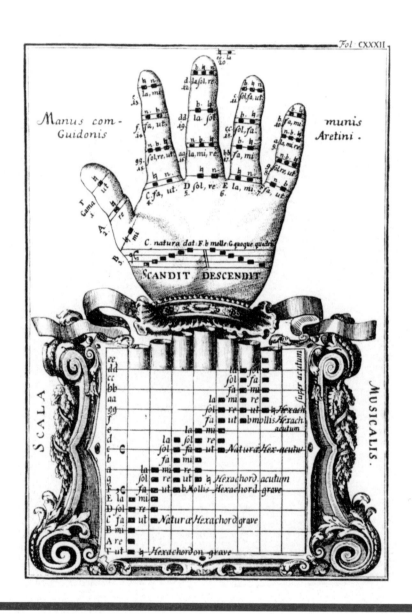

"圭多之手"。从 11 世纪开始，音乐理论家就开始用 "手" 来记忆音阶符号。正是阿雷佐的圭多最先创造了我们所认识的五线谱和记谱法，图中结合这两个概念。"圭多之手" 描绘了 20 个音在音阶中的位置，它们是 Γ、A、B、C、D、E、F、G、a、b、c、d、e、f、g、aa、bb、cc、dd、ee。我们如今使用的是 G、A、B、c、d、e、f，等等。助记法始于大拇指顶端的 Γ，一直向下穿过手指的底部，上升到小指，然后逆时针盘旋过指尖，以在中指的 dd 为终，最后，ee 被单独加于中指上方

哆来咪

五线谱

哆是小鹿多灵巧，

来是金色阳光照，

咪是我把自己叫，

发是向着远方跑，

唆是穿针又引线，

拉紧紧跟着唆，

西是茶点和面包，

它把我们又带回哆。

——理查德·罗杰斯和奥斯卡·汉默斯坦，电影《音乐之声》插曲

五线谱在全世界范围内的辨识度都很高，甚至可以说，这是世界上第一张"图表"，因为它在纵向上描绘出了音高的区别，让曲子随时间从左至右横向推进。音乐与阅读、书写和算术一起都是欧洲中世纪的学生们重要的必修课[122]。

最开始，早期的西方教堂音乐是演奏家根据记忆演奏的，为此，每个人必须拥有相同的记忆。但事实上，甚至在一个国家内部也无法避免地域风格的差异，最大的困难在于协同和再现。音乐体验似乎与地域有着难以脱节的联系。当一首乐曲流传出去时，纯粹主义者就会开始抱怨其他地方歌手演唱的《格利高里圣咏》走了调，而人们的各种拉丁语口音更是发展出各式各样不成文的唱法[123]。

五花八门的演唱方式不符合基督教会"一神论"的主张，一切都应该用于彰显"一个上帝"的形象。如果出现区别与不同，那就意味着有人出错了，破坏了和谐统一。起初，修道士们非正式地使用一些简单的符号，如点、线、勾，帮助他们唱完整首圣歌。起初有 4 条，后来变为 5 条的水平线，以及系统化的音乐符号都来自 11 世纪一位充满热情的本笃会音乐指挥，我们现在称他为阿雷佐的圭多

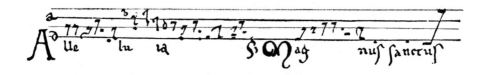

意大利修道士、音乐学家圭多的纽姆记谱法。有色线标记了音符的相对位置，红线标示 F 调，黄线标示 C 调

（Guido d'Arezzo）。

为了帮助唱诗班快速学习单声圣歌，圭多引入了几种音乐符号。他的方法在意大利北部快速传播，但也招致来自他的家乡——意大利费拉拉附近的庞波沙修道院的反对。因此，他离开家乡来到了阿雷佐，这个镇子虽然没有大型修道院，但有很多想要学习的歌手。从此，圭多也以这个镇的名字而远近闻名了。

圭多在音乐方面的贡献还源自基督徒都很熟悉的一段吟唱曲的第一节。这是由 8 世纪伦巴第的保罗执事谱写的一首赞颂圣约翰的单声圣歌。圭多发现，唱诗班记录的上升和下降音节和这首圣歌的第一节 *Ut queant laxis* 很匹配。每年 6 月 24 日，罗马天主教会庆祝圣约翰诞辰而举办的宴席上都会表演这首歌，歌曲分成《晚祷》《晨祷》和《赞美诗》三部分，其第一节拉丁语歌词是：

Ut queant laxis **Re**sonare fibris

Mira gestorum **Fa**muli tuorum

Solve pollute **La**bii reatum

Sancte Iohannes.[124]

圭多发明的上升音节助记法就是 Ut、Re、Mi、Fa、Sol、La[125]。如果你会唱这首圣歌（所有天主教圣歌歌手都会唱），你就会知道在哪些符号上唱出这些音节，

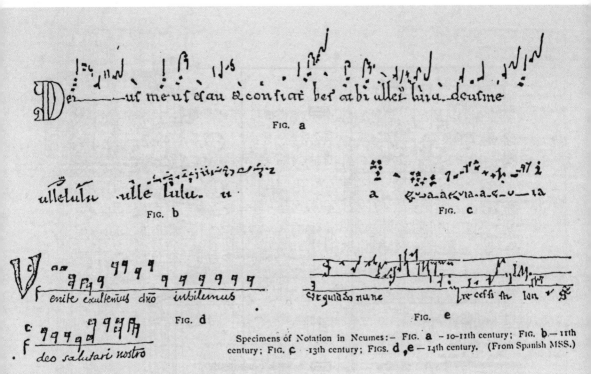

从 10 世纪到 14 世纪的几种乐谱

你眼睛所见的和耳朵所听的相互统一[126]。这一序列也让音乐表演的气氛更加庄严肃穆。

乐谱后来有了一些改变，Ut 被一个以元音结尾的无意义音节取代，因为它为发声提供了更好的丌音节。最终的选择为 Do（哆），可能来自拉丁文"上帝"（dominus）一词的第一个音节。

起初，中世纪的音阶只有 6 个音，最终来自圣歌最后一行"Sancte Ioannes"的 Si 被用作第 7 个音符。后来这个音又被改成了 Ti，如此一来，最后两行就以不同字母开始。就这样，阿雷佐的圭多谱写了人人熟知的"音乐之声"。

由巴赫亲手写的《勃兰登堡协奏曲第 3 号》（《意大利音乐史》第
二卷，作者 A.Della Corte）

8 世纪《圣约翰圣歌》，用来当作圭
多五线谱的助记法

中世纪配插图的乐谱

for himself as to the question of the enclosure of a square, and of a cube.

He would say the square A, in Fig. 96, is completely enclosed by the four squares, A far, A near, A above, A below, or as they are written An, Af, Aa, Ab.

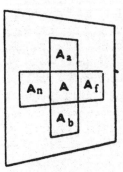

If now he conceives the square A to move in the, to him, unknown dimension it will trace out a cube, and the bounding squares will form cubes. Will these completely surround the cube generated by A? No; there will be two faces of the cube made by A left uncovered; the first, that face which coincides with the square A in its first position; the next, that which coincides with the square A in its final position. Against these two faces cubes must be placed in order to completely enclose the cube A. These may be called the cubes left and right or Al and Ar. Thus each of the enclosing squares of the square A becomes a cube and two more cubes are wanted to enclose the cube formed by the movement of A in the third dimension.

Fig. 96.

The plane being could not see the square A with the squares An, Af, etc., placed about it, because they completely hide it from view; and so we, in the analogous case in our three-dimensional world, cannot see a cube A surrounded by six other cubes. These cubes we will call A near An, A far Af, A above Aa, A below Ab, A left Al, A right Ar, shown in fig. 97. If now the cube A moves in the fourth dimension right out of space, it traces out a higher cube—a tesseract, as it may be called.

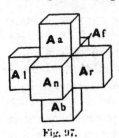

Fig. 97.

查尔斯·辛顿用三维展示打开的四维立方体，他参考了用二维展示打开的三维立方体的方法，图片摘自他的书《第四维》(*The Fourth Dimension*，1904 年)

超立方体

其他维度的视觉化

辛顿娶了逻辑学家乔治·布尔的女儿。不幸的是，他没有领会"二者取其一"命题的概念，犯了重婚罪。

——斯蒂芬·埃申巴赫（Stephen Eschenbach）[127]

你如何想象第四维度？答案最先是由一位非同寻常的英国数学家查尔斯·辛顿（Charles Hinton）给出的。他在华盛顿的美国专利局工作，与此同时，爱因斯坦在伯尔尼的瑞士专利局工作。查尔斯的父亲詹姆斯·辛顿思想进步，这位外科医生同时也是一位富有魅力的布道者，一位宣扬自由恋爱和开放式多配偶婚姻的哲学家，这在维多利亚时期的英国不算什么谋求晋升的好方法[128]。可惜的是，年轻的查尔斯对多配偶婚姻的兴趣敌不过对多边形的兴趣，他在牛津大学拉戈比学院学成之后在切尔滕纳姆女子学院任数学教师，后又转到了阿宾汉姆学院。查尔斯在 1880 年发表了第一篇名为《什么是第四维度？》的论文，当时他还在学校教书[129]。此后，他踏上了跌宕起伏的人生之旅。我们可以确定的是，查尔斯确实听进了父亲的布道，因为在 1885 年，他因重婚罪被捕。查尔斯娶了玛丽·布尔为妻，即创造了逻辑学和集合论的乔治·布尔（George Boole）的女儿，但同时他还娶了莫德·韦尔登。在被关押了 3 天之后，查尔斯被释放，他和玛丽一起去了日本，然后又去了美国，并成为普林斯顿大学的讲师。他在业余时间甚至还发明了棒球自动投球机——这是一种高强度发射器，不但能强化击球手的能力，还能用热气烘干棒球[130]。查尔斯被普林斯顿大学辞退后，又跑去美国海军气象天文台待了一段时间，最后来到了美国专利局。查尔斯这本关于第四维度的书于 1904 年出版——这对于他算是一件中规中矩的事儿了。但是，查尔斯还做了一件在视觉上令人叹为观止的事：他让人们看见了第四维度。

查尔斯对更高维度的最大贡献在于，他创造了一系列简单图画，用来向人们

达利的《受难》

展示如何通过阴影印象表现四维物体。他注意到，书上描绘的三维物体其实都是二维的（在书页上是平面的），所以，应该可以用三维或二维图片来投射出四维物体的样子。这个图像可能是它的影子、投射或展开图，正如把一个空立方体沿边缘剪开，然后把它展开放平，在二维的表面形成一个 T 字形一样。

查尔斯用外推法视觉化四维（或更高维）物体的方法产生了巨大影响力。1909 年，《科学美国人》杂志拿出 500 美元奖金来奖励这项最著名的四维描述方式。在欧洲，人们对于多维度的迷恋体现在了艺术领域。立体派艺术家把"四维"当作"多视角"创作的理由，其中最著名的作品就是毕加索的《朵拉·玛尔的肖像》，尽管画家本人一直否认（这并不奇怪）自己受到了数学和爱因斯坦相对论的影响[131]。

查尔斯发明了"四维超立方体"（tesseract）一词[132]，以投射角度描述四维的立方体。最著名的四维超立方体展开的例子是萨尔瓦多·达利在 1954 年创作的名画《受难》中的十字架。在创作这幅画之前，达利联系了美国数学家托马斯·班科夫（Thomas Banchoff），特意了解展开的超立方体的几何属性。

四维超立方体在文学里也有迹可循。1940 年，罗伯特·海因莱因（Robert Heinlein）写了一部短篇科幻小说《他造了座歪房子》，故事讲述了有人盖了一座被当作四维超立方体投射的三维房子[133]。不幸的是，房子真的变成了四维超立方体，并对其中的住户产生了奇妙的影响[134]。

查尔斯的图形可谓生逢其时。在 1900 年以前，关于高维度的讨论往往与招魂术和灵媒现象扯上关系。但是，人可以看见高维度的事实削弱了神秘学的怪风气。高维度从此变成了人们可以理解的事物，成为几何学和物理学（这要感谢爱因斯坦）的一部分。从性质上看，高维度不再是无法想象的事物，不再与人们生活的空间大相径庭。有趣的是，当年尽管有不少世界顶级数学家努力钻研几何学，但最终却是一位有点儿业余的数学爱好者用类似玩闹的图画给予众人关于高维世界最生动的图像。查尔斯为自己是一位业余数学爱好者而感到骄傲，他曾经这样说："我觉得，关于高维空间的话题似乎有点严肃了……当我们正经八百地讨论任何话题时，貌似多多少少都会失去解决问题的能力。"[135]

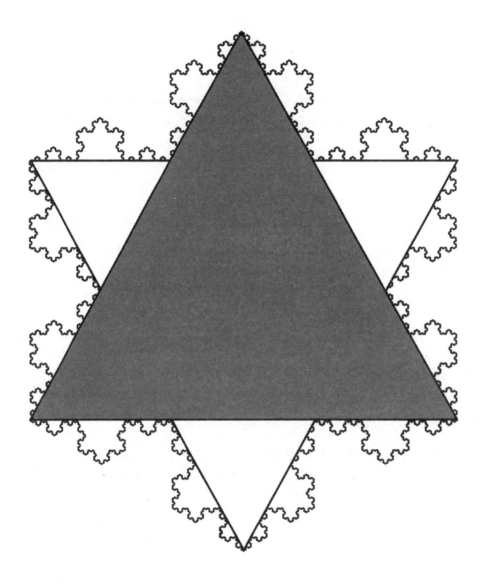

科赫的"三角雪花"结构，在等边三角形每条边的中心都构造出另一个三角形，后者边长为前者边长的三分之一，永远重复下去，结果如图所示

推向极限

科赫的雪花、谢尔宾斯基的地毯和门格尔的海绵

> 有人擅长数学，却不擅长如物理这类课题，这并不是因为他们缺乏推理能力，而是因为他们在处理数学问题的时候靠的不是推理，而是想象——他们做的所有事都是通过想象来完成的。一旦来到物理学领域，根本没有想象空间，所以他们在这方面不太成功。
>
> ——笛卡儿 [136]

数学有一个不同凡响的意义，它为创造完全违背直觉的结构提供了基础。其中一个美妙的作品就是"科赫雪花"，它在人类理解自然界的几何学的过程中扮演着重要的角色。1904 年，瑞士数学家赫尔吉·冯·科赫（Helge von Koch）在一篇论文中展现了自己的这一发明 [137]。

首先从一个等边三角形开始，在其三条边上应用一个简单规则：在每条边的中间增加一个新等边三角形，新三角形的边长为原三角形的三分之一。同理，在新三角形的每条边上也这样做。每一步后，每个三角形都会再生出 3 个三角形，后者边长也都是原三角形边长的三分之一。很快，我们就围绕着原来的三角形创造出一个有很多锯齿的结构。分形和复制三角形的过程可以无休止地一直进行下去，在这一结构的周围制造出越来越小、越来越精致的小锯齿。而这个无限的结构就是"科赫雪花"。

之所以称之为"雪花"，是因为这个结构与具有对称分支的雪花非常相像。所有雪化的形态都基于 6 个对称臂而形成，如果仔细观察的话就会发现，所有对称臂又会以独特的方式长出新分支。精确观察显示，其实雪花并非绝对对称。"科赫雪花"虽然不像现实世界的雪花那样具有这种复杂性和独特性，但它会永远分形下去，而在极限状态下，就会产生一些令人吃惊的特性。当等边三角形被无限复制下去时，"科赫雪花"的外围会产生无穷多个起起伏伏的凹凸 [138]。在极限状态

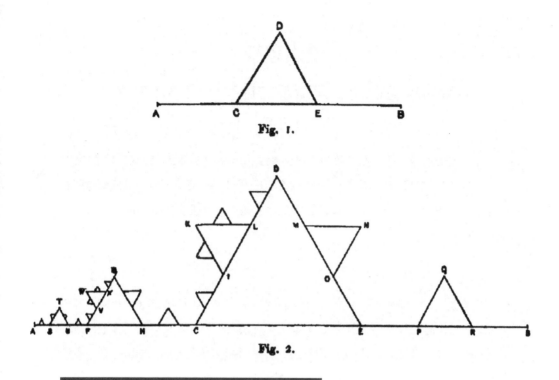

科赫在 1904 年发表的原始描述。论文原题为《关于从一个基本几何结构开始构建的一条无切线曲线》

下，这一结构的周长将是无穷的，但被外围围住的面积却不是无穷的[139]。假设最初三角形的面积用 D 来表示，且最初三角形的边长是 1，那么 D 就等于 $\sqrt{3}/4$，在经过 n 次三等分边后，整个结构的周长就等于[140]：

$$n \text{ 步之后的雪花周长} = 3 \times (4/3)^n$$

而结构所包围的面积等于：

$$n \text{ 步之后的雪花面积} = D \times [1 + (1/3) \sum_r (4/9)^r]$$

求和符号 $\sum_r$ 中 r 的取值从 0 到 n。很容易就能看出来，当 n 接近无穷时，周长也接近无穷，因为 4/3 大于 1。但各边所包围的面积却是一个有限值[141]，等于 $8D/5 = 2\sqrt{3}/5$。要了解它的增长速度有多快，来看看在 100 步之后，外围生出的每节直线

的长度只有 2×10^{-48}，但是整体周长已经达到 3×10^{12} 了。假设最初的三角形边长是 1 厘米，周长就是 3 厘米，那么只需要 70 步，雪花的外围就比地球的周长还要长。

如果在任意一次分割时中止构造雪化，那么已形成的图形可以拼成一整块，假如此时采用两种大小的雪花，且覆盖面积之比是 3∶1，那我们就能完全覆盖一个无穷大的平面而不留下任何罅隙。

科赫的创造衍生出一系列无限自我复制的几何图形。波兰数学家瓦茨瓦夫·谢尔宾斯基（Waclaw Sierpinski）是一位世界知名的数学家，在 1915 年至 1916 年，他向数学百花园贡献了许多科赫曾设想过的奇葩[142]。"谢尔宾斯基地毯"由一个正方形开始，将其分割成 9 个小正方形，就像"画圈打叉"游戏中的格子那样，然后移除最中间的那个正方形，之后继续将每个小正方形也划分成 9 个，再移除最中央的那个……永远重复下去。在最初的正方形里会产生越来越小的交

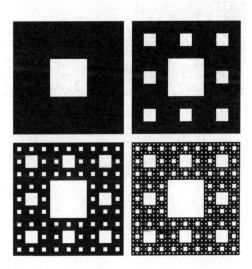

谢尔宾斯基垫片（左）和地毯（右）。三角形和正方形被无限地从中间掏空越来越小的自身

"门格尔海绵"把谢尔宾斯基的结构应用到了
立方体上

替方格图案[143]。

谢尔宾斯基想出了更惊人的例子，经常可以在一些艺术历史名作中看到，它被
称为"谢尔宾斯基垫片"。它从一个等边三角形开始，将其内部分成4个相同的三
角形，然后去掉中间的那个。继续这一过程，用相同方法处理剩下的三个三角形。

如果这一过程一直进行下去的话（包括原三角形的边），谢尔宾斯基三角形就是页面上的点集。

奥地利数学家卡尔·门格尔（Karl Menger）在 1926 年踏出了早期发展的最后一步。他提供了谢尔宾斯基结构的一个三维制作方法，如今被称作"门格尔海绵"。从一个立方体开始，将其分割成 27 个小立方体，然后在每一面中间的正方形处钻一个孔，直到这个孔从立方体的另一面打通。再把位于最外面剩下的 8 个小方形每个都分成 9 个更小的正方形，然后在中间的正方形上钻一个穿到对面的孔，无数次进行下去，最后得到的就是"门格尔海绵"（也称作门格海绵）。

"谢尔宾斯基地毯"和"门格尔海绵"还有另一个令人震惊的属性。想象一下能在一个平面上画出的最复杂的曲线。只要曲线的大小是有限的，就可以画在一张大小有限的纸上。在"谢尔宾斯基地毯"上，这些曲线一定有迹可循。这就像一个包含所有可能曲线的无穷目录。无论你把曲线弄得多复杂，比如加入一层又一层的扭曲，然后再反转，只要你是在拉扯曲线而不是将其撕碎[144]，那么它就能出现在"谢尔宾斯基地毯"中——你最终一定会发现它。任何奇形怪状的有限曲线都"活在"这条地毯里。如果我们让曲线在三维世界中移动，而且一定要限制在有限空间内，那么同样令人称奇的特性也会在"门格尔海绵"中显现：最终你也会在其中找到任何奇形怪状的曲线，无论它多复杂。

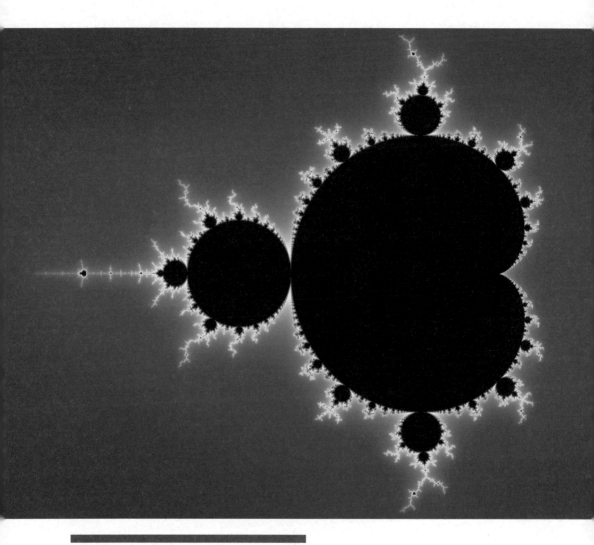

曼德尔布罗集合是有着无穷复杂边界的黑色区域。
整个完整结构的复制品边界无论有多么小，都能
在这个边界上找到

无尽的世界

曼德尔布罗集合

生活是复杂的，因为它有一部分是真实的，有一部分是想象的。

——Linux 论坛 [145]

在 20 世纪 70 年代后期，数学界和科学界发生了一场不可小觑的革命。这不是一场科学哲学家们想象中的革命，也不是一场推翻旧范式、建立新范式的革命，而更像是一场工业革命。以前，计算机曾是拥有雄厚资金的大型科研组织独享的猎场，它们极其昂贵，仅用来研究一些"大"问题，比如理解恒星是如何形成的、预测天气、模拟核爆。科学家如果想使用计算机，申请程序和借用大型天文望远镜差不多。申请必须以研究机构的名义正式提出，而且还要和其他申请竞争。即便你最终胜出了，如果想要让机器为你做点儿事的话，还要灰心丧气地等上好长一段时间，当然，前提是它不会中途死机。

现在，一切都改变了。个人计算机的发明让所有人都能以很低的价格 [146] 拥有令人称奇的计算能力、简单的交互模式和优质的图形，而这些都包含在桌面大小的天地里。个人计算机鼓舞了科学家们研究"复杂系统"，如混沌、奇异吸引子和分形学，这类课题能变成科学的一部分都是个人计算机革命的功劳。

有些物理问题，比如水龙头滴水问题，可以用很简单的数学等式描述出来，但这些等式的解法却十分复杂、不可预测，不能只用纸和笔就把它们搞定。这类问题最好的研究方法就是"计算机实验"。个人计算机孕育了整个实验数学领域，让个人和小型研究团体也可以通过实时观察高品质的计算机图像来研究复杂行为。计算机简便的交互性让我们可以探究不同的可能性、变化的初始条件和推广结论，一切只要敲敲键盘就可以搞定。视觉化变得重要。你可以真的"看到"发生了什么。

这些研究在从前只能是纸上谈兵。回顾过去，我们发现数学史出现了一个转折点：数学体系由原来的"纯数学"和"应用数学"两大分支变成了"纯数学""应用数学"和"实验数学"三大分支。

数学文化的改变催生了令人瞩目的发现——这也是变革后最初的发现之一。从 1958 年开始，法国数学家伯努瓦·曼德尔布罗在纽约州约克城高地的 IBM 公司工作。作为一位纯数学领域的数学家——况且还是一位法国数学家，曼德尔布罗的工作方法十分另类，因为他热衷于把计算当作指导和工具，把它应用在很多数学研究上。而在传统上，这些研究领域都属于纯数学范畴，很大程度上都应该使用代数方法。

从 1979 年到 1980 年，曼德尔布罗开始探索一个看似简单的数学法则。在 1980 年 11 月，他将自己令人惊奇的研究结果公之于众。这个数学法则是在平面上找到一个点 z，然后将其移动到 $z^2 + c$ 的位置，这里的 c 是常数 [147]。假设在某一点上应用这条法则，比如 $z = 0$，那么得到 c，继续移动到 $c^2 + c$。一次次应用这条法则，这个点会依次经过 $(c^2 + c)^2 + c$ 和 $[(c^2 + c)^2 + c]^2 + c$，然后一直继续下去。如果起始点不是 $z = 0$，那么这个序列就会变得不同。事实上，起始点只要有一点儿小变动，最终该点在平面上就会得到截然不同的运动轨迹。这是混沌敏感系统上大家都熟悉的一个特性。

不断重复应用这条法则，你最终会发现对某些取值 c 和一些特定的起始点而言，这个输出结果会越来越大，最终一张纸的大小将远远容纳不下。比如，当 $c = 0$，且 z 是 x 轴上的 3 时，那么经过应用 8 次这条法则后，z 就会变成 $3^{2^8} = 3^{256} = 10^{122}$，这个数比整个可见宇宙中的粒子总数还要大 [148]。但是，如果起始点取在比 1 更接近 0 的位置，比如 $z = 0.5$ 且 $c = 0$，那么连续应用几次法则之后，z 的位置就会在以 $z = 0$ 为圆心、半径等于 1 的范围之内。当 c 的取值发生变化时，类似的分水岭也会出现。在有些情况下，z 会越来越远，这时我们就说它是"无界"的，因为假如以任何大小为半径、以起始点为中心画圆，最终只要经过应用足够多次法则，无论半径有多大，z 值都会超出这个圆的范围。相比之下，在有些情况下，c 会让一系列 z 无法变成越来越大的"遥远"数值，这时我们就说 z 是"有界"的。

曼德尔布罗想知道，什么样的 c 值，或等价说在纸上的什么起始位置，会让 z 值停留在"有界"状态。这个问题很简单，但是从某种角度上说，答案是无限复杂的。总体上来看，要使起始点 $z = 0$，重复应用法则，而结果仍处于有界状态的

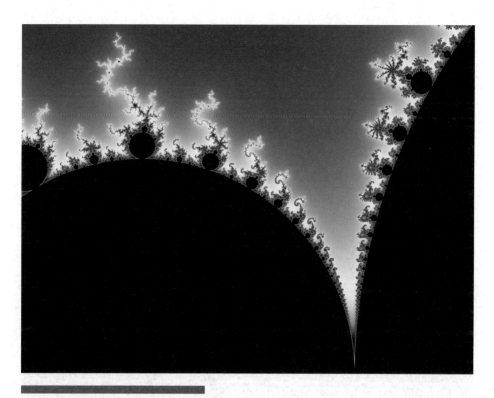

"曼德尔布罗集合"上方边界的一部分
展示出了整个集合的复制品

点集所形成的图形十分惊人（上图）。

这就是"曼德尔布罗集合"（也称作"芒德布罗集"）。它有着别致的结构，在近代，它比其他任何数学图像都更多地被展示和研究。它被放置在很多数学书的封面上，激发了计算机艺术和科幻小说的创作灵感。"曼德尔布罗集合"为什么如此独特呢？

计算机绘图把"曼德尔布罗集合"最边沿的状态极其精确地勾勒出来，就是这幅图的黑色区域。第一眼看上去，这很像一个大的心形区域，同时有几个小的碟形区域与之连接，并在向左移动的过程中越来越小。在边界处，不同颜色代表着曼德尔布罗边界以外的点在重复应用数学法则之后变成无界点的速度。如果将这张图放大，我们就会发现一个惊人的秘密：在黑色区域边界的每一处都有一个无穷的精密结构，复制着缩小的心形加碟形图案。如果将"曼德尔布罗集合"不断放大，并观察边界处越来越小的部分，我们就会发现这个结构在更小的尺度上无休止地复制着自身。

这就是分形几何的经典标志。在越来越小的维度上，同样的图案在不断地复制着。但是曼德尔布罗的几何图形还不止于此，比如追逐自己尾巴的海马等其他

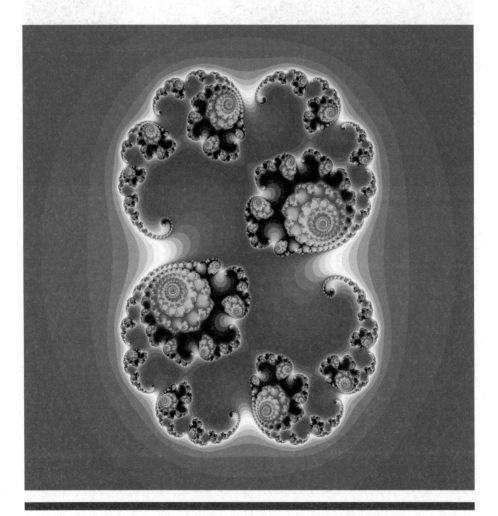

当复数 $c = 0.285 + 0.01i$ 时，变形 $z \to z^2 + c$ 形成的对应于"曼德尔布罗集合"的"朱利亚集合"。"朱利亚集合"在变形后趋于无穷的起始值和仍留在有界区域的起始值之间划分了界限

分形，也可以不断重复，这些图形整个边界的复杂度不亚于平面上任何曲线的复杂度[149]。这些结构包含着小型的自身复制品，尽管曼德尔布罗集合作为一个整体已经无法被整体缩小并复制。真是奇特，我们一开始时应用的简单数学法则产生了深不见底的复杂性[150]。"科赫雪花"通过一次次地复制小模板构造了一个大型图案，这一大型结构包含着复制的模板，而更重要的是，一切都发生在其内部。

曼德尔布罗集合还有一点复杂、奇妙之处可以挖掘。假设 c 值是固定的，但是 z 的起始位置并非是 0，那么起始点在哪里取值会让 z 位置有限呢？对于每个 c 的取值，这些值形成了"朱利亚集合"的内部。法国数学家加斯东·朱利亚（Gaston Julia）[151] 和皮埃尔·法都（Pierre Fatou）[152] 在 1918 年分别发现了这个数学变形法则的很多特性。"朱利亚集合"形成了在平面划分点的曲线，有些点在有界的范围内，有些点则在一次次地应用变形法则之后变得无影无踪、趋于无穷。随着 c 值的改变，"朱利亚集合"的多样性令人惊叹。它们如同虚构世界的植物一样，有的形成了螺旋和格子，有的变得丝丝缕缕，有的变成蛛网形，还有的由互相不连接的点组成，就像漂浮的云彩。"曼德尔布罗集合"是由所有单连通的"朱利亚集合"组成的。

"曼德尔布罗集合"和"朱利亚集合"在很多赞颂自然界分形之美的艺术展上出现[153]，或者被当作数学结构的"现实版"证明。然而最重要的是，这些图形展示了，简单的指令也可以得到深刻、出乎意料的结果。也许，人类身体和思想所展示出的令人惊愕的复杂度，也不是什么不可企及的问题。

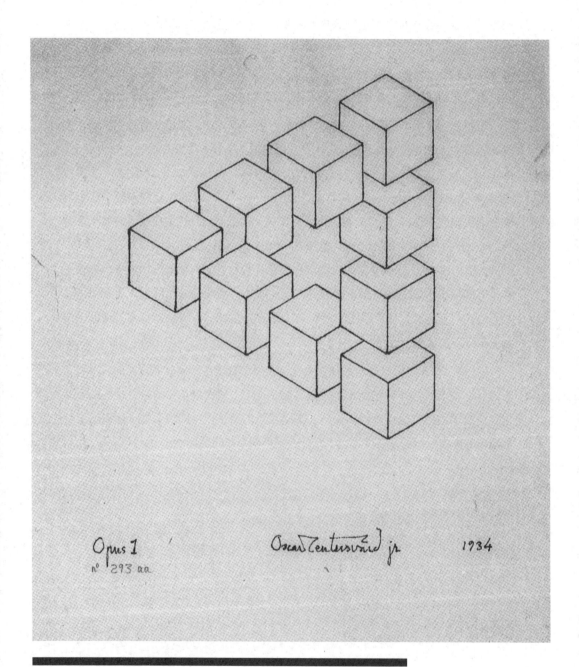

Opus 1
n° 293 aa

Oscar Teutervaid jr

1934

奥斯卡·罗特斯维尔德，《不可能三角形》作品 1 号，编号 293aa（1934 年）

违背常理的存在

不可能三角形

不可能的物体是一种不可能发生的现象，但这并不妨碍我们能够看见它。

——布鲁诺·恩斯特（Bruno Ernst）[154]

1934 年，瑞典艺术家奥斯卡·罗特斯维尔德（Oscar Reutersvärd）用非同寻常的方法排列了 9 个立方体，画出了第一个"不可能三角形"。罗特斯维尔德认为，这是一个全新的艺术领域，热情满满地创作了几百幅不可能图形的图画，他称之为"错觉体"。罗特斯维尔德利用图形和复杂性制造出不可能立方体、螺旋形的阶梯、叉子和建筑物。

1954 年，罗特斯维尔德的不可能三角形被罗杰·彭罗斯和他的父亲、心理学家莱昂内尔·彭罗斯重新构造，二人就此发表了一篇文章。莱昂内尔曾经见过荷兰艺术家毛里茨·埃舍尔如何利用"二维图画来表达三维物体的形象"[155]。

彭罗斯三角形（1954 年）

毛里茨·埃舍尔的石版画《瀑布》

罗杰·彭罗斯自从听过埃舍尔的一个讲座后，就一直在思考这方面的问题，但他并没有接触过罗特斯维尔德和其他人的作品，这些艺术作品都包含了一些不可能的构造。彭罗斯父子的文章大概只有 340 个单词，展示了两种不可能三角形和两种不可能阶梯。随后，罗特斯维尔德三角形的实体版通常被称作"彭罗斯三角形"。莱昂内尔是一位著名的心理学家，他与儿子合著的这篇文章中的不可能图形吸引了心理学家的目光，他们对人类视觉系统在这方面的工作原理产生了兴趣[156]。与罗特斯维尔德的表现形式有所不同，彭罗斯的图形符合透视法则，增加了图画中悖论的意味。

1961 年，埃舍尔把彭罗斯描述的不可能三角形概念融入自己著名的石版画作品《瀑布》中。在画中，两个不可能三角形结合在一起，变成了一个单独的不可能发生的景象。瀑布是一个封闭系统，但水轮被它不停地推动着。如果真的发生这样的事，那我们就有永动机了。

埃舍尔在 1960 年 1 月写给儿子的信中说过，自己从彭罗斯的文章中得到了灵感，但最后他只画了其中 4 种不可能图形，而把最大的精力投入拼接与镶嵌中，并以此获得了更大的名望。

不可能三角形为什么会产生神秘感？因为人类的眼睛坚持要把它解读成一个单独存在的实体，甚至在认识到它在物理层面的不可能性之后也依然如此。眼睛首先会发送出"这是一个实体三角形"的信号，随后马上认识到，这样的物体在

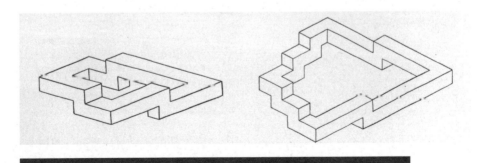

罗特斯维尔德，《旅行中草图》(1950 年)，在从斯德哥尔摩到巴黎长达 40 小时的路上，他找到了无穷阶梯的灵感

现实中无法存在[157]。这时，我们可能会期待眼睛通过一系列平面和线，对这一景象产生一种新的解读——但这并没有发生。眼睛坚持认为三角形是一个物体，哪怕它是一个不可能物体。

迷人的不可能三角形及其无数的变形，以及由此衍生出的立方体、阶梯、多面体和花结，将人类感知与图形艺术的研究联系在一起，而数学就是纽带。渐渐地，艺术家在创作幻觉、模仿虚幻模型的路上越走越远，在充满迷惑的现实场景中缔造不可能物体的幻象。正是因为这些诱人的不可能作品，使得不可能三角形成了人类心智感知不现实事物的神奇能力的象征。在图形世界中，三角形及其变形无处不在，通过艺术、心理学和数学展现出无与伦比的力量。

北冈明佳的《转动的蛇 3》

眼见为实

视觉幻象

艺术需要打"动"你，而设计并不需要，除非是设计一辆公共汽车。

——戴维·霍克尼（David Hockney）

在过去的几百年里，视觉幻象是科学家和艺术家们经久不变的迷恋。20 世纪 60 年代的"欧普艺术运动"聪明地挖掘到大脑与眼功能之间的含混之处，并试图利用大脑持续搜索图案和线条的特性，造成一种视觉反馈，让大家感觉艺术品似乎一直在动。艺术家维克托·瓦萨雷利（Victor Vasarely）和布里奇特·赖利（Bridget Riley）的作品就利用这些视觉反馈创造出新的艺术，而生物物理学家理查德·格利高里（Richard Gregory）则利用这一点来研究眼与大脑是如何协同工作的 [158]。

人类的视觉系统总在试图寻找可以把相近的点都连接起来的图案和简单线条。众所周知，我们精于此道，甚至在看见没有线性特征的点图的时候，也能"看得到"线条。线性图案一旦被发现，就会按照视觉系统的预期设定不断蔓延，而符合这种外推法的点就会被暗示成一幅存在的图案。人类擅长捕捉图案，这恐怕是进化论的绝佳依据——但或许有些过于擅长了，甚至当东西不存在的时候，我们也能看得到。毕竟，假如你在草丛中看到了并不存在的老虎，最多也就是被孩子们嘲笑成妄想狂；但倘若你看不到一只真正存在的老虎的话，你可能连生孩子的机会都没有了。

现代计算机图形有着激动人心的创造力，赋予了计算机艺术家新的能力，创造令人不安的新视觉幻象。他们不是简单地通过两个透视角度造成的错视而创造出动态效果，比如著名的"奈克方块"（Necker Cube），也不是罗特斯维尔德或彭罗斯创作的静止的不可能物体——这类错觉冲动尚可被抗拒，而是制造了一种在意识上无法控制的持续运动。日本视觉艺术家北冈明佳是在艺术领域中精神控制的早期杰出解读者之一，他通过发掘边缘移动错觉（蛇看起来好像在转）和螺旋错觉（灰色的同心圆好像在盘旋）创作了复杂的转动效果，正如本章开头图片所示。[159] 边缘移动视觉的特点就是，人眼对不同颜色和亮度的反应有所不同，这就制造了从黑到深灰、从白到浅灰的明显动态效果。如果仔细调整相邻颜色，那么相应的动态也会变成一系列令人咂舌的系统性变化，其中最明显的就是正转和反转。瞧，就是这样！

罗伯特·安曼和罗杰·彭罗斯在 1974 年
最早发现的两种瓷砖形的非周期密铺

两块简单的砖

非周期密铺

> 如果我们想一直保持不变的话，我们就得改变了。
>
> ——朱塞佩·托马西·迪·兰佩杜萨（Giuseppe Tomasi di Lampedusa）[160]

当你给浴室或道路铺砖时，你需要在预算、时间和人类耐心的制约下挑选一种周期性图案。最简单的选择就是用完全相同的长方形或正方形。在选用不同的颜色和材质之后，就可以形成图案和装饰性元素。同样，你最可能选择对称性装饰。人们很喜欢对称性，如果你本人就是铺砖工人的话，这样做会给你省下很多麻烦。但是，数学家就是这样一群人，他们无法满足于在浴室里铺设简单的周期性瓷砖。

在阿拉伯文化中，挖掘对称美感的例子似乎比其他文化深刻得多。阿拉伯艺术不喜欢展现活蹦乱跳的生物，因此驶向了和欧洲艺术完全不同的方向，精细的拼贴和镶嵌会尽可能多地占用空间、不留空白。在西班牙格拉纳达的阿尔罕布拉宫中，到处都充满了关于对称性和周期性的探索。事实上，年轻的毛里茨·埃舍尔正是看到了这种在空间上不留空白的周期性拼贴图案，才受到启迪，放弃了具有个人风格的景观艺术，转而开始创作数学对称题材的作品，并由此成为20世纪的传奇艺术家。

艺术铺砖有着惊人的美感，此外还有着一个简单、统一的特点——重复，表面呈周期性覆盖。这是一个长久未决的数学问题：能否用一种非周期性重复的密铺图案系统地拼铺无穷的平面？最早研究这种可能性的科学家正是伟大的天文学家约翰内斯·开普勒。他用多边形和星形来密铺平面，但这些铺设方法并不是真正呈非周期性的。如果你想密铺整个平面的话，那么局部密铺图案虽然可能由不同形状组成，但密铺结果一定是周期性的。

一旦瓷砖的形状不同，或者并非极其对称，那就无法确定它们能否密铺一个无穷平面了。1966年，数学家罗伯特·伯杰（Robert Berger）证明，没有任何系统化的步骤可以确认一组拼接形状能否成功完成非周期密铺[161]。对于一台计算机来说，问题实在是太复杂了，一遍又一遍用同样的概念来执行程序，已经不足以完成这项工作了。早些时候，有人已证明，如果只用周期性拼接来密铺的话，那么用计算机程序就可以完成密铺。

伯杰还证明，非周期密铺图案确实存在。他发现的第一个图案总共需要 20 426 种不同拼接形状才可以密铺出一个没有任何周期图案重复的无穷平面。之后，他把这个庞大的数量缩小到 104 种。1968 年，伟大的计算机科学家高德纳（Donald Knuth）把数量减少到 92 种。之后，拉斐尔·罗宾逊（Raphael Robinson）把数量又减少到 35 种。1971 年的一次重大突破，使得结果只需 6 种。最终在 1974 年，罗杰·彭罗斯发现了只需 6 种就可以完成密铺的例子，以及仅需 2 种拼接形状就能达到无穷非周期密铺的特例，其中一对被称为"风筝"和"飞镖"，它们已经被商业化生产出来了[162]。有一位美国数学业余爱好者名叫罗伯特·安曼（Robert Ammann），他在观察这些拼接时总有一种直觉上的"第六感"。安曼从麻省理工学院毕业之后，在邮局从事给邮件分类的工作。他独立发现了一对彭罗斯拼接形状，又发现了另一对不同的形状[163]。一次，安曼在读了马丁·加德纳在《科学美国人》（彭罗斯密铺图案就是在这本杂志上首次发表的）上的数学专栏之后，就写信给加德纳，告诉他自己的发现。

只需两种拼接形状，就可以构造出无穷多种密铺形式。但是，如果你从任意

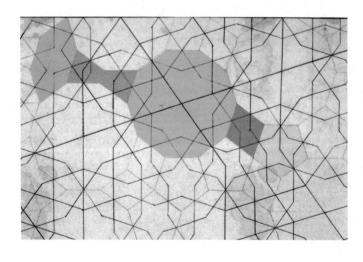

5 种传统花结瓷砖拼接的例子

土耳其伊斯坦布尔的托普卡珀博物馆收藏的"帖木儿－土库曼卷轴"，浅红色线标示出下方拼接块的形状

位于伊朗伊斯法罕的 Darb-I Imam 神殿，门廊建于 1453 年，
用淡蓝色线条勾勒出的大五边形图案采用了大花结密铺图案，
白色小五边形采用了小花结密铺图案

一种特定拼接中取出有限的一部分，就会发现这个图案在其他拼接里无限地重复着。所以说，如果你不幸落在彭罗斯平铺中的某一个无限重复的拼接上，那就意味着，仅靠研究有限部分不足以让你弄清自己身在何处[164]。仅在被视为无限整体的时候，这些拼接才是与众不同的。这种非同寻常的特性还产生了另一个效果：任何有限的一部分都无法决定其他部分是什么样的。从设计上就可以看出，这类图案并不是随随便便就能找到的。值得一提的是，在 1982 年，以色列物理学家丹·舍特曼（Dan Shechtman）及其同事发现存在一种三维材料[165]，其内部结构和彭罗斯密铺所展示的如出一辙，这就是"准晶体"。其微观结构介于钻石般的完全秩序和玻璃般的无序状态之间。

彭罗斯密铺也成了查尔斯·詹克斯（Charles Jencks）庭院设计的重要美学元素。他与妻子玛姬·詹克斯为 Portrack House 共同设计的"宇宙思绪花园"（Garden of Cosmic Speculation），以及他为剑桥大学圣约翰学院（这里也是彭罗斯作为一名研究生学习过的地方[166]）设计的从前庭到图书馆的花园小路，无不展现了这种图案无处不在的美学魅力、数学惊喜，以及信手拈来的随意之美。

在 2007 年的春天，美国物理学学生陆述义宣布了一项惊人发现。他在乌兹别克斯坦度假的时候，发现彭罗斯非周期密铺出现在多处 15 世纪的传统建筑中。他回到哈佛大学图书馆寻找在土耳其和伊朗的其他建筑设计，发现在很多传统装饰花结（girih）密铺图案中都有彭罗斯极具代表性的图案。这些复杂的非周期图案被刻入大块拼接设计，作为下层衬托（351 页图中浅红色部分）[167]。其中最惊人的设计当属现存于伊斯坦布尔的托普卡珀卷轴，这部建筑绘图设计指南一步步地教人如何把饰有内部图案的大型砖块嵌入大型非周期密铺中。在 350 页图中，5 种形状用不同颜色标示出来，大型拼接由红线标出。

说一句有趣的题外话，在 1997 年，罗杰·彭罗斯与生产"风筝"和"飞镖"图案的 Pentaplex 公司起诉了大型跨国公司金佰利，原因是该公司在自己生产的舒洁厕纸上嵌入了彭罗斯的拼铺设计图案。很显然，彭罗斯是在妻子买回家的厕纸上发现这件事的。被告方宣称，是为了保证手纸防滑性才用上了这种非周期图案。不难推测，在大规模生产下，这种每卷 500 张的厕纸并不属于彭罗斯密铺，因为图案会不可避免地产生周期性。这个案子最终以双方保密为前提庭外解决了，但是，事件却引发了一个数学哲学问题。正如英国《专利法》所明确的那样：一项发现是不能申请专利的[168]，但是一项发明可以。比如，你不能为脱氧核糖核酸（简称 DNA）申请专利，其他任何延伸人类知识而非人类能力的发现也不能。所以，如果你是一个柏拉图主义者，相信数学"本就存在"，那么当数学真理（如非周期平铺）被发现时，这项发现就不能申请专利。但是，如果你认为数学是人类的发明，就像象棋一样，那么各种数学成就就可以申请专利。一起法律诉讼能引发一场深刻的数学哲学讨论，也是乐事一桩啊。遗憾的是，彭罗斯和金佰利公司的案子并没有走向更高境界。最后，Pentaplex 公司、彭罗斯和金佰利的新东家 SCA 卫生用品集团之间似乎握手言和了，大家共同开发新产品[169]。然而到底谁才是那位 15 世纪不为人知的天才呢？

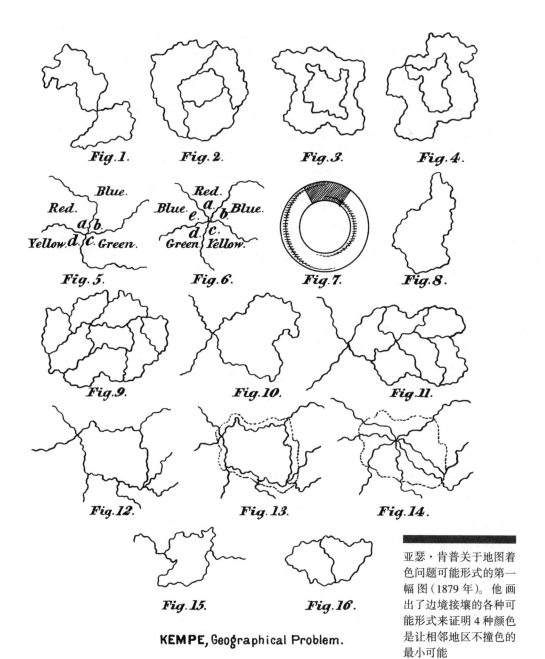

Fig. 1.   Fig. 2.   Fig. 3.   Fig. 4.

Fig. 5.   Fig. 6.   Fig. 7.   Fig. 8.

Fig. 9.   Fig. 10.   Fig. 11.

Fig. 12.   Fig. 13.   Fig. 14.

Fig. 15.   Fig. 16.

KEMPE, Geographical Problem.

亚瑟·肯普关于地图着色问题可能形式的第一幅图（1879年）。他画出了边境接壤的各种可能形式来证明4种颜色是让相邻地区不撞色的最小可能

来自 4 的信号

四色定理

> 假如一位画家在画一只棕色的牛和一只棕色的狗，他必须把它们画得你一眼就能分辨出谁是谁，对吧？当然没错。那么你希望他把两只动物都画成棕色的吗？当然不。他把一只画成蓝色，这样就不会出错了。地图也是如此。这就是美国每个州的颜色都不一样的原因……
>
> ——马克·吐温，《汤姆·索亚在海外》[170]

地图的确有些令人着迷的地方。任何国家和地区的地图都是如此。看看北美洲地图，制图员把地图中的各国或地区分开来，让它们容易分辨，没有任何两个相邻国家或地区的颜色是相同的。如果你数一数这幅"五彩斑斓"的地图上有多少种颜色，就会发现其实里面只有 4 种颜色（不包括海洋）。

在不撞色的前提下，我们能用更少的颜色给所有地图着色吗？第一个推测是 4 种颜色的人是弗朗西斯·格思里（Francis Guthrie）。在 19 世纪 50 年代，弗朗西斯在写给在伦敦大学学院就读的弟弟弗雷德里克的信中提到，他发现给英格兰的地图着色时，只需 4 种颜色就够了。但是，兄弟俩都无法证明 4 种颜色足以给任何地图上色。通常在这种时刻，要么寻求"场外援助"，要么至少问问你的教授。所以，弗雷德里克询问了大学学院的奥古斯塔斯·德·摩根（Augustus de Morgan）。德·摩根对这个问题展开了有趣的研究，但仍无法证明或证否，所以他也问了另一位朋友——都柏林三一学院令人敬畏的威廉·罗温·哈密顿（William Rowan Hamilton）。哈密顿从 16 岁起就是三一学院的教授，并在之后的岁月中不断在数学和物理方面取得显著成就。遗憾的是，就连哈密顿都说不出这一猜想该如何被证明。而且，他貌似在这件事上并不卖力。数学家们似乎对这个问题逐渐失去了兴趣。在接下来的 10 年中，唯一取得进展的是美国哲学家查尔斯·桑德斯·皮尔士（Charles Sanders Peirce），他在 19 世纪 60 年代曾尝试证明这个猜想，但最终以失败告终。

在 25 年后，数学家们终于开始重新研究这个问题。1878 年 6 月，亚瑟·凯莱把问题递交给伦敦数学学会，然后在英国皇家地理学会的期刊上发表了一篇以《地图的着色》为题的文章（没有任何插图）。他表示，虽然制图员都知道这个定理，但是"我无法证明"这件事的真相[171]。

凯莱是一个很杰出的人，1842 年，他以出色的数学成绩从剑桥大学毕业，但几年之后，他迫于生计不得不在伦敦林肯律师事务所从事法律工作。凯莱虽然是一位全职律师，但他一直把数学当作自己的业余爱好。他在法律界工作的 14 年间，共发表了 250 篇极其出色的数学研究论文。大家都很纳闷，这人到底睡不睡觉呢？最终，他欣然接受了降薪留职的安排，并接受了牛津大学萨德莱里恩（Sadlerian）纯数学教职。凯莱于 1895 年去世，在他 74 年的人生中，总共写下了900 多篇数学论文，内容覆盖数学领域的方方面面。

同为剑桥大学学生和律师的亚瑟·肯普（Arthur Kempe）因为与凯莱相识，也开始尝试证明这一猜想。肯普也是一位热忱的数学爱好者，并在 1879 年 7 月 17日把自己研究结果的缩略版投给《自然》杂志，然后又把详尽版本投给《美国数学期刊》[172]，并声称自己证明出 4 色足以给任何平面或球面地图上色。他展示出了证明问题的第一幅图。肯普的论证很巧妙也很新颖，在此后 10 年，数学家们都对此深信不疑。但在 1890 年，杜伦大学的一位讲师珀西·希伍德（Percy Heawood）在肯普的证明中发现了一个漏洞。当漏洞被弥补之后，只能证明任何地图至多需要 5 种颜色就可以完成[173]。

这是一种退步。在接下来的几年中，很多数学家尝试解决这个问题，他们从小图做起，然后一步步把地图的大小和复杂性放大。在 1922 年，大家都已经知道含有 25 个地区（或州）的地图只需 4 种颜色。随后，地区数量从 25 增加到 95。但在现实中，需要处理的地区数量比 95 要多得多。直到 20 世纪 70 年代，事情才逐渐有所改变，因为这个问题已经变得非常出名，很多数学家都希望通过新招数，拿出对所有地图都适用的证明方法，让自己名垂千古。这个问题很好表述，在视觉上也很明显，它对全世界的数学家都充满了吸引力。马丁·加德纳为了和这些数学家开玩笑，甚至在《科学美国人》的"数学游戏"专栏上刊登了一个讽刺性反例，然而最终证实这个反例是错误的。

1976 年，发生了一桩戏剧性事件——四色猜想变成了四色定理。争论就此开始。来自伊利诺伊大学的肯尼思·阿佩尔（Kenneth Appel）和沃尔夫冈·哈肯（Wolfgang Haken）宣布在计算机的帮助下，检查了这一猜想的数量巨大的可能反例 [174]。计算机运行了 1200 个小时完成了整个检查，因为困难的情况实在是太多了。

这件事为什么会具有争议性呢？对于数学家们来说，这是第一次某一个定理（而不是一堆数）的证明不是通过人类的思考验证得出的。没有人能够自己亲自验证计算机的海量运算。人们可以用不同的程序来检验结果 [175]，也可以用不同机器来检验同一个程序，但是，整个证明仍是一项非人类所能企及的任务。

对很多数学家来说，用计算机辅助完成四色猜想的证明，真令人大失所望。一位著名数学家在被告知证明是如何取得的时候说道："那么可以说，这其实不是一个很好的问题。"当在一场重要的研讨会上首次公开这一证明及其方法的时候，众人的反响也很冷淡。个中缘由耐人寻味。尽管很多人认为，通过扩展数学真理、增加新定理的数量来拓展数学的疆域是数学想象力的原动力，但这不该是故事的全部，甚至连主旋律都算不上。数学家们总在寻找着能被推广到未知领域的新论证、新方法、新手段。但是，计算机辅助证明的四色定理没有提出新的论证方法。阿佩尔和哈肯的证明没有留下有用的遗产，也没有带来什么惊喜——人们只不过是知道了猜想是真的而已。

在阿佩尔和哈肯宣布了证明结果之后，很快引发了一场关于计算机在数学中的角色的讨论 [176]。新的证明方法不符合传统。有人不将其视为"真正"的数学。有人甚至开玩笑，把这种方法和药物依赖相提并论。但随着时间的流逝，这场风波逐渐平息，如果硬要说事情没了结的话，那也至少是大事化小了。

在很长一段时间内，只有少数数学家才有能力检查长达几百页的超长证明。四色定理不过是大趋势的自然结果。这些证明的长度足以让任何数学家望而却步，而且难免令人生疑。人们起初认为，等待自己来发现和构建的数学真理是一个无尽之海，常常与我们隔了千山万水。距离我们"最近"的真理只需简短的证明就可以推导出来，供每个数学家或研究伙伴阅读。越往外走，我们面临的证明就越长，直到有一天，我们无法在没有计算机的协助下得到证明了。人类目前得到的数学定理几乎都有简短的证明。这是物理和数学世界令人惊叹的特性，仅从根基开始走出寥寥几步，就可以描述出大千世界蕴藏的深奥道理。也许，确实存在超出人类能力范围的神奇结构和真理。这类无人企及的证明最迷人的地方就是，我们原本相信只言片语就能说清的猜想，有时需要奇长无比的证明[177]。

最近几年，随着"开普勒球填充问题"证明的出现，计算机证明再次引发了热议。这个问题要求用最有效的方法把很多球填充到一定体积的空间里去。想要直观感受或找到正确的解决方法，只需看看水果店老板是如何摆放橙子的就行了。然而，从 1661 年到 1998 年，数学家们一直没能找出证明方法，直到托马斯·黑尔斯（Thomas Hales）证明了开普勒球填充猜想的最大填充密度（或称为"面心立方晶格"填充方法）是正确的。同样，这次证明也是由计算机辅助完成的。证明包含了 250 页的人类数学分析和 3GB 的计算机代码和输出结果。黑尔斯穷举了所有可能成为反例的例子，并一一验证，从而证明开普勒的猜想是正确的。论文中说，在最终发表在数学期刊上之前，该证明经由专家检验了很长一段时间。但是《数学年报》拒绝发表完成证明的计算机程序，认为它不属于期刊要求的纯数学范畴，其中的计算机技术内容应该发表在《几何的离散和计算》期刊。2004 年10 月，鉴于这些技术发展，英国伦敦皇家学会举行了一场长达两天的数学家、计算机科学家和人工智能专家的研讨会，来讨论计算机技术的发展对于数学证明的实质性影响[178]。

当然，对于上述两个用计算机辅助完成的冗长的证明，没人知道为什么没有一个简短且能完全依靠人类完成的证明。

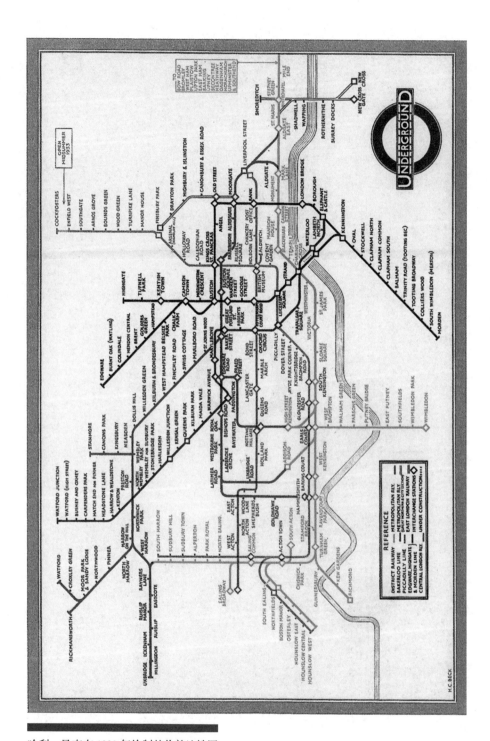

哈利·贝克在 1933 年绘制的伦敦地铁图

X 号线

伦敦地铁图

中央线，环线，

每条线都尽人皆知，

但在伦敦地铁中，

中央线才是重中之重。

——罗杰·塔厚尔，《中央线与环线》(*The Central and the Circle*) [179]

　　伦敦地铁图是整个英国最有辨识度的标志之一。从哈利·贝克（Harry Beck）在 1931 年最初创作这幅图直至今天，除非是增加线路或车站等必要原因，这幅图几乎没什么改动。这是一个优美的设计。在这张令人熟悉、色彩丰富的伦敦地铁网络图面前，你可能无法想象，从制图术角度来说，这是一个多么具有革命性的设计，它甚至可以入选人类最具影响力的数学图像名单。

　　在同类地铁系统中，伦敦地铁是最早问世的。1906 年，伦敦地铁就开始向乘客分发地图，四家竞争的地铁公司各自运营不同的线路，最终合并成一家地铁公司（Underground），原本各自为政的线路也被重新命名，它们分别是区域线（District Line）、皮卡迪利线（Piccadilly Line）、贝克鲁线（Bakerloo Line）和北线（Northern Line）。今天，这四条地铁线仍在运行，只不过是延长了而已。整个系统的第一张图很常规，地理位置标注得也很精确，但看起来却一团糟。伦敦是一座发展得参差不齐的古老城市，它是一点点积累起来的。与纽约方方正正的格子系统或巴黎的中心辐射系统有很大不同，伦敦的街道系统既不对称，也没有一个很好的识别中心。结果就是，地铁路线歪歪扭扭地绕过马路，这张单纯的地图看起来既复杂又难看。

　　事情在 1925 年发生了变化。哈利·贝克，一位有电子学背景的年轻制图师和设计师，作为初级制图员加入了地铁公司的信号工程部门，但只在业余时间做一些自由工作。他打算绘制一幅具有革命性的地图。起初，公司驳回了贝克的提议，但后来由于形势步步紧逼，他的提议逐渐吸引了公司负责人的注意。当时，地铁公司的收入很低，伦敦人不喜欢采用这一交通系统出行，因为当时的地图让地铁系统看起来复杂极了。贝克利用业余时间，摒弃了根据街道系统的精确地理位置来制定交通图的老传统，采用了拓扑结构的概念，仅强调线路的可连接性。地铁站的相对位置和相邻线路都强调了设计和视觉的简洁性，并照此原则做了适当的扭曲。

贝克首先尝试把所有线都画直，要么竖直，要么水平，要么呈 45° 角。这是比较简单的部分，不过是仿效电路板的布局，而这对贝克来讲驾轻就熟。比较困难的部分是如何把位于繁华中心地带的所有车站名字标出，还要显示出不同线路交会的换乘车站。贝克成功地完成了任务。虽然他的设计起初在 1931 年被公司宣传部否决了，但在第二年就转悲为喜，因为他被通知公司决定印刷 75 万份地图，免费发放给乘客。第一份贝克地图是在 1933 年 1 月问世的。当时，中央线是橙色的，贝克鲁线是红色的，两者直到 1934 年才改成了现在通行的红色和棕色。

这是贝克一生热情工作的开始。年复一年，他改进了很多棘手的中转站绘制手法，乘客在这里从一条线路换到另一条线路。于是，他为不同线路选择了更易识别的颜色，修正了泰晤士河的表现方式，用不同符号来表示普通车站、换乘车站和火车站。最终，他缔造了一幅天衣无缝的形象的设计图，让伦敦地铁成功成为大众最喜爱的交通手段[180]。贝克的地图被放大展示在所有地铁站的墙上，此外还做成了向公众免费分发、可放在口袋里的折叠小册子。

贝克的拓扑地图或者说图表在变得出名之后，对伦敦这座城市也产生了社会学上的微妙影响。从一份真正的地理地图上能看出莫登、阿克斯桥、卡克福斯特斯等偏远车站的真正位置，它们从没有真正出现在伦敦"里面"。事实上，在贝克地图之前的时代里，这些偏远的车站根本就不在地铁图上，而只出现在地图边缘的车站列表中。然而，贝克的地图却让这些边缘车站看起来离伦敦中心很近。这潜移默化地催生了"大伦敦"的概念，改变了地铁乘客的出行习惯。其实，从很多偏远车站到伦敦中心需要很长时间，比乘坐火车从雷丁或剑桥出发去伦敦的用时还要久。但是，由于贝克地铁图呈现的效果，这些偏远地铁站看起来就在伦敦"里面"[181]。在英国广播公司（BBC）一部关于经典设计的系列纪录片中，历史学

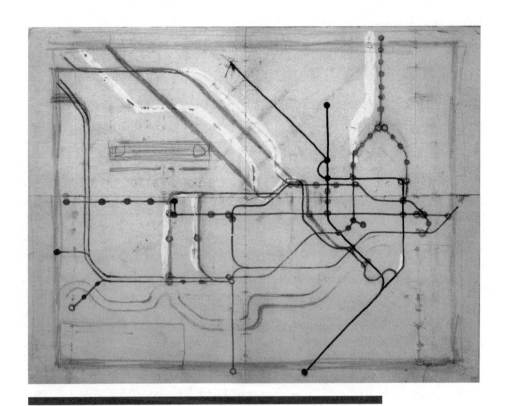

哈利·贝克最初的地铁系统草图，练习本上的对页。泰晤士河是之后才加上的，但是他用不同颜色区分了垂直线、水平线和对角线，最重要的特征已经相当明显了。贝克说自己"想象用凸透镜来放大中心区域，这样就能提供清晰的换乘信息了"。

家阿德里安·福蒂（Adrian Forty）是这样点评的："对于打算去卡克福斯特斯或者莱斯利普的人来说，如果他查看的是一幅真正的地理学地图的话，那可真让人望而生畏。但如果他查看的是地铁图，那就显得非常简单了。"

1951 年，贝克为巴黎地铁系统创作了一幅相同风格的地铁图。这好像不是一项官方委任的工作，最终也没有被巴黎方面采用，但从这张图上可以看出一种可能性。其他地铁系统并没有享受到贝克为伦敦地铁带来的成功。纽约地铁系统在

1972 年引入了新地图，声称要模仿贝克设计的伦敦地铁图，但遗憾的是最后并没有实现。纽约地铁地图的设计结果令人迷惑、路线不清晰，最终在几年后被另一个更实用的方案所取代。

贝克职业生涯的尾声十分艰辛。伦敦交通部门引入了其他设计师在 20 世纪 60 年代改进的地图，而贝克的名字却从地铁设计图的贡献者名单中消失了。贝克愤然辞职，他感觉自己的设计作品被剽窃了。他随后成为伦敦印刷学院的一位讲师，在那里教授字体设计史。贝克开始和伦敦交通部门展开了长久的沟通，试图说服他们相信自己改善的地图方案要比政府决定采用伦敦交通部另一位员工保罗·加布特（Paul Garbutt）的设计方案更好。虽然今天的伦敦地铁图不过是贝克的经典设计的延伸，只是增加了一些新线路，但遗憾的是，他的名字已经不在左下角的位置上了。然而，这张地图仍然保留着其原创者不可磨灭的标志性印记[182]。

贝克的地铁图也激发了其他艺术家的创作灵感。西蒙·帕特森（Simon Patterson）1992 年的作品《大熊》如今在伦敦泰特现代美术馆中展示。在画中，贝克地铁图里的车站名被著名作家、体育明星、科学家和文化名人的名字所代替。戴维·布思（David Booth）的《地铁的泰特美术馆》（1986 年）是为伦敦地铁创作的最受欢迎的海报之一[183]：地铁的不同线路颜色从一个油彩管中挤出来，上面标有"皮米里科（Pimlico）站"——这是距离泰特美术馆最近的车站。最后提一句，霍格沃茨魔法学校的校长阿不思·邓布利多教授所声称的自己左膝上的疤痕就是伦敦地铁图！

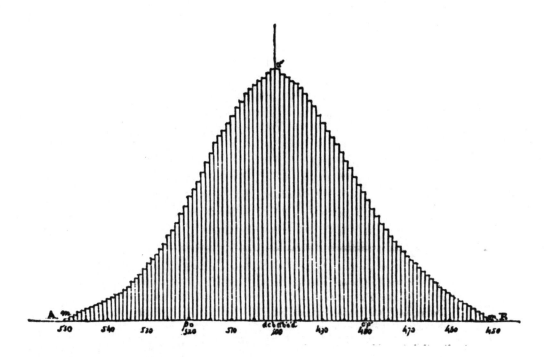

凯特勒用正态曲线表示二项分布（1846年）

谎言，该死的谎言，统计

保持正态的重要性

错误

的正态法则

在人类经验中

作为一种自然哲学

不断被人们普罗、宣扬

无论是物理还是社会学研究

无论是药学、农学还是工程研究

它都是指导手段和不可或缺的工具

分析和解读从观察和经历中得到的数据。

——威廉·J. 约登（William J. Youden）[184]

统计学的研究风潮始于 18 世纪晚期，当时很多数学家和经济学家都希望能推导出一个公式来计算一组数据中出现随机起伏和错误的可能性。其中一个分支的研究对象是不同国家（state）的政治体系，所以这类研究被一位德国人戈特弗里德·阿岑菲尔德（Gottfried Achenfeld）命名为 Statistik。最终，这种针对死亡率和人口数量的政治经济量化研究在保险金计算领域有着特殊的魅力。除了在应用科学领域的各项实际发展，从赌博赔率评估中也衍生出了概率这门学科，其领头人包括著名数学家费马、帕斯卡和詹姆斯·伯努利（James Bernoulli）。从这条更具数学意义的线索开始，人们逐渐发展出一个概率分布的方程，后来被称为"正态"概率分布。方程最初是由法国胡格诺派数学家亚布拉罕·棣莫弗（Abraham de Moivre）发现的，他在 1685 年因宗教迫害逃到伦敦寻求避难。1733 年，棣莫弗第一次发表了这一方程。这也是第一篇讲述在特定假设下，决定任意数量的数据发生错误的概率的论文。1738 年，棣莫弗把这篇论文加入他的《机会论》（*The*

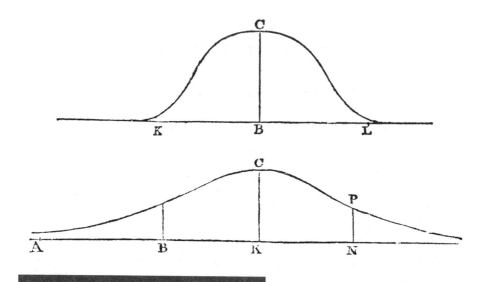

最早的正态分布曲线图发表于德·摩根的《关于概率》（1838年）的论文中

Doctrine of Chances）一书的第二版中，将其视为有大量结果输出时二项分布的概率[185]。遗憾的是，这一作品中不含任何图片，也没有引起强烈的反响[186]。此外，几位18世纪的数学家也从其他角度重新发现了这一重要方程，但就是没人肯迈出一小步，为它画一幅图。到底是谁最先这么做的呢？

　　统计学的正史中没有记录这件事，所以我们有必要自己侦察一下了。第一幅概率正态分布图似乎是在奥古斯塔斯·德·摩根于1838年写就的一本书中发现的，书名为《关于概率及其在人寿保险和其他保险精算上的应用》[187]。德·摩根是一位伟大的数学家，在数学、统计学和逻辑学领域都有自己的贡献。德·摩根是伦敦大学学院的第一位数学教授。但他的事业发展在剑桥大学受到了阻碍，因为他拒绝参加获取硕士学位所必需的神学考试——他本人其实是英国国教成员。因为原则性问题，他曾两次辞去伦敦大学学院的教职。德·摩根拒绝被提名为英国皇家学会成员，拒绝接受爱丁堡大学的荣誉学位。很明显，他不是一个普通人。在德·摩根的书中，有几章讲解了随机错误的发生法则，辅以被作者称为"错误易发标准法则"[188]的标志性钟形曲线。

　　一位充满活力、多才多艺的比利时人大力推动了统计学在社会学中的应用，他就是阿道夫·凯特勒（Adolph Quetelet）。从 1824 年起，凯特勒开始了长达 50 年之久的杰出研究，掀起了统计学量化研究和比较研究的风潮。其研究成果的一大显著特点就是率先应用了图和表，用这种方式在众多科学领域中生动地展示了数据。凯特勒把概率正态分布称为"可能性曲线"（法文是 la loi de possibilité 或 la courbe de possibilité）[189]。章首图片是他在 1846 年出版的书中构建的分布图，表示了大量二项式事件的有限形式。分布图中有两个特征量——平均值和中心值，同时展现了趋向中心值的集中度，我们称其为方差。方差较小的分布图在中心值附近更为突出，而方差较大的图更趋向于扁平，概率分布也更平均地向两边蔓延。这一分布在正向和负向上都趋于无穷，但在实际应用中，分布都会有一个最大值和一个最小值，代表了具有实际意义的边界。正因如此，德·摩根和凯特勒的很多曲线似乎在一个水平轴上止于某个较大的正数和负数。

　　凯特勒及其追随者抓住了这一分布的普适性，把它作为社会学研究的基础，同时开启了整体研究的一个分支。比如英国科学家弗朗西斯·高尔顿，他是查尔斯·达尔文的表亲，我们在之前关于气象图的内容中讲过他，正是他为这种概率模型起名为"正态分布"。凯特勒引入了"平均人"（average man）的概念，此后，"大街上的平均（女）人"这个词开始被滥用，尤其被政客们钟爱。在人们研究大自然和人类世界时，这个极具特点的发生概率曲线经常被使用，其中的原因很简单。统计学在面对几组不同、独立、随机的过程的总和时，必然会用到这种曲线。过程的数量总和越大，正态分布和每种不同结果发生的可能性描述就越接近[190]。我们在世上看到的很多事情似乎都是由大量无规可循、无据可依的不同事件叠加所决定的。但是，只要这些不同过程都是独立的、可叠加的，那么其结果就是一个有着平均值和方差的正态分布，而平均值和方差都是由造就结果的那些实际过程所决定的[191]。

　　凯特勒发明了"社会科学"的概念，并称之为"社会物理"或"社会机制"，法语是 physique sociale 或 mécanique sociale，与拉普拉斯的《天体力学》（*Mécanique Céleste*）相对应，以此来反映其在广义社会行为上的可预见性和确定性。另一些人称之为"道德统计"。但是，凯特勒对社会平均的意义的解读有些极端。他认定有可能定义不同国家的"平均人"，并尝试用"平均人"代表不同国家的特点，甚至归纳不同人种的特点，并由偏离平均值确定方差："如果一个国家的'平均人'是固定的，那么他就能代表这个国家。如果他对于大众来说是固定的，那么他就可以代表这个人种。"[192]

凯特勒最著名的著作《人类研究》（*A Treatise on Man*）赋予了"平均人"一个统计学结构上的意义。借此概念，他认为每年都可以对自杀、谋杀、婚姻、犯罪的数据进行预测。奇怪的是，在这些统计预测事件中，凯特勒对"偶然性"并不感兴趣，却对人性，以及人类面对的不可避免的统计学法则命运产生了宿命论观点[193]。因此，凯特勒将自己的调查视为"社会物理"，其中充满了人类行为法则，正如物理中的气体与运动物体的法则一样。

此后的一个世纪里，这种研究方法却为优生学研究者布下了陷阱。从弗朗西斯·高尔顿开始，优生学家希望确立一个阶级、性别或种族高于他类的优越性。正态分布图因其具有中间高两边低的钟形结构而在这类论点中扮演了重要角色，埃斯普里·茹弗雷（Esprit Jouffret）在 1872 年首次引入了这种形状来展现正态分布的结构特征[194]。假如人类的某些特征呈正态分布，那就意味着存在一个所谓的平均水平，有人必然会高于或低于这个均值，而这就成了人类可以被划分等级的论据。值得一提的是，即使在凯特勒生活的年代，社会上也出现了反对发展这种社会统计学、反对其支持者们使用这种学说的声音。在颇有影响力的支持者中就有凯特勒的得意门生弗罗伦斯·南丁格尔（Florence Nightingale），她对新统计方法的发展做出过重大贡献。而反对者就是维多利亚时期伟大的小说家、社会评论家查尔斯·狄更斯（Charles Dickens）。

狄更斯坚决反对统计学。他认为，统计学将一切归结为平均水平，无法认清个体的需求。而政府则会借助统计学证明众多平均人的生活状态很好或在改善，工厂里的工伤平均数较低，这样就不必颁布新法律帮助社会底层的穷苦大众或改善充满风险的工作环境了。狄更斯在 1864 年写道，统计学家就是"这个时代最邪恶、最不道德的代表人物"[195]。1854 年，狄更斯发表了小说《艰难时世》，抨击了当时难以忽视的经济不平等现状。他在书中塑造了一个令人难忘的吝啬鬼形象——退休商人兼教育家汤玛斯·葛莱恩。他是一个只认事实和数据的人，即便是对自己的学生，他也只记得学号，不记得人名。他总是随身带着一把尺子和一副圆规，随时准备"衡量人体的某一部分，并告诉你这意味着什么"。葛莱恩的家庭屡遭不幸，当人们揭发他的儿子汤姆是一个小偷时，汤姆就借助凯特勒的发现为自己辩护，称平均法则意味着社会成员中总要有　两个不诚实的家伙——这是自然法则。之后，葛莱恩先生任由女儿路易莎所嫁非人，因为他更相信成功婚姻的统计学数据，而不在乎两人是否真心相爱。路易莎的幸福毁了，只因为她的父亲没能摆平爱情与情感的平均值和事实。平均值和统计学法则吞噬了葛莱恩的生活，他就像那个坚信跳入平均水深 1.8 米的湖中也不会被淹死的经济学家。

直到现代，当涉及围绕智商和经济水平展开的社会和种族分级问题时，钟形曲线仍处在争论的风口浪尖上。查尔斯·默里（Charles Murray）与理查德·赫恩斯坦（Richard Herrnstein）共同撰写了一部名著《钟形曲线》（The Bell Curve）[196]，二人以正态分布为题，试图用唯一一个（不变的）数字描绘诸如"智商"等复杂特质，并将其当作唯一的衡量尺度。不难预料，这本书引发了现代任何一本已出版的图书都不曾遭遇的激烈批评和反对[197]。默里和赫恩斯坦的书一问世，"钟形曲线"就超出了德·摩根和凯特勒最初赋予该分布图的简单意义，在很多社会评论家眼中，这张图非常险恶。它同时展现出简单图像的优点和危险性。正如爱因斯坦的那句名言："任何事都应该做到尽可能简单，但也不要过于简单。"

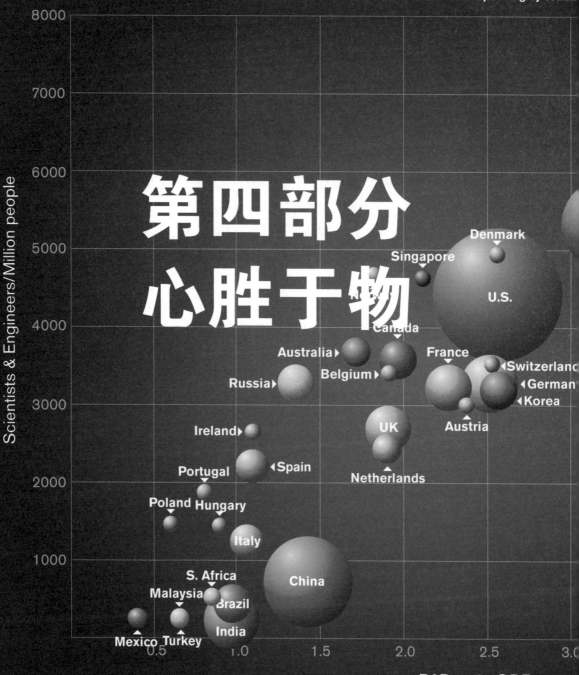

第四部分
心胜于物

attelle, OECD, World Bank, K4D, UNESCO

　　工作分两种：第一种，改变地表上物体相对于其他物体的相对位置；第二种，让其他人去做。第一种工作很难让人愉快，而且报酬很少；第二种让人愉快，而且报酬又很多。

——伯特兰·罗素[1]

2005 年每百万人口中科学家和工程师的数量与国内生产总值（GDP）用于科学研发的比例之间的对比（世界银行制作）

物理学家卢瑟福（Ernest Rutherford）曾说过，科学要么是物理，要么就是收集邮票——他当然会这么说，不是吗？卢瑟福的意思是，化学和生物学的核心其实就是原子和分子层面的物理。化学的核心依赖于薛定谔的量子力学公式，这个公式包含了人类关于物质和能量的精细结构的所有知识。在本书最后一部分，我们将看到人类创造的物理和化学图像，比如原子和分子的图像，以及化学家如何用惊人手法展示复杂分子错综的几何结构。我们将回顾各种发现历程，比如牛顿的棱镜这一科学发现，它代表了牛顿实验哲学达到的最高境界。

在化学中，元素周期表是一幅完美展现元素特性的组织结构图。门捷列夫在创造这个表时做了一些很勇敢的决定，最终的事实证明他是正确的。此后，人们根据原子属性才真正理解了这张表。最令人佩服的是，门捷列夫抑制住了仅解释已知元素的冲动，所以他能够利用这张表预测尚未发现的元素，就连未来元素的属性也被成功地预测出来。我们可以把元素周期表看成一张图。甚至在量子理论发扬光大后，元素周期表的影响力依然存在，一直都被悬挂在每一位化学家的实验室中，它就像"大自然球队"的花名册。

物理学的经典图像既不是一张表也不是一个公式，而是一个人。阿尔伯特·爱因斯坦的照片成为人类智慧、深入思考和丰富想象力的标志。它缔造了科学家们的公众形象——一位年长、有些古怪、超脱世俗的绅士。但是，这幅图还有一段有趣的历史。爱因斯坦并不总是这个样子，他从事物理学研究的风格变化也反映出他的形象和身份地位在世界范围内的改变。

爱因斯坦的研究打开了很多扇大门，在理解原子核、探索封锁在其内的能量的过程中，诞生了令人惊叹的图像。"蘑菇云"最初出现在三一核试验场，后来成了核武器强大摧毁能力的象征。在这之后是一幅展现核子大小的结合能变化图，揭示了利用原子能的两种方式。在各种模式背后，物质的量子基础让我们理解了事物为什么是现在这个样子，为什么原子物质、行星和恒星会有今天的体积和质量。一张万物质量与体积的简单示意图揭示了简单而愉悦的真理——这是天体物理学的元素周期表。

20世纪下半叶，人们通过仪器窥见了原本不可见的亚原子粒子。云室和气泡室追踪到转瞬即逝的基本粒子，并观察到它们之间的相互作用。遗憾的是，想理解这些相互作用并不是一件简单的事。在经典的电磁学和光学之上附加量子的不确定性原理，由此诞生出了一个易于陈述但几乎无法解决的理论。唯有理查德·费曼（Richard Feynman）的全新微积分图才能解析这一理论。高能物理学家必须依赖数学记录才能计算并预测高能物理实验结果，而他们的必要工具就是费曼图。

量子奇异性让物质与光的相互作用变得更复杂，而这种奇异性也有自己的标志性图像。它让我们在试图解读一个理论时变得晕头转向，而这个理论能做出惊人的精准预测。"薛定谔的猫"是解读量子现实时产生的一个悖论，它要求我们在某些时刻把真实的现实看成各种日常现实的混合体。但是，如何把一只猫在当下的状态视为混合态？一半死，一半活？物理学家利用这些纠缠不清的奇怪现状创造出了戏剧化的图像，既能让我们窥见微观王国的冰川一角，也能预示着接下来的可能发现。现在，人们已经可以在原子尺度上控制单个原子了。

探索微观世界似乎是未来的方向。或许，这能让我们看到自己对地外生命的猜测曾是多么缺乏想象力。一直以来，人类都在幻想宇宙中的高等文明也忙着研究引人注目的大东西，比如创造行星和恒星，这些活动都需要巨大的能量。天文学家一直热衷于搜索如此奢侈的耗能活动所剩下的遗迹。如今，我们欣慰地看到这类活动不太可能是可持续的科技发展方向。高等文明更有可能在用少之又少的原材料创造小之又小的东西，其消耗的能量和造成的污染也是少到极致。所以，他们的太空探测器应该小到无法被感知才对。

最后，我们将看一看材料科学发展产生的重大影响。计算机领域中传奇的摩尔定律让我们了解了一些计算机科学的知识。摩尔定律也促进了硬件和软件的相互合作，从而对整个计算机产业的生产起到了革命性作用。这个世界如果没有施乐复印机将会变得大不相同，但到底是谁做出了第一台施乐复印机？他又是如何做到的？

在第四部分中，我们将仔细看一看沙堆，一个简单图像却传达了一个深刻的信息。面对混沌的不可预测性，沙堆是有组织的复杂体的发展范例。图像的创造者希望可以借此解释一切复杂体的发展规律。遗憾的是，这一愿望并没有实现。但是，这幅图重振了人们在简单图像中寻求有用知识的信心。不需要造价百万美元的仪器，我们就可以发现自然界中的重要事实。简单之物，视之以道，解之以方，会让我们从新角度看待现实。你需要的仅仅是一幅图。

尤瑟夫·卡希在 1950 年拍摄的爱因斯坦肖像照

科学之脸

爱因斯坦，科学偶像

天才！37 年来，我每天都要练琴 14 个小时，现在他们管我叫天才！

——帕布罗·德·萨拉萨蒂（Pablo de Sarasate）

与其他社会名流相比，科学名人可谓自成一体。有些科学家被同行赞美，有些被学生们拥戴，有些甚至广受大众崇拜。但是，只有极少数科学家可以在任何地方、任何时候被大家认出来。阿尔伯特·爱因斯坦就达到了这种地位。营销专家肯定对此感到万分嫉妒，因为在没有电视的时代，在没有任何经纪人或公关公司的帮助下，爱因斯坦做到了。他可没有个人网站。更令人称奇的是，我甚至怀疑，大众中真正看过爱因斯坦的彩色照片或影片、听过他声音的人其实没有几个，但是他的脸却成了智慧、想象力、专注力的象征，他的名字也作为"天才"的代名词广为流传，甚至有一次他不得不承认："我不再是爱因斯坦了。"

以前也一直都有科学名人。比如，艾萨克·牛顿就是他那个时代的明星：人们谈论他、开他的玩笑，甚至还设计出了"牛顿式"政府和道德规范。但牛顿没有变成大众的偶像。他的形象充满了严谨和冷漠的味道。在 19 世纪，查尔斯·达尔文在托马斯·赫胥黎（Thomas Huxley）的帮助下，不情愿地成了"公众知识分子"。虽然达尔文本人行事低调，但是他的科学观点却被放在了聚光灯下，引发了关于科学与信仰、人类起源，以及人类和动物之间关系的长久争论。回顾过去，我们就会发现达尔文的学说之所以有趣，是因为它太过出名了。人们都认为自己理解了达尔文所说的意思。确实，这就是问题所在——他们理解得"太"好了。

爱因斯坦颠覆了科学难以企及的形象。大家都知道，爱因斯坦在 1905 年（以及 1915 年）干了一件很重要的事，但没人能说清楚具体是什么。当爱因斯坦在 1921 年接受一家荷兰报社的采访时说，他对公众有吸引力，是因为自己的研究对普通人而言具有神秘性："我的理论他们一点儿都不明白，我是不是看起来傻傻的？我觉得这件事看起来很有趣。我很确定，正是这种来自不解的神秘感吸引了大家……神秘感让人印象深刻，充满色彩和神奇的吸引力。"[2]

相对论曾经是个时髦的概念。它来势汹汹，把绝对论的观点一扫而光，为科学界带来了崭新的主张。在当时，艺术界和文学界也在经历一场革命性的变革，废除了旧的传统和标准。世间万物都需要焕然一新。爱因斯坦的相对论来得正当时。没有人对爱因斯坦关于布朗运动和光电效应的理论感兴趣——他正是凭借这方面的研究才获得了诺贝尔物理学奖，大家却对相对论兴趣十足，因为相对论可以颠覆世界。

爱因斯坦本来不指望地球上有多少人能理解相对论，但这反而为理论树立了威信，让大家感到欣慰。你甚至不需要费劲去理解它，因为没有人会因为你不明白而觉得你愚蠢。爱因斯坦关于空间和时间的思想是通过质量和能量这样熟悉的词语来表达的，但这些词被赋予了更加丰富的新含义，这就让相对论更加充满魅力。所有人都知道这些词的意思，但像"世间万物都是相对的"或"移动的钟表走起来慢"这种话单独出现是无法传达任何有用信息的。瑞·欧文（Rea Irvin）捕捉到了其中的幽默。1929 年，他在《纽约客》杂志上发表了一幅漫画，画中的环卫工人一脸困惑，用手挠着头，周围是路过的行人，摆出各式各样困惑的姿势。漫画标题引用了爱因斯坦的话："人们逐渐地适应了一种思想，空间的物理状态本身就是最终的物理现实。"[3]

爱因斯坦的名人生涯始于 1919 年，英国日食探险队在当年证实了他的理论——光因为太阳的引力而发生了弯曲（见本书"黑暗的正午"部分）。这是当年的头条新闻。时值第一次世界大战结束后的第一年，这条新闻重新营造出了一种社会充满秩序，人类对宇宙充满憧憬、对知识充满渴求的美好感觉。而那时，爱因斯坦的照片也显得截然不同。1905 年，他是一位在瑞士专利局工作的衣冠楚楚的年轻人。当时报纸展现出的爱因斯坦经常穿着精致的欧洲风格西服和领结，看起来像一位标准的欧洲教授。

在第二次世界大战结束后，爱因斯坦越过大西洋来到了普林斯顿高等研究院，在那里，他变得越来越离群索居，由于厌恶量子理论，他离开了理论物理的主流

年轻、衣冠楚楚的爱因斯坦（约 1905 年）

路线。没有研究团体，没有学生，他继续独自延伸广义相对论。这一理论和电磁理论一起产生了"统一场论"，也就是今天"万有理论"的前身。爱因斯坦的偶像传奇主要源于他这个时期的生活。那位看起来有点波西米亚风格、不刮胡子、眼神忧郁的老绅士变成了思想力量的符号。1950 年，这一偶像形象被尤瑟夫·卡希的相机完美地捕捉到了。

围绕爱因斯坦迟来的知名度，有几点有趣的观察。首先，爱因斯坦在美国展露的形象与他当年在瑞士精明强干的形象相去甚远。他的晚年形象变得如此受欢迎，说明人们心中的科学天才形象已经变成一位像父亲一样的老者。

其次，爱因斯坦形象的另一个转变更耐人寻味。这与他从事科学研究的风格有关。在其 1905 年的杰出发现中，我们看到了年轻爱因斯坦的特点：以重要的思想实验为动机，拥有敏锐的观点，最终用数学表达式实现完美的表达——非常简洁，但不追求极致。但是，在发展广义相对论时，爱因斯坦走上了采用抽象数学形式，即张量微积分的道路。深刻的物理洞察与广义相对论的数学部分相结合，但在接下来的时间里，天平倒向了另一边。爱因斯坦在追寻统一理论的过程中迷上了抽象形式本身，他不再利用物理论证或思想实验，而是将抽象形式自身的强度和完整度用作检验物理理论的标准。

爱因斯坦在 1955 年去世以后，变成了人类智慧的象征，而不仅是科学天才。他的形象出现在邮票上、杂志封面上。他也变成了诗歌、雕塑和绘画的主题。"爱因斯坦广告"仿佛暗示了购买者的购买行为很明智，甚至购买商品会使人变得更聪明。相反，如果为了说明某种商品简单易用，人们就会保证说，你就算不是爱因斯坦也可以使用它。最精心挖掘爱因斯坦形象的广告应该是 1979 年 Pennaco Hosiery 公司的产品名录，其标题是"相对论—79 秋冬季"。广告劝告女性们说："请相信相对论。时尚总是完美地相互关联，每一件单品都要和其他单品相关，才能产生绝妙的整体效果。谢谢你，爱因斯坦先生，谢谢你的理论和实践——如果可以这么理解它的话——还有，祝你 100 岁生日快乐！没有你，我们将一事无成！"

如今，爱因斯坦的"周边产业"依然如日中天。我惊奇地发现自己就有一套爱因斯坦西装、一个爱因斯坦玩具和一个爱因斯坦计算器。

　　最奇妙的是，尽管在我们这个年代充满着对于名人的挑衅者和愤世嫉俗者，尤其在面对媒体的"造星行为"时，但爱因斯坦的科学传奇却被不断传颂。他关于引力的预言被为数不多的实验证实了。他的科学成就无法估量，但他对名誉的态度和回应值得所有人学习。他的形象将一直是物理的象征，代表着人类试图理解宇宙的渴望。

posse, et parum

dabat flavum vel rubeum, nec tamen ab ullo quiescente Medio, vel tenebris terminabatur.

Cæterum non opus est ut Hypotheses ejusmodi refutem, quæ, ex inventâ tandem veritate, suâ sponte corruent. Satius fecero, si proferam experimentum tandem, quo omnia quæ de genesi colorum hactenus explicui, non modò probari possunt, sed etiam videri. Quamobrem sit ABCac prisma quod radios per foramen F in obscuratum cubiculum transmissos

refringat versus lentem MN ut colores quos efficit in p, q, r, s, t per lentem deinde trajiciantur ad X et ibidem commisceantur in albedinem, sicut in præcedentibus ostendi. Deinde aliud prisma DEGgd priori parallelum ad locum X, ubi albedo redintegrata est, statuatur, quod lucem versus Y refringat. Hujus autem prismatis verticalis angulus Gg sit æqualis angulo verticali Cc prismatis anterioris, aut eo

93. Instrumentum scribitur quo eum de coloribus hactenus dita dilucidissime

Numb 54

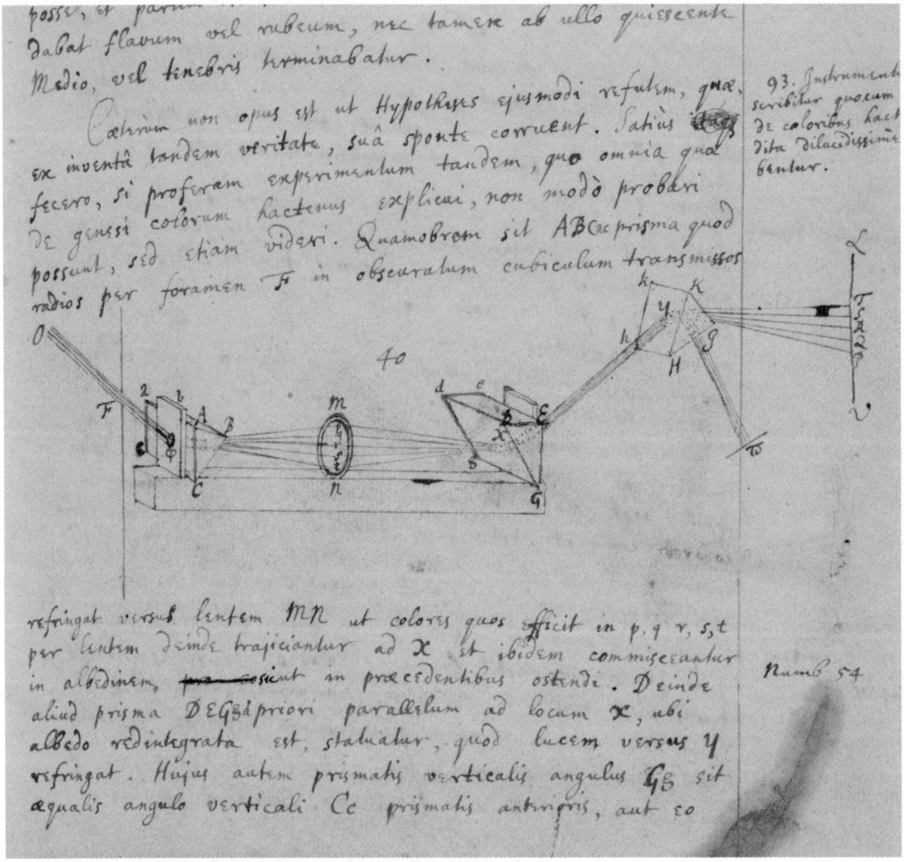

牛顿的笔记片段，记录了他利用棱镜将白光分解为不同颜色的光的实验研究。图中展现了多个棱镜造成的效果

拆散彩虹

牛顿的棱镜

他的棱镜与平静的面庞，

与他的心灵一起被大理石铭刻，永远

独自航行在奇异的思维的海洋。

——威廉·华兹华斯（William Wordsworth）[4]

在生命最后的时光里，牛顿爵士想起他于 1665 年 8 月在斯托桥集市买的一个简简单单的玻璃棱镜[5]。一直以来，他都对玻璃在阳光下产生的五彩效果，以及有色光的光源很感兴趣。牛顿的棱镜实验指引了人们理解光的折射、设计反射式望远镜、揭晓彩虹的形成之谜。1704 年，牛顿对光学和光的研究被收入他的第二本伟大著作——《光学》（*Opticks*）。

牛顿做了很多深刻而困难的研究。他多才多艺，不但是世界上最厉害的数学家之一，也是一位极具天赋的实验者，他不光能从草图开始建造高精度仪器，如第一架反射式望远镜，甚至连制造仪器用的工具也一并设计出来。牛顿是英国历史上第一位科学名人，他是"时代的骄傲"，而且还因"政治功绩"被安妮女王授予骑士称号。牛顿的书虽然只有研究数学的人才能看懂，却为大众所津津乐道，他也为此经常受到大众报刊的讽刺。他冷漠、严谨、专横，对竞争者不屑一顾。牛顿在后半生一直担任英国皇家学会主席和皇家铸币厂的主管。在铸币厂，他引入了一系列创新举措，包括钱币上的滚花边，这样就能看出硬币中的银是否缺斤少两。当牛顿刚开始在铸币厂工作时，要承受很大压力。当时，英国与法国之间的战争一触即发，而英国政府却缺少钱币，没钱支付军队的开销。于是，一群"剪刀手"有组织地从钱币边缘上偷取银子，然后用这些银币再去换完好的银币。英国政府虽然打算推进新的货币制度，但法国人却总从中作梗。彼时的铸币厂坐落在伦敦塔中，里面既有铸币者也有军队的人员，双方对彼此都很不信任，任何一方得势对另一方来说都是一种威胁。恰在此时，发生了一场事故。不难想象，我们的牛顿先生一定觉得住在伦敦塔里不太安全，所以选择住在杰明街。最终，牛顿挽救了整个局面，成功地推进了新货币制度，打击了"剪刀手"们。

或许是因为其科学研究中的数学难度过高，所以牛顿最广为人所知的成果竟然是他的棱镜。正是棱镜让人们对色彩的理解更进一步。与运动和引力的研究成果不同，棱镜的研究成果是用英语发表的，而非拉丁语。对于大众来说，甚至对于某些学者来说，这是围绕着牛顿的一个谜。几千年来，关于世界的知识似乎都来自古希腊哲学家，特别是亚里士多德——他创造了第一套自然哲学。对于世界

牛顿对"实验室"和光学仪器的速写。光通过右侧窗子上的小孔进入房间，要么穿过透镜聚焦在左侧板子的底部，要么透过透镜和棱镜。透过棱镜的光在板子上部形成了不同颜色组成的光谱。牛顿在板上开了几个很小的洞，因此每个洞只能通过一种颜色的光。然后他让每种颜色的光再穿过板后的棱镜，由此展示出每种光经过棱镜后都会发生弯曲，但第二次折射后颜色是不变的。牛顿在图的上角写道："Nec variant lux fracta colorem." 意思是："折射光没有改变颜色。"

的理解源自语言能力、专家解读，以及对权威的尊崇。但是，牛顿的研究却开创了一套崭新的"实验"哲学。想要理解世界是如何运转的，你不再需要翻读古老的书籍，而可以通过观察和实验来自行制定、验证一种假说。牛顿在这方面的能力远超其他人，而且他都是借助平常得不能再平常的事物做到的。谁会想到用在集市上就能买到的一块简单棱镜就能理解自然光到底是怎么一回事呢？最重要的是，每个人都可以用棱镜自己来实践牛顿的实验。科学从未像这次一样，真正成为公众知识的一部分。

在牛顿研究棱镜之前，人们普遍认为光是白的，但可以加上颜色。而牛顿证明，白光其实是不同颜色光的混合体。1671 年，牛顿第一次将之称为光谱。当光透过玻璃棱镜再次进入空气时，它被弯曲，或者说被"折射"成不同角度，创造出把白光分解成色彩斑斓的红、橙、黄、绿、青、蓝、紫的光谱。英国的学童们

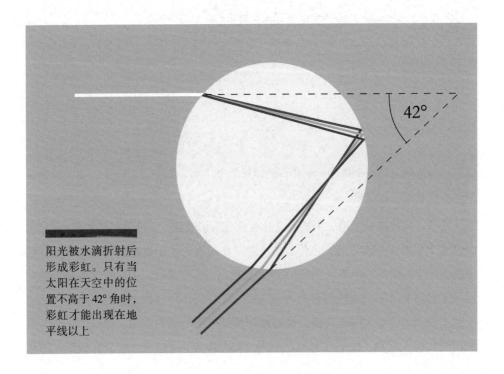

阳光被水滴折射后形成彩虹。只有当太阳在天空中的位置不高于 42° 角时，彩虹才能出现在地平线以上

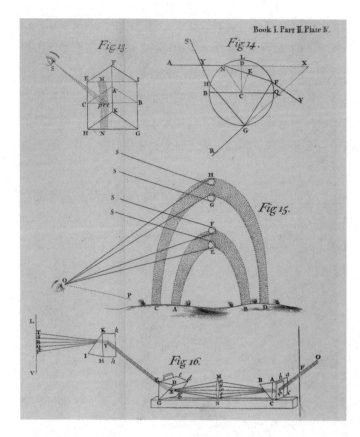

牛顿《光学》（1704 年）一书中的一页，展示了形成彩虹的光的传播路径，以及光在折射时的基本原理

通过一句话来记忆这个顺序——**Richard Of York Gave Battle In Vain**[6]，每个词的首字母各代表了一种颜色。

之后，牛顿添加了第二个棱镜，让有色光返回棱镜，重新制造出原来的白光。通过这个实验，牛顿明白了为什么由透镜制作的折光式望远镜的图像经常被颜色干扰，产生所谓的"色差"。牛顿虽然无法把色差完全消除，但这次实验却让他发明出了只用镜子不用透镜的折光式望远镜——它同样可以放大图像，却不受色差干扰。如今，所有大型天文望远镜的原理都是基于牛顿的理论。但是，对于与牛顿同时代的人来说，他关于彩虹的解释才是最振奋人心的部分[7]。在约翰·济慈

（John Keats）这样的诗人眼里，这摧毁了世界的魔力和神秘感，如果这么说的话，牛顿确实"将彩虹拆散"[8]。

牛顿证明，正是被水滴折射的太阳光制造出了缤纷的彩虹。瀑布周围喷出的水汽形成的小彩虹也出于同样的原理[9]。如果水滴的水质极好，就像雾中的水滴一样，那么虹就是白色的。1798年，约瑟夫·特纳（Joseph Turner）曾在其名作《巴特米尔湖》（*Buttermere Lake*）中准确地捕捉到了这一现象。

水滴接近球形。阳光在进入水滴时先被折射，并在遇到水滴另一面时被反射回来，然后被水滴再次折射后进入空气，在光强度最高时，阳光的出射和入射角度为42°。

被分散的颜色在水滴内汇聚成一点，所以光谱在回到空气中之前会先交叉，而彩虹在天空中的位置和太阳相对，所以很容易被看出来。这就意味着，虽然蓝光被折射得角度最大，最终却是红光出现在彩虹最上端，形成了彩虹的最外层颜色[10]。如果太阳在天空中的位置高于42°，那么人们在地面上就看不到彩虹了，因为彩虹出现在地平线以下。整个彩虹在天空中的弧度长达84°，需要一个广角镜头才能够完整地捕捉到它。

彩虹的七色光还有一段奇特的历史。在现实中，光的所有波长（也就是颜色）都能在白光中找到。牛顿选择了最能让眼睛捕捉的颜色来定义光谱。这种选择在光谱的黄色－橙色段非常清晰，但在蓝色段就不那么明显了，人们很难分辨从靛蓝色到紫色的蓝色段。蓝色段的色彩在亮度改变时会产生明显的不同。在光强度较弱时，黄色－橙色段看起来像是棕色[11]。靛蓝色是否存在一直有争议[12]。我们无法把它作为单独的颜色分辨出来——尽管蓝色的单宁牛仔装一直都努力让这种颜色成为人们生活中的一部分。而且一直都有一种说法，牛顿因为宗教原因或因为推崇毕达哥拉斯学派而希望存在7种颜色，所以故意引入了无关痛痒的靛蓝色，把6种独立的颜色扩大到7种[13]。

在今天，牛顿通过简单的棱镜把白光解构成光谱的实验已经变成了牛顿式分析的标志。这个实验是一切后续复杂的光学理论的基础。在实验中，光的表现既有波的特性，也有粒子的特性。牛顿确实拆散了彩虹，但是，被拆开的彩虹又重新缠绕组合，变成了一幅更美轮美奂的图景。

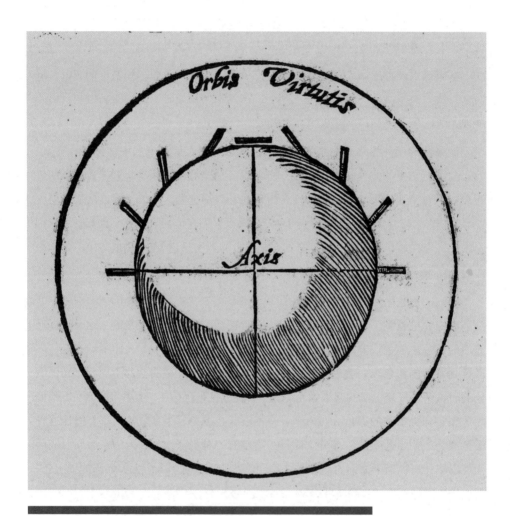

磁棒位于地球磁场之中的图示，本图摘自威廉·吉尔伯特关于地球磁场性质的经典著作《磁石论》（1600 年）。吉尔伯特是第一个将地球描述为一块拥有南北磁极的大磁铁的人

胎引力

地球磁场诞生了

> 我们可以看到，磁力哲学远非中看不中用之物，它是多么和谐、多么实用，甚至是神圣的！水手们在连续的阴雨天中在海上漂泊，无法通过观星得知自己所在的位置，这时他们只需一个小工具，就能轻松知晓自己所在的纬度了。
>
> ——威廉·吉尔伯特[14]

如果让科学家们列举自己认为对现代科研方法贡献最大的人，他们很可能会选中意大利科学巨匠伽利略、科学哲学家弗朗西斯·培根、天文学家约翰内斯·开普勒、伟大的艾萨克·牛顿，或是英国皇家学会的某位创建者，比如两位著名的罗伯特——罗伯特·玻意耳和罗伯特·胡克。但是，这些声名赫赫的候选人都是在一位杰出科学家实现了一项突破性研究之后，才实现了自己的成就，他就是剑桥大学圣约翰学院的威廉·吉尔伯特（William Gilbert）。他来自一个多儿女的家庭，是 11 个孩子中的长子，他还是英国女王伊丽莎白一世的御医、英国皇家医学院主席，生前一直都是医学界的权威。1603 年，他死于黑死病。

这样看来，吉尔伯特在科学界的盛誉本该源于其对医学的推动。然而，尽管吉尔伯特在这个领域确实获得了巨大成就，但是他的名气却和医学一点儿关系都没有。吉尔伯特的威名来自他毕生的一个兴趣：他一直在孜孜不倦地研究磁力。他的毅力和勇往直前的态度使他在这一领域的研究远远领先于其所在时代几十年。吉尔伯特对以往的传闻和不实报告置之不理，而是以一系列严格的实验检验磁力的来源和表现等简单理念。重要的是，为了理解地球的磁场，他用一块球形小磁石制作了一个地球模型，并称之为"terrella"。他进行了一系列实验，确定在两个磁极之间、接近球体表面的金属针和其他物体在不同位置的行为特性。然后，他把研究结果都清晰地记录在一本书中。这本书在 1600 年用拉丁语出版，写得简明易懂，为读者点亮了照亮自然知识的明灯。

磁力与许多古老科学的学科一样显得"百无一用"。人们确实积累了知识，但就是没人尝试把知识浓缩成简单的运行法则，而通过人为制造的环境就可以检验这些法则的特性。古希腊人知道磁石之间存在吸引力，比如磁石可以吸铁。中国人在 10 世纪就制造出了实用的指南针，他们注意到，把一块磁石或磁铁放在一块浮在水面的木头上时，其指向是恒定的。在这之后 500 年，西方航海家们一直沿用指南针的这种特性，但是，没人知道指针为什么会指向北方，这种能为水手们引路的"力量"的实质又是什么。世间流传着各种各样的迷信，托勒密曾说，大蒜瓣会令指南针变得无效，所以不应该带上船。吉尔伯特说他简直是一派胡言！所以，虽然人类已经有数百年的航海经验，但吉尔伯特只知道指南针的指针是因为一些神秘原因而指向北方。

吉尔伯特的实验研究成果集结成一部著作《磁石论》（*De Magnete*），共分为 6 卷。这本书无论是从风格上还是从内容上都极具革命性。作者从寻访历史上的观念与解释开始——他这么做不是为了给自己的理论寻找撑腰的权威言论，而是为了把所有论点都拿来进行严肃分析。他在书中介绍了磁石的基本事实，然后介绍了自己做的一系列简单实验，以及这些实验的结果。这种做法让这本书从此成为一本史无前例的教科书。在书的空白处，吉尔伯特用特殊的星号标注了关键点、观察结果、需要在未来解决的未解之谜，以及很多帮助读者理解的清晰图表。吉尔伯特的推演工作着眼于实验性的知识、严谨的观察、展示的方式，以及对于古代学术权威的不盲从态度之上。而对 60 年后英国皇家学会的缔造者们来说，这些思想无疑是一种研究模式上的启示。

在吉尔伯特阐明磁力本质的经典理论中，影响最深远的内容位于第一卷的后半部分。他解释了自己的重大发现：地球的表现似乎说明它是一个巨大的球形磁体，围绕着贯穿南北极的磁轴转动。吉尔伯特用带磁场的小地球模型进行实验，让一个小磁针在地球模型表面移动，以此重现指南针在地球表面不同纬度移动时的指向——磁针总是指向两极。在实验中，由多枚磁针绑在一起做成磁棒的"南极"总是被地球的北磁极吸引。于是，吉尔伯特解决了这个问题——实际上，这个问题横在航海者们面前已长达 600 年之久。他发现了如何利用地球的这种特性来确定纬度，虽然测量的精确程度还远远无法满足实际的需求。

北极光

　　吉尔伯特对"磁力地球"的演绎过程是一个美妙结果，集合了逻辑推理、大问题的小规模模拟和惊人的物理直觉。章首图片中展示了吉尔伯特的指南针指示地球磁场，他也称地球为"力量之球"（Orbis Virtutis）。吉尔伯特注意到地球的自转轴和磁轴非常接近，于是他在磁力球表面移动小指南针时，发现当指南针的水平方向和球面正切时，其指向永远是南北向，而当它以水平轴为中心旋转时，它和地轴总是呈一个固定角度[15]。

　　今天我们明白了，地核被铁和镍的金属熔浆包围，正是这些金属中的电流让地球变成了一块巨大的磁铁。地核的强磁场穿透地球表面直到太空，逐渐变弱。

　　地核磁场的液态本质导致地球的磁极并非是一成不变的，它在角度上有所偏移。磁场方向并非完全依照地球的自转轴而定。事实上，地球磁场的南北极在过去的 7600 万年中曾经掉转过 170 次，上一次磁极对调发生在 77 万年前。现在，地球磁场正在稳步削弱，磁极有望在未来的几千年中再次掉转。

　　地球的磁场是让地球成为供生命繁衍、进化的栖息地的一大重要特质。太阳稳定地发出由电离子组成的"风"，即"太阳风"。假如地球没有磁场的话，那么太阳风中快速移动的粒子就会把由氮气、氧气分子组成的大气层吹跑，而大气层正是地球生命存在的必备条件。这种情况在远古时代的火星上曾经发生过一次。火星没有磁场，所以当它面对太阳风中的电离子时就无计可施了。而地球则不同。地球的磁场让太阳风的粒子和大气层擦肩而过，几乎可以保证大气层毫发无损。

　　如果你有机会去北极，说不定会目睹世界上最壮观的自然奇观之一：飞过的太阳风粒子激发了地球大气层中的原子，它们随后以光的形式把剩余能量释放出来，形成了无与伦比的空中"灯光秀"，我们将之称为"北极光"。太阳风中有一些带电的质子和电子将与地球大气层表面的原子和分子相撞，并根据原子的不同类型激发出不同的能量和颜色。氧气撞击会产生绿色和红色的光，而氮气会产生淡紫色、蓝色和粉色的光。

　　在 400 多年前，吉尔伯特第一次理解并用简单图示展现的地球磁场就是地球上出现生命的一大原因，它保证了地球上的居民能生活在这样一个稳定、美丽而令人着迷的环境里。

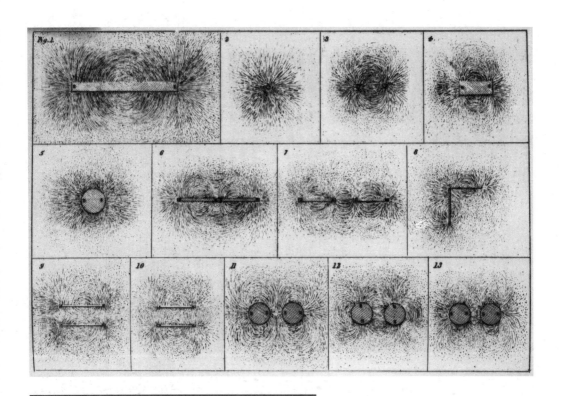

迈克尔·法拉第在《电学》(1852 年)中展示的磁石周围的铁屑分布图。图 1 是柱形磁铁，图 2 是单极磁铁，图 3 是两个相对极，图 4 是一块小磁铁，图 5 是磁盘，图 6 至图 13 展示了不同磁力强度的磁铁的搭配情况

愿力场与你同在

磁场线

法拉第用他的心看到了磁力线在空间中穿行，而数学家只看见了远处力的中心。法拉第看见了媒介，而他们只看见了距离。

——詹姆斯·麦克斯韦 [16]

迈克尔·法拉第（Michael Faraday）的学术生涯起步很低，教育程度也不高，但他最终成为那个时代最伟大的实验物理学家。即使在当时看，法拉第掌握的数学知识也比不上一个大学毕业的差生。但是，通过敏锐的观察和精心创造的实验，法拉第为物理学界和普通大众揭示了一个不可见世界——电磁现象。他的世界观明显没有受到英国国教的影响，他是约翰·格拉斯在 1730 年组建的桑德曼教会的成员，这个教会是苏格兰长老会的一个分支。罗伯特·桑德曼（Robert Sandeman）加入格拉斯的行列后，这支分会从此被称作"桑德曼会"。而格拉斯把该教派引入了美国。桑德曼会教徒不允许解读《圣经》，认为这一举动是人类在渎神，把上帝的话语变得平实了，所以该教派也不会布道。他们没有神职人员，教堂通过其成员和长老们直接寻求启示，而法拉第是其中最优秀的成员 [17]。该教派对于某些基督教信条有着不同寻常的诠释，尤其在信仰的意义方面。而且他们有严格的教规，周日去教堂被视为必须遵守的法则。法拉第就有一次因为没有参加周日的礼拜被暂时逐出了教会，事实上，他在那个周末和维多利亚女王一起进餐去了。

法拉第看待数学和"理论"的态度与桑德曼会对神学阐述的态度差不多——这是对事实毫无意义的修饰 [18]。读"上帝之书"的唯一办法就是简单、逐字逐句地读，而解读"自然之书"的唯一办法就是通过实验来探究。所有添加都是一种矫饰。所以，数学是对神定现实的变形表达，这只是一种人类的解读。

为了解读上帝在自然界的神迹，法拉第在探讨磁力线时非常慎重。其他熟知这一概念的人只把穿越空间的磁场视为解释事实的一种方法，或者把磁石间互相吸引或排斥这个事实视为视觉化的有用工具——有人甚至说磁力线"毫无意义"。而对于法拉第来说，这不仅是一张示意图，他把磁场释放出的磁力线视为真实存在的。在磁条上放一张纸，观察其上散落的铁屑就能完整追踪、描绘磁力线。这一简单的实验被全世界的学生们重复过不知多少次。但实验支持的观点和以往流行的观点有着微妙的区别。在牛顿之后，科学家们把跨越长距离的即时力归纳为一个概念，即"超距作用"[19]。没有任何机制可以解释这种作用是怎么回事。法拉第的力场图描绘了磁场是如何在空间中分满自己的"触角"的，当遇到其他磁石的作用时，磁力线又是如何完成复杂的改变的。这些美丽而简单的图片让法拉第更坚定了自己的信念：这些磁力线是真实存在的。

回顾历史，法拉第的磁力线图是物理发展之路上的分水岭。随后，詹姆斯·麦克斯韦（James Maxwell），这位继牛顿之后最伟大的英国物理学家对电和磁的研究做出了革命性改变。麦克斯韦认为，事物如果能被视觉化的话倒是没什么，但对于人类正确理解世界来说，它可有可无。确实，有人甚至说视觉化会让人变得疑神疑鬼。这个世界不是为了方便人类观察而被构造出来的。但是，我们可以把这个世界视为一种巧合，它能简单地用撞球、力线、绳子和滑轮来表达宇宙终极结构和宇宙法则。

继麦克斯韦之后，物理学走进了一个新领域。量子理论和相对论揭示了一个我们日常生活中完全无迹可寻的微观和宏观世界：时间流可以改变方向；物质的表象可以是粒子，也可以是波，甚至能同时出现在两个地方。磁力线有功劳，也有自身的局限。法拉第的天才之处在于他找到了磁力线，在当初，这个办法足以解决问题了。此外，法拉第在向普通大众解释复杂概念这方面很有天赋，很多喜欢他的人都没有受过正式教育。这些简单的图片可以向列席英国皇家学会或参加其他科学活动的普通公众解释当时最重要的发现。法拉第甚至经常在萨里大学演讲，向大众解释自己的工作。他关于力场的图片给无数科学家留下了不可磨灭的印象，当他们琢磨着怎么解释力场时，这些图片总是第一个在脑海中闪现。

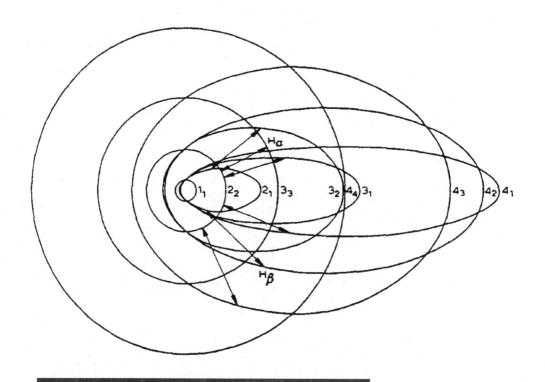

尼尔斯·玻尔在 1922 年荣获诺贝尔物理学奖的演说中使用的图，图中展现了氢的电子轨道和量子能量级

丹麦巨人

玻尔的原子

你瞧，化学家数数的方式多么复杂，他们不说"一、二、三、四、五个质子"，而是说"氢、氦、锂、铍、硼"。

——理查德·费曼[20]

在很多人的脑海中，原子还是像个"迷你太阳系"一样，电子绕着由质子和中子构成的原子核旋转。这幅图看起来很自然。在太阳系中，是引力让行星围绕着巨大的太阳旋转，提供了轨道运动所需的向心力。与此类似的是，在原子世界，人们最初认为原子核内质子所带的正电荷和围绕原子核旋转的电子所带的负电荷之间的静电力，提供了电子轨道旋转所需的向心力。遗憾的是，这一模型错得离谱。旋转的电子一直在做加速运动，因为它们在轨道上时刻改变着运动方向，而加速的电荷会辐射出能量。这样一来，电子很快会丢失动能，然后螺旋进入电子核。如果想补救一下这种模型的话，我们仍会面临另一个尴尬的问题：每个原子都是不同的。我们以由一个质子和一个电子构成的氢原子为例。电子可以绕着质子以任何半径、任何速度旋转。在现实中，这就意味着在任何一组氢原子中都会有不同速度、不同半径的电子在不同原子内旋转[21]，即所有氢原子都将是不同的。如此一来，这个世界就不再拥有可复制性和稳定性。所有氢原子即使最初的体积和能量都相同，也会逐渐变得各不相同，因为与其他粒子的碰撞和光线造成的扰动对每一个原子都不尽相同。

解决世界的这一深层问题还需要一个大胆而天才的创意，它能从此改变物理的本质，这就是"量子"。1900 年，马克斯·普朗克提出，能量变化不会发生在所有量级，而是存在一个变化的最小值，即一个"量子"的能量，而且所有能量的改变量都等于量子单位的整数倍。这个简洁而具有革命性的"量子化"概念让普朗克完美地解释了热辐射的表现形式，并激发了人们对物质与光之间关系的更深层的理解。在"深处的热"一章，我们看到了该理论的普适性。

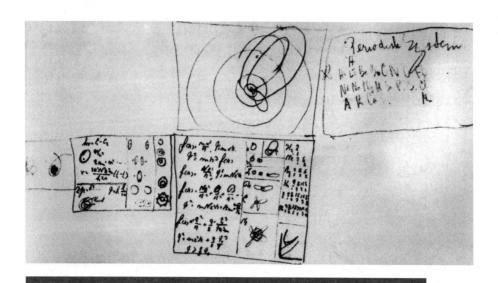

玻尔在 1921 年的笔记，描述了原子中围绕原子核旋转的电子的量子化轨道。右上角名为 Periodische Zystem（周期系统）的框中是全面阐述"元素周期表"的起始部分

1913 年，年轻的丹麦物理学家尼尔斯·玻尔（Niels Bohr）让量子假说更上一层楼[22]。遵循普朗克的主张，玻尔提出，一个原子的能量只能由多个量子来改变，这改变了迷你太阳系模型的概念[23]。在实际观察中，原子中的电子从高能量级向低能量级跃迁时发射出的光的波长与该理论的预测完全一致。玻尔的理论也为物质的稳定性提供了一种优雅的解释。如果一个电子被放置在一个质子的轨道上，两者所带的相反电荷产生了静电吸引力，那么这个轨道的能量只能拥有特定值，即基本量子能的整倍数，而电子只能选择停留在某一个最靠近质子的轨道上。电子一旦进入该轨道，就停止辐射。此后即使有入射辐射波冲击，电子的能量和轨道半径也不会不断变化。如果想改变自己的能量，电子就需要数个量子能激发，才能跃迁至距离质子更远的下一个可选轨道，或者直接脱离原子，让原子形成带正电（或电离）的状态。所以，有了量子化能量，物质才能稳定，原子和分子的属性才有可复制性，我们的存在才成为可能。

假如一个电子由遥远外界进入原子并留在原子核周围的轨道上，我们设电子释放的量子能为 n，那么可能的稳定轨道就是 $n = 1$（离质子最近）、$n = 2$、$n = 3$，等等。假如一个电子从较远轨道（n 值较大）跳入较近轨道（n 值较小），那么通过计算改变轨道所需的能量就能知道轨道半径改变了多少。当电子跃迁至低能量轨道时会辐射出能量，于是就会发出光[24]。这就产生了记录所有量子数，即从 $n=2$、$n=3$、$n=4$、$n=5$……到最低能量（基态）量子数 $n=1$ 的轨道变化的图表，名为莱曼系，其发现者为美国人西奥多·莱曼（Theodore Lyman）；从 $n=3$、$n=4$、$n=5$……轨道移向 $n=2$ 级的，称为巴耳末系，其发现者为瑞士人约翰·巴耳末（John Balmer）；从 $n=4$、$n=5$……轨道移向 $n=3$ 级的，称为帕邢系，其发现者为德国人弗雷德里克·帕邢（Friedrich Paschen）；从轨道 $n=5$、$n=6$……移向 $n=4$ 级的，称为布拉开系，其发现者为美国人弗雷德里克·布拉开（Frederick Brackett）；从轨道 $n=6$、$n=7$……移到 $n=5$ 级的，称为普丰德系，其发现者为美国人奥古斯特·普丰德（August Pfund）。

玻尔对氢原子的绝美阐述也能应用到其他所有原子上，这一理论展示了电子在围绕原子核旋转时，在量子化内外轨道（玻尔轨道）上跃迁的图景，而这一图景也对应着不同的光谱系。

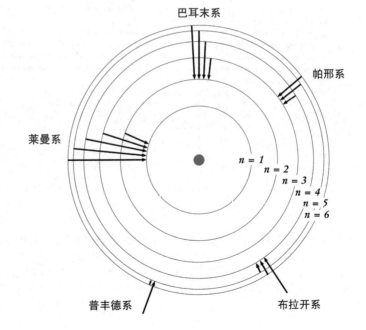

当电子从一个量级的轨道跃迁至更低能级的轨道时，就会发出光。每个电子轨道上的光谱线系分别名为莱曼系、巴耳末系、帕邢系、布拉开系、普丰德系，这里只展示了 6 个能量级

но въ ней, мнѣ кажется, уже ясно выражается примѣнимость выставляемаго мною начала ко всей совокупности элементовъ, пай которыхъ извѣстенъ съ достовѣрностію. На этотъ разъ я и желалъ преимущественно найдти общую систему элементовъ. Вотъ этотъ опытъ:

			Ti=50	Zr=90	?=180.
			V=51	Nb=94	Ta=182.
			Cr=52	Mo=96	W=186.
			Mn=55	Rh=104,4	Pt=197,4
			Fe=56	Ru=104,4	Ir=198.
		Ni=Co=59	Pl=106₆,	Os=199.	
H=1			Cu=63,4	Ag=108	Hg=200.
	Be=9,4	Mg=24	Zn=65,2	Cd=112	
	B=11	Al=27,4	?=68	Ur=116	Au=197?
	C=12	Si=28	?=70	Sn=118	
	N=14	P=31	As=75	Sb=122	Bi=210
	O=16	S=32	Se=79,4	Te=128?	
	F=19	Cl=35,5	Br=80	I=127	
Li=7	Na=23	K=39	Rb=85,4	Cs=133	Tl=204
		Ca=40	Sr=87,6	Ba=137	Pb=207.
		?=45	Ce=92		
		?Er=56	La=94		
		?Yt=60	Di=95		
		?In=75,6	Th=118?		

а потому приходится въ разныхъ рядахъ имѣть различное измѣненіе разностей, чего нѣтъ въ главныхъ числахъ предлагаемой таблицы. Или же придется предполагать при составленіи системы очень много недостающихъ членовъ. То и другое мало выгодно. Мнѣ кажется притомъ, наиболѣе естественнымъ составить кубическую систему (предлагаемая есть плоскостная), но и попытки для ея образованія не повели къ надлежащимъ результатамъ. Слѣдующія двѣ попытки могутъ показать то разнообразіе сопоставленій, какое возможно при допущеніи основнаго начала, высказаннаго въ этой статьѣ.

Li	Na	K	Cu	Rb	Ag	Cs	—	Tl
7	23	39	63,4	85,4	108	133		204
Be	Mg	Ca	Zn	Sr	Cd	Ba	—	Pb
B	Al	—	—	Ur	—	—	Bi?	
C	Si	Ti	—	Zr	Sn	—	—	—
N	P	V	As	Nb	Sb	—	Ta	—
O	S	—	Se	—	Te	—	W	—
F	Cl	—	Br	—	J	—	—	—
19	35,5	58	80	190	127	160	190	220.

门捷列夫的元素周期表。这是俄国化学家门捷列夫的第一版元素周期表，于 1869 年印制。他在表中为新元素留下了空白。科学家们后来发现了这些元素，由此证明了门捷列夫的推测。这一版本中列出的元素都用化学符号表示，根据原子量排序，但完整的元素排序还没有出现。在 1871 年的最终版中，原子排列方式才是我们今天所熟知的纵列或群组

人生不外乎如此

元素周期表

人们在研究化学时，都会用到元素周期表。毫无疑问，假如哪天人类和地球之外的生命取得了联系，两种智慧文明的共同点中肯定包含一个排列有序、为人熟知的元素表。

——约翰·埃姆斯利（John Emsley）[25]

在亚里士多德的引领下，古希腊哲学家相信，以各种形式存在、组成我们周遭世界的物质都可以由四种基本物质概括，即土、火、气、水。在 17 世纪之前，这种质朴的观念一直都被尊崇为事实，直到由炼金术衍生的化学让人们发现了其他元素的存在。"土"并不是单一物质，而"气"也不仅由一种气体构成。在 18 世纪，元素谱系经历了戏剧性增长。当时，人们发现了很多新金属，如钴、镍、锰、钨、铬、镁、铀，以及新气体，如氢气、氮气、氧气、氯气，这些气体第一次被分离了出来。

化学中的"元素"概念最早是由罗伯特·玻意耳提出的：不能再用物理过程继续分解的物质就是元素。此后，法国化学家安托万－洛朗·德·拉瓦锡（Antoine-Laurent de Lavoisier）[26] 在 1789 年正式为元素命名[27]。拉瓦锡挑选了 33 种物质，给它们定义了元素状态，并将其分成四组：金属、非金属、土及气体。后来，人们发现其中一些元素其实是化合物，另一些元素，如热和光，甚至不是化学物质。以下就是拉瓦锡的元素表，只有标注为红色的元素在今天仍被视为化学元素。

气：热、光、氢、氮、氧。

土：氧化铝、重晶石、石灰、氧化镁、硅石。

金属：锑、砷、铋、钴、铜、金、铁、铅、锰、汞、钼、镍、铂、银、锡、钨、锌。

非金属：硫、磷、碳、氯化物、氟化物、硼酸盐。

这里的"土"组其实都是氧化物，比如石灰就是氧化钙，而硅石就是二氧化硅，但是，以当时的条件，拉瓦锡无法把氧原子从化合物中提炼出来，独立认知相关元素。另一些假元素都在"非金属"组里，同样，拉瓦锡以当时的技术也无法把这些元素分离成氯、氟和硼等单个元素。在法国大革命期间，拉瓦锡成了让－保罗·马拉的敌人，最终因卷入国家税收丑闻，在 1794 年的"恐怖统治"期间被送上了断头台。法官宣布："共和国不需要天才。"但就在 18 个月之后，革命政府就改口说，拉瓦锡其实被冤枉了。

之后，一位来自英国曼彻斯特的科学教师在此研究的基础上更进了一步。1805 年，约翰·道尔顿（John Dalton）向曼彻斯特文学和哲学学会递交了一份论文，解释了元素互相结合的各种方式，以及基本成分如何形成了不同重量。当时，大多数化学家认为原子太小了，没办法研究。但是道尔顿更具冒险精神，他提出了一个含有 20 种元素及其重量的表格，并标注了能表现它们如何组合的符号。物质由一幅幅图画来表现，还展现了其基本组成元素的图案。从这张元素表中，可以衍生出更多化合物：化合物 21 是水，被描述成 HO；化合物 22 是氨，被描述成NH。这些表现形式就是如今尽人皆知的化学方程式的萌芽状态。

但是，道尔顿的符号过于复杂，无法使用。我们今天使用的化学符号来自瑞士化学家永斯·贝采利乌斯（Jöns Berzelius）[28]，他也是道尔顿的一位仰慕者[29]。贝采利乌斯用元素名称（有时是拉丁文，有时甚至是阿拉伯文，比如钾）的首字母来简单标记元素，或者在容易出现歧义的情况下用两个字母来表示，比如 C 代表碳（carbon），而 Co 代表钴（cobalt）。将这些符号捆绑在一起，就可以表示化合物了，比如 H_2O。在 1835 年之后，这种表示法被大规模采用，最终还被用在表示化学反应的方程式中，比如[30]：

$$CuSO_4 + 2HCl \rightarrow H_2SO_4 + CuCl_2$$

道尔顿被化学语言产生的这种全新复杂性震惊了。在看了这个新方案之后，他说："一个年轻的化学系学生恐怕必须学习希伯来语了。"新元素不断被发现，汉弗里·戴维（Humphry Davy）用电解法将拉瓦锡最初提出的"土组元素"分解成真实的元素。1863 年已经有超过 60 种元素。元素"大爆炸"是否有一个极限呢？

约翰·道尔顿在 1805 年划分的 20 种元素以及它们的重量

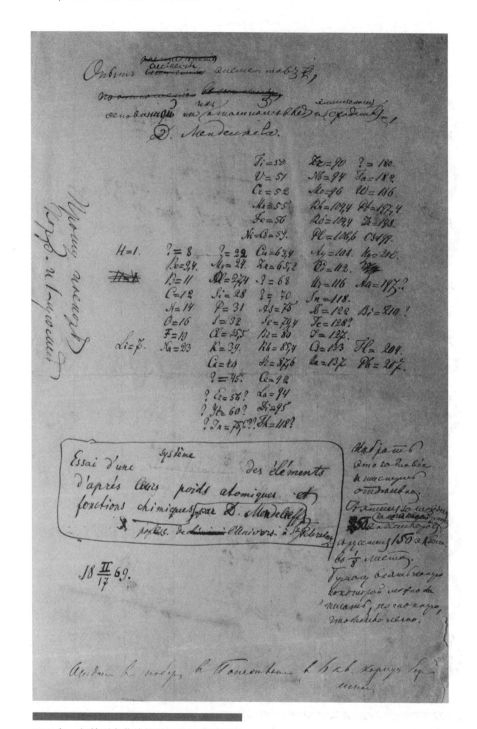

1867 年，门捷列夫草绘的最初的元素周期表

在当时，这确实是个吸引人的问题。如果有极限的话，元素数量有多少？什么因素才能真正决定这个极限？

在 19 世纪，很多人勇敢地尝试从元素重量、属性等角度对其进行分类。当时所有最优秀的化学家 [31] 都会建立一个类似的体系 [32]。但是，他们无一例外都被一位来自西伯利亚的俄国化学教授击败了。

迪米特里·伊万诺维奇·门捷列夫（Dmitri Ivanovich Mendeleev）于 1822 年出生在西伯利亚的托波尔斯克当地一所小学校长家中，他有 13 个兄弟姐妹。门捷列夫的母亲坚信这个儿子具有特殊的才能，应该接受所有可能的优质教育，所以，她把儿子送到了圣彼得堡上学。她是对的。在大学期间，门捷列夫的学习成绩一直名列前茅。之后，他去了法国工作，然后又去了德国海德堡，担任当时如日中天的德国化学家罗伯特·本生（Robert Bunsen）的助手。最终在 1867 年，门捷列夫回到了圣彼得堡，在大学担任化学教授 [33]。

1867 年春季的一天，门捷列夫因天气不佳待在家中，只好借机继续撰写一本名为《化学原理》的新教科书。他不知该如何展示和排列数量激增的元素及其属性。于是，他把每个元素的名字都写在一张卡片上，旁边还标注了相应元素的一些属性，以及氧化物和氢化物。然后，他开始用各种各样的方式排列卡片，试图找到一种模式：横排摆放具有相同化合价的元素，竖排按原子量降序排列元素。忽然，他发现了一种非常有特色的排列方式。他在一个旧信封的背面记下了结果，人们今天仍然可以在圣彼得堡见到这个信封 [34]。

接下来，门捷列夫发明了一个更简洁的版本。他把从锂到氟这头 7 个元素按照原子量递增的顺序横向排列 [35]，然后，从钠到氯这 7 个元素也按同样方式排列。于是，周期性出现了：在纵列里，两个化学性质相近的元素挨在一起，在 7 列条目中，第一列元素的主化合价是 1，下一列元素的主化合价是 2，然后分别是 3、4、3、1。接下来，门捷列夫很快发现，如果翻转表格，交换行与列，表格就会更清晰。我们现在也可以辨认出这一结果，尽管今天的表格里已经填充了很多新元素。

元素表一共有 8 列，或叫作 8 个周期。在 1870 年一次较大的完善工作中，门捷列夫把已知的 63 种元素分配到 12 行中，从氢开始，以铀结束，每个元素都被放置在化学性质相似的列中，并按原子量升序排列。

门捷列夫的表格所展示的成果有一个直觉上的重大贡献，即预测新元素的存在。他并没有像其他人那样，把所有已知元素都放在一个完整的元素周期表中。如果是亚里士多德，他肯定会这么干的。门捷列夫认为，如果周期表拥有一个合乎逻辑的结构，就意味着表里可能会存在空白。他推测，新元素会填充这些空白，利用表格的周期性可以预测原子量和原子的密度。在硼、铝、硅之下，他推测出 3 个"未发现"元素，将其命名为"类硼""类铝"和"类硅"[36]。这 3 个元素之后被接连发现，而且其原子量和密度都与门捷列夫的预测一致："类铝"在 1875 年于法国巴黎被发现，称为镓（gallium，拉丁语中的法国）；"类硼"于 1879 年在瑞典乌普萨拉被发现，称为钪（scandium，拉丁语中的斯堪的纳维亚）；"类硅"于 1886 年在德国弗莱贝格被发现，被称为锗（germanium，拉丁语中的德国）。

门捷列夫还预测出第四组中的新成员（钛），其原子量是 180 左右。这个元素最终于 1923 年在丹麦哥本哈根大学被发现，原子量为 178.5，命名为铪（hafnium，拉丁语中的哥本哈根）。

1893 年，门捷列夫成为俄国度量局的主管，并做出了令人钦佩的贡献。他正式定义了伏特加酒的成分：一分子的酒加两分子的水。分子量显示伏特加酒的组成是 38% 的酒精和 62% 的水。1894 年，俄国度量局发布的合法标准把这一数字略微调整到 40% 的酒精和 60% 的水。这是 80% 的美标酒度（proof，即 1 酒度等于酒精体积的 2 倍）。

对于门捷列夫的成就及其对同时期科学家产生的巨大影响，杰拉尔德·霍尔顿（Gerald Holton）曾有过这样的妙比："这就像一位图书管理员把所有书放成一堆，挨个给它们称重，并按重量的升序将这些书排放在不同架子上。然后，他突然发现每个架子上的第一本都是关于艺术的，第二本是关于哲学的，第三本是关于科学的，第四本是关于经济的，以此类推。我们这位图书管理员可能并不明白这些规则的内在原理，但是，一旦发现其中一个架子上的书的顺序是'艺术－科学－经济'，他就会在艺术书和科学书中间留一个空白，并开始寻找那本丢失的重量合适的哲学书。"[37]

我们从元素的一个属性中就能看出元素表的周期性，比如用原子体积除以原子量。这是由尤利乌斯·迈耶（Julius Meyer）在 1870 年最早发现的[38]。碱金属出现在图表的最上端。

　　门捷列夫从没有声称自己理解这个表的结构和周期性的含义。这是一次直觉上的伟大飞跃。他相信，这些元素拥有一种内在的对称结构，但未曾想自己的表格还是一种方便的检索工具，最后使他做出极具戏剧性的发现和预测。虽然门捷列夫没能发现眼前这些元素的规律，但他知道这张表会帮助其他人来完成这件事。

　　这张周期表的现代版本 [39] 共分为 7 行（周期），每行分别放置了 2、8、8、18、18、32、32 个元素。在人们发现了原子的量子理论之后，这个模式就可以理解了。电子的量子波向本质意味着，只有整数倍波长才能让电子"装载"在周遭轨道上。周期表每行元素数量的增加，反映出每个原子的原子核周围轨道中的电子数量在增加。量子力学允许最内层轨道（称为壳层）含有两个电子，接着是 6 个，然后是 10 个和 14 个。

　　在由此得来的周期表中，每行中的元素数字就是在轨道上排满电子情况下的电子数，所以有 $8 = 2 + 6$，$18 = 2 + 6 + 10$，$32 = 2 + 6 + 10 + 14$。每行中的元素根据原子序数升序排列，而在每列中，元素根据相同最外层电子数排列，这样就得到了元素周期表的现代形式。在每一行，我们在轨道上规律地加入电子，直到满员，最终得到的就是位于元素周期表最右边的惰性（也就是不活泼）气体。然后，我们开启下一行，装填下一级的轨道。值得一提的是，门捷列夫在电子和质子被发现前就已经找到了这种模式。他研究了原子量（由元素原子核中的质子数决定）和化合价（由轨道上电子的完整度决定），并用这种简单方法找到了这两个化学性质的本质。

　　如今，门捷列夫的元素周期表出现在全世界每个化学实验室的墙壁上 [40]。看来，他母亲当年的决定是对的。

一张德国邮票，庆祝 1979
年凯库勒发现了苯的结构

指环王

苯链

在苯丑闻①之后，我曾在法国布洛涅买过一瓶巴黎水，并特别说明我要"无苯"的水。没人欣赏这个笑话。

——某博客[41]

法拉第在 1825 年从油气中提取出了苯，就此第一次发现了苯，并给它取了一个很无聊的名字——"重碳氢化物"。但这个名字的使用时间并不长，德国化学家米切利希（Eilhard Mitscherlich）从苯甲酸里蒸馏分离出苯之后，称之为苯精。苯甲酸是从安息香树（Benzoin tree）的树脂中提取出来的，这种树生长在亚洲，安息香是一种用途很广的药用香料，所以 benzene 变成了苯最终的英文命名。苯是原油的天然组成成分之一，是今天具有重要商业用途的化学品之一，是汽油、橡胶制品、燃料、药、溶剂及塑料的合成成分。

在苯被发现之后的很长时间里，它对化学家们来说一直是个谜团。其化学组成包括 6 个碳原子、6 个氢原子（化学式 C_6H_6），这 12 个原子的组合貌似是不可能的。通常，碳会形成 4 个化学键，氢会形成 1 个化学键，那么 6 个原子是怎么结合的呢？德国化学家弗雷德里克·凯库勒（Friedrich Kekulé）找到了解决谜题的关键，开创了现代有机化学的先河。

在学生时代，凯库勒思维活跃、爱好广泛，他有很高的语言天分，精通多种语言，而且在空间感知能力方面也有突出表现。同时，他还是一个艺术家、舞者和体操运动员，并希望成为一名建筑师。也就是在此志向的引导下，凯库勒在 1847 年来到了德国吉森大学。但在四年后毕业的时候，他却放弃了建筑结构，改行研究起了分子结构。在校期间，他曾选择了一门化学选修课，从此开始对化学

---

① 1990 年，美国食品药品监督管理局发现在美国销售的巴黎水中含有过量的苯，爆发了产品危机，巴黎水不得不将产品召回。——译者注

着迷，最终彻底改变了自己的专业。毕业后，凯库勒开始做一些枯燥的工作，比如测试水样。1853 年，他来到伦敦，在圣巴塞洛缪医院当起了助教。他在那里迅速交到了新朋友，并打算根据有机化合物的结构为其分类。他和朋友雨果·穆勒（Hugo Mueller）经常彻夜讨论化学。在这样一个夜晚过后，凯库勒在返回宿舍的途中，脑中反复出现那些令复杂结构得以成立的结构和原子键的连接方式。一天的疲惫让他在去往克拉蓬路的敞篷巴士上睡着了。凯库勒做了一个梦，并记录了自己的梦境："在一个清爽的夏夜，我和往常一样坐在末班敞篷巴士的顶层，穿过城市空荡荡的街道……我陷入了沉思，看，原子在我眼前跳跃。平时，这些小家伙出现在我面前的时候一直动来动去。但现在，我却看到两个小原子是如何形成一对原子的：一个大原子拥抱两个小原子，更大的原子抱住三个甚至四个稍小的原子。它们在一起跳着让人目眩的舞蹈。我看见大原子形成了一条链，同时拉上了小原子……正当我看向这些链的末端时，却听见售票员大声嚷着：'克拉蓬路到了。'我被从梦中唤醒。当晚，我就把梦中出现的形态记录了下来，至少画了个大概。这就是'结构学说'的雏形。"[42]

凯库勒用后半生继续完成这幅梦中的原子键闭合链图画，将其发展为化学键形成链的完整理论，并在 1857 年建立了碳原子的四价理论。至此，他成为理论化

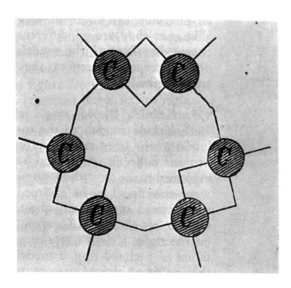

凯库勒的教科书《化学结构》中苯环的表示（1861 ～ 1867 年）

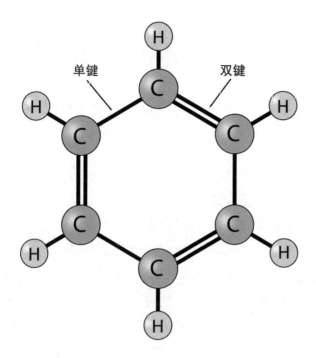

现代苯结构展示图，
原子键单键和双键
交替出现

学界家喻户晓的人物，并于次年被比利时根特大学聘请为化学教授。但在 1864 年，凯库勒的人生发生了悲剧。他的妻子斯蒂芬妮在结婚两年后去世。凯库勒发现自己不能再像以前那样工作了，他无法集中精神研究苯的化合物，人生变得漫无目的。在绝望的情况下，凯库勒做了另一个关于苯结构的非凡的梦，这个梦改变了化学发展的历史。在之后的日子里，凯库勒这样回忆道：“我坐在桌边在教科书上写东西，但没有什么进展。我的思绪飘向了别处。我把椅子移向壁炉，开始打盹。又一次，原子开始在我眼前起舞。这一次，一个个原子小组老老实实地待在了背景中。这些小组重复出现，我的意识可以敏锐地捕捉到它们，发现更大结构上的多种构造。长列更紧密地组合、纠缠在一起，就像蛇一样。你看！那是什么？其中一条蛇咬住了自己的尾巴，一个滑稽的旋涡出现在我的眼前。我像被一道闪电击中，猛然惊醒了。这一次，我仍然当晚就开始研究这些假说。”[43]

　　凯库勒很快完善了梦中的理念。1865 年，他尝试用一个每个角都有一个碳原子的简单六边形来表示苯。这是第一种单键和双键交替出现的结构。

一年之后，凯库勒发表了一个精细的模型，这是一种单键（|）和双键（||）交替出现的循环结构，就像出现在他梦中的食尾蛇一样[44]。

1872 年，凯库勒根据这张图想到了一个绝妙的概念，并规划了整个领域的发展轨迹。他的设想是这样的：苯分子中的原子在高频振动，导致了相邻原子间的碰撞。在给定时间内的碰撞次数决定了原子的原子价，即该原子和其他原子形成键的数量。也就是说，在第一次振动中，碳原子 C1 可能碰到了相邻的 C2、C6、H 或 C2 原子，但在下一次振动中，碰撞的顺序可能就变成了 C6、C2、H 或 C6。所以，在第一次振动中，C1 和 C2 之间形成了双键，但是在第二次振动中，C1 和 C6 形成了双键。就这样，凯库勒展示了原子价是如何与碰撞连接的，从而勾勒出现代共振概念的蓝图。1997 年，美国麦迪逊马戏团甚至创造了一个节目，叫作"四人苯环"。这个节目就是以氢原子和碳原子交换"连接伙伴"的理念为灵感的[45]。

凯库勒凭借辉煌的成就在化学界中赢得了崇高地位。晚年，凯库勒在回顾是什么引导自己走向成功时，他强调是自己年轻时对建筑的热爱帮他找到了构造另一种结构的关键钥匙，还有一点就是自己爱做白日梦——他是个美妙图画的梦想家。

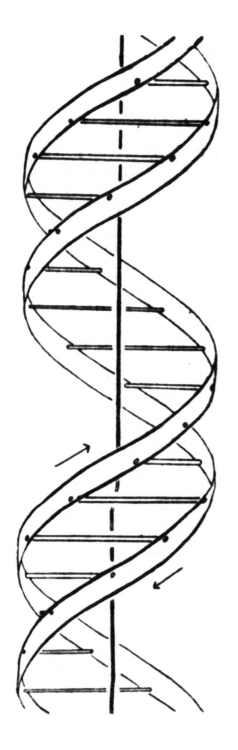

沃森和克里克在 1953
年 4 月 25 日最初发表
在《自然》杂志上的论
文中的双螺旋结构

螺旋中的圈

DNA，生命之卷

1953 年是一个奇迹之年：女王加冕，珠峰登顶，DNA 之谜解开。

——马克斯·佩鲁茨（Max Perutz）

如果要为上一个千年选出一位关键人物，竞争还是很激烈的。在英国，第二次世界大战的战时首相温斯顿·丘吉尔最终当选，击败了伊桑巴德·金德姆·布鲁内尔、艾萨克·牛顿、威廉·莎士比亚和戴安娜王妃。在美国，阿尔伯特·爱因斯坦、猫王、托马斯·杰斐逊得票接近。这个问题在全球范围内无法达成共识。但是，如果问问科学家们谁是"千禧年分子"的话，那就一点儿争议都没有了。胜出的只有一个——脱氧核糖核酸，大家一直简称它为 DNA，它是所有分子中最重要的角色。如果没有它的话，甚至恐怕没人提出上述问题了。

在你身体的每个细胞里都有一个小小的核，里面有一个棍状染色体，由 DNA 分子编码基因信息。DNA 看起来像一个扭曲了的梯子，螺旋梯的边由脱氧核糖分子和磷酸分子构成，梯阶由含氮碱基腺嘌呤（A）、胸腺嘧啶（T）、鸟嘌呤（G）以及胞嘧啶（C）——配对构成：A 永远和 T 搭配，而 G 永远和 C 搭配。这就意味着，有四种可能的"梯阶"基对，即 AT、TA、GC、CG。当一个细胞分裂为二时，这个结构可能已经被复制，在子细胞中仍然存在。DNA 就像拉链一样分开，每一半带走梯子的一边和一半的梯阶。稍后，它们就能产生两组重新配好的梯阶，生成两组一模一样的 DNA。

1953 年，弗朗西斯·克里克（Francis Crick）和詹姆斯·沃森（James Watson）在结合了莫里斯·威尔金斯（Maurice Wilkins）和罗莎琳德·富兰克林（Rosalind Franklin）利用 X 射线衍射技术拍摄的分子图片，以及埃尔文·查戈夫（Erwin Chargaff）早期发现的 A、C、G 和 T 的构成[46]之后，推测 DNA 拥有双螺旋结构，就此书写了历史。查戈夫发现 A 的数量等于 T 的数量，G 的数量等于 C 的数量，

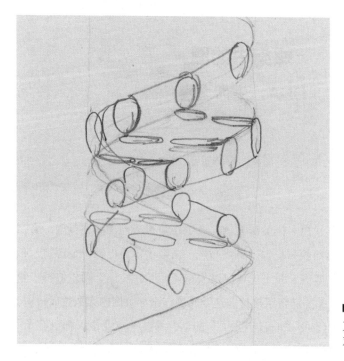

克里克绘制的第一张 DNA
双螺旋结构草图

这启发了克里克和沃森，最终发现 DNA 存在两条链，一条上有 G 和 C，另一条上有 A 和 T。而螺旋几何形状是从 X 射线图像仔细推导出来的。这个形状第一次出现在克里克和沃森写给《自然》杂志的一封简短的信中，他们在信里用一个示意图表示出推断的 DNA 结构[47]。

DNA 紧紧地盘绕在我们的细胞中，每对 DNA 只有一百万分之一毫米大。令人称奇的是，我们身体里的单个细胞都拥有一条长达 170 厘米、紧密排列的 DNA 链，所以，盘踞在我们身体里的 DNA 链总长度是地球与月球之间距离的 6000 倍以上。

克里克和沃森在《自然》杂志 1953 年 4 月刊中公布了他们的发现。这一发现的重要性很快就显现出来。自此之后，双螺旋结构成为人类生命的标志性符号[48]。生物学家随后破解了 A、C、T、G 如何通过不同排列向新解旋 DNA 传递信息的密码。

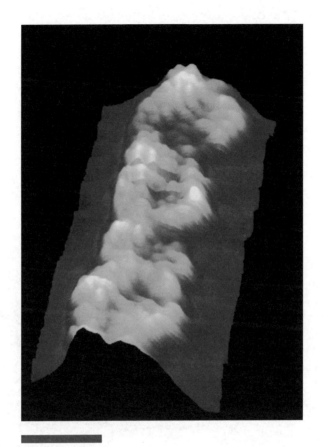

DNA 的实际图像

DNA 对于人类理解生命概念有着不可估量的影响。在世界范围内，人们通过各种不同媒介、雕像和艺术品向 DNA 的发现与其象征意义致敬。DNA 展示了在分子水平上的自我复制过程可以如此优雅，同时，如此小的空间内可以记录下如此大的信息量和多样性。在过去的半个世纪中，DNA 已成为一种几乎万无一失的方法，用以识别具有高度唯一性的个体。今天，"DNA 指纹"已经是世界各地的执法机构和法院采用的常规证据。虽然 DNA 能以极高水平辨别个体的差异，但其几何形态却是人类共有的巨大财富。在每个人的身体里，30 亿种基本基因模式中有超过 99% 存在于所有人类的 DNA 中。对于地球上的任何生命来说，双螺旋结构将一直是其可被立即辨识的独特标记。

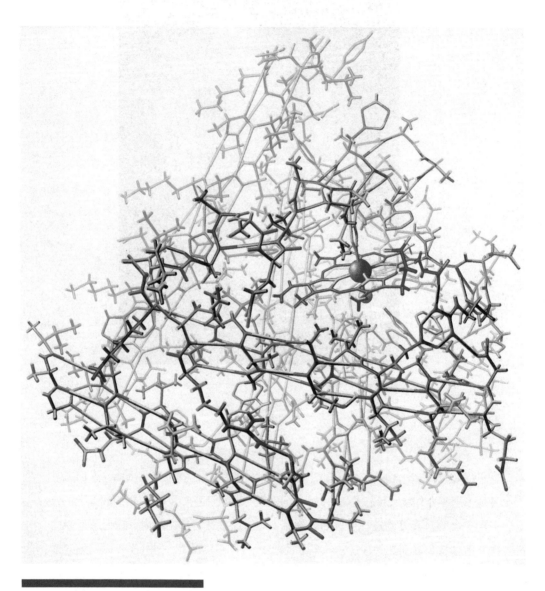

欧文·盖斯于 1961 年绘制的抹香鲸肌
红蛋白的 2600 个原子，发表在《科学
美国人》上

手拉手

分子结构

"用钥匙总是有意义的，"霍姆伯格微笑着说，"从某种角度上说，上锁和开锁是人类存在的意义。自古以来，腰间的钥匙串都在响个不停，每把钥匙、每把锁都有自己的故事。现在，我又多了一个可以讲的故事。"

——亨宁·曼凯尔 [49]

有时候，科学家们想把事物以三维甚至更高维的方式表现出来，这需要艺术家的专业技巧。有些科学家和数学家精于此道，但更多人却在角度和布局安排上败下阵来。幸运的是，科学家们如今有了很好的计算机软件，能把过去令人不忍直视的造型变得差强人意。事实上，在这类软件于 20 世纪 90 年代诞生之前，科学绘图一直都是由大学的绘图室来完成的，而工作人员一般都采用黑白双色。出于成本考虑，专业科学期刊上采用彩色绘图的机会微乎其微，甚至在科学研讨会上，35 毫米的幻灯片都是黑白双色的，顶多再加上两种原色。科学研究缺少色彩，有人也觉得缺乏透视感。因此，对于那些被盛行的计算机制图技术冲昏头脑的科学家们来说，《科学美国人》等科学杂志充满了特殊的吸引力。这些杂志拥有一流的绘图师，他们可以化腐朽为神奇，把粗糙的草图变成美丽的彩图，而这些图片可以在教学中或在研讨会上重复使用——而且一切都是免费的。在这群身兼重任的绘图师中，有一个人尤其引人注意。

欧文·盖斯（Irving Geis）起初学习的是美术和建筑学，最终却凭借杰出技艺展现复杂的分子结构而一举成名。1948 年，皮勒（Gerald Piel）和弗拉纳根（Denis Flanagan）在接管了经营疲软的《科学美国人》杂志之后，通过平易近人的全新语言和图片风格让杂志重获新生。在第二次世界大战期间，盖斯曾担任美国战略情报局（即美国中央情报局的前身）绘图部主任。战后，盖斯成为技术领域的艺术家，其工作能力很快被皮勒和弗拉纳根发现。盖斯的作品被广泛应用在重要文章中，其视觉冲击力和技术准确性也为杂志赢得了好口碑。

欧文·盖斯与其绘制的著名的
水彩肌红蛋白图

　　盖斯发表在《科学美国人》上的代表作后来成为赏析分子结构的重要经典之作。1960 年，盖斯应邀为约翰·肯德鲁（John Kendrew）的文章配图[50]。肯德鲁在多年潜心研究之后，终于确立了蛋白质晶体的精细结构，并通过三维分子结构的大量二维 X 射线图重塑了这一三维结构，这一研究也让他荣获了 1962 年的诺贝尔奖。为了研究人类的血红蛋白，肯德鲁采取的第一个手段就是从它更小的亲戚——抹香鲸的肌红蛋白入手，并完成了分辨率达到 2 埃的 X 射线图。这一分子由含有 2600 个原子的复杂网络结构组成。这是一种存在于肌肉中的红色细胞，其作用是携氧。正是这种细胞让肌肉呈现出红色。鲸鱼这类深潜海洋哺乳动物有着极高的携氧需求，因此，其肌红蛋白对它们的身体机能至关重要。

1957 年，肯德鲁杰出的几何直觉得到了肯定，而画出这一结构却成了挑战。对盖斯来说，让公众都能看见这种结构是一项颇具吸引力的任务。经过长达 6 个月的潜心绘制，展现在世人面前的是《科学美国人》有史以来最美丽的科学插图之一，它被登载在 1961 年 6 月的杂志上。现在看来，我们很难相信这不是由现代计算机生成的，但它的确是盖斯在 1961 年手工上色绘制而成的。盖斯在仔细研究了肯德鲁用小棍、回形针和彩色球搭建的真实三维分子模型，以及由 50 块彩色有机玻璃搭成的三维电子分布等值线图后，最终画出了这幅图。有时为了看清画笔上的每根毛，盖斯甚至要戴上显微镜片工作。

盖斯精确表现了原子间距、原子组成、键角和种类，通过颜色变化和巧妙扭曲，成功展现了立体。如今，这些技巧都能用可移动的计算机图形来完成，只要以分子周围的轨道为观察视角即可，剩下的就交给眼睛和大脑吧。

用 Molscript 软件绘制的 Ras p21 蛋白图像

肌红蛋白的很多重要特性都可以从盖斯的图画中看出来。一条主要的蓝色蛋白链贯穿整个结构。在中间，还可以看到一个很大的橙色铁原子被四个氮原子和一个水分子包围。较小的橙色氧气分子被铁原子紧紧抓住。这幅图其实是振动结构的一个瞬间状态。有时候，氧气原子被蛋白链附着；有时候，这条链向外伸展，容许氧原子进进出出。

盖斯让整整一代分子艺术家找到了灵感，他们都想跟随其足迹，对化学和生物化学的可视化领域深深着迷。最终，特殊的绘图软件让计算机帮助科学家们自己绘制出分子结构，效果令人惊叹。其中最著名的软件当属 Molscript，这是皮尔·克劳利斯（Per Kraulis）在 1991 年开发的一款绘图软件[51]。上页图来自核磁共振光谱，克劳利斯用三维图形[52]展示了 Ras p21 蛋白[53]。

人们用 Molscript 软件绘制了众多作品，展示出化学领域中令人称奇的蛋白结构。即使你对化学一窍不通，但你仍然能欣赏这些神奇的抽象艺术作品。

今天，大分子的研究对于绘图者是一个巨大挑战。而这些展示分子结构的图片本身就极具美感，就像劳伦斯·劳瑞（Laurence Lowry）的街景画那样活灵活现，画上的分子就好像活着，而且还会移动一样。在任何科学艺术展览中，都应该有这些图画的位置。

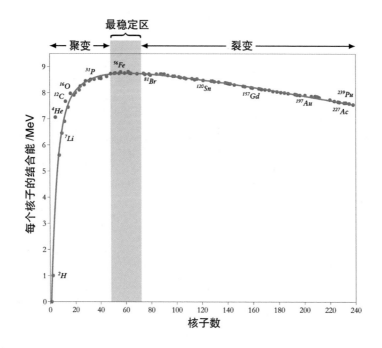

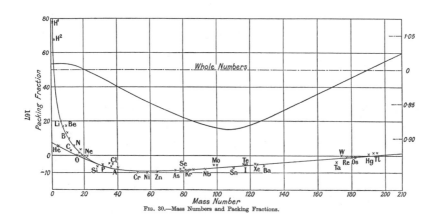

Fig. 30.—Mass Numbers and Packing Fractions.

（上图）每个参与构成的核子的"结合能变化"和原子核内的核子（质子和中子）数量的关系图。小原子核内的核子数量越多，结合能变化越大，在铁原子（包含 56 个核子）处达到最大值，此时原子核最稳定，然后随着核子数量增加，原子核的稳定性递减。这种模式意味着，当两个小原子核（如氢）结合在一起产生核聚变，或者一个较重的原子核（如铀）分裂成两个小原子核产生核裂变时，都会释放能量。（下图）这一图表起初由弗朗西斯·阿斯顿在 1922 年绘制而成。他从另一个角度出发作图，把"敛集率"作为结合能的负数，然后标注对应的质量，也就是原子核中的核子数

顺其自然

结合能曲线

理论，是很危险的东西。

——多萝西·塞耶斯（Dorothy Sayers）[54]

在 20 世纪最初的 25 年中，人类对原子的理解出现了一个飞跃。我们知道了，原子并不是不可分的，它们并不是一成不变的，而是其中蕴藏了无法想象的能量。原子有一个原子核，其中包含中子和质子，它们被一团电子包围着。这些电子也可以被想象成绕着原子核周围的轨道转动，转动的动力来自电子所带负电荷和"沉重"的质子所带正电荷之间的静电力。如果你力道很大，足以击打一个原子，那么一个或多个转动的电子就会逃出原子核的轨道，结果只剩下一个带正电的带电粒子。但是，如果你击打的力道再大上几百万倍的话，那么就有可能击碎原子核，从中释放出质子和中子[55]。

把很多橡皮筋绕着一个中心揉成一团，做成一个球，就像高尔夫球的核心一样。如果你不紧紧攥住这个球，橡皮筋就会弹开，球就会散掉。这时，被捆绑的橡皮筋向中心的弹性势能就会释放出来。从某些方面来说，原子核与这个橡皮筋球很类似。如果你能"解放"质子和核子，那么也就能"解放"把它们捆绑在一起的力。制造核武器、控制核能量的秘密就是以此为基础。我们以氦核为例，氦核有时被称为 α 粒子，它由两个质子和两个中子组成。两个质子的质量是 2.014 56 原子质量单位[56]，两个中子的质量稍小一些，为 2.017 32。这四个粒子加在一起的总质量为 4.031 88。但是，如果你称量一个完整的氦核的话，就会发现其质量比这小得多，是 4.001 53 原子质量单位。这里有 0.030 35 的质量亏损[57]。如果我们用爱因斯坦著名的公式 $E = mc^2$ 把能量 E 与质量 m 和光速 c 的平方联系起来，那么任何质量亏损都对应着能量亏损。这就是把质子和中子捆绑在一起，成为一个稳定氦核所需的能量，我们将之称为氦结合能[58]。这是由英国诺贝尔物理学奖获得者弗朗西斯·阿斯顿（Francis Aston）在 1922 年发现的[59]。

如果原子核中的粒子数量增加，那么原子核结合能就会整体增加。因为更多的质子和中子增大了 mc^2 的值，所以人们很想知道，每个核子的平均结合能是多少[60]，也就是说，用整体结合能除以质子和中子的数量，结果是多少。这就是每个核子的结合能。

如果描绘每个核子的结合能（以兆电子伏特为单位）与核子总数，即质量数（用 A 表示）的关系图，我们就会得到一个有趣的发现。当 A = 1, 4, 7, 9, 11, 12, …… 时，A 值都与最轻的核子质量相符，即分别对应氢、氦、锂、铍、硼、碳。

我们可以看到，当原子核里的核子数增加时，平均结合能也在显著增加，但是，结合能在 8 兆电子伏特[61]左右趋于平缓。这时，最大质量数为 56，对应铁的结合能为 8.79 兆电子伏特。然后结合能值缓慢回落，一个很大的 A 值对应 7.6 兆电子伏特，即铀对应的 A = 238。这意味着什么？此处有两个决定性因素。短程核力把核子们紧紧拉到一起。但是，短程核力遭遇了带有相同电荷的粒子（质子）的长程电斥力。当核子数量增加，斥力变得越来越大，为了让核子保持稳定，就需要更多中子，因为作为电中性的粒子，中子不会增加斥力。所以，每个核子的结合能越高，这个原子核就越稳固。

这一标志性图表形状催生了里程碑式的研究结果。如果两个原子核合并在一起（聚变），所得到的大原子核中每个核子就拥有更大的平均结合能，这个能量会在合并过程中释放出来。相反，如果一个大原子核分裂成两个小原子核（裂变），在此过程中仍会有能量释放出来。

大原子核只需一点儿多余的能量（一般都是通过增加原子核内的中子）来启动电斥力，并克服核力，就能把原子核一分为二。世界上第一枚原子弹就是利用核子的物理裂变而制造的——拆分大原子核释放出巨大的结合能。紧接着，制造氢弹利用的能量来自聚合小原子核的过程。加入中子实现的铀（A = 235）裂变能释放出大约 200 兆电子伏特的能量，但这需要高浓度的铀燃料。相反，氢的同位素，如氘（一个质子和一个中子）和氚（一个质子和两个中子）的聚变，只能释放出大概 17.6 兆电子伏特的能量，但单位质量燃料所获得的能量却大得多。这类氢同位素参与的有效聚变反应，就是太阳和其他恒星的能量来源。人类一直期望在地球上利用核能来提供安全、有效的能量。

这一简单的结合能曲线图拥有单一的峰值，以及一面陡峭、一面平缓的坡度，这就是人类能造出原子核武器的理论依据。它也代表着人类对核能的利用、恒星的稳定，以及让生命成为可能的、稳定的原子核。这幅图解释了一切。

《生命》杂志 1950 年 2 月刊的封面，展示了 1946 年 7 月 25 日"贝克日"水下原子弹试验，这是美国"十字路口"行动计划的一部分

可憎的力量

蘑菇云

猛击我的心吧，我的三一真神！

——约翰·邓恩 [62]

    1945 年 7 月 16 日，第一颗原子弹成功爆炸，地点位于美国新墨西哥州离洛斯阿拉莫斯以南 338 公里的"三一"核试验基地。这也是人类历史的一个分水岭，人类第一次创造出了一种可以摧毁所有人生命的武器，挖掘到了难以想象的巨大能量源，但也必须在使用该武器的数百年后，仍要承受辐射影响的后果。不久，美国和苏联都通过展示这种毁灭性爆炸来彰显自己的军事能力，军备竞赛不断升级。虽然最终只有两枚核弹被用在战争中 [63]，但早期试验在生态和医学上的影响依然存在，无论爆炸发生在地面、地下还是水下。

    这些爆炸的早期照片都呈现了一个标志性火球和一些残片，象征着核战争的结局。迈克尔·莱特（Michael Light）在《100 个太阳》一书里展现了 100 幅令人震惊的爆炸图片，没有一句评语，只有一幅幅黑白照片 [64]。"蘑菇云"这个名字在 20 世纪 50 年代变得尽人皆知，但是，核爆破残骸和蘑菇云的图片早在 1937 年的报纸头条上就已经出现了。

    在接近地面的地方，大体积、小密度的极热气体在高压下形成了我们所熟悉的蘑菇云。核爆的位置一般都在地面以上，这是为了让爆炸发出的冲击波在各个方向上都能达到最大。这就像沸水中不断上升的泡泡，气体加速升高到上层空气密集之处，制造出强烈的涡流，并在边界处弯曲下来，同时，额外的爆炸残骸和烟雾也沿着中心的气柱不断上升。爆炸的核心物质被汽化，达到几千万度的高温，并放射出大量 X 射线。这些射线激活了上层空气中的原子和分子，发出白色的闪光，闪光的持续时间由初始爆炸的量级来决定。气柱前端不断升高，一边旋转，一边从地面上吸入物质，形成了生长中的"蘑菇"的"茎"。同时，气柱的密度随

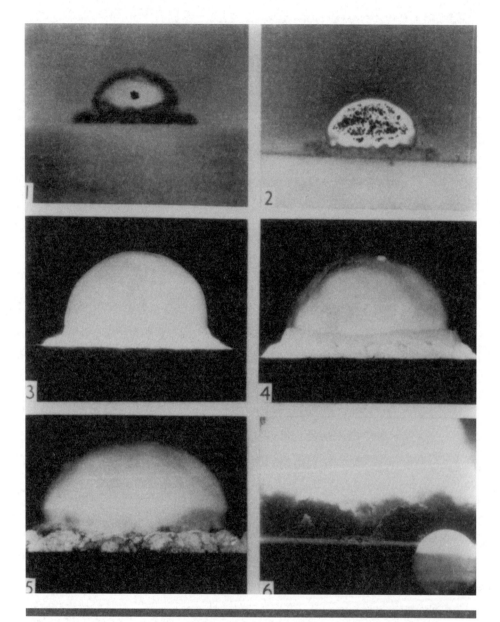

6 幅图片记录了世界上第一枚原子弹的爆炸过程。这是美国军方电影摄像机在距离爆炸地点 13 公里的地方拍摄到的图像。1945 年 7 月 16 日上午 5 点 30 分，在美国新墨西哥州阿拉莫戈多空军基地附近的沙漠上，这次代号为"三一"的核爆试验用比"正午太阳强好几倍的光"点亮了夜空，震碎了 200 公里以外的玻璃窗，产生了一个高度介于 15 000 米和 22 000 米之间的蘑菇云。在罗伯特·奥本海默（Julius Robert Oppenheimer）的带领下，工程师和科学家们在试验基地用两年制造了"三一"核弹。此次爆炸之后三个星期，第二枚原子弹在日本广岛引爆

着蘑菇不断展开越变越小，最终与所处位置的空气密度相当。这时，气柱停止攀升并向旁边展开，所有从地面上吸引来的物质开始反向分散、下降，形成了一个宽阔的、如"蘑菇头"一样的放射性沉降物区域[65]。

由于普通炸药、TNT 炸药或其他非核武器的化学爆炸在最初制造的温度较低，因此与核弹爆炸的外观非常不同，它们只是造成了爆炸气体混合的冲击流，而不是一个井然有序的像伞一样的蘑菇云。

英国剑桥大学杰出的数学家杰弗里·泰勒（Geoffrey Taylor，人们喜欢叫他 G. I.）是研究大型爆炸形状和特点的科技前沿专家之一。泰勒在 1941 年 6 月为核爆试验写下了预期特征报告[66]。这份机密报告直到 1950 年才被解密，并在同年成为一篇公开的研究论文[67]。在此之前，泰勒在公众视野中就已经小有名气了，因为美国《生命》杂志发表了一系列 1945 年在新墨西哥州"三一"核试验基地的照片。该基地的核试验以及美国其他核爆试验所产生的能量，直到今天仍是顶级机密。但是，泰勒向大家——任何对简单数学略知一二的人——展示了如何利用几行代数公式和照片就能判断出爆炸释放的能量估值。正是这种对看似极端复杂的物理问题的简单数学推导，让泰勒闻名于世。

泰勒能够计算出在核爆之后任意时间的爆炸半径。他注意到，这个半径主要依赖于两个因素：一是爆炸能量，二是爆破周围的空气密度[68]。这种依赖关系只有一种可能表现形式，大致可描述为：

$$爆炸能量 = \frac{空气密度 \times 半径^5}{时间^2}$$

从第一张照片可以看出，当时间 $t = 0.009$ 时，爆炸冲击波半径可达约 94 米。如果空气密度是 1.2 千克每立方米，依据等式可知此时释放的能量是 10^{14} 焦耳，这相当于 25 000 吨 TNT 炸药的能量[69]。作为对比，2004 年印度洋大地震释放的能量相当于 475 兆吨的 TNT 炸药。

蘑菇云只是一个模糊的图像，它是大气层对原子核释放的巨大能量所做的反应，它散发着诡异之美，却也极富破坏力。那令人战栗的对称感向外扩散着已在蘑菇云中爆破的原子的神秘信息。

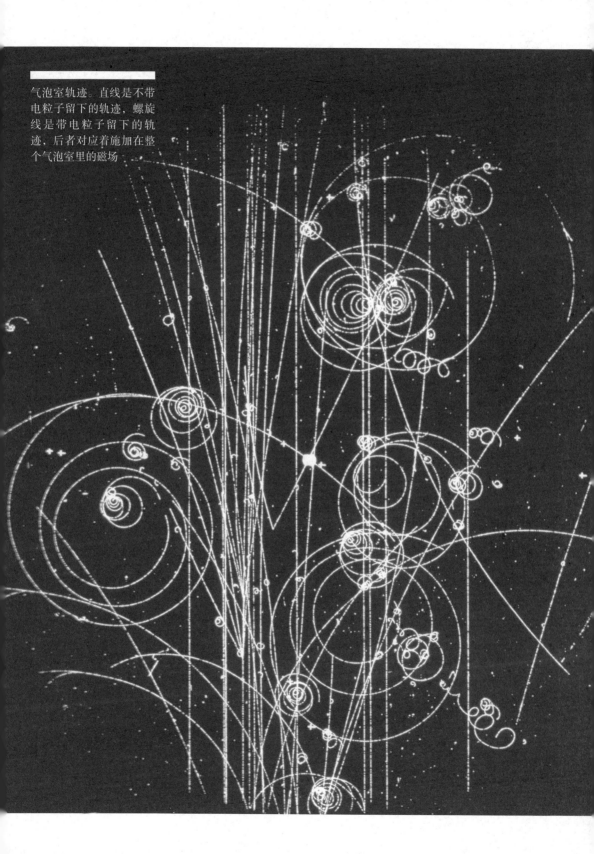

气泡室轨迹。直线是不带电粒子留下的轨迹，螺旋线是带电粒子留下的轨迹，后者对应着施加在整个气泡室里的磁场

在空中书写

气泡室轨迹

我永远都在吹泡泡，

飘在空中的美丽气泡。

——吉安·坎波温（Jaan Kenbrovin）[70]

1911 年，查尔斯·威尔逊（Charles Wilson）为了研究雨云的形成而构想了云室。威尔逊在 1912 年建造的第一座云室至今仍在英国剑桥大学卡文迪许实验室博物馆里展出。威尔逊发现，如果一个中性原子在被置于充满水蒸气的环境时失去了一个电子，继而变成带电离子，那么离子周围的水蒸气就会变得稠密，并开始膨胀。更富戏剧性的是，如果带电的 α 粒子[71]在气体中移动，一路上会留下离子，而这条线路周围的水蒸气就会凝结，就像喷气式飞机划过天空的痕迹一样。威尔逊还观察了 β 辐射（电子）、γ 射线和 X 射线，借此第一次真正看到了物质的最小粒子，以及来自宇宙空间的宇宙射线。自从有了云室，人们陆续有了很多惊奇的发现，其中包括宇宙射线中的第一个反粒子——正电子[72]，正因如此，威尔逊获得了 1927 年的诺贝尔物理学奖，因为他"发现了让带电粒子变得可见的方法"。但是，威尔逊是一位谦逊的科学家。在他去世后的 1959 年，布莱克特勋爵写道："在这个时代的所有科学家之中，威尔逊是最温和而安详的。他最不为名誉和荣耀所动，他对于工作的专注来源于他对自然世界的挚爱和他所发现的自然之美。"[73]

遗憾的是，云室有一个严重缺陷：云室内的气体密度很低，所以在云室内发生的可能事件少之又少。后期的技术发展让云室内的气体密度增加了 1000 倍。

最终，威尔逊云室在 1952 年被气泡室取代。气泡室是美国物理学家唐纳德·格拉泽（Donald Glaser）的发明，他凭借这项成果获得了 1960 年的诺贝尔奖。这个"探测室"里面装满了液态氢，并由一个活塞挤压成高压状态（一般来说，至少 10 倍于正常环境中的大气压），所以液态氢可以在常压下保持在高于沸点的温度，而不会沸腾汽化。任何粒子一旦进入这个过热液体，就会变成局部热点，使液体在该点沸腾。当压力降低、气泡膨胀时，移动的闯入者的路径就会被一串气泡暴露。这个轨迹会被拍摄下来，记录为某个粒子在气泡室里的移动轨迹。如果使用不同液体（如液态氙气），那么就可以调整气泡室，用来跟踪不同粒子。在对气泡室施加一个磁场后，带电粒子就会呈螺旋式移动（正电荷和负电荷的方向不同），但中性粒子不受影响。可惜的是，这种磁场追踪装置无法被进入的粒子自动激发，只能"凭运气"捕捉粒子，所以不是追踪罕见事件的理想工具。

格拉泽看到自己的发明获得成功后，就把研究焦点转到了生物学上。他在加州大学伯克利分校的同事路易斯·沃尔特·阿尔瓦雷茨（Luis Walter Alvarez）却看见了新机会，继续建造了高达 2 米、像衣橱那么大的气泡室。阿尔瓦雷茨成功的关键是将气泡室与计算机技术无缝结合。计算机控制让快速拍摄图片成为可能，气泡室能输出三维记录结果，供世界各地的研究组织反复研究。

这些曾长期在物理界叱咤风云的气泡室图片，如今看来却像藏在抽屉深处发黄的老照片。它们如同黑白的全家福一样，被高分辨率、可放大缩小的数码相片，以及即时电影和视频文件所取代。现在，基本粒子碰撞和残骸的研究大多采用多层圆柱室来完成，每种室都可以检测一种特定粒子，有的用来测量速度，有的用来测量动量，还有的仅用来测量能量。计算机通过各层探测器中存储的信息，可以迅速重建室内事件发生的先后顺序。美国"斯坦福直线加速器"（也称美国SLAC 国家加速器实验室）重达 4000 吨，有六层楼那么高。

老式气泡室图片见证了人类对宇宙认知的关键发展历程。它们揭示了在我们周围，甚至在我们身体内，不可见的基本粒子世界里的运动和变革。它们促成了亚核子物理学领域最重要的发现，当这些粒子在实验室里静静穿行时，物理学家感到自己能真实"看见"亚核子粒子。从黑白照片转变到彩色交互照片后，距离直观"看到"粒子仿佛只有一步之遥。要知道，图片中的重构部分其实都是人为的，上色编辑之后，图片只展示了人们感兴趣的部分。但是，这一成果足以和基本粒子理论领域取得的成就相匹敌。现在，很多通过气泡室照片发现并研究的粒子，如 k 介子、π 介子和质子，都已被发现含有更小的粒子。这些粒子并不是物质

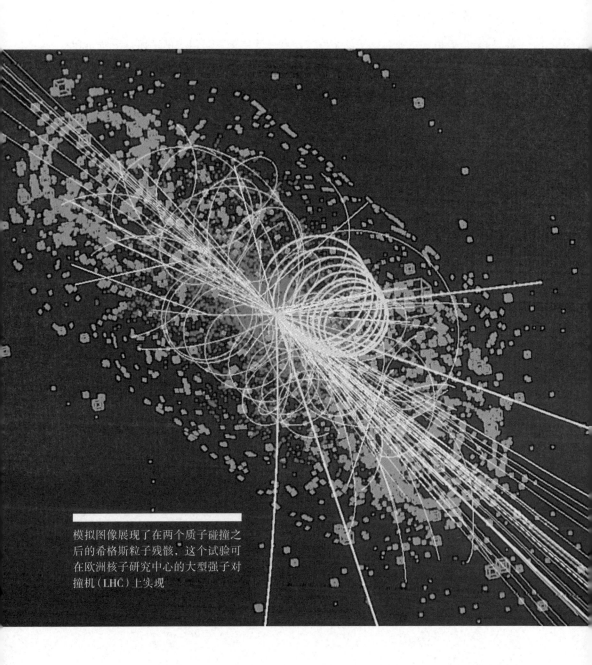

模拟图像展现了在两个质子碰撞之后的希格斯粒子残骸，这个试验可在欧洲核子研究中心的大型强子对撞机（LHC）上实现

的最基础的组成部分，它们是由夸克组成的。夸克有一个很奇特的属性——不可见。夸克被"禁锢"在更大的粒子中。

如 k 介子和 π 介子等粒子都是由"夸克 – 反夸克"对组成的，而每个质子和中子都是由 3 个夸克组成的。你可能会想，把 π 介子劈开就能释放出夸克和反夸克，这样一来，它们就可见了吧。但是，夸克与反夸克之间的束缚力如此强大，用于释放和分解它们的力甚至足以创造出另一个"夸克 – 反夸克"对，然后就得到了两个 π 介子，还是没有自由夸克。这就好比为了得到单独的磁极而把磁铁断开，你还是只能得到两块磁铁，每块磁铁都有一个南极和一个北极。

现代基本粒子研究越来越走向传统意义上的"不可见"世界。有人猜测，物质的最基本形态应该是弦的激发，然而，地球上的任何实验室都无法创造出揭示弦的特性所需的能量。或许有一天，我们在书中看到的所有图片都会被视为怀旧的老照片，它们是人类所在世界的微缩版，但就是从这些模糊的影像中，人类得到了理解事物本质的最初灵感。

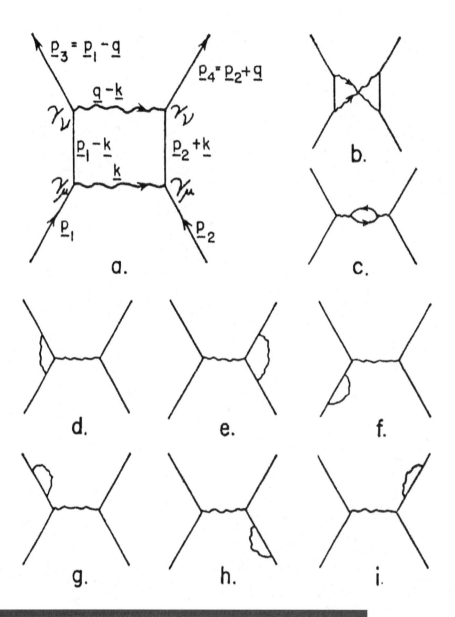

费曼的图片展示了入射基本粒子之间的相互作用。图片以时间和空间为坐标轴，时间是纵轴，空间是横轴。直线显示了实（可观测）粒子的时空轨迹；曲线显示了与入射粒子合二为一的虚（不可观测）粒子的时空轨迹

费曼同学的小趣图

费曼图

爱因斯坦的伟大成就都是从物理学灵感中迸发的。他后来停止了创造，就是因为他不再用具体的物理图像来思考问题了。他变成了摆弄方程的人。

——理查德·费曼[74]

在 20 世纪初期，从普朗克、玻尔、波恩、海森堡、狄拉克和薛定谔的研究中诞生了量子现实图景，为计算原子和分子的各种属性提供了空前准确的方法。但是，物理学经常遇到的问题是，发现一个理论远比从中获得成果要简单得多，同样，罗列公式远比解决问题要简单得多。其实，这是宇宙的深刻本质引发的必然结果，它似乎在表明，对称性和简单性指导着自然定律，而这些定律引发的复杂结果无须任何声明。如果从自然定律的角度来观察自然，就会发现它简单得出奇；但如果陈述这些定律，它们就会制造一大堆乱七八糟的复杂情况。由于这样的二分法，物理学家最大的挑战莫过于找到解决方法，这些方法要么是精确的数学公式，要么通过不断改进的近似法接近完美的数学。

在 20 世纪 40 年代末，世界顶尖的理论物理学家都在全神贯注地解决"无穷小"的问题。随后，罗伯特·奥本海默领导的"曼哈顿计划"取得了重大技术成果，团队拓展了关于原子核及其内各成分之间相互作用的知识。但是，物理学家急于弄清光的本质，以及光和物质粒子，如电子之间的相互作用。在发现量子机制之前，詹姆斯·麦克斯韦曾构想出令人拍案叫绝的电磁理论。随后，新量子理论取得了惊人的成功，这也意味着麦克斯韦的经典理论必须升级，融入一种概率性的量子解读，以及由基本物质粒子创造的新物理现象。19 世纪的电动力学结合了光与物质的量子复杂性，此时需要建立一个全新的"量子电动力学"，正如后来人们所知的那样[75]。

在 20 世纪 40 年代，光的量子理论结合了光与物质的相互作用，结果，最初的探索者必须面对由此产生的复杂性。沃纳·海森堡（Werner Heisenberg）的不确定性原理描绘了一幅"真空"景象，任何粒子就像在一片粒子和反粒子海中游动，在时间的间歇中时隐时现。粒子出现时间甚短，以致无法被直接观测到。但是，它们的间接影响可以被感知，甚至可以被测量。人们发现这些不可观测或者说"虚拟"的粒子之后，原本很简单的过程，例如光子激发电子散射，被赋予了巨大的复杂性。如果有虚粒子，那我们必须考虑入射电子或许会发射虚光子，并与之相互作用，最后，电子可能会重新吸收虚光子。于是，我们就要为这种越来越复杂的可能性评估不同等级。比如，入射电子会发出虚光子，然后，虚光子制造虚"电子－正电子"对，后者湮灭之后形成虚光子，这个虚光子又被散射的电子重新吸收。这种纠结过程发生的可能性较小，因为这种活动是一串连续行为。但是，如果想用具体数字描述相互作用的发生概率，并精确计算到数位小数的话，这将是一串长得惊人的数字。从数学角度来看，这是一个可怕、冗长的计算挑战。一些世界上最伟大的物理学家都在尝试计算这些虚拟活动的等级时出了错。

1948 年的春天，28 位世界顶尖理论物理学家相聚在位于美国宾夕法尼亚州乡村的波克诺庄园酒店[76]。他们要在这里小住几天，目的是一起对付一个问题——为初现端倪的量子电动力学理论计算光与电子相互作用后的可观测结果。哈佛大学冉冉升起的新星朱利安·施温格（Julian Schwinger）做了一天的演讲，论述自己为此次计算发展出来的复杂数学过程，中间仅在用餐和喝几杯咖啡时趁机休息了一会儿。就在漫长的一天快要结束时，年轻的理查德·费曼才找到机会展示自己是如何处理相同的问题的。费曼的方法与众不同，他的听众没能马上理解，但这恰恰是所有此类计算未来将要采用的方法。

费曼引入了一种图片化的思维方式，用图表展示粒子与光之间的相互作用，表示二者在空间和时间上的移动。当可能的虚拟过程对于某一特定相互作用的发生概率所做的贡献越来越小时，他可以把这些过程全部归纳出来。只要把最初和最后的相互作用情境之间所有的可能连接加入进来，这些"费曼图"就能让物理学家们"看见"可能的相互作用。费曼把不可能变成了可能。其实，费曼利用自己的图能实现更多目标。他凭借出色的直觉把这些图片变成了详细的公式，而公式得出的数字答案堪比试验结果。不久之后，这些公式就能对试验做出超乎寻常的准确预测了。

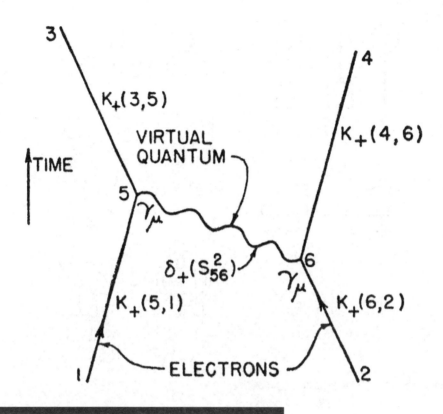

费曼在 1949 年的论文中使用的图，展示了两个散射电子借由虚光子交换能量。入射电子标注为 1 和 2；在相互作用后，它们被标注为 3 和 4

最终，来自普林斯顿大学高等研究院的青年英国物理学家弗里曼·戴森（Freeman Dyson）证明，已有的两种数学方法和费曼提供的图表法可以得到相同答案。这两种数学方法分别由施温格和朝永振一郎创立——朝永振一郎在日本用另一种方法独立解决了量子电动力学的问题。于是，施温格、朝永振一郎和费曼共享了 1965 年的诺贝尔物理学奖。事实上，在向全球物理学界推广费曼图的过程中，戴森功不可没。他一丝不苟地展示了这种与数学技巧对等的新方法，还制作了严格的详细指南，告诉人们如何构造费曼图并利用它展开计算。但是，仅根据戴森的指南按部就班地计算，仍不是一件简单的事，这就好比看着使用手册来操

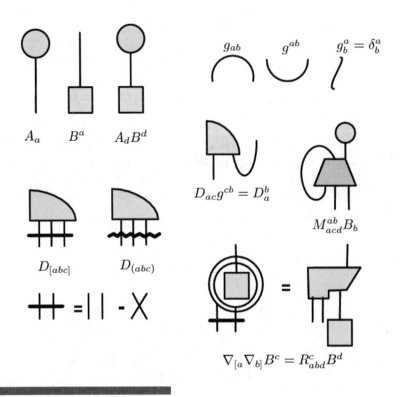

彭罗斯为计算时空几何而绘制的微积分图

作计算机一样。于是，戴森训练了很多年轻的物理学家，指导他们如何有效地使用费曼图，而这些人又把知识传播了出去。最终，费曼图终于占领了全球主流物理学界的中心。

费曼图及其应用的相关理论出现在 1949 年发表的一篇经典论文中[77]。从那时起，理论物理学系教室的黑板上就布满了这些图，粒子物理学的博士生要接受相关训练，以便计算那些不可计数的物理过程的概率。大部分计算包含了多达 13 位小数的数字，这些预测数字都是通过计算并结合近 900 个不同的费曼图而产生的，这样的计算结果堪比试验结果。当人们最初使用费曼的方法时，即便没有计算机的协助，也已经可以预测出大概含 5 位小数的数字了。

　　但是，费曼图的可视化意义更为重大，因为这种生动表现物理过程的方式是无法用镜头记录下来的。施温格等物理学家对计算结果已经很满意了，他们不需要计算过程的可视化图片。虽然费曼也可以通过计算得到结果，但他一直苦于仅能以数学表达已发生的物理过程，而这些过程是人类不可见的。正如一切最好的表现形式，费曼图不需要过多思考，其结构本身就已经暗示出下一步即将发生什么。正如费曼所说，如果你想知道接下来会发生什么，"这就像问一只蜈蚣：下一步该迈哪只脚呢"？

　　还有一位著名的物理学家，罗杰·彭罗斯，他在做数学物理计算时也喜欢用图标注。他在做张量分析时喜欢采用直线、曲线和连接组成的图示系统，而不用传统方法。然而，这还赶不上费曼所做的工作，因为彭罗斯的方法没有显示出常规方法无法比拟的结果。虽然只是为了方便，但图片能指导逻辑思维，赋予人们无须思索就能扩展事物认知领域的能力[78]。

　　理查德·费曼成了 20 世纪最伟大的物理学家之一。他还是一位闻名世界的标志性人物，这就不能不提他那本精灵古怪的回忆录[79]，以及他为解开"挑战者号"航天飞机空难之谜所做的贡献。他还有一辆货车，上面画着"费曼图"，车牌号是"QUANTUM"——与车主身份十分相称。费曼图是经久不衰的传奇，是物理学家不可或缺的新工具。

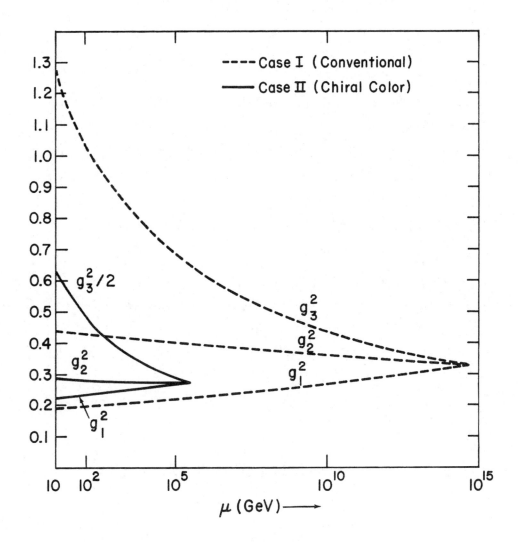

帕蒂描述大统一理论的第一幅图，各种相互作用的有效强度（虚线）在 10^{15} 兆电子伏特量级，包括自然界中的电磁相互作用（g_1）、弱相互作用（g_2）和强相互作用（g_3）。力的强度在垂直轴，能量在水平轴。作为对比，一种低能量大统一情况用实线表现了出来。两种情况在 10^5 兆电子伏特处交叉，但这一理论没有获得支持

延伸的带

通用三相点

假如一个王国分裂了，自己内部互相作对，那么这个王国将无法维系。

——圣马可[80]

物理学家的共同梦想之一就是找到一个可以统一自然界中四种基本力的理论，从而形成唯一的普遍法则。在 18 世纪早期，牛顿发现重力需要其他更强大的力作为补充，也就是可以让微小物质捆绑在一起的自然的吸引力。仅靠重力不足以解释这个世界。1758 年，在牛顿的启发下，克罗地亚耶稣会教士鲁杰尔·博斯科维奇（Roger Boscovich）于维也纳出版的一本名为《一个自然哲学理论》的书，第一次尝试提出"普遍性理论"。他假设，牛顿的重力理论，以及不同物质间引力的平方反比定律，可以解释相距很远的物体之间的相互作用，但是，当物质距离足够近的时候，形式可能会有变化。博斯科维奇描述了自己的预测形式，力会以振荡的形式在吸引力和排斥力之间切换。当合力为零时，就形成了一个稳定的结构，正如原子或固体一样。

今天，我们距离实现博斯科维奇的普遍性理论梦想还有多远？在 20 世纪中叶，物理学家针对引力和电磁力发展出了完美而精确的数学理论，对支配放射性和核反应的"弱"力和"强"力也展开了细致研究。这四大理论在各自的特定领域中都给出了极其准确的解释和预测。然而，这四种掌控世界的力的法则之间却有点儿脱节。实用主义者可能会说，"大统一"观点本身有宗教意味，暗示着一神主导一切的思想。但为什么不能有多个法则呢？确实，一神论是自然法则概念的本源，无论这些法则是唯一的，还是多样的[81]。另一个引发争论的观点是，人类关于对称与和谐的感觉其实源自辨识生物和死物的需求[82]。根据我们自身的经验，大自然对于对称的偏爱，大自然基本法则中蕴含的惊人对称性，似乎已经构成一种特殊的特质，这种特质为统一理论的形成提供了蛛丝马迹。

起初，电力和磁力貌似是两件不同的事。但 19 世纪的研究显示，电流可以制造出磁场，而移动的磁石也可以让电流流动，就像自行车车灯的发电机一样。此后，电力和磁力被单一力——电磁力代替。在 20 世纪 60 年代末，阿卜杜勒·萨拉姆（Abdus Salam）和史蒂文·温伯格分别推测，电磁力和弱核力都是同一种"弱电力"的两个方面。

如果想弥合曾让物理学家产生分歧的裂痕，我们就要面对两大问题。乍看之下，这两个问题貌似难以逾越。不同的力作用在不同粒子上，而力的大小也有天壤之别。天然的电磁力仅仅是在实验室环境下的电磁力的百分之一左右。在这样的伪装下，它们怎么可能是相同的力呢？

我们可以从量子真空提供的非凡特质上找到答案。麦克斯韦率先明确指出，物理学家的真空状态并不是普通意义上的"什么都没有"[83]。这是当所有可以移走的东西都被移走后的一种状态——它可能是最低能量状态。这也是一种一触即发的状态。粒子和反粒子在不断出现，继而彼此吞噬，这些动作发生得都很快，所以，根据海森堡的量子不确定性原则，直接观察得不出什么结果。这些都是"虚"过程[84]，就像费曼图推测的一样。

让我们来看看两个电子之间的相互作用。两个电子各自带有一个负电荷，所以，当它们冲向彼此时，肯定会互相排斥。度量这种反冲力就能测量自然界的电磁力。量子真空毫无悬念地改变了这个简单的局面。设想一下，当一个电子进入一片真空海，真空海中充满了时隐时现的电子和正电子（带正电）。由于异性相吸，虚正电子（+）会被电子（-）吸引，其结果就是真空隔离，或称真空极化。电子被虚正电荷云包围，正电荷云保护着中心的"裸"负电荷。另一个缓慢接近的电子不会感到来自真空中第一个电子的裸负电荷的排斥力。相反，被隔离的负电荷产生的排斥效应减弱了，所以其反冲力比设想中的还要弱。

假如我们增加入射电子的能量，事情会变得越来越有趣。能量越高，电子就越能渗透虚正电荷构成的屏蔽云，也就越能感受到目标电子的裸负电荷。所以，相比于低能量的单个入射电子，这些电子偏离得也越多，而单个入射电子根本就无法接近无屏蔽的电荷。

这会产生一个戏剧性结果。这就意味着，自然界电磁力的有效力度会随着所在环境的能量（或温度）的增加而增加。当能量增加时，入射电子会移动得更快，距离目标电子无屏蔽的裸负电荷也就更近。这就好比用棉花把两个桌球包起来，如果你让两球近距离相撞，它们就会轻轻地碰撞，因为其实只是棉花层接触到了；

如果你让两球高速相撞，那么表面包裹的棉花就几乎不会产生什么作用。桌球坚硬的表面会彼此接触，两球会以更大的力量反弹。

相同的原理也适用于更大的自然力，比如胶子和夸克之间的相互作用，它们是质子和中子的基本组成部分。由于电磁力会施加在所有带电粒子上，因此，作用在带有所谓"色荷"属性的粒子上的强力有时被称为"色力"。

两个夸克间的相互作用远比两个电子间的相互作用要复杂得多。当我们考虑虚电子云和正电子云的相互作用时，可以忽略光子的媒介作用——光子是电子间电磁相互作用的媒介，因为光子本身不带电荷。光子不会影响目标电子的电荷分布。但是，对于带色荷的夸克之间的相互作用，光子的媒介角色由胶子取代，但胶子也是带色荷的，所以胶子的存在就会严重影响色荷的分布。

结果，量子真空会对两个夸克的相互作用产生两种不同影响。与之前一样，带反向色荷的虚夸克云围绕在第一个目标夸克周围，夸克云屏蔽了色荷，从而削弱了它与一切带同色荷的入射夸克之间的相互作用。同样，当入射夸克的能量升高时，它们之间的相互作用变得强烈。但是，虚胶子云对虚夸克产生了明显的新作用，它们利用同类色荷使中心色荷变得"模糊"，削弱后者的影响力。当膨胀的色电荷发生散射时，能量就会削弱。这两种效果谁占上风，取决于有多少种不同类的夸克出现在虚对中。如果只有在自然界中的6种夸克那样少，那么胶子的模糊效果就会胜出；如果能量越来越高，那么夸克之间可度量的强相互作用就会明显减弱。

这种不同寻常的属性被称为渐进自由。因为当能量越多时，夸克看起来就越像"自由"粒子，仿佛完全不受力。现在，这一现象在跨越极宽能量幅度的实验中被观察到。首次预测出这一现象的是美国物理学家休·波利策（Hugh Politzer）、戴维·格罗斯（David Gross）和弗兰克·维尔切克（Frank Wilczek）[85]，他们凭借这一发现获得了2005年诺贝尔物理学奖。

对强力的这一认知是一个重大突破。在1973年以前，人们对自然中强相互作用的研究似乎注定要陷入败局。很多物理学家以为，相互作用间的能量越大，强相互作用就越强，形式也会更复杂。对高能量情况的研究变得无从下手。最终，有人发现了在高能量条件下简单、易行的计算方法，这对于高能物理学和宇宙早期历史的理解和研究而言，都是天赐良机。人们理解并接受了渐进自由及其外围理论之后，宇宙极早期历史的物理进程的研究才第一次变得可信了。同时，一个

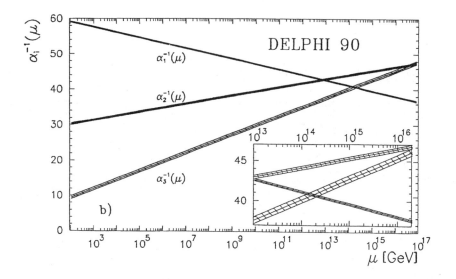

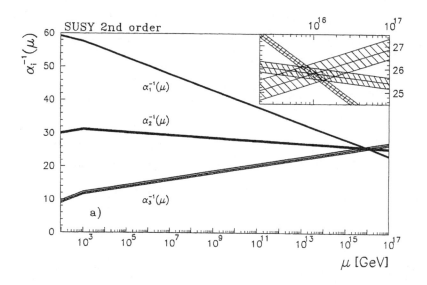

电磁力、弱力与强力的强度变化计算结果与 1991 年大统一理论中能量增加的对比图（上图），显示出一个能量的单方面跨界存在显著的"未完成"目标。相比之下，如果自然界中存在超对称，那么现存基本粒子数量就会改变，从而制造出高能状态下的单跨界（下图）。这些图片由阿玛迪、德·波尔和菲尔斯特瑙制作，点燃了人们对超对称理论的浓厚兴趣

崭新的跨领域学科"粒子宇宙学"就此诞生，而粒子宇宙学正是孕育宇宙暴胀理论的土壤。

在高能条件下，自然界弱力和强力的有效强度变化解决了不同强度的力所造成的合并问题。我们见到的不同，只是一种极低能的反映。我们只能在这种极低能条件下进行实验测量，因为只有在低温环境下，物理学家们才能生存。生命在高温条件下无法生存，但只有在高温环境中，自然界的力的对称性才能真正体现出来。

当到了超高能领域，强力会变弱，电磁力和弱力会变强。值得一提的是，温度在 10^{27} 开尔文以上时，这些力都可以互相转换。当处在跨界能量之上时，它们看起来是一样的。

1974 年，哈沃德·乔吉（Howard Georgi）和谢尔顿·格拉肖首次提出了统一自然界中弱力和强力的观点[86]，引出了自然界三力的"大统一理论"（当时没人知道该把引力归为哪类）。如上所见，力的强度的改变或"流动"会克服力在低能状态下的巨大强度差异问题。但是，力的作用对象是不同种类的基本粒子，这个问题又该怎么解决？在大统一理论中，新粒子的出现解决了这个问题，它们是粒子间相互作用的媒介——在非统一的理论中，这些粒子彼此间没有相互作用[87]。

事实上，在慎之又慎地研究过三种力的强度的转换跨界后，人们发现这一理论更富有启示性了。1991 年，乌戈·阿玛迪（Ugo Amaldi）、维姆·德·波尔（Wim Der Boer）和赫尔曼·菲尔斯特瑙（Hermann Fürstenau）证明出这种跨界并没有发生[88]，除非存在一个特殊的"超对称"。长久以来，一直有人质疑自然界中是否真的存在这种对称。它会使现有的基本粒子种类数量翻一番。在能量提升时，它会轻微地改变作用力的强度。这一观点或多或少肯定了，在高能状态下会发生跨界。而"跨界"唤醒了人们研究超对称理论的热情，这一热潮至今仍未降温。

1978 年，乔杰什·帕蒂（Jogesh Pati）提出了自然界中电磁力、弱力、强力的强度三重交集的理论[89]，这对大统一理论的发展起到了启迪后人的作用[90]。力的流动强度的统一，意味着大统一确实存在。这一理论引导人们探索宇宙的早期历史，使人们理解了物质相对于（物质自身中）反物质的绝对优势，找到了把引力囊括到统一化方案中的正确方法。它揭示了在宇宙气象万千的外表下，隐藏着"大统一"的深刻实质。这种简单正是人们所谓的美感。

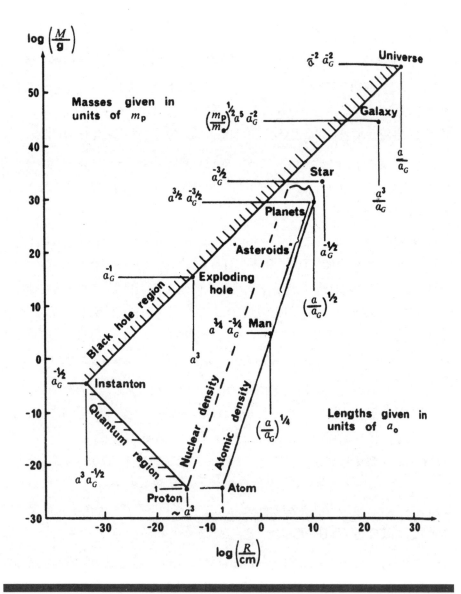

凯尔和里斯绘制的图，涵盖了宇宙中所有重要结构的大小（厘米）和质量（克）。大小和质量都是以氢原子的半径（$a_0 = 5.3 \times 10^{-9}$ 厘米）和普朗克质量（$m_p = 2.2 \times 10^{-5}$ 克）为参考单位。标有"原子密度"（Atomic density）的线代表了一条常量密度（M/R^3）线，等于原子密度（约 1 克每毫升）。左上方的"黑洞区域"（Black hole region）代表在黑洞中的部分，从外界无法观测。左下角是"量子区域"（Quantum region），因为"海森堡不确定性原理"的测量方法具有局限性，该区域也无法被直接观测。物质的大小和质量同样以精细结构常数（$\alpha = 1/137$）和引力结构常数（$\alpha_G = 10^{-39}$）给出 [91]

世间万物的大目录

万物的尺寸

"中微子有质量吗?"兰登一脸惊异地望着她,"我甚至都不知道他们是天主教徒!"

——丹·布朗(Dan Brown)[92]

假设有人委派你一项任务,调查宇宙中所有不同物体,如恒星、行星、原子、分子、彗星、石头、人类等的质量和体积,然后把所有答案都标记在一幅图上,那么这些数值点看起来会是什么样的? 你或许认为,这张图上的点会随机散落在整个空间里。所以,当真实的图出现在你面前时,你可能要吃惊了。这些点的分布形状绝不是随机的。图中很大空间是完全空白的,而大多数的点似乎集中在一条横跨整张图的狭窄的斜线区域内[93]。

我们在这幅令人称奇的图中画出三条直线,就能获得对宇宙的整体了解。第一条线指出黑洞会出现在图的哪个部分,该区域属于被黑洞吞噬的部分,因此是不可见的。

正如"无名引力"一章的图中所显示的,在宇宙的黑洞区域里,众多物质被挤压到一个很小的体积里,这样一来,它们就无法逃离自身的引力。这一区域位于一个严格的球面视界内部,视界的球面半径 R 等于 $2GM/c^2$,其中 G 是测量重力的牛顿常量,M 是球面半径 R 内部的质量,而 c 代表光速[94]。这是一种不寻常的关系,因为它描述的区域大小与其自身质量直接成正比。这和日常生活中的经验不同,在正常情况下,物质的质量与其大小的立方成正比。在对页这幅图上可以看到黑洞线,其左上方的部分空无一物,因为那里属于 $R < 2GM/c^2$ 的区域,我们看不见其中的物质,因为它们都位于黑洞中。

我们周围及脚下的所有物质都由各式各样的原子组成,就这一点来看,花生和行星是一样的。这些固态物体的具体组成略有不同,但从很大程度上来说,它们都由相似的原子序列组成。如此一来，我们就可以估算一下物质的密度，因为原子在这些固态物体中几乎都是排列紧密的，所以组成物质的原子密度和物质密度基本相同。密度因原子种类不同而不同，但是从水、岩石甚至到金属，一种物质和另一种物质之间的差异并不大，因为它们都是由宇宙中的自然常数决定的，如电子和质子的质量、一个电子所带的电荷、光速以及普朗克常量。估算物质密度的意义在于，原子级的固体密度是一个常数，密度等于质量除以体积，而体积又与大小 R 的立方成正比，所以，物质的质量精准地与大小的立方成正比。在这幅图上，我们还画出了原子密度的常量线，它恰好穿过了从单个原子到恒星的巨大长条带，这些物质的平均密度都是由原子密度决定的。

现在，我们只需再加一条线，这个故事就完整了。当我们步入微观世界时，量子效应主宰着物质结构，在那里，我们感到所有质量都具有波的属性。这种波的属性不太像普通的水波纹，而更接近于犯罪率曲线，或者癌症的发病波形曲线。它是一条信息波。如果一个电子波穿过探测器，那么你更容易探测到称为"电子"的粒子。这种粒子波的波长和物体质量成反比，所以，对于你我这样的大个物体来说，我们的波长很短，它比我们的实际大小要小很多，所以在日常生活中，我们可以忽略自己的量子属性。但是，当量子波长比物体的实际物理大小要大的时候，量子化行为就会明显表现出来。在这种情况下有一个特性：我们无法无限精确地同时定义动量和位置。普朗克常数导致了一种不确定性，而这种不确定性永远存在。海森堡提出的"不确定性原理"确信，可见小物质的质量和体积的乘积必须永远大于这一常数。这一限制就是图中的第三条线，即"量子边界"。如果我们想观察左下角空白区域中的粒子，那么"观察"这一举动本身就会扰动粒子，令其向右移动，跑到量子边界的另一侧。

由此我们可以看到，宇宙中万物的分布都是由这三条线决定的。特例存在于开篇图右上方的银河系区域。它们不是切实的物质，而是恒星轨道的集合，引力维持着这些圆形轨道。但是，它们仍与结合了恒星和行星的线的延长部分非常接近[95]。最后，还有两种物体不在衡量原子密度的线上，它们就是原子核和中子星。如果你从原子核到中子星画出一条线，这条线会经过一系列脉冲星，且与原子密度线相互平行。中子星的密度和原子核相同，就像是一堆中子撞击、挤压在一起，所以其总体密度几乎与一个中子或一个原子核相同，大概是描述你我的原子密度的

1000亿倍。所以，新的平行线是由自然常数决定的另一条密度常数线，只是这次表达的是核密度，而非原子密度。

最后，我必须讲一个陌生而神秘的问题。我们的宇宙有三维空间[96]。假设有四、五、六……甚至更多维空间，那么万物的大小与质量的比例图又会是什么样？答案绝对吓你一跳。图里不会有任何你熟悉的东西，再没有原子、分子，也没有行星、恒星或星系。只有在三维世界里，自然之力才会把各种东西结合在一起，创造出结构[97]。无疑，我们不会因为自己居住在三维世界里而感到惊奇，因为我们在其他世界里根本不会存在。

Schrödinger's cat. The animal trapped in a room together with a Geiger counter and a hammer, which, upon discharge of the counter, smashes a flask af prussic acid. The counter contains a trace of radioactive material—just enough that in one hour there is a 50% chance one of the nuclei will decay and therefore an equal chance the cat will be poisoned. At the end of the hour the total wave function for the system will have a form in which the living cat and the dead cat are mixed in equal portions. Schrödinger felt that the wave mechanics that led to this paradox presented an unacceptable description of reality. However, Everett, Wheeler and Graham's interpretation of quantum mechanics pictures the cats as inhabiting two simultaneous, noninteracting, but equally real worlds.

由布莱斯·德维特（Bryce DeWitt）和尼尔·格雷厄姆（Neill Graham）绘制的"薛定谔的猫"悖论

颠三倒四的疯猫

薛定谔的猫

能得出一个悖论是多棒的事啊！如此一来，我们就有继续下去的希望了。

——玻尔 [98]

量子力学是一个黑匣子。在针对原子和亚原子粒子的实验中，量子力学可以预测出我们将看到的结果。但是，这中间究竟发生了什么，却是一个谜。量子实验的预测结果永远是一个概率：你有百分之十的机会看到一个东西，而看到另一个东西的机会是百分之九十。这里的随机和不确定并不像我们在社会学和日常生活中所指的"随机性"。通常之所以出现随机性，是因为我们处在事情的某个阶段，当下信息不完整，但如果我们更努力地收集更多信息，就可以降低这种不确定性。量子的随机性却不同。即使我们掌握了世界上所有的信息，这种随机性仍然存在。它是一个本质特征：因为我们既是世界的"观察者"，同时也是世界的一部分，所以这是一个无法避免的结果。你在这个世界做实验时，不可能像一个躲藏得很好的鸟类观察者一样。从某种程度上说，在观察过程中，你也在改变世界的状态。更准确地说，你永远无法逃离和世界的联系。

当观察目标很大时，这种改变并不明显；然而，当观察目标极小时，改变就变得至关重要了。正如上一章所述，当目标量子的波长比其实际大小更大，或两者相当的时候，量子的模糊现象就变得显而易见了，世界会变得和我们往常所看到的大不相同。

1935 年，奥地利物理学家埃尔温·薛定谔找到了能计算不同测量的可观察结果概率的关键方程式 [99]，他提出了一个非同寻常的假想实验，这个实验被称为"薛定谔的猫"。

假设把一只猫放在一个封闭的房间里。房间里有一台盖革计数器和一个偶尔会发出放射性粒子的放射源。如果盖革计数器在第一个小时记录下其中一次（为了实际需要）完全随机的量子放射性衰变，那么就会释放出马上能毒死猫的有毒气体。如果计数器在第一个小时里没有记录下放射性衰变，那么猫就会幸存下来。当我们在一个小时后检查房间里的猫是否还活着的时候，实验就结束了。

薛定谔的观点是，根据量子力学的标准解读，在我们检查房间之前，猫在概率上处于"生"与"死"的混合状态。只有在被看到之后，猫才会处于两个确定状态"生"或"死"之一，但是解薛定谔的方程式可以确定一个概率。是在什么时间、什么地点，通过何种方式，这只颠三倒四、半死不活的疯猫才变成了你打开门时看见的死猫或活猫？引起这一切结果的，究竟是你这个"观察者"，还是盖革计数器，抑或那只猫？还是说，量子力学对于像猫这样的大物体并不适用？

薛定谔想表达的观点是，他不相信量子理论会是物理事实的完整描述。处于混乱状态的是我们关于这只猫的知识，而非猫本身。对于支持量子力学标准解读的人来说，比如玻尔，根本就没有"猫本身"这种东西，只有人们关于猫的知识才是现实。没有办法能把猫和观察者分离开。

猫的悖论是量子力学问题解读方式的一个缩影[100]，也是人类因无法完整理解现有知识而产生的一个典型症状[101]。也许，我们还没有找到表达量子力学的最具启发性的方式，由于一些笨拙的解读方式，我们经常被一些奇怪的副产品引入误区[102]。从根本上讲，量子力学是微观世界运作原理向终极现实靠近的关键一步，这一点毋庸置疑。人们以前所未有的实验精度证实了其预测结果，而世界上所有的计算机、微电子仪器和技术系统都是根据它来建造的。但"那只该死的猫"已经纠缠了物理学家们70多年，敦促他们拿出对量子力学更有说服力、对所有人都更简单易懂的解读方式。这道"猫的难题"的答案或许还能告诉我们，量子理论能否应用在真实但不可见的物体上，比如宇宙本身。

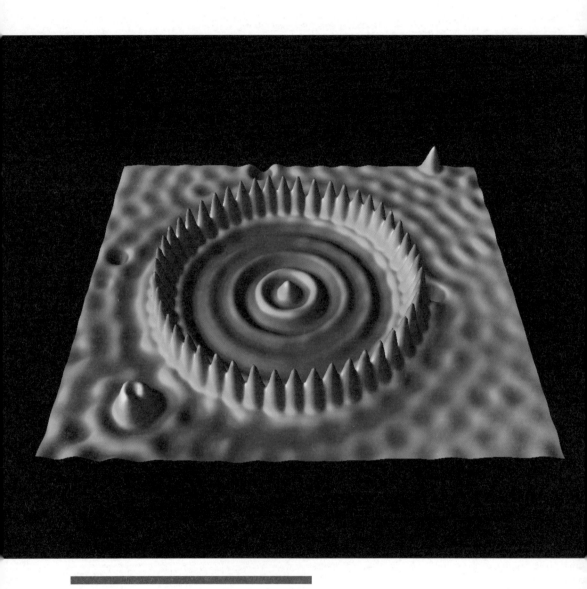

埃格勒、克罗米和鲁兹利用一台扫描隧道显微镜挪动了 48 个铁原子，形成了一个"围栏"

底层的房间

量子围栏

我看见了未来，它挺小的。

——拉里·斯马尔（Larry Smarr）[103]

一直以来，科技进步的试金石都是人类打造超级工程的能力：最大的桥、最高的楼、最长的飞机。但是，世界逐渐调整了它的航向。今天，工程师的高超技能越来越体现在小领域，这里才能反映最重要的科技前沿发展。其实在很久以前，这种趋势就开始了，从第一台晶体管收音机的出现，到便携式计算机、移动电话、CD 播放器……小，总是美好的。与此同时，物理学家也在相同方向上工作，但这个领域中的事物实在太小了，小到无法被肉眼看到。

纳米科技是一门冉冉升起的工程科学，其规模在单个原子级，通过挪动原子制造出特定结构和"机器"，而这些成品比几个原子大不了多少。有朝一日，我们的身体中可能会充斥着小小的纳米机器人，帮助疏通动脉或者从身体内部实时监控我们的健康状况。

扫描隧道显微镜问世之后促成了巨大的科技进步，让控制单个原子成为可能。唐·埃格勒（Don Eigler）、迈克尔·克罗米（Michael Crommie）和克里斯·鲁兹（Chris Lutz）绘制了两幅物理界的标志性图像，同时也让它们与艺术相连。1993年，他们创造了后来被称为"量子围栏"的图像[104]。三位科学家操纵扫描隧道显微镜的尖端，限制了单个原子，并利用铁原子建起了一个栅栏，就像"围栏"一样围成一圈，借此把钴原子封闭起来。我们可以在开篇图中看到一个由 48 个铁原子组成的接近圆形的"围栏"。这一结构最令人称奇的地方就是它以纳米为单位计算的大小，1 纳米等于十亿分之一米。一个标准量子围栏的长度在 10 和 20 纳米之间。人类头发的直径约为 20 万纳米，一个硅原子的晶胞参数约为半纳米。有人用一块 1 万纳米长的硅晶体制造了一把纳米吉他，吉他有 6 根弦，每根 50 纳米宽。你甚至可以"拨动"琴弦，但它产生的音符频率过高，人耳无法听到。

这些微小结构让量子"蜃景"现象成为可能（下图）。电子和其他亚原子粒子都有波向性，能形成共振，所以波峰加上波峰可以在特定位置生成能量聚焦。2000年，哈里·马诺哈兰（Hari Manoharan）、克里斯·鲁兹和唐·埃格勒在铜表面的一个椭圆钴原子围栏上首次发现了这一现象。钴原子反射了铜原子附近表面的电子制造出的波动，这种波动可以用量子力学的公式预测。让围栏呈椭圆形，可以把磁性钴原子放在椭圆的两个焦点之一上，这样就能制造出另一个钴原子在另一个焦点上的图像，这就是量子蜃景。在椭圆的两个焦点附近都可以检测到相同的物理和电子属性，但事实上，只有一个真实的原子被放置在一个焦点上！这幅图成为2000年2月《自然》杂志的封面[105]，吸引了媒体的视线。恰恰因为这个

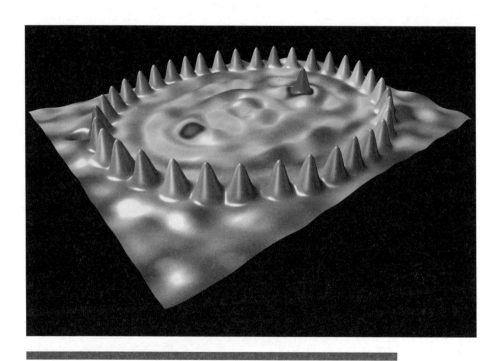

一个钴原子（紫色顶点）位于由36个钴原子组成的椭圆形围栏的焦点上，并在椭圆形的另一个焦点（淡紫点处）上制造了一个量子蜃景

惊人的视觉效果，我们有史以来第一次"看见"了原子，并可以驾驭电子了。

把单个钴原子放在由 36 个钴原子组成的橙色椭圆形的一个焦点上，该焦点上有一个凸出的紫色顶点。椭圆的另一个焦点显示了颜色稍浅的紫色脊部，这就是蜃景，那里并没有真实的原子。

这一实验还展现了椭圆形一个异乎寻常的特性，该特性并非量子力学的结果。如果有一个椭圆形的撞球桌，把母球放在一个焦点上，把目标球放在另一个焦点上，无论你如何撞击母球，它最终都会撞到目标球——条件是此前摩擦力没有让母球停下或母球没有滑进球袋。我们在回音廊里也能见识到椭圆形的这个特点。在美国夏洛茨维尔的弗吉尼亚大学有一个著名的卵形会客室，它是托马斯·杰斐逊设计的。会议室虽然面积巨大，但如果你站在椭圆形的焦点上，就能听到站在另一个焦点上谈话的人的声音，尽管距离很远，但讲话的人好像就在你耳边一样。在椭圆形围栏里，原子和电子的量子波上也发生了类似情况。它们的量子"回声"聚集在另一个焦点上，以很大的强度振荡。

在传统电子工程学中，这种现象会是个大麻烦。电子太小了，需要用一根导线来传输，而电子的波向性会延伸出导线，与电路的其他部分搅和在一起，这可能会造成灾难性后果。然而，如果从这些非同寻常的量子特征出发，还是可以用工程设备从好的方面挖掘量子效应的益处，这就是光子学新领域的基础。其目的是开发纳米级的计算设备，利用被围住的原子存储并处理信息。原子结合在一起形成新的分子和化合物，所以，纳米设备也能像乐高积木一样堆起来，创造复杂的原子机器。量子围栏并不只是量子力学的漂亮名片，更是打开未来科技之门的钥匙。

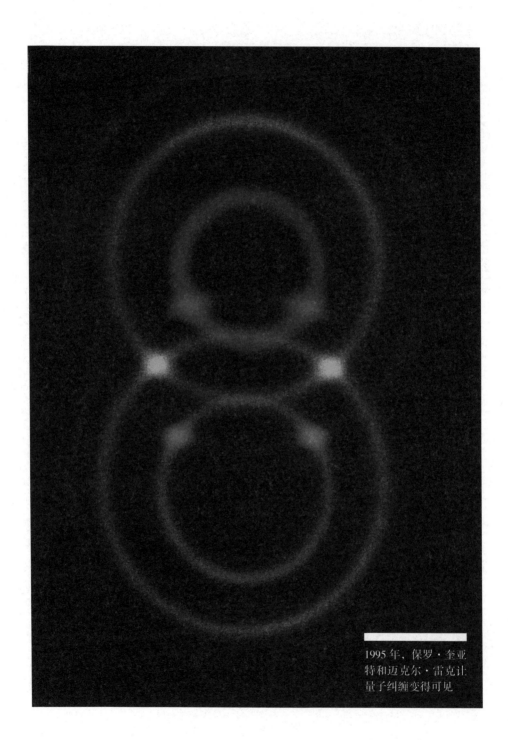

1995 年，保罗·奎亚
特和迈克尔·雷克让
量子纠缠变得可见

量子蜃景

纠缠的光子

> 有人认为，物理就是要发现自然是怎么回事，这是错的。物理关心的是我们认为自然是怎么回事。
>
> ——尼尔斯·玻尔

爱因斯坦对量子力学有着深深的担心。他从不认为这是对世界完整而连续的解释，所以他花费了很多精力设计更简单的思想实验，让量子力学在很多让人难以接受的方面暴露出它的不完整性和不连续性。其中最著名的一次尝试就是他与两位同事，纳森·罗森（Nathan Rosen）和鲍里斯·波多尔斯基（Boris Podolsky）共同撰写了一篇论文，该文刊登在 1935 年 5 月 15 日的《物理评论》杂志上 [106]。波多尔斯基和罗森是普林斯顿高等研究院的研究助理，爱因斯坦从 1933 年直到 1955年去世，一直在普林斯顿工作。这篇富有挑战性的论文源于爱因斯坦在 1930 年提出的理论。论文实际是由波多尔斯基写成的，因为他的英语水平比爱因斯坦的好——爱因斯坦早期的伟大论文都是用德语写的。爱因斯坦对于这篇论文的最终版始终不太满意，因为他认为波多尔斯基的解释方式让"最本质的东西……被形式湮灭了" [107]。尽管如此，这篇论文仍然成了物理学界最具影响力的论文之一，并且定义了后来被称为"EPR 悖论"的理论。

爱因斯坦意在挑战玻尔那个已被广为接受的信条：任何现象除非能被观察到，否则就不能说它"存在"。正是因为这样的信条，物理学家们都在发掘现实中的东西，而不愿探索事实真相。与此相反，爱因斯坦相信事物的真实本质与它们是否可见毫无关系。

EPR 思想实验认为，基本粒子可以衰减成两个光子，它们带着同样的能量，向相反方向移动。这种衰减的一个特性就是，每个光子都有一个特殊的量子属性，称为"自旋"。如果其中一个光子顺时针自旋，那么另一个光子就有一个相同大小的逆时针自旋，当它们叠加时，和为零。这表示，自旋在自然界中是一个恒量，正如能量和动量。如果衰减的最初状态是零自旋，那么最终所有衰减产物的自旋就是既相等又相反的，且总和为零。

爱因斯坦认为，这意味着如果你测量到衰减产生的一个粒子的自旋是顺时针的，那么另一个粒子的自旋肯定呈逆时针，无论你能否测量得到。不需要观察者的介入，也能确定第二个粒子的自旋方向。所以，没有被测量的自旋也是真实的，因为它是可预测的。这就好比，你在洗衣房弄丢了一双红手套，如果你找到的第一只手套是右手的，那么你在找到第二只手套之前就知道，下一只肯定是左手的。

量子力学告诉我们，在测量自旋之前，每个被发现的光子都有顺时针或逆时针转动的可能，机会均等，不存在内在的偏向性。但是，一旦通过测量认定了其中一个光子的自旋方向，那么概率就变成了必然，另一个光子也由此定性。

这一事件顺序的状态可以用"悖论"一词来形容，因为神秘的是，第二个光子是如何"知道"第一个光子已经被测量，而此时自己的自旋方向该是怎样的呢？我们可以想办法让第二次测量非常迅速地发生，不留下任何光信号向第二个光子的所在地点发出第一次测量结果的信息。爱因斯坦认为这一通信问题需要一种"鬼魅超距作用"。值得注意的是，EPR 思想实验在 1982 年成了真实实验，这是由阿兰·阿斯佩（Alain Aspect）及其在法国的同事们一起实现的。实际上，他们在初始粒子衰减之前以一百亿分之一秒的频率改变其自旋方向。与此同时，他们测量了大小相等、方向相反的衰减光子的自旋，前提是它们被分开的距离是在初始自旋被最后一次改变后的短时间内，光可以通过的距离的四倍。量子力学的预言被证实了！光子确实"知道"它们的自旋应该如何。

玻尔从未被 EPR 悖论所动。他从根本上就不接受爱因斯坦对"现实"的定义。玻尔倔强地拒绝承认现实与观察到的现实之间的区别。尽管两个自旋的粒子似乎无法影响彼此，它们却纠缠在一起。玻尔声称，其原因就是存在一个想通过研究第二个粒子的自旋来测量第一个粒子的观察者。观察者是这个实验无法分割的一部分。谁都不能将两个自旋视为毫无关系的个体，除非观察者介入，在最后的测量中把两个粒子分开：第一次和第二次的测量结果在测量之前不可能被预测出来。对于事件的量子描述并非是对世界的不完整描述，正如爱因斯坦、罗森和波多尔斯基在论文中声称的那样，这是一种比他们所预料的更全面、更广泛的描述。

近几年，相互隔离且"非局部"事件的量子纠缠已变成重点研究领域。我们能否理解这其中的奥秘，能否找到挖掘其价值的方法，将决定人类能否实现常规、可信赖的量子加密和量子计算技术，以及随之而来的不同凡响的收获。1995年，奥地利因斯布鲁克大学的保罗·奎亚特（Paul Kwiat）和迈克尔·雷克（Michael Reck）用胶片记录下了量子纠缠现象。他们让波长351纳米的紫外线激光穿过偏硼酸钡的结晶，并进行了拍摄。他们选中这种材料是鉴于其透明度和其他优良的光学性质。这一过程让100亿个旋转（"极化"）光子中的一个变为两个低能量光子。两个光子的波长为702纳米，并向两个不同方向自旋[108]。能量总数是恒定的[109]，所以两个新光子有一线希望能像EPR设想的那样纠缠起来。

无须特殊镜头来放大效果，科学家们拍到的照片足以捕捉到两个不同的极化现象变成纠缠状态的条件。100亿个光子中只有一个光子有百分之一的机会被转化成低能量光子，然后纠缠起来。但光子数量众多，仍有不少机会可以抓住它们。在章首图片里，我们可以看到穿过晶体的光形成了环。图中两个绿环是由两个不同极化的光子形成的。两个绿环彼此切断，纠缠对中一个光子的极化与其在另一个切断处的值恰好相反。这幅照片展现的就是量子纠缠的状态。

这些现象在非量子世界里找不到对应事件。它们揭示了人们通常理解的世界中的直觉和常识与现实的深层本质之间的差距。这些现象给予我们的现实利益，是爱因斯坦和玻尔都不曾预见到的。假设信息被加密到两个纠缠光子中的一个之上，如果有人想扰乱这条信息，那么纠缠状态就会告知远在另一方的另一个光子。阿图尔·埃克特（Artur Ekert）用一种实用方法开创了量子加密技术[110]。现在，世界范围内关注安全问题的人都被这门技术深深吸引。有一天，这种方法会保护你的银行账户和计算机里的文件，带给你百分之百的安全。

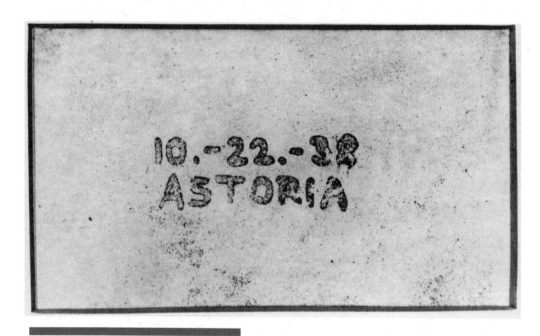

切斯特·卡尔森在 1938 年 10 月 22 日于纽
约州阿斯托利亚制成的第一个复印件

第二次"重逢"

静电复印术

一张照片不仅是一幅图像（绘画也是图像），它是对真实的解释，是一种痕迹，一种以真实事物为模板的复制，就像一个脚印或死人的面部模型。

——苏珊·桑塔格（Susan Sontag）[111]

很多学校老师和大学教授对于学习被影印技术所取代的现象感到绝望。在 20 世纪七八十年代，在微型计算机问世之前，几乎每个人都在到处影印各种自己想读或应该去读的图书、文件和信件。大学的经济收入似乎都要依赖于学生在图书馆复印所收取的高额费用。有传言说，英语中的"博士"（PhD）一词其实是"影印专家"（Doctor of Photocopying）的意思。那么到底是谁做出了第一张影印件，启动了这场大规模"杀伤性"纸张消费浪潮？

这位"罪人"是一位美国专利律师，他也是一位业余发明家，名叫切斯特·卡尔森（Chester Carlson）[112]。他在 1930 年毕业于加州理工学院物理专业，却无法找到专业对口的稳定工作。他的父母都长期患有慢性病，家境贫困，而此时美国的经济危机愈演愈烈，卡尔森必须找一份工作先干起来。结果，他在马洛里电池公司的专利部门找到了一份工作。出于对前途的焦虑，他没有放过任何眼前的机会。卡尔森在夜校修了法律学位，并迅速被提拔成整个部门的经理。在这份工作中，他对一件事始终感到非常沮丧，那就是专利文件的复印件永远都不够用，众多相关机构都需要这些材料。他能做的就是把这些文件拿去拍照——这是很昂贵的，或者只能手抄，这对于他来说是一件很令人沮丧的工作，因为他视力不好，关节炎也让他感到疼痛。所以，卡尔森必须找到一种既便宜又能减少自己痛苦的方式来制作副本。

想找到解决方案并不简单。卡尔森花了大半年研究乱七八糟的摄影技术，直到有一天，他在图书馆发现了"光电导性"一词，这是匈牙利物理学家保罗·塞伦尼（Paul Selenyi）刚发现的新特性。塞伦尼发现，当光照到某些物质的表面时，电子流（电子的导电性）就会增加。卡尔森意识到，如果一张照片或一页文字的图像被照到一个光导电表面上，那么电流就会流到有光的区域，而不会流到印有内容的黑暗区域，一个电复本就此产生。卡尔森在自己位于纽约市皇后区杰克逊高地的家中厨房里搭建了一个简陋的家用电子实验室，并开始尝试各种技术，彻夜地做着复印纸上图像的实验[113]。在被妻子从厨房里赶出来后，他又把实验室搬到了位于阿斯托里亚附近岳母的美容院里。1938 年 10 月 22 日，他的第一份成功副本在阿斯托里亚诞生。他是在一位助手的帮助下完成的，这位助手是一位失业的德国物理学家，名叫奥托·柯乃伊（Otto Kornei）。这一时空坐标被保存在卡尔森的副本中，为子孙后代们留存了记忆。

卡尔森找到一块锌板，将之用硫黄粉包裹起来，再用黑墨水在一个显微镜载片上写下了日期和地点，即"10-22-38 Astoria"；然后，他把光线关掉，用一块手帕摩擦硫黄使其带电（就像我们用气球摩擦毛衣一样），接着把载片放到硫黄上，将之放到亮光下几秒钟；然后，他小心翼翼地移开载片，用石松真菌粉盖住硫黄表面，再把粉末吹掉，露出复制的信息；之后，再用加热的蜡纸加固图像，当蜡冷却后，图像就会凝结在真菌粉旁。

卡尔森将自己的新技术称为"电子摄影术"，并试图将其商业化，卖给IBM 和通用电气等公司，因为他没钱再继续进一步的研究了。但是，这些大公司对他的发明一点儿兴趣都没有。卡尔森的设备很笨拙，整个过程复杂而杂乱。总之，复写纸也能凑合用——大家都这么说。

直到 1944 年，俄亥俄州的巴特尔研究所找到了卡尔森，并与他达成协议，把他的原始发明改进成可商业化的技术[114]。三年后，一家生产相纸的公司——位于罗切斯特市的哈洛德公司买断了卡尔森的发明，计划销售这种复印设备。在卡尔森的授权下，哈洛德公司做的第一项改动就是把卡尔森为复印过程所取的冗长的名字改掉。"电子摄影术"（electrophotography）被"静电复印术"（xerography）所取代。这都要感谢一位俄亥俄州立大学古罗马文学教授。这个词源自希腊文，字面意思是"单调的文笔"。1948 年，哈洛德公司把这个名字简化成商标"Xerox"，中文译为"施乐"。施乐复印机很快在市场上获得了巨大的商业成功，为此，哈洛德公司在 1958 年更名为哈洛德 − 施乐公司。1961
年，公司推出的新机型施乐 914 首次采用普通纸复印。这又是一次史无前例的
成功，于是公司索性彻底删掉"哈洛德"这个名字，正式更名为施乐公司。在
当年，公司收入达 6000 万美元，到 1965 年，收入疯狂增长到 5 亿美元。从那
之后，施乐公司蜚声全球。就像胡佛（Hoover）吸尘器一样，施乐的名字不仅
是一个名词，也变成了一个形容词、一个动词，都用来形容施乐复印机（及其
可怜的竞争者的产品）的复印过程[115]。卡尔森变得非常富有，但他把自己三分
之二的财富都投入了慈善事业。令人难过的是，卡尔森在 1968 年一次意外摔倒
后很快就去世了。当年，62 岁的他正走在街上，准备去参加一场在纽约举办的大
会[116]。他的第一份复印件在无人知晓的情况下诞生，并从此改变了整个世界的工
作流程。卡尔森史无前例地改变了信息的传播方式：无论是图片还是文字，都可
以被轻松地复制了。

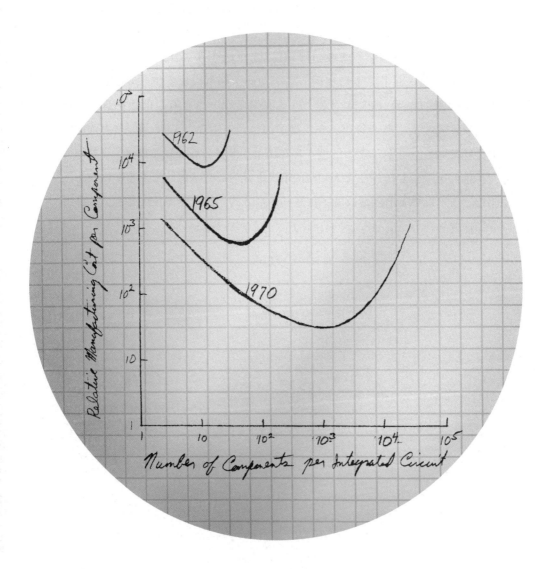

戈登·摩尔绘于 1965 年的原画，描绘了计算机芯片的生产成本和集成电路上每平方英寸晶体管数量的比值，图中的曲线趋势后被业界称为"摩尔定律"

事出必有因

摩尔定律

> 我有两次被（政府官员）问："请问巴贝奇先生，如果你把错误数据送进机器，有可能会出来正确结果吗？"我真不明白，人们是把概念混淆到何种地步，才会问出这样的问题。

> ——查尔斯·巴贝奇

"计算机毫无用处，因为它们只能给你答案。"毕加索如是说。但是，答案有时候也能让人欣然分享，特别是当你可以快速、准确、便宜地获得答案的时候。计算机或许无法推动抽象艺术的发展，但它们却能在人类历史中不到 30 年的时间里催生一场惊天动地的革命。

我们中的很多人或许还记得个人计算机、文字处理软件、移动电话诞生之前的世界，但是，越来越多的劳动者们要么不记得那个时代，要么难以想象当时的样子。这种决定性的科技发展打造了更进步的社会生活，不仅成了生活节奏的加速器，而且成了许多国家获取全球智库的纽带。对于一位普通的科技使用者来说，这一过程有点儿像乘坐一辆"暴走"列车。新产品层出不穷，存储和运算速度不断提高，交互性越来越强，无线通信能力日新月异。新兴公司如雨后春笋，变成了像谷歌一样可以左右世界经济的力量，而这种力量甚至超越了国家的力量。在这场迈向未来的竞赛背后，有什么简单模式吗？

早在个人计算机诞生之前的 1965 年，芯片生产商英特尔公司的联合创始人戈登·摩尔（Gordon Moore）决定寻找当下前沿计算机芯片产业的发展模式规律。他知道自己的公司发展得十分迅速，但他想弄清楚，这样的发展是在加速还是在减缓。作为一名精明的商人，摩尔想知道这样的发展速度能否被预见。他计算出，在一段可预见的时间内，可缩小在 1 平方英寸（约 6.5 平方厘米）集成电路上的晶体管数量会翻倍，而晶体管的成本会成比例降低[117]。每两年，晶体管的密度就会

每片晶粒上的晶体管数量

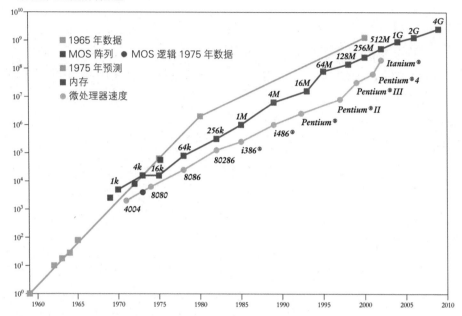

摩尔定律的现代解读展示，在每块长方形集成电路晶片（晶粒）上的晶体管数量随时间的增长率接近于常数。这种程度的可预测性已成为在计算机发展水平制约下的软件发展速度的重要决定因素。原始的摩尔定律认为，每块集成电路晶粒（绿线）上的晶体管数量每两年都要翻一番。如今看来，这对于计算机的其他领域也适用，比如内存（红线）和微处理器速度（黄线）

翻倍，而芯片成本会减半。大小在缩小意味着能量功耗也在减少，集成电路的速度会变得更快[118]。摩尔的这幅图一直被持续更新，同时，这也是微电子产业平均发展速度的基准。另一位微电子产业的先锋人物，加州理工学院计算机科学教授卡佛·米德（Carver Mead）率先将这种简单趋势命名为"摩尔定律"。

这场革命源自金属氧化物半导体（简称 MOS 管）。位于新泽西的贝尔实验室在 1947 年用锗制作了第一个双极面结型晶体管。锗在 20 世纪 50 年代被硅取代，因为硅的氧化物二氧化硅（沙子和石英）是一种绝佳的电绝缘体，也易于定型和移动。德州仪器的工程师杰克·基尔比（Jack Kilby）在 1958 年发明了集成电路。次年，大量晶体管借此可以连接在硅薄片上。大批量生产的梦想很快成真。到了 1970 年，很多公司都开始生产集成电路。在 1971 年，英特尔公司以晶体管为基础做出了第一块单片微处理器——英特尔 4004，第一台微型计算机就此诞生。到了这一阶段，一个晶体管有 1 万纳米大，芯片上大约有 2300 个晶体管。到了 21 世纪，英特尔出品的安腾 2 处理器上有 4.1 亿个晶体管，却只有 45 纳米大，所有晶体管都集中在一个 3 平方厘米大小的区域内。

要衡量行业发展进度，单以处理器的数量为依据，似乎无法描绘整个故事的全貌。因为事实上，处理器也开始从事更复杂的工作。另一个衡量发展进度的方法就是为在硬盘上储存信息的成本下降量绘图，但是，摩尔的测量方法是业界公认最具参考性的。这个定律为什么会具有如此不可撼动的地位呢？

摩尔定律不仅能总结进度——当然，它不像引力定律那样能描绘出变化是如何发生的，那是自然定律做的事。但是，摩尔定律在激励发展方面起到了很大作用，是计算机行业在给定时间内应实现的发展的标杆[119]。超常发展被视为超出摩尔定律"两年翻一番"曲线所预测的正常推测结果。更重要的是，摩尔定律让计算机行业中从事生产新驱动和外围设备的企业始终保持在行业前列。如果重要的硬件发展需要多年的研究、计划才能投入生产，那么等到新处理能力诞生后再做回应，就不是一个好主意。你必须能预见发展，让自己的产品在可用的第一时间就准备就绪。在指导生产商如何更好地计划产品发展方面，摩尔定律的意义重大。结果，这条定律就变成了一条关于微芯片密度发展的自我实现预言。

摩尔的发展预言会一直有效吗？人们曾预测晶体管的大小会每 6 年减小一半，在 2010 年达到 18 纳米，在 2016 年下降到 10 纳米[120]。遗憾的是，这未必能实现。

这种预测仅适用于重复运用相同基本技巧，只不过是工艺越来越精细、工程自动化灵敏程度越来越高的情况而已。最终，生产商将进入一个瓶颈，新的物理学定律将直接影响工程方法。全新的结构将问世，而更小的旧产品将成为过去。30 纳米（人类头发宽度的三千分之一）的晶体管需要的氧化物厚度为大约 0.7 纳米，仅有两个原子厚。这就给生产商们提了难题，他们需要足够的电容来充分控制电流流动。极小型设备一直备受较大电流泄漏的困扰。有些材料像硅一样具有出色的电气性质，比如铪，可能会在一段时间内维持摩尔曲线的走势。然而，一旦一个硅晶片上的部件密度像原子本身一样拥挤的话，那就要面临一个本质问题了——单个硅原子之间的距离是 0.27 纳米 [121]。在这一领域中，我们进入了纳米工艺的新世界（见本书"底层的房间"部分）。我们必须面对量子计算的各种异常可能性，解决电子的自旋而非电荷的超常问题——这就是碳富勒烯纳米管和光子器件的属性。在纯硅微型化的方向上发展，注定无法实现突破。计算能力将迈上崭新的道路，而全新发展方向是由科技进步模式决定的。大家都将开始寻找与摩尔最初提出的关于硅微型电子发展类似的规律，也许会有一个"摩尔第二定律"吧？

加布里埃尔·奥罗斯科的《沙桌》，1992 年

沙之谜

沙堆

一花一世界，

一沙一天国，

君掌盛无边，

刹那含永劫。

——威廉·布莱克[122]

牛顿通过观察日常事物，告诉我们深刻的真理。这种事还有可能发生吗？不难想象，想发现一个基本原理可能需要数百万美元的资金，投入大量人力，还要配备大型强子对撞机、计算机蓄电池、大型望远镜或轨道卫星。基础科学研究变成一个越来越大的工程。但是，总有一些美丽的例外。其中最让人吃惊的发现之一就源自对人人都曾目睹的现象的仔细思考。这一发现已成为复杂形态从无序向有序发展的范例。

向一个平面上（如一个小桌面）从上到下倾倒一堆沙子。重力让沙子落到桌子上，沙堆越来越高。慢慢地，沙堆变得陡峭。沙崩持续发生。一开始，落下的沙子只停留在距离落点不远的地方，但随着沙堆变陡，沙崩的范围越来越大。最后，一件怪事发生了：沙堆的坡度停止变化。达到某个坡度后，后来的沙子仅维持着同样坡度的沙崩。如果沙堆在一个桌面上，最终沙子会沿着桌子边滑落，滑落速度与从上方下落的速度相同。

一切都很神奇。每一粒下落的沙子都遵循一条混乱而敏感的轨迹，在下落路径上，任何其他沙粒施加的小偏差都会导致下落沙粒接下来的命运发生重大改变——它或许会落在沙堆的另一面。然而，沙子无序下落的最终结果却是一个高度有序的沙堆，而且还有一个特定的坡度[123]。更奇怪的是，这个沙堆保持稳定坡度的方法并不稳定——沙崩，从一粒沙到整个沙堆的坡，在各种尺度上都会发生。

一个沙堆形成后，就会有一个最大坡度。持续增加的沙子形成大小不一的沙崩，但沙堆的坡度始终保持在最大坡度。在这一过程中，一系列无序、不可预知的独立事件（沙子下落）自行规划出一个大规模秩序，这种现象作为复杂形态从无序向有序发展的范例，被广泛研究。1987年，皮尔·巴克、汤超和柯尔特·维森菲尔德率先开始研究这一现象

这一过程被皮尔·巴克（Per Bak）、汤超和柯尔特·维森菲尔德（Kurt Wiesenfeld）称为"自组织临界"。1987年，他们最先意识到其重要性[124]。"自组织"这一形容词生动描述了无序输入把自己整理成有序积累的方式。"临界"体现了这个堆在任何时间点上的不确定状态——沙堆永远在某些地方处于沙崩状态。保持有序状态的事件次序是在沙堆某处慢慢堆起沙子，然后突然发生一次沙崩，接着继续慢慢堆积，然后再次沙崩，如此往复。有时局部堆起小沙堆，就会造成一个比临界坡度还高的坡，然后就会倒塌。总之，稳定性恰恰是通过局部的不稳定性来维持的。

最令人意想不到的是，沙堆一直都在向颤颤巍巍的不稳定状态演进，然而对于多数系统来说，它们都像滚入篮子的球一样，在寻找一个最稳定的栖息地。沙堆在接近临界状态时会对各种大小的扰动越来越敏感，而且永远存在一个瞬间的稳定状态。如果这一现象发生在桌面上，那么沙子下落到沙堆的速度和它们从边缘滑落的速度相同。沙堆结构作为一个整体保持不变，但是，沙堆在不同时刻却由不同的沙粒组成。临界结构能够存在的必要条件是沙崩的频率只与沙崩规模的大小呈幂函数关系，由于大沙崩比小沙崩更少，因此幂为负[125]。所以也就没有一个理想的沙崩大小了。当沙子比较黏的时候，容易形成一定大小的球，滚落沙堆，这时该理论就不适用了。仔细观察沙子下滑就能发现，形状不对称的"沙粒"，比如大米，其沙崩会更准确地造成与自身规模大小无关的临界表现，因为大米更容易翻滚，而不是下滑[126]。另外，粉末的表现又是另一回事了。

一开始，科学家们希望沙堆能成为各种有组织复杂形式的发展范例。这一期待过于乐观了。但是，关于沙堆的发现仍然能为找到其他自组织复杂结构提供线索。沙崩可以代表生态平衡中的物种灭绝、经济体系中的商业破产、地震、地壳压力平衡模型下的火山爆发，甚至蜿蜒河流作用下形成的U形湖泊。在河流弯曲处，水流更湍急，从而侵蚀河岸，形成U形湖泊。在湖泊形成之后，河流会变得直一些。这一逐渐积累曲率的过程造成了突然出现的U形和矫直，这就是平原河流"自组织"蜿蜒形状的过程。

起初，把这些完全不同的问题都归结为与沙堆一样的问题，这确实耸人听闻。理查德·索雷（Richard Solé）曾画过这样一幅画，画中有一个人正在一条颠簸的路上遛狗。这幅画解开了其中的联系。如果在某种情况下仅存在一种作用力（对

理查德·索雷的画阐释了"缓慢改变，继而突然崩盘"的一般性规律的原因。这种现象出现在拥有很多平衡状态的进化系统中，它们潜藏在外界施加的影响下运动。在这种情况下，外力是灵活的，平衡点位于波形的谷底。每次狗被拉到山顶上时，就会发生突然下滑

于沙堆来说是重力，对于狗来说是绳子的牵引力），可能存在很多平衡状态（对于狗来说是在凹处，对于沙子来说是沙堆暂时的稳定状态），于是我们就能看出拉动绳子的效果。狗在上坡时行走缓慢，然后它被很快拉过顶端，接着又开始慢慢爬坡，然后再一次越过凹处。一次又一次不连贯的缓慢积累和突然改变的动作，就是沙堆特有的逐渐积累过程，以及紧随其后的沙崩。从画中可以看出，这其实是任何由简单组件构成的系统的通常行为模式。

　　这些观点的可贵之处在于，它们证明了通过细心观察最简单的日常事物，并提出正确的问题，我们仍可以获得重要的发现。这是现代版本的牛顿棱镜——一幅足以颠覆世人世界观的图片。

注　释

有些出版社宣称，不想给正文添加脚注的负担，似乎这是为了帮读者一个忙。有些出版社则狡猾地鼓励作者把没有加入书中的脚注放到网站上。有人认为这样一来，学者们如有需要，可以在某处找到这些"沉闷"的注释，而大众读者也可以流畅地阅读作品。

当然，我们知道这是无稽之谈。大众读者也会像学者们一样享受脚注的用处。而脚注也可以很有魅力，可以激励人们深入阅读，值得大家额外付出的每一分钱。

——查克·泽比（Chuck Zerby），《恶魔的细节》（*The Devil's Details*）

第一部分　你眼中的星星

1. MANKELL H. *Chronicler of the Winds*, London : Harvill Secker, 2006: 63.

2. UPDIKE J. "The Accelerating Expansion of the Universe", *Physics Today*, 2005-04: 39.

3. 这些图片被无数次复制。如果报刊编辑急需天文学图片，他不用费力便可马上无偿获取哈勃空间望远镜拍摄的图片。这些图片已成为人们一眼认出的标志。哈勃定期发布图片，成了很多人期待的头等大事。

4. 注意，古人普遍相信地球位于太阳系的中央，太阳绕着地球转。

5. 即白羊座、金牛座、双子座、巨蟹座、狮子座、处女座、天秤座、天蝎座、射手座、摩羯座、水瓶座和双鱼座。

6. SHAKESPEARE W. *Julius Caesar*, III i 60.

7. BARROW J D. *The Artful Universe Expanded*, Oxford: Oxford UP, 2005, chapter 4.

8. 在塞拉里乌斯的星座图上很难看到南部天空的"洞"，因为他充分利用空间创造了一件平衡的艺术品。这张古老的星座图上有许多附加的东西。

9. 分至圈是两个重要的天体圆，一个经过两极和两个至点（二至圈），另一个经过两极和两个二分点（二分圈）。

10. SCHAEFER B. "The Epoch of the Constellations on the Farnese Atlas and their Origin in Hipparchus's Lost Catalogue", *J. Hist. Astronomy* 36, 2005: 167-196.

11. 确定日期的关键在于要排除其他人也为地球仪提供了天空目录的可能性。阿拉图斯和欧多克索斯在大约公元前 275 年和公元前 355 年，而托勒密的《天文学大成》可以追溯到公元 130 年。

12. SWARTZ C. 绘制了星图 . 2nd ed. transl. from Swedish. Paris : Migneret et Desenne, 1809. 第 1 版出版于 1807 年。法文版第 1 版书名为《对希腊星座起源与意义的研究》(*Recherches sur l'origine et la signification des Constellations de la Sphère grecque*)。斯沃茨毕业于乌普萨拉大学，当时是一位公务员。

13. MAUNDER E W. *The Astronomy of the Bible*. London: Hodder and Stoughton, 1909. CROMMELIN A. "The Ancient Constellation Figures", in *Splendour of the Heavens*. vol. 2 , ed. PHILLIPS T, STEAVENSON W H. London: Hutchinson, 1923.

14. OVENDEN M W. "The Origin of the Constellations". *Philosophical Journal*, 1966 (3) : 1-18. ROY A. "The Origin of the Constellations". *Vistas in Astronomy*, 1984(27): 171-197.

15. EVERSHED M A. "The Origins of the Constellations", *Observatory Magazine*, 1913(36): 179-181. DICKS D. R. *Early Greek Astronomy to Aristotle*. Ithaca: Cornell UP, 1970. CRUPP E C. "Night Gallery: The Function, Origin and Evolution of Constellations". *Archaeoastronomy*, 2000(15): 43-63. ROGERS J. H. "Origins of the Ancient Constellations". *Journal of the British Astronomical Association*, 1998(108): 9-27, 79-89.

16. 阿拉图斯与圣徒保罗一样，是土生土长的西里西亚人。保罗曾在雅典最高法院做过一次著名演讲。他在对"未识之神"发表议论时，引用了阿拉图斯的一首诗。这次演讲后来被记录在《使徒行传》第 17 章中。保罗说："因我们生活、行动、存留都仰仗于他，就如你们中间有些人作诗，因我们也是他的子孙。"此话引自阿拉图斯的诗《致上帝》中的前几行，原文如下："在任何地方，我们都能感到对他的需要；因我们是他的子孙。"全诗译文请参见：MAIR G R. *Aratus' Phaenomena*. Loeb Classical Library. London: Heinemann, 1921.

17. 欧多克索斯是科尼杜斯人，但为了"好名声"，他自称是希腊人。有趣的是，科尼杜斯的地理纬度是北纬 36.4°，欧多克索斯生卒年为公元前 409 至公元前 356 年左右。

18. 星座由特定的恒星组成，经过几千年的演变，确定了二分点和二至点，这使星座可以保持稳定超过两千年。人们对这个问题曾做过有趣而细致的研究，请参见：GURSTEIN A. "On the Origin of the Zodiacal Constellations". *Vistas in Astronomy*, 1993(36): 171-190. "Dating the Origin of the Constellations by Precession". *Soviet Physics Doklady*, 1994(39): 575-578. "Prehistory of Zodiac Dating: Three Strata of Upper Paleolithic Constellations". *Vistas in Astronomy*, 1995(39): 347-362. "When the Zodiac Climbed into the Sky", *Sky and Telescope*, 1995-10: 28-33. "The Great Pyramids of Egypt as Sanctuaries Commemorating the Origin of the Zodiac: An Analysis of Astronomical Evidence". *Soviet Physics Doklady*, 1996(41): 228-232. "In Search of the First Constellations", *Sky and Telescope*, 1997-06: 46-50. "The Origins of the Constellations". *American Scientist*. 1997(85-3): 264-273, 500-501. "The Evolution of the Zodiac in the Context of Ancient Oriental History". *Vistas in Astronomy*. 1997(41): 507-525. BARROW J. D. *The Artful Universe Expanded*. Oxford : Oxford UP, 2005: chapter 4.

19. 例如，欧文登和罗伊 (Roy) 重新从北纬 31°（实际上横跨了亚历山大港）的位置来观测验证喜帕恰斯在罗德岛的观察结果。在此处，古时的纬度是 36°，现在却是 36.4°。

20. SCHAEFER B. "The Latitude and Epoch for the Formation of the Southern Greek Constellations". *J. Hist. Astron,* 2003(33): 313-350.

21. 他只可能确定一条界线，因为地平线附近的恒星存在可见度问题，而未知的星座可能会扩展到南天已知的星座群中。

22. Schaefer, ibid.: 330.

23. 从地平线上观测消失的星团时，最北的纬度和实际纬度可以有 2° 的偏差。

24. *Times Higher Education Supplement*. Peep's Diary, 2006-05-26: 15. 关于这个笑话还有更多版本。格拉斯哥大学需要 76 个学生，1 人负责更换电灯泡，50 人为了灯泡保持不变的权利而斗争，余下 25 人与这 50 人持相反观点。斯特拉思克莱德大学需要 5 名学生，1 人设计永远无须更换的核能灯泡，1 人负责说服苏格兰民众使用无遮罩的灯泡，2 人负责安装，最后 1 人设计计算机程序来控制墙面开关。圣安德鲁斯大学也需要 5 名学生，1 人组织聚会，2 人负责印刷宣传，1 人叫来电工，1 人找来爸爸为此付款。纳皮尔大学只需 1 名学生，但要给他 10 个学分。邓迪大学需要 10 名学生，1 人负责安装，另外 9 人为邓迪大学的电气化改革请愿。

25. GINGERICH O. *The Book That Nobody Read*. New York: Walker, 2004. 此书对哥白尼的作品及其影响做了深刻分析。作者查阅了所有哥白尼现存已知的作品，来衡量谁适合读这些书，应该读到什么程度。

26. 萨摩斯的阿利斯塔克（Aristarchus）在公元前 3 世纪提出了这个说法。阿基米德在《数沙器》中写道："阿利斯塔克所著的书是由一些假设组成的。只要满足一些前提条件，就可以得到这样的结论：宇宙比我们现在所知的大很多倍。他假设恒星和太阳是静止的，地球在一定的周长范围内围绕太阳做公转运动，而太阳在这个轨道的中心。"

27. RICCIOLI G. *Almagestum Novum*. Bologna, 1651.

28. 如今这个理论通常叫作"人择原理"，布兰登·卡特在一次演讲中首次提出了这个理论。在纪念哥白尼诞辰 500 周年之际，他在克拉科夫发表了演讲。演讲全文和更多资料请参阅：BARROW J D, TIPLER F. J. *The Anthropic Cosmological Principle*. Oxford: Oxford UP, 1986. BARROW J D. *The Constants of Nature*. London: Jonathan Cape, 2003.

29. 宇宙的一个已被观测到的性质不太可能来自某种不确定的理论。但是，如果宇宙里一定存在观察者，而且作为理论结果的观测性质的条件概率很小，我们就没有理由要摒弃该理论。这一想法对验证现代宇宙学中的各种预测起到了重要作用。宇宙学的本质是任意性，因此宇宙学的理论有多种不同的可能性。在任何一个量子宇宙学理论中，都必然存在这样的任意性。

30. 当时，这种天体被称为"星云"。大约在 1930 年，人们把数十亿颗恒星组成的像巨大岛屿一样的天体称为"星系"。此后，有着明亮中心区域的星云才被称为"星系"。"星云"一词最初用来描述爆炸的恒星对周围气体和灰尘产生的华美反应。此后，星云成为最常被拍摄的天体，这也是全世界天文杂志封面上最常见到的天体。

31. 现在，我们可以通过双筒望远镜来观测这个漩涡星系。它位于猎犬座，邻近北斗七星。

32. 艺术史学家曾对凡·高的天文学灵感来源感到不解。有人认为可以在凡·高于 1889

年 6 月给弟弟提奥的信中找到答案。凡·高写道："今早在太阳升起之前，我透过窗户就能看到整个村庄。这是因为有晨星，它们看起来很大。"这极可能是真的，这颗晨星（实际上是金星）或许激发了凡·高创作星空图的灵感。他最终的画作比日出前的晨星美多了。

33. 源自凡·高于 1888 年 7 月 9 日在阿尔勒写给弟弟提奥的信。*The Letters of Vincent van Gogh, 1886-1890*, ed. and transl. by Robert Harrison. Scolar Press, 1977: no. 506.

34. 标注"可见"（visible）的图片展示了波长 3.6 微米（蓝光）、4.5 微米（绿光）、5.8 微米（橙光）和 8.0 微米（红光）的光线。这比不用辅助器材的肉眼的观测范围大了 10 多倍。

35. HERTZSPRUNG E. *Encyclopaedia Britannica*, 15th ed. Chicago: University of Chicago Press, 1995.

36. DEVORKIN D. H. *Henry Norris Russell: Dean of American Astronomers*, Princeton: Princeton UP, 2000.

37. 可见光波段的波长变长、频率降低，可见波段的光谱朝红端移动了一段距离，所以这种现象称为光的"红移"。相反，移动物体散射的光的波长变短、频率变高，称为"蓝移"。

38. HERTZSPRUNG E. "Zur Strahlung der Sterne", *Zeitschrift für Wissenschaftliche Photographie*, 1905.

39. 罗素在 1913 年 8 月发表的论文《"巨星"和"矮星"》（*"Giant" and "Dwarf" Stars*）中提到了原因（*Observatory Magazine* 36, 1913: 324-329）。但一些重要数据显示，他绘制的图表已经丢失，而且没有印刷出版。这里引用的版本来自罗素的《光谱和恒星其他特性的关系》（RUSSELL H N. "Relations between the Spectra and Other Characteristics of Stars". *Nature*. 1914 (93): 252）。罗素在演讲和文章中多次提到："序列最初是由赫茨普龙发现的，他称之为'巨星'和'矮星'。我仅为这张图表引入了更多的观测材料。"

40. LACHIÈZE-REY M, LUMINET J-P, LAREDA J. (transl.) *Celestial Treasury: From the Music of the Spheres to the Conquest of Space*. Cambridge: Cambridge UP, 2001.

41. 四种标准类型是放射、折射、行星状星云和超新星残骸。

42. 起初，美国化学家欧文·朗缪尔（Irving Langmur）在 1929 年用 plasma 一词来形容被电离的气体。其实，英国物理学家威廉·克鲁克斯（William Crookes）早在 1879 年就发现了等离子。在医学上，plasma 意为"血浆"，和被电离的气体毫无关系，大家不要混淆。

43. Kessler's contribution to SMITH R W, Devorkin D H. *The Hubble Space Telescope: Imaging the Universe*, Washington: National Geographic, 2004.

44. BARROW J D. *The Artful Universe Expanded*, Oxford: Oxford UP, 2005.

45. 2005 年 12 月 1 日，有人在"小绿足球"博客网站（littlegreenfootballs）对哈勃空间望远镜观测的蟹状星云展开了各种讨论。

46. 据乔丝琳·贝尔回忆，当英国剑桥大学的天文学家首次发现这一现象时，弗雷德·霍伊尔很快根据脉冲的次数，认定信号源于中子星超新星残骸，而其他人则怀疑信号来自白矮星的脉冲。

47. 通常，在没有出现质量损失和强磁场时，转速的增加与半径平方成反比。

48. 曾有人在 craigslist 这家网站上出售过星系。

49. 其中还包含了其他一些小天体群，构成了本星系群。

50. 欧洲在望远镜发明前后重新发现仙女星的历史，请参见大学生空间探索与发展网络（SEDS）上的梅西耶星表。

51. 关于星系外形的描述，请见本书"完美音高"部分中哈勃对星系进行"音叉"分类的部分。

52. 迄今发现的最古老的人类遗迹在埃塞俄比亚，距今约有 20 万年的历史。

53. SYNGE J L. *The Hypercircle in Mathematical Physics*. New York: Cambridge UP, 1957.

54. HUBBLE E P. "Extragalactic Nebulae". *Astrophys. J.* 64, 1926: 321-369.

55. 运用公式 $N = 10(a - b)/a$ 计算，当 N 接近最长直径 (a) 的半径和最短直径 (b) 的半径之和或和的一半时，EN 是一个椭圆形星系。当 $a = b$，即 $N = 0$ 时，星系是整圆形。当 $N = 7$，直径之比 $b : a = 3 : 10$ 时，星系是最扁平的椭圆。

56. HUBBLE E P. *The Realm of the Nebula*. New Haven: Yale UP, 1936.

57. HENRY H. *Virginia Woolf and the Discourse of Science: The Aesthetics of Astronomy*. Cambridge: Cambridge UP, 2003.

58. DOYLE A C. "The Boscombe Valley Mystery", in *The Adventures of Sherlock Holmes*. London: George Newnes Ltd, 1892.

59. ARP H. *Atlas of Peculiar Galaxies. Astrophys. J. Supplement*, 1966: vol. 14.

60. ZWICKY F, HERZOG E, WILD P. *Catalogue of Galaxies and Clusters of Galaxies*, Pasadena: Caltech UP, 1960-1968.

61. VORONTSOV-VELYAMINOV B A. *The Catalogue of Interacting Galaxies*. Moscow, 1959.

62. 大、小麦云都是以葡萄牙航海家麦哲伦·斐迪南的名字命名的，因为他的船员首先发现了这些星系。

63. 1000 年前，在望远镜发明之前，人们从地球上用肉眼看见了三颗壮观的超新星。第一颗是于 1054 年 7 月 4 日在中国观测到的，据说它比满月还要亮，而且连续一个月可以在白天看到。它位于金牛座，其残骸形成了蟹状星云。第二颗是在 1572 年 11 月 11 日由伟大的丹麦天文学家第谷·布拉赫在仙后座中发现的"多余的恒星"，据说它和木星一样亮。第三颗首次发现于 1604 年 10 月 9 日。除金星外，它比天空中任何一颗恒星和行星都要亮。开普勒在发现这一现象后观察了它 8 天，发现它位于银河中，即蛇夫座中。

64. 截至 2003 年，人们发现了 330 颗超新星。

65. 图片来源：KRAGH H. *Cosmology and Controversy*. Princeton: Princeton UP, 1999: 18. 这篇论文还被重印了：BERNSTEIN J., FEINBERG G. *Cosmological Constants*: 77. 这篇论文于 1929 年 1 月 17 日收到。

66. WHITEHEAD A N. Science and the Modern World. New York: Mentor, 1925.

67. 在普通的"平面"空间中，我们对一定距离 (d) 内一种光源的视亮度非常熟悉，其固有亮

度与 d^2 成反比。因此，只需知道固有亮度就可以确定 d，或者，假如知道了两种有着固有亮度的光，就可以知道其视亮度的比例，进而算出它们的相对距离。

68. 即所谓的"星系"，光芒是星系里的恒星发出的。

69. 第一个斜率是乔治·勒梅特在 1927 年根据哈勃的数据测定出来的。

70. HUMASON M L. "The Large Radial Velocities of N.G.C. 7619". *Proc. Nat. Acad. Sci.* 15, 1929: 167-168.

71. 天文学中通常称之为"重新校准距离尺标"。

72. FREEDMAN W L. et al. "Final Results from the Hubble Space Telescope Key Project to Measure the Hubble Constant". *Astrophys*, 2001 (J. 553): 47-72.

73. 哈勃空间望远镜在 1924 年于仙女座首次发现了造父变星。

74. *Astrophysical Journal*, 2001(553): 47-52.

75. CHAIKIN A. "Are There Other Universes?". *Science*, 2002-02-05.

76. 宇宙各个地方的物质密度都相同的特性称为"空间同质性"。也就是说，宇宙中任何一个观察者都可以看到同样的宇宙历史。宇宙不可能在空间上精确保持同质（如果是这样，我们就不可能生存在这个世界上），但在大范围内还是同质的。一般来说，这种同质性的误差范围仅有十万分之一左右。从技术上来说，重要的是引力势能的同质性，而不是物质密度和辐射的同质性。

77. 这需要物质密度 $Þ$ 和压力 p 具有如下性质，即 $Þ + 3p/c^2$ 为正数，其中 c 是真空中的光速。在名为"宇宙暴胀"的现代理论中，科学家假设在宇宙史早期，$Þ + 3p/c^2$ 是负数。这是有可能的，因为可能存在某种形式的能量，它拥有负压力（如张力），但密度值为正。各种能量相互间的引力作用一定是相斥的。

78. "开放的"宇宙的拓扑更复杂，比如，如果宇宙是圆环而不是平面的，那么其临界密度可能会无限大。弗里德曼在早期著作中承认并强调了这一点。

79. 弗里德曼将"封闭的"宇宙诠释为"阶段性的"，认为封闭的宇宙可以存在于一系列闭合曲线中。这在数学上说得通，但宇宙密度必须达到无限大，除非有新物质改变了收缩宇宙的运动方式，使宇宙在达到密度无限大之前就收缩了。

80. 根据热力学第二定律，在一次又一次的循环膨胀中，不同的引力影响会导致压力逐步上升，让宇宙在最大限度膨胀时变得更大。

81. BARROW J D, DABROWSKI M. "Oscillating Universes". *Monthly Notices of the Royal Astronomical Society*, 1995 (275): 850-862.

82. LEMAÎTRE G. "A Homogeneous Universe of Constant Mass and Increasing Radius", *Mon. Not. R. Astron. Soc.*, 1927. 这篇论文首次在布鲁塞尔的《社会科学年鉴》（*Annales de la société scientifique de Bruxelles*, 1927(47): 49-56）收录。亚瑟·爱丁顿将其译为英文，刊于国际领先的伦敦皇家天文学期刊中。爱丁顿对此非常满意，因为他又重新发现了勒梅特的一项研究成果（静态宇宙的不稳定性）。但他忘记了，勒梅特早年间曾作为访问学者，在英国剑桥大学与他一起研究过这个问题。在此期间，勒梅特在剑桥大学天文台开展研究。当时，他住在圣埃德蒙公寓，这是天主教学生的公寓，也是圣埃德蒙学院所在地的前身。

83. LACHIÈZE-REY M, LUMINET J-P, LOREDA J. op.cit : 155.

84. EDDINGTON A S. *The Expanding Universe*. Cambridge: Cambridge UP, 1933.

85. 图片来自 B. G. 赛欧泰德（B. G. Seielstad）。

86. ALLEN W. "Strung Out". *New Yorker*, 2003-06-28: 96.

87. 这是一个漫长而复杂的故事，温伯格以不同细节层次讲述了这个故事（WEINBERG S. *The First Three Minutes*. New York: Basic Books, 1977. ALPHER R, HERMAN R C. *Genesis of the Big Bang*. New York: Oxford UP, 2001. KRAGH H. *Cosmology and Controversy*. Princeton: Princeton UP, 1999.）。后来，研究小组组长罗伯特·迪克写道："我们研究火球热辐射的论文有点尴尬，因为我们没能进行恰当的文献研究，没有参照伽莫夫、拉尔夫和赫尔曼的重要论文。这都是我的责任，因为小组里的其他人都很年轻，不知道这些旧论文的存在。我之前听过伽莫夫在普林斯顿大学的演讲，但只记得他的宇宙模型充满中子，看起来又单薄又古老。"（DICKE R H. *A Scientific Autobiography*. unpublished, held by the National Academy of Sciences, 1975.）

88. ALPHER R, HERMAN R C. "Evolution of the Universe". *Nature*, 1948(162): 774.

89. PENZIAS A A, WILSON R W. *Astrophys. J.*, 1965 (142): 419-42。理论论文: DICKE R H, PEEBLES P J E, ROLL P G, WILKINSON D T. "Cosmic Black-Body Radiation". *Astrophys. J.* 1965(142): 414-419.

90. 首次由多罗什克维奇和诺维科夫提出（DOROSHKEVICH A, NOVIKOV I D. "Mean Density of Radiation in the Metagalaxy and Certain Problems in Relativistic Cosmology". *Soviet Physics Doklady*, 1964(9): 111-113）。

91. "黑体"指某物体是电磁辐射的吸收体和放射体。这个词是德国物理学家古斯塔夫·基尔霍夫（Gustav Kirchoff）在 1862 年杜撰的。

92. WOODY D P, RICHARDS P L. "Spectrum of the Cosmic Background Radiation". *Phys. Rev. Lett.* 1979(42): 925.

93. 这一围绕太阳运行的轨道的周期与太阳运行周期相同，而太阳运行轨道与地球运行轨道是同步的。

94. 参见美国国家航空航天局的 FIRAS Overview 网页。

95. MATHER J. et al. "Measurement of the Cosmic Microwave Background Spectrum by the COBE FIRAS Instrument." *Astrophys. J.*, 1994(420): 439-444. Fixsen et al. "The Cosmic Microwave Background Spectrum from the Full COBE FIRAS Data Sets". *Astrophys. J.*, 1996 (473): 576-587.

96. 宇宙稳恒态学说试图回避这个结论，它假设宇宙在膨胀，但物质也在以一定速度不断产生，使宇宙的平均密度和气温保持恒定。稳态的宇宙有无限的过去和无限的未来，但无论从何时何地观察它，都是一样的。遗憾的是，由赫尔曼·邦迪（Hermann Bondi）、托马斯·戈尔德（Thomas Gold）和弗瑞德·霍伊尔在1948年提出的这一简单蓝图最终还是与许多天文观测结果发生了冲突。天文观测显示，宇宙在过去和现在有很大的区别。最值得注意的是，观测发现了宇宙微波背景辐射和宇宙大爆炸产生的大量的氦和氘。然而，宇宙稳恒态学说和现代宇宙膨胀理论也有不少相同的特点。

97. HAYASHI C. "Proton-Neutron Concentration Ratio in the Expanding Universe at the Stages Preceding the Formation of the Elements". *Prog. Theo. Phys.* 1950(5): 22.

98. ALPHER R A, FOLLIN J W, HERMAN R C. "Physical Conditions in the Initial Stages of the Expanding Universe". *Phys. Rev.* 1953(92): 1347-1361.

99. HOYLE F, TAYLER R J. "The Mystery of the Cosmic Helium Abundance". *Nature*, 1964(203): 1108.

100. PEEBLES P J E. "Primordial Helium Abundance and the Primordial Fireball" (papers I and II). *Phys. Rev. Lett.* 1966(16): 410 and *Astrophys. J.* 1966(146): 542-552.

101. WAGONER R, FOWLER W, HOYLE F. "On the Synthesis of Elements at Very High Temperatures". *Astrophys. J.* 1967(148): 3 ; see also WAGONER R, FOWLER W, and HOYLE F. "Primordial Nucleosynthesis Revisited". *Astrophys. J.*, 1972(179): 343.

102. ROGERSON J B, YORK D G. "Interstellar Deuterium Abundance in the Direction of Beta Centauri". *Astrophys. J. Lett.* 1973(186) L95-L98. 这是宇宙学中一次非常重要的测量。此前，宇宙中氘的丰度已经从氘化分子中减去了（就像重水中的 D_2O 与海水中的 H_2O 相比）。然而和氢相比，氘貌似更喜欢与分子融合，因此分子丰度不能精确反映自由氘原子和自由氢原子的相对丰度。"哥白尼"卫星观测到了氘原子在星际中的自旋翻转线（与氢原子中的莱曼 α 线很相似），由此第一次成功测量了宇宙空间中氘和氢的比例，这对进一步研究核合成和早期宇宙学有很大的帮助。作者在1974年写博士论文时就开始研究这一领域。

103. 几周后，这封信在开普勒写的一本小书中刊登出来：KEPLER, *Kepler's Conversation with Galileo's Sidereal Messenger*. transl. ROSEN E. New York: Johnson Reprint Corp., 1965.

104. 我们此前谈及宇宙膨胀理论时，就讨论了无限宇宙和有限宇宙的特点。无限宇宙不需要中心和边界。有限宇宙如果像球的二维平面一样弯曲，那么也可以没有中心或边界。

105. HARRISON E R. *Darkness at Night*. Cambridge: Harvard UP, 1987: 48.

106. HALLEY E. "On the Infinity of the Sphere of Fix'd Stars". *Phil. Trans. Roy. Soc.* 31, 22: 1720-1721 and "of the Number, Order and Light of the Fix'd Stars". *Phil. Trans. Roy. Soc.* 31, 24: 1720-1721.

107. HARRISON E. R. *Darkness at Night*. Cambridge: Harvard UP, 1987.

108. EDDINGTON A S. *The Expanding Universe*. Cambridge: Cambridge UP, 1933: 122.

109. SHANE C D, WIRTANEN C A. *Astron. J.*, 1954(59): 258.

110. GROTH E J, PEEBLES P J E, SELDNER M, SONEIRA R M. "The Clustering of Galaxies". *Scientific American*, 1977(237): 76.

111. BHAVSAR S, BARROW J D. What the Astronomer's Eye Tells the Astronomer's Brain. *Quart.*

J. Roy. Astr. Soc. 1987(28): 109-128.

112. 1991 年，宾夕法尼亚大学举办了一次有趣的研讨会，吸引了很多研究星系团和统计学的专家。欲了解这次研讨会的成果，请参见：FEIGELSON E D, BABU G J. (eds), *Statistical Challenges in Modern Astronomy*. New York : Springer-Verlag, 1993.

113. GELLER M, HUCHRA J. *Science*, 1989(246): 897.

114. BROWNLEE C. "Hubble's Guide to the Expanding Universe". National Academy of Sciences classics.

115. "哈勃深场" 位于赤经 12h36′49.4000″，赤纬 + 62°12′58.000″，包括大熊座的一小部分，跨越约 140″，差不多是 100 米外一个板球的大小。这块区域是北部连续观测天区（CVZ）的最佳位置。连续观测天区是一个特殊区域，在那里，哈勃空间望远镜能不被地球遮挡，不受日月影响，能看见整个天空。这矫正了接近 + 62° 的误差。

116. 哈勃卫星官方网站，1998 年新闻。

117. 这一宏伟项目的下一步就是 "哈勃极深场"。这片区域包含大约 1 万个星系，其中约有 100 多个红色小星系，它们距离我们非常遥远，因此当它们朝我们发出的光在刚踏上旅途的时候，宇宙只有 8 亿岁。这张照片是在 2003 年 9 月 24 日与 2004 年 1 月 16 日之间拍摄的。哈勃空间望远镜从 400 个不同轨道进行拍摄，历时 11.3 天，曝光 800 次，才有了这张照片。

118. "时光旅行" 的想法最早是由 H. G. 韦尔斯在小说《时光机器》中提出的。这部小说首次出版于 1895 年。但是，这一想法与爱因斯坦的广义相对论相悖，直到库尔特·哥德尔 1949 年发表论文《对爱因斯坦引力场方程式的全新宇宙学解释》（GÖDEL K. "An Example of a New Type of Cosmological Solution of Einstein's Field Equations of Gravitation". *Rev. Mod. Phys.* 1949(21): 447-450），在此之后，"时光旅行" 的想法才开始广为流传。

119. 见注释 37。

120. 赫尔曼·闵可夫斯基是一位天才数学家，他为纯数学做了很多贡献。他在学生时代最好的朋友是后来著名的数学家戴维·希尔伯特。很明显，是闵可夫斯基建议希尔伯特在 1900 年的国际数学家大会上发表演讲，提出了人们在此后一千年里都无法解决的数学问题。他在给希尔伯特的信中建议道："要想产生巨大的影响，一定要试着预测未来，比如，未来的数学家可能会被哪些问题困扰。你要对这些问题做出一个大概的阐述，这样才能保证人们在接下来几十年里都会谈论你的演讲。" 确实，在此后的一个多世纪里，人们都在谈论这次的演讲内容。不幸的是，闵可夫斯基因阑尾炎穿孔而突然身亡，年仅 44 岁。希尔伯特写了一篇非常感人的悼词，来赞美闵可夫斯基的才华。他这样写道："从学生时代起，闵可夫斯基就是我最可靠的好朋友，他以真诚而深沉的性格始终陪伴着我。科学让我们走到一起，在我们心中生根发芽，开出美丽的花朵。我们喜欢挖掘那些隐藏的线索，喜欢发现那些对于我们来说是美的事物。无论我们中的哪一个发现了令人赞赏的东西，都会与另一人分享。这才是真正的快乐。人们很少得到上帝的馈赠，但他就是上帝赠予我的礼物。能够拥有这个礼物如此之久，让我万分感激。然而，死神突然从我身边把他夺走了。但死神带不走他留在我脑中的高贵形象，他的精神将长存我们心间。"

121. LORENTZ H, EINSTEIN A, MINKOWSKI H, WEYL H. (eds), transl. PERRETT W, JEFFREY G B. *The Principle of Relativity: A Collection of Original Memoirs*. New York: Dover, 1952. 其中闵可夫斯基相关章节：Space and Time: 73-91.

122. 根据牛顿的"万有引力定律"，引力"在一定距离外"会即刻发生作用。

123. MELLOR D. *Real Time II*. London: Routledge, 1998.

124. ELLIS G F R. "Physics in the Real Universe: Time and Spacetime", 2006.

125. BRENNAN J. "Freewill in the Block Universe", 2006.

126. PENROSE R. "The Light Cone at Infinity", *Relativistic Theories of Gravitation*. ed. INFELD L. London: Pergamon, 1964. 这是作者 1962 年 7 月 31 日在华沙的一次演讲稿。1962 年到 1964 年，作者还在论文《场与时空的渐近性》中发表了彭罗斯图（PENROSE R. "Asymptotic Properties of Fields and Space-Times". *Phys. Rev. Lett.* 1963(10): 67）。

127. HOYLE F. "Cosmological Tests of Gravitation/Theories", *Varenna Lectures*. Corso XX. New York : Academic Press, 1960: 141. ELLIS G F R. "Relativistic Cosmology", *Varenna Lectures*. Corso XLVII. New York : Academic Press, 1973: 177.

128. 2000 年，乔治·W. 布什与竞选对手约翰·麦凯恩的第一次电视辩论。

129. 宇宙射线不是像"光线"或 X 射线一样的放射线，而是如同质子、μ 介子或轻核一样的快速移动的微粒，它将我们与太空隔离开来。

130. HAWKING S W, ELLIS G F R. *The Large Scale Structure of Space-time*, Cambridge: Cambridge UP, 1972. HAWKING S W, Penrose R. *The Nature of Space and Time*. Cambridge: Cambridge UP, 1995.

131. 这个起点无须在整个宇宙中同时发生，也不是每段历史都必须经过这个起点。

132. SHAKESPEARE W. *Macbeth*, I, iii, 58.

133. 见注释 70。

134. BARROW J D. "Cosmology: A Matter of All or Nothing". *Astronomy and Geophysics*, 2002(43), 4.9-4.15.

135. 宇宙学理论认为，没有暴胀的膨胀会越变越慢。今天全部的可见宇宙区域不可能是从一个小到宇宙初期光信号足以穿越的区域"成长"而来的。区域的不同部分膨胀，形成了我们今天的可见宇宙，因此宇宙的每个区域是不统一协调的，它们的密度、温度和膨胀率都不一样。

136. 威尔金森微波各向异性探测器最新的技术报告参见 GSFC 开源网站。

137. SHAKESPEARE W. *Troilus and Cressida*, I, iii, 345.

138. 极有可能的情况是，我们所在"气泡"的暴胀超出了能把可见区域变平滑的必要范围。若非如此，就会出现一个非哥白尼式的奇怪巧合。这意味着，在所有恒星都已消逝的遥远未来，我们很可能在临近的"气泡"中遇见截然不同的情况，甚至发现不同的物理现象。

139. SWIFT J. *Gulliver's Travels: Avoage to Lilliput*. London: Motte, 1726.

140. MISNER C, THORNE K, WHELLER J.A. *Gravitation*. San Francisco: Freeman, 1973.

141 牛顿理论中有一个简单的类比：当物质被压缩到一定程度时，其挣脱引力所需的逃逸速度与光速相同。假设一个物体的半径是 R，质量是 M，那么有 $R = 2GM/C^2$，其中 G 是万有引力常数，C 是真空中的光速。然而，牛顿的这个"黑洞"不像相对论中的那样引人注目。在相对论中，你是逃不出半径 $R = 2GM/C^2$ 的——视界是做自由落体运动的旅行家有去无回的界面。但在牛顿理论中，只要你想，就可以逃出这个半径范围，这是"逃逸速度"的定义所决定的：它是物体完全脱离引力场的束缚，即逃离向无限远所需的最小速度。1783 年，约翰·米歇尔（John Michell）首次注意到牛顿"黑洞"理论的可能性。他设想有一颗比太阳大 500 倍，但密度与太阳相同的恒星。这样一来，逃逸速度就和光速相同了。他说，我们无法直接观察到这样的物体，但如果它与一颗可见恒星同在双星轨道中，我们就能间接观测到它——可见的恒星能让我们看到它那个不可见的同伴。现代天文学家通过这种方法观测到了许多黑洞，因为它们与可见恒星构成了双星系统。有一种观测方法是，观察可见恒星上的物体如何被吸走，随后螺旋地坠入黑洞，并在黑洞周围形成吸积盘。在坠落过程中，这些物质会被加热到几百万度的高温，并放射出 X 射线，这些都是可被观测到的。在 X 射线的放射期间，还能暴露被淹没的小区域，这些物质最终会消失在黑洞的中心。通常，X 射线放射的时间间隔大约为 R/C。

第二部分 地球与偏见

1. 在演讲中，"个人的一小步，人类的一大步"（one small step for a man, one giant leap for mankind）这句话中少了一个不定冠词。是阿姆斯特朗说错了，还是如美国国家航空航天局所说，声音在传输过程中遭到了静电干扰呢？这个问题一直存在争议。

2. LAMBRIGHT W H. *Powering Apollo: James E. Webb of NASA*. Baltimore: Johns Hopkins UP, 1995.

3. 约翰·丁德尔（John Tyndall）首先提出，地球大气可以散射阳光，光的频率越高，散射越多。光谱中散射最多的是蓝光，散射最少的是红光。大气中的氮和氧分子可以散射光的蓝色部分，所以当你白天仰望天空的时候，就会发现天空是蓝色的。日落时，红色光被散射出来，所以天空呈现明显的红色。当散颗粒变大时，比如和小水滴一样，光的波长就会相同，所以云朵看起来是白色的。

4. 倡议不一定都是有利的，限制使用杀虫剂"滴滴涕"就阻碍了根除疟疾的进程。

5. SCHUMACHER E. *Small is Beautiful: A Study of Economics as If People Mattered*. New York: Harper and Row, 1973.

6. WARD B, DUBOS R. *Only One Earth: The Care and Maintenance of a Small Planet*. New York: Norton, 1972.

7. 为了庆祝"阿波罗 8 号"的宇航员顺利返航，美国诗人阿奇博尔德·麦克利什（Archibald

MacLeish）配合从太空中拍摄的地球照片，在 1968 年圣诞节当日的《纽约时报》上写道："看到地球的本来面目，在恒久寂静中，美丽、渺小、蔚蓝，仿佛看到了尘世中的我们——在寒冷中彼此依靠的同胞。而现在，我们更懂得了同胞的真正意义。"

8. SCHROEDER K. *Permanence*. New York: Tor Books, 2002: 181.

9. 1840 年，克里斯蒂安·弗雷德里克·申拜因（Christian Friedrich Schöbein）首次在实验室里生成了臭氧。

10. 臭氧吸收大气中波长小于 290 纳米的紫外线，阻止太阳光中波长小于 293 纳米的紫外线到达地球表面。HARTLEY W. N. "On the Absorption Spectrum of Ozone". *J. Chem. Soc.* 1881(39): 57-61.

11. MOLINA M J, ROWLAND F S. "Chlorine Atom-Catalyzed Destruction of Ozone". *Nature*, 1974(249): 810-812.

12. FARMAN J C, GARDINER B G, Shanklin J D. "Large Losses of Ozone in Antarctica Reveal Seasonal ClOx/NOx Interaction". *Nature*, 1985(315): 207-210.

13. 一组真实照片展示了臭氧层的变化，详见 Wassenhoven L, Ozone Hole History, June 02, 2006.

14. 1992 年，联合国修订了 1987 年的协议，禁止工业生产氯氟烃（CFC）。

15. 若想全面了解臭氧层发展的研究文件，可见罗兰的诺贝尔化学奖演讲的扩展版本。ROWLAND F S. "Stratospheric Ozone Depletion", *Phil. Trans. Roy. Soc. B*, 2006(361): 769-790.

16. 大气中的氟利昂粒子存活周期较长。法律政策的出台大大降低了空气中三氯乙烷的浓度，因为通过化学作用清除氟利昂需要五年左右，而其他氯氟烃物质的浓度每年会下降 1%~2%。

17. 《阿摩司书》第 8 章第 9 节。这本先知书讲述了尼尼微城在公元前 763 年 6 月 15 日的日食情况。书中提到，亚述人的记录晚于尼尼微人。

18. 从词源上说，英文 disaster 的意思是"坏星星"（bad star）。

19. 一般来说，月亮看起来要比太阳小。但由于地球到月亮和太阳距离的微小变化，有时月亮看起来会稍大一些。

20. 贝罗科夫斯基是一位当地的银版法摄影师。英国皇家天文台台长 A. L. 布施（A. L. Busch）使用了其作品，却没有记录贝罗科夫斯基的教名，后人无从得知原作者。

21. 稳定的氢燃烧恒星的大小类似，适合人类居住的行星往往处于环绕恒星的狭窄区域内。行星表面温度要利于水保持液态，而且液态水也要覆盖一定大小的区域。

22. BARROW J. D. *The Artful Universe Expanded*. 2nd ed. Oxford: Oxford UP, 2005: chapter 4.

23. DYSON F W, EDDINGTON A S, Davidson C. "A Determination of the Deflection of Light by the Sun's gravitational Field, from Observations Made at the Total Eclipse of 1919-05-29". *Phil. Trans. Roy. Soc. A. Containing Papers of a Mathematical or Physical Character* 62, 1920: 291-333.

24. 爱丁顿是贵格会（Quaker）教徒，也是和平主义者。1917年，爱丁顿应征入伍，但他不想参加战争。他能免于牢狱之灾，还多亏了英国皇家天文学家弗兰克·戴森（Frank Dyson）的帮忙。他建议政府推迟爱丁顿的入伍时间，以便让爱丁顿帮助自己勘测日食，证实相对论。于是，爱丁顿的探险队前往非洲西海岸的普林西比岛。爱丁顿随后宣布爱因斯坦的预言是正确的，并大胆承认爱因斯坦是德国人。第一次世界大战后，英德两国试图通过科学交流达成和解，而爱丁顿和爱因斯坦在其中起到了非常重要的作用。爱丁顿在普林西比岛观测日食的具体信息，以及日后安德鲁·克伦默林领导前往巴西北部索布拉尔的观测信息都被完整保存。伊尔曼和格莱莫尔曾质疑观测信息的完整性（EARMAN R, GLYMOUR C. "Relativity and Eclipses: The British Eclipse Expeditions of 1919 and their Predecessors". *Hist. Stud. Phys. Sci.* II, 1980: 49-85）。但是，很多在索布拉尔拍摄的原始感光底片都保留了下来（普林西比岛的底片却没能保存下来）。1978年，英国格林尼治皇家天文馆的安德鲁·默里提议利用现代自动感光测量机器处理这些照片，由此获得了恒星夜间升落的信息——这些信息在1919年时被人们忽略了。处理后的信息由默里的助理杰弗里·哈维整理出版（HARVEY G M. "Gravitational Deflection of Light: A Reexamination of the Solar Eclipse of 1919", *The Observatory* 1979(99): 195-198）。核查结果与原结果完全一致（MURRAY C A, WAYMAN P A. "Relativistic Light Deflections", *The Observatory* 1989(109): 189-191）。在对爱丁顿和克伦默林的观测结果的最原始数据进行分析后，伊尔曼和格莱莫尔的说法最后被推翻（KENNEFICK D. "Not Only Because of Theory: Dyson, Eddington and the Competing Myths of the 1919 Eclipse Expedition"）。

25. 椭圆轨道不太符合爱因斯坦的理论，椭圆轨道要过很长时间才能显现出来。这种影响力非常小，而且只会影响距离太阳非常近的行星轨道，因为太阳引力非常强。人们在观测水星时发现，与爱因斯坦的假设一样，沿椭圆轨道运行的水星平均每过一个世纪会出现43″的进动。

26. 韦尔斯的《世界大战》（*The War of the Worlds*）开篇首段。韦尔斯在开篇就汲取了夏帕雷利观测图的精华，以此描述了火星人入侵的场景："像夏帕雷利一样，人们看着红色星球，却无法解读星球表面为何有波浪形标记——标记很奇怪，也许这就是几个世纪以来，火星一直被视为战争之星的原因。火星人一定一直处于备战状态。"

27. 早在1858年，人们就开始使用canali一词，意大利耶稣会教士、梵蒂冈天文台台长皮埃罗·赛奇（Pietro Secchi）用这个词描述火星表面的特征，但他没有用它来形容那些长长的"运河"，而只是用它来描述地表特征。

28. 底部两块浅色圆石极有可能是陨石。

29. 广播剧的音频 "Orson Welles Mr Bruns"。

30. Frost D. Interview in *The Observer* Colour Magazine Supplement. 2005-06-05: 6.

31. 行星探测器"先驱者10号"于1972年3月2日发射，"先驱者11号"于1973年4月5日发射。两个探测器都使用了"宇宙神－半人马座"（Atlas-Centaur）三级火箭发射。

32. 两个"先驱者号"的探测结果让天文学家十分迷惑，因为探测器的多普勒观测出现了蓝移，与最初的预测有一些明显的小偏差。探测器朝着太阳出现了异常加速度，约为8.74 ± 1.33 × 10^{-8} 厘米每秒平方。这种现象后来被称为"先驱者异常"，人们对此给出了许多解释，如气体泄漏和新的自然力等。关于这个问题的讨论，请参阅：TURYSHEV S G, NIETO M N, ANDERSON J D. "Study of the Pioneer Anomaly: A Problem Set". *American J. Phys*. 73, 2005: 1033-1044.

33. 采用镀金铝板是为了防止内容被宇宙尘埃吞噬。金属板上的蚀刻深度有 0.38 毫米。

34. WOLVERTON M. *The Depths of Space: The Story of the Pioneer Planetary Probes*. Baltimore: Joseph Henry Press, 2004.

35. 脉冲星图由弗兰克·德雷克设计。如果你对用脉冲星图来确定地球位置的话题感兴趣，请参阅天文学家罗伯特·约翰逊（Robert Johnson）的文章《阅读"先驱者号"和"旅行者号"的脉冲星图》（"Reading the Pioneer/Voyager Pulsar Map"）。原始定位天空位置的方法难免会存在误差，但约翰逊掌握了在 10 光年内定位地球的方法。"先驱者号"发射的日期是 1969.9 ± 1.3 年。但也存在其他可能性。随着时间推移，脉冲星的旋转速度会越来越慢，它与太阳系相互做公转运动。在极长时间之后，如果脉冲星的方向出现偏移，这些运动轨迹将被计算出来，详见 SAGAN C, SAGAN L S, Drake F D. "Message from Earth". *Science*, 1972(175): 881-884.

36. 1945 年，汉克·范·德·哈斯特（Henk van der Hulst）在完成这一伟大发现时还是莱顿天文台让·奥尔特（Jan Oort）的学生，并在其指导下写论文。发生这种转变的时间通常很长，基本不可能在实验室中观测到。但在太空环境中，原子数量较多，因此通过射电望远镜可以清晰地看到转变。

37. 实际上，有个重要的可能性被遗漏了：金属板完全可被改造成各边都是 21 厘米，以此来展现这一波长。金属板原尺寸是长 22.9 厘米、宽 15.2 厘米、厚 1.27 厘米。

38. 除了卡尔·萨根以外，委员会成员还包括弗兰克·德雷克、安·德鲁扬（Ann Druyan）、蒂莫西·费瑞斯（Timothy Ferris）、乔恩·隆伯格（Jon Lomberg）和琳达·萨尔茨曼·萨根。不同领域的科学顾问都受到了邀请。欲了解故事的全貌和信息的内容，可参阅 SAGAN C. et al. *Murmurs of Earth: The Voyager Interstellar Record*. New York: Ballantine Books, 1984.

39. 完整列表请参阅 JPL NASA Voyager 的官方网站。

40. OERSTED H C. *Anden i Naturen*, Landskrona, 1869: 151-192. OERSTED H C, transl. HOMER L, HOMER J B. *The Soul in Nature*. London: Henry G. Bohn, 1852. CROWE M J. *The Extraterrestrial Life Debate 1750-1900*. Cambridge: Cambridge UP, 1986 and 1988: 256-257, 308-309.

41. 查找内奥维乌斯信息的最好途径是阅读芬兰数学家阿莱姆·莱提的文章，文章名为《爱德华·昂格勒贝·内奥维乌斯：星际交流的早期倡导者》（LEHTI R. "Edvard Englebert Neovius, an Early Proponent of Interplanetary Communication", Proceedings of the 1993 Finnish Interdisciplinary Seminar on SETI, *Thoughts on Life and Mind beyond the Earth*. ed. SEPPÄNEN J. Helsinki University of Technology, Dept. of Computer Science and Picaset Oy. Helsinki, 2004: 32-42.）。《宇航学报》第 42 期刊出了此文章（*Acta Astronautica*, 1998(42): 727-738）。约科·塞佩宁（Jouko Seppänen）和莱提教授提供给我了这些文章的复印件，我对此感激不尽。莱提教授的文章很好地总结了内奥维乌斯的思想。

42. 倒数第二行中有误：fhb 应为 fh。

43. K. 阿诺德 1947 年 6 月 24 日首次将不明飞行物描述为"飞碟"，详见 ARNOLD K, PALMER R. *The Coming of the Saucers*. Private Publication, Boise, Ida. Amherst, Wis., 1952.

44. LEWIS C S. *The Lion, the Witch and the Wardrobe*. London: Geoffrey Bliss, 1950: 23.

45. 斯堪的纳维亚主教奥勒·马格努斯（Olaus Magnus）在 1555 年写过一篇关于雪花形状的文章。他认为雪花可能呈任何形状，有时是凝结在一起的雪块，而不是单个雪花晶体。追根溯源，早于开普勒 20 年之前，托马斯·哈利奥特（Thomas Hariot）在 1591 年就提出了雪花的六边形特点，但他仅将之记录在笔记本上，并未发表。然而，约瑟夫·尼达姆（Joseph Needham）早在公元前 135 年就发现了雪花是六边形的特点。中国人很赞同这个观点。韩婴在同年发表的著作《韩诗外传》中写道："凡草木花多五出，雪花独六出，其数属阴也。" 12 世纪的中国哲学家朱熹认为"六"是最完美的数字："雪花所以必六出者，盖只是霰，下被猛风拍开，故成六出。如人掷一团烂泥于地，泥必绽开，成棱瓣也。又六者阴数，太阴元精石亦六棱，盖天地自然之数。"但古代中国学者认为雪花六边对称是自然规律，所以没有人继续探寻其由来，或像开普勒那样寻找其数学依据。TEMPLE R. *The Genius of China*. London: André Deutsch, 2006: 175.

46. KEPLER J. *On the Six-Cornered Snowflake*. Prague: 1611. transl. HARDIE C. Oxford: Oxford UP, 1966.

47. 同注释 50，33。

48. BENTLEY W A, HUMPHREYS W J. *Snow Crystals*. New York: Dover, 1962.

49. BLANCHARD D C. *The Snowflake Man: A Biography of Wilson A. Bentley*. Blacksburg : McDonald & Woodward Publ. Co., 1998. MARTIN J. *Snowflake Bentley*. Boston: Houghton Mifflin, 1998.

50. NITTMANN J, Stanley H E. "Non-Deterministic Approach to Anisotropic Growth Patterns with Continuously Tunable Morphology: The Fractal Properties of Some Real Snowflakes". *J. Physics A* 20, L1185, 1987.

51. VON HUMBOLDT A. "Sur les lignes isothermes", *Annales de chimie et de physique* 5, 1817: 102-112. 数据在 112-113 页间的插页中。

52. MILLER L B. *The Selected Papers of Charles Willson Peale and His Family*. New Haven: Yale UP, 1983 and 1989: 683. 皮尔是画家和博物馆馆长，在洪堡访问费城和华盛顿期间负责接待。

53. VON HUMBOLDT A. *Essai sur la géographie des plantes*. Paris : 1805.

54. BAKKER R T. *Raptor Red*. New York: Bantam, 1995.

55. 具有讽刺意味的是，欧文的灵感与达尔文的进化论相悖，他把恐龙划分为一个独立的进化群体。

56. 霍金斯描述了这些展览，说明这样做是为了让它们按正确时间顺序排列。HAWKINS B W. "On Visual Education as Applied to Geology". *Journal of the Society of Arts* 2, 1854: 444-449.

57. FARLOW J O, BRETT-SURMAN M K. *The Complete Dinosaur*, Ill. Bloomington: Indiana UP, 1997. 该书全面解释了恐龙的各个方面。

58. 人们认为莱托里脚印是阿尔法南方古猿留下的，目前已经发现了几百个样本。

59. AGNEW N, DEMAS M. "Preserving the Laetoli Footprints", *Scientific American*, 1998-09: 44-55. LEAKEY M D, HARRIS J M. *Laetoli: A Pliocene Site in Northern Tanzania*. Oxford: Clarendon Press, 1987.

60. 我们眼中的人类起源的总结，详见：LEAKEY R. *The Origin of Humankind*. New York: Basic Books, 1994. STRINGER C, ANDREWS P. *The Complete World of Human Evolution*. London: Thames and Hudson, 2005.

61. FUCHS L. Preface to *De historia stirpium* (On the History of Plants). Basel, 1542, quoted in COHEN I B. *Album of Science: From Leonardo to Lavoisier, 1450-1800*. New York: Scribner's, 1980: 16.

62. 第一本带有木刻插图的植物学著作是康拉德·冯·曼格伯格的《自然之书》（VON MEGENBERG K. *Das Buch der Natur*, 1475）。木刻插图比艺术画展示的植物细节更精确，但并非所有图片都是这样。汉斯·维迪兹（Hans Weiditz）绘制的植物图片更优雅、更漂亮。他是阿尔布里奇·杜勒（Albrecht Dürer）的学生，为奥托·布隆费尔斯的《植物生动图像》绘制了插图（BRUNFELS O. *Herbarum vivae eicones*, 1530）。

63. 维萨留斯的作品并不是第一本带插图的医学专著。该书是根据 1491 年约翰尼斯·凯瑟姆的《医学药典》（*Fasiculo de Medicina*）写成的，这是一本共有 6 册的中世纪医学著作。

64. COHEN I B. *Album of Science: From Leonardo to Lavoisier*, 1450-1800. New York: Scribner's, 1980: 207.

65. 哥白尼曾有一段时间在帕多瓦研习医学。

66. 亨利·格雷的《格雷氏解剖学》的 1918 年版本包含了 1247 张图片，其中大多数是彩色的。

67. 20 世纪，《格雷氏解剖学》又出现了多个版本。新版本拥有全新的图片设计、颜色、色调和图表。《解剖学着色书》还为医学生提供了多种多样的复习参考。

68. 欲了解更多胡克作为科学家和建筑师的出色成就，请参阅：JARDINE L. *The Curious Life of Robert Hooke: The Man Who Measured London*. London: Harper, 2005. INWOOD S. *The Man Who Knew Too Much: The Inventive Life of Robert Hooke, 1635-1703*. London: Pan, 2003. BENNETT J. *London's Leonardo*. Oxford : Oxford UP, 2003.

69. 如今，在美国华盛顿特区的国家健康医学博物馆仍可以看到它。

70. HOOKE R. *Micrographia: or, Some Physiological Descriptions of Minute Bodies Made by Magnifying Glasses*. London: J. Martyn and J. Allestry, 1665.

71. 现代生物学对"细胞"（cell）一词的使用就源自这本著作，因为植物细胞的闭合结构让作者想到了修道院的单人小屋（cell）。

72. VINGE J D. *The Snow Queen*. New York: Questar, 1980.

73. 此后，人们在纸张交易中规定了标准画纸的规格，即 66 厘米 × 86 厘米。由于这种纸张用来绘制地图，因此也称为"地图纸"。

74. WEGENER A. *The Origins of Continents and Oceans* (1915, 1920, 1922 and 1929 editions).

75. 魏格纳在地质学上很有天赋，他还绘制了海洋之下的山脊图。这些山脊是大陆板块移动产生的。海洋中经常发生地震，下层地壳中的熔融岩石被推到上层，然后，凝固的岩石再形成新的地壳。如果岩层相互聚合和碰撞，如喜马拉雅山脉这类山脉就会升高。如果一个岩层滑入其他岩层之下，继而掉进海洋里的海沟中，就会导致火山爆发。通过绘制地震活动和岩石磁化强度变化的图表，就能绘制板块边界的细节图，并确定地壳运动的速率。

76. 《维特鲁威人》是达·芬奇在 1492 年完成的名画。他根据罗马建筑师维特鲁威的想法创作了这幅画，绘制了完美的人体比例。维特鲁威认为，人体可以很好地展示均衡的数学之美，同时体现了整个宇宙的比例。达·芬奇正是利用了其著作《建筑十书》（*De Architectura* 3.1.3）中的透视学。维特鲁威这样定义人体：人体自然的中心点是肚脐；如果把手脚张开呈仰卧姿势，然后用圆规以肚脐为中心画出一个圆，那么人的手指和脚趾就会与圆周接触。不仅可以在人体中画出圆形，还可以在人体中画出方形。如果记录一个人从脚底到头顶的长度，并把这个长度移到张开的两手之间，就会发现人体的高和宽相等，恰似用直尺在平面上确定方形一样。这本《建筑十书》于 1414 年被一位佛罗伦萨人波焦·布拉乔利尼（Poggio Bracciolini）重新发现，据说，达·芬奇为此书绘制了不少插图，切萨雷（Cesare Cesariano）在 1521 年编辑并重新印刷了此书。Mcewen I K. *Vitruvius: Writing the Body of Architecture*. Boston: MIT Press, 2004. BALDWIN B. "The Date, Identity, and Career of Vitruvius". *Latomus*, 1990(49): 425-434.

77. BARROW J D. *The Artful Universe Expanded*. Oxford : Oxford UP, 2005: chapter 3.

78. WORTHINGTON A M, COLE R S. Impact with a Liquid Surface, Studied by the Aid of Instantaneous Photography, *Philo. trans. Roy. Soc.* London A 189 , 1897: 138. WORTHINGTON A M. A Study of Splashes; with 197 Illustrations from *Instantaneous Photographs*. London and New York : Longmans, Green & Co., 1908.

79. THOMPSON D'A. W. *On Growth and Form*. Cambridge: Cambridge UP, 1917: 235. KEMP M. "Stilled Splashes", in M. Kemp. *Visualizations*. Oxford : Oxford UP, 2000: 78-79. 坎普写道，沃辛顿最早的一张关于牛奶飞溅的照片在 20 世纪 60 年代被用作英国牛奶营销董事会的标识。

80. *Seeing the Unseen: Dr Harold, E. Edgerton and the Wonders of Strobe Alley*. exhibition catalogue. New York: Publishing Trust of George Eastman House, Rochester, 1994. 此影集还附有埃杰顿在美国萨斯奎哈纳大学美术馆中展出的照片。

第三部分　数学的画笔

1. ADAMS D. *The Restaurant at the End of the Universe*. New York: Harmony Books, 1982: 3.

2. WEYL H. *Symmetry*. Princeton: Princeton UP, 1952.

3. 这些面必须是凸的，这样一来，在曲面多边形上任意两点之间的直线才不会从该表面的外部穿过。简单地说，这意味着这些面向外凸出。

4. 这些图形可被称为柏拉图多面体、正多面体或正图形。

5. 在 1852 年，施莱夫利证明了在四维空间中有 6 种柏拉图多面体，但在五维和所有更高维空间中只有 3 种（SCHLÄFLI L. "Theorie der vielfachen Kontinuität", unpublished manuscript, 1852, later published in *Denkschriften der schweizerischen naturforschenden Gessel*, 1901(38): 1-237.）。在四维空间中的 6 个柏拉图多面体包括 4 个单纯形，它们由 5 个四面体组成，其中 3 个的边相交；1 个超立方体，由 8 个立方体组成，其中 3 个的边相交；1 个正十六胞体，由 16 个四面体组成，其中 4 个的边相交；1 个正二十四胞体，由 24 个八面体组成，其中 3 个的边相交；1 个正一百二十胞体，由 120 个十二面体组成，其中 3 个的边相交；以及一个正六百胞体，由 600 个四面体组成，其中 5 个的边相交。

6. 考古学家们在苏格兰新石器时代遗址发现了数以百计的正多面体石雕，十分有趣。石雕的历史可以追溯到公元前 2000 年，通常直径约 7 厘米。人们不知道它们的用途，在墓地里也没有找到类似的石雕。有时，这些雕塑由柔软的材料制成，比如容易雕刻的砂岩，但也有坚硬的花岗岩。人们发现过十二面体，但没有发现二十面体的记录。在早于柏拉图时代 1500 年的那个时期，难道柏拉图多面体就已经在人类文化中发挥了装饰性或仪式性的实际作用吗？（CRITCHLOW K. *Time Stands Still: New Light on the Megalith Mind*. London: Gordon Fraser, 1979: 133. MARSHALL D N. "Carved Stone Balls", *Proceedings of the Society of Antiquaries of Scotland*, 1976-1977(180): 40-72.）石雕原本收藏于牛津大学阿什莫林博物馆。

7. HEATH T L. *A History of Greek Mathematics* (2 vols), Oxford, 1921.

8. POINSOT L. Memoire sur les polygones et polyèdres. J. de l'École Polytechnique, 1810.

9. 四维空间中有 10 个。在超过四个维度的空间里根本没有星形多面体。

10. 参见 COXETER H S M. The classic modern study of polyhedra, *Regular Complex Polytopes*, Cambridge: Cambridge UP, 1974. 科克斯特是加拿大伟大的地理学家。这些多面体的研究也在科学哲学中起到了关键作用，拉卡托什·伊姆雷（Imre Lakatos）撰写过一篇杰出的论文，成为科学哲学的经典。这篇论文阐述了欧拉发现的著名公式，一个正多面体的顶点和面数总和等于边数加上 2：例如，八面体有 8 个面、6 个顶点、12 条边，即 8 + 6 = 12 + 2（LAKATOS I. *Proofs and Refutations*, Cambridge, Cambridge UP, 1976.）。柯西论证，普安索发现了所有星形多面体，并称之为"更高级多面体"（CAUCHY A L. "Recherches sur les polyèdres", *Journal de l'École Polytechnique*, 0(16): 68-86.）。

11. 星形多面体在艺术品中并不常见，但是，位于梵蒂冈的圣彼得圣坛顶端就是一个星形多面体，位于十字架下面。

12. 此外还有星形非凸的阿基米德多面体集合，包括 3 个呈立方体和八面体的对称性，14 个呈二十面体和十二面体的对称性，3 个呈截角十二面体的对称性。

13. 在英国，soccer 一词其实是 Association Football（传统足球）的简称，最初用来与 Rugby Football（橄榄球，简称 rugger）区分。

14. 国际足球联合会为 2006 年德国世界杯推出的新设计。

15.　此后，日本化学家大泽映二在 1970 年、两位俄国化学家博齐瓦尔（Bochvar）和加尔珀恩（Gal'pern）在 1973 年各自在对称的基础上提出了截角二十面体分子结构的概念。在 1969 年，两位日本科学家金关惠和加藤健在网格蛋白中也发现了截角二十面体对称性。

16.　后来，柯尔、斯莫利和克罗托等人的研究表明，存在原子数在 40 和 80 之间且为偶数的碳簇。它们都可能形成封闭结构，与欧拉关于多面体存在的著名论点一致：如果 n 是大于 22 的偶数，那么 12 个五边形和 $(n - 20)/2$ 个六边形组成的面至少可以构成一个多面体。因此，当 n 大于 20 时，就会有许多可能的多面体结构。

17.　BAGGOTT J. *Perfect Symmetry: The Accidental Discovery of Buckminsterfullerene*. Oxford: Oxford UP, 1994. ALDERSEY-WILLIAMS H. *The Most Beautiful Molecule: An Adventure in Chemistry*. London: Aurum Press, 1995.

18.　 AUSTER P. *The Music of Chance*. New York: Viking, 1990: 73-74.

19.　假设质数的数量有限，那么就应该有一个最大质数。如果将质数全部相乘，并将 1 加到结果中，那么，这个新的数要么是一个更大的质数，要么能够被比刚才假定的最大质数更大的新质数所整除。无论如何，存在最大质数的假设都导致了矛盾，所以质数列表不可能是有限的。

20.　他有时被称为尼科马修斯。这部作品的翻译版本出现在《西方世界大英百科全书》（The *Britannica Great Books of the Western World series*, vol. 11. Chicago: University of Chicago Press, 1980.）。在第 818 页第 13 章中有关于埃拉托斯特尼筛选法的描述。

"这些数的生成法被埃拉托斯特尼称为'筛子'。当我们把奇数混在一起，这种生成法就会随意地把它们分离。首先，生成法就像筛子一样，让数中的质数自行分离，其次，再让它们组合、自行找到混合类别。

"'筛子法'描述如下。我把所有奇数从 3 开始按顺序排列，数列尽可能地长。然后从第一个数开始，观察这个数可以测量哪些数。于是我发现，这个数每隔 2 项测量一个数。这并不是随机的，也就是说，它总在测量将两个位置移除后的第一个数，这个数的值就是数列中第一个数自身的 3 倍，再向后移动两个位置，第二个被测数的值是其 5 倍，以此类推，第三个被测数的值是其 7 倍，第四个数是 9 倍，等等，无限进行下去。

"然后重新开始，我再来到第二个数 5，观察它能测量什么，于是发现它每隔 4 项测量一个数，第一个数是其 3 倍，第二个数是 5 倍，第三个数是 7 倍……直至无穷。

"接下来，如前所述，用第三个数 7 开始测量，每隔 6 项测量，第一个数是其 3 倍，第二个数是 5 倍，第三个数是 7 倍……

"以此类推，这一类似过程不断进行，位于固定位置的数成功地测量了整个数列。测量间隔项为偶数，从 2 到无穷有序展开，或者按照测量数所占位置，不断翻倍。被测数的值为测量数的奇数倍，同样有序递增，倍数从 3 开始。

"现在，如果用符号来标记数，你会发现在测量中，数列中一个接一个的项并非测量相同的数——有时两个测量数测量的对象也不尽相同，也不是所有数都会参与测量。有些数彻底逃过了任意数的测量，有些数仅被一个数测量过，有些数可被两个或更多数测量到。

"彻底逃过测量的数即为质数，它们无法被整除，最终被'筛子'筛选出来。"（第13章，第2段至第8段）

21. HEATH T L. *A History of Greek Mathematics*. 2 vols. Oxford: Oxford UP, 1921.

22. 现代五项全能运动是奥林匹克运动会的比赛项目之一，结合了跑步、游泳、击剑、射击和马术。古希腊五项运动要求更高，结合跑步（三种不同距离）、跳远、掷铁饼、掷标枪（分别测试准确性和距离）和马术。后来曾加入拳击、摔跤或武术与攀岩的组合。在古代奥运会，获胜者被誉为 Victor Ludorum，意为"总冠军"。由此可见，埃拉托斯特尼很受欢迎。

23. 当命中质数 p 时，p 与小于其值的数的所有乘积都已被划掉，第一个数仍然是 $p \times p$。

24. LEHMER D N. *Factor Table for the First Ten Millions Containing the Smallest Factor of Every Number Not Divisible by 2, 3, 5, or 7 between the Limits 0 and 10017000*. New York: Hafner Publishing Co., 1956. Reprinted from the Carnegie Institution of Washington Publication No. 105.

25. "Machine Solves Intricate Tasks of Mathematics". New York: *Herald Tribune*, 1931-07-21.

26. 阿德丽安·勒让德（Adrienne Legendre）在 1796 年首次提出这一法则。

27. DIEUDONNÉ J. *Mathematics—The Music of Reason*. Berlin: Springer, 1987: 37.

28. 具体地说，欧几里得给出了 23 个初始定义，例如"点"是"没有部分的东西"。5 个假设支配着可以在数学上构造和存在的东西。比如，第一个假设是："从任意一点画一条直线都能到达任意另外一点。"继 5 个假设之后，欧几里得给出了 5 个常识性真理，例如，如果两个事物都等于第三个事物，那么它们一定彼此相等。然而，第 5 个常识性真理，即整体一定大于其一个部分，虽然这听起来显而易见，但实际上是错误的。任何无穷数集合（如正整数集合）都具有无穷子集（如偶数集合），其元素可一一对应。因此，无穷集合及其无穷子集大小相同。参见 BARROW J D. *The Infinite Book*. London: Jonathan Cape, 2005.

29. 关于毕达哥拉斯的研究，可参阅美国数学学会的官方网站。

30. 也被称为"孔雀尾巴"或"弗朗西斯康的斗篷"，希腊文献中还称之为"已婚妇女定理"。请参阅：SMITH D E. *History of Mathematics*. New York: Dover, 1958: 289.

31. 这块碑牌是耶鲁大学古巴比伦文物收藏，编号 YBC 7289。细节研究最初由奥托·纽介堡（Otto Neugebauer）和亚伯拉罕·萨克斯（Abraham Sachs）发表：NEUGEBAUER O. *The Exact Sciences in Antiquity*. New York: Dover, 1969.

32. 更多关于古巴比伦算术的文献：IFRAH G. *The Universal History of Numbers*. London: Harvill, 1998. BARROW J D. *Pi in the Sky*. Oxford: Oxford UP, 1992. NISSEN H J, DAMEROW P, ENGLUND R K. *Archaic Bookkeeping*. London: University of Chicago Press, 1993.

33. DIEUDONNÉ J. "The Work of Nicholas Bourbaki". *American Math. Monthly* 77, 1970: 134-145.

34. EUCLID, *Elements* VI, 31. 显然，如果每一项仅乘以 $\pi/2$，用半圆代替正方形是正确的。

35. SENECHAL M. "The Continuing Silence of Bourbaki —— An Interview with Pierre Cartier". *The Mathematical Intelligencer*, 1998(1): 22-28.

36. 可参阅：Mathematical humor collected by Andrej and Elena Cherkaev.

37. WIDMANN J. *Behennde vnnd hubsche Rechenung auff allen Kauffmanschafften* (*Mercantile Arithmetic*), 1489.

38. CAJORI F. *A History of Mathematical Notations*. New York: Dover, 1993: 230, part I, section 201.

39. 威德曼在德累斯顿图书馆发现并批注了这篇手稿，并貌似在 1486 年于莱比锡大学的课堂上中使用了这套符号。他的一位学生的笔记至今仍留存在莱比锡大学图书馆（档案编号：Codex Lips. 1470）。

40. GLAISHER J W L. "On the Early History of Signs + and – and on the Early German Arithmeticians". *Messenger of Mathematics*, 1921-02(51): 6.

41. 磨刀石的作用是将刀磨得更锋利，雷科德用文字游戏为书命名，寓意为"磨砺智慧"。事实上，在 1525 年，德国数学家克里斯托弗·鲁道夫（Christoff Rudolf）写了第一本德语的代数论著，题目是 *Coss*。这个词在拉丁文里是一个双关词，cos 意为"磨刀石"，cosa 意为"事物"，因此，coss 用来描述代数中的一个未知量。

42. 在 1547 年，雷科德还写了一本名为《物理便壶》（*The Urinal of Physick*）的奇妙作品，《科学传记词典》（*The Dictionary of Scientific Biography*）将其描述为"一本判断尿毒症的传统医学著作，充满了精细的护理实践描述，（但）不如其数学著作时髦，且缺乏权威的批判性"。

43. CAJORI F. *A History of Mathematical Notations*, part 1, section 262.

44. STIFEL M. *Deutsche Arithmetica*. Nuremberg, 1545; CAJORI. ibid.: 250.

45. RAHN J H. *Teutsche Algebra*. Zurich, 1659.

46. CAJORI F. "Rahn's Algebraic Symbols". *Amer. Math. Monthly* 31, 1924: 65-71.

47. WING V. *Harmonicon celeste*. London, 1651: 5.

48. BARRIE J M. *The Plays of J.M. Barrie: Quality Street*. New York: Scribner's Sons, 1948: Act II, 113.

49. 帕斯卡三角形："The Arithmetic Triangle" by Blaise Pascal.

50. 如果语句 $S(n_0)$ 在应用于某个特定 n_0 时是真的，且语句 $S(n)$ 为真意味着语句 $S(n+1)$ 也为真，那么对于大于或等于 n_0 的所有 n，该语句都是真的。

51. 例如，这一三角形与谢尔宾斯基地毯分形有着深刻且意想不到的联系，我们将在本书随后部分看到。假设我们只研究帕斯卡三角形中两个数的性质，比如，它们是奇数还是偶数。三角形中白色部分包含偶数，黑色部分包含奇数。三角形现在看起来是什么样子？结果是惊人的。我们得到的分形三角形看上去就像谢尔宾斯基地毯。如果改变着色规则，如用黑色标记能被 3、5 或 9 整除的数，那么我们就创造了类似的无穷地毯。

52. 莱布尼茨创造了一种帕斯卡三角形的镜像，被称为"调和三角形"。它可以被视为从底向上而不是自上而下构建的。三角形的两个对角线边由整数的倒数组成，即 1/1、1/2、1/3、1/4、1/5、…这就是"调和级数"。三角形中不在这些对角线边上的每一个数都等于在其右上方对角线上的数以及与其在同一行右侧的数之间的差值，例如，1/60 = 1/30 – 1/60。

53. 霍尔拜因的这幅名画现收藏于伦敦国家美术馆。画中展示了多个精心摆放的象征符号。在桌子上，有一本由彼得·阿皮安（Peter Apian）撰写于 1527 年的书《演算》。这是第一本用德语写成的算术书，在其书名页上展现着帕斯卡三角形。这本书的全名是 *Ein Newe und wohlgregrundte wunderweysung aller Kauffmans Rechnung*。在这幅画中，书本打开着，正好展现了除法内容。而书的上方是一个地球仪，恰好凸显了《托尔德西里亚斯条约》的分界线。

54. 这一三角形首次被称为"帕斯卡三角形"是在 1886 年出版的一本颇具影响力的代数教科书里，作者是乔治·克里斯特尔（George Chrystal）。其实在 1708 年，皮埃尔·雷蒙·德·蒙莫尔（Pierre Raymond de Montmort）已经称之为"帕斯卡组合表"。

55. 古印度数学家潘葛拉（Pingala）曾在公元前 200 年左右写过一本关于梵语诗歌韵律的书。他找到了一个寻找数组的规则，从组成列表的共 6 个选项中，每次选择 2 个或 3 个数组，这种方法被称为"须弥山的石梯"。这种方法在 10 世纪被融入三角形结构。须弥山是印度教和佛教的圣山，而数字三角形呈阶梯上升的性质让人不禁联想到通往神明的阶梯。

56. NEEDHAM J. *Science and Civilisation in China*, III. Cambridge: Cambridge UP, 1959: 133-137. HO P-Y. *Yang Hui Dictionary of Scientific Biography*. 1976(14): 538-546. CHU S-C. *Dictionary of Scientific Biography*. 1971(3): 265-271. EDWARDS A W. F. *Pascal's Arithmetical Triangle*. Baltimore: Johns Hopkins UP, 2002: chapter 5.

57. Jonah 1:7.

58. 一些作假的骰子会产生十分有趣的变数。比如，如果骰子上巧妙地安装着一块固态的蜡，将骰子握在手中，慢慢为其加热，蜡块融化后将沿着一个极小的内部通道流向一个面。再如，将金属置于骰子中，还能与隐藏的磁体产生作用。

59. 托马斯·巴斯（Thomas A. Bass）所著的《牛顿的赌场》讲述了这样一个故事：一群年轻的数学家想模拟轮盘赌的运转行为，并借助隐藏的微型计算机来分析趋势，以此击败拉斯维加斯的赌场。结果，内华达州为此颁布新法律，禁止赌场使用计算机。数学家们对研究轮盘的"偏差"尤其感兴趣，因为这些偏差才是能让赌徒们常胜不败的关键——你永远无法击败完美的随机轮盘。确实，一个完美的随机过程与长盛不衰的战略是互不相容的。

60. BARTHOLEMEW D. *God of Chance*. London: SCM Press, 1984. David F N. Games, *Gods and Gambling*, London, 1962.

61. HACKING I. *The Emergence of Probability*. Cambridge, Cambridge UP, 1975.

62. RUSSELL B. "Vagueness", in *Essays on Language, Mind, and Matter 1919-1926: The Collected Papers of Bertrand Russell*, ed. J. Slater. London: Unwin Hyman, 1923: 145. LEMON O, PRATT I. "On the Insufficiency of Linear Diagrams for Syllogisms". *Notre Dame Journal of Logic* 39, 1998: 573-580.

63. VENN J. *Philosophical Magazine and Journal of Science* S. 1880-07, 5, Vol. 9, No. 59. BARON M. "A Note on the Historical Development of Logic Diagrams: Leibniz, Euler and Venn". *The Mathematical Gazette* 1969(53): 113-125.

64. 根据《牛津英语词典（第 2 版）》，"文氏图"一词第一次出现在克拉伦斯·欧文·刘易斯（Clarence Irving Lewis）的《符号逻辑概述》（*A Survey of Symbolic Logic*, 1918 年）一书中。

65. 然而，这些集合也可以产生小于 8 个集合，例如，假设 A、B 和 C 根本不相交，那么 U 的内部将被划分为 4 个区域。有些评论家把这些称为欧拉图。一般来说，具有 n 条曲线的文氏图具有 $2n$ 个不同区域（包括外部空区），并且在一个点相交的曲线不超过两条。

66. EULER L. *Lettres à une Princesse d'Allemagne*. St Petersburg: l'Académie Imperiale des Sciences, 1768.

67. LEMON O, PRATT I. "On the Insufficiency of Linear Diagrams for Syllogisms". *Notre Dame Journal of Logic* 39, 1998: 573-580. 赫利定理的一般形式为，如果在 n 维空间中存在 N 个凸区域，其中 $N > n$，并且任意 $n+1$ 个凸区域集合的选择都有非空交集，则 N 个凸区域集合具有非空交集。我们考虑的情况是 $n = 2$，$N = 4$。见赫利的原始论文 *Jber. Deutsch. Math. Vereinig* 32, 1923: 175-176.

68. 结果适用于凸区域。如果从区域内一个点画直线到另一个点，直线在区域内，那么这就是一个凸区域。显然，圆就属于这种情况，但 S 形区域则不然。

69. 刘易斯·卡罗尔在《符号逻辑》（*Symbolic Logic*，1896 年）中引入了欧拉和维恩结构的变体。此后，查尔斯·皮尔士在维恩之后二十年又提出了一些更复杂的逻辑关系（PEIRCE C. *Collected Papers*. Cambridge: Harvard UP, 1933）。近期还有 Sun-Joo Shin 的研究，参见 SHIN S-J. *The Logical Status of Diagrams*. Cambridge: Cambridge UP, 1994 and *The Iconic Logic of Peirce's Graphs*, Cambridge, Mass: MIT Press, 2003.

70. 哲学角度的描述，请参见 PEACOCKE C. "Depiction". *The Philosophical Review*, 1987(96): 383-410.

71. 从 1949 年开始，工业领域才开始应用这种传送带。相关专利图案可参见 PICKOVER C A. *The Möbius Strip*, chapter 4.

72. PICKOVER C A. *The Möbius Strip: Dr August Möbius's Marvelous Band in Mathematics, Games, Literature, Art, Technology, and Cosmology*. FAUVEL J, FLOOD R, WILSON R. *Möbius and His Band: Mathematics and Astronomy in Nineteenth-Century Germany*. Oxford: Oxford UP, 1993: 122.

73. MÖBIUS A F. *Werke*. vol. 2, 1858: 519.

74. BREITENBERGER E. "Johann Benedict Listing", in I. M. James (ed.), *History of Topology*. Amsterdam, 1999: 909-924.

75. ESCHER M C. *The Graphic Work of M. C. Escher*, transl. BRIGHAM J. London: Ballantine, 1972.

76. THULASEEDAS J, KRAWCZYK R J. "Möbius Concepts in Architecture".

77. CLARKE A C. "The Wall of Darkness", in *The Collected Stories*. London: Gollancz, 2000: 104-419.

78. FADIMAN C. (ed.) *Fantasia Mathematica*. New York: Simon & Schuster, 1958: 222-237.

79. 关于在犹他州公立学校的学校日是否需要正式举行默哀仪式的问题演讲。 GAITHER C, CAVAZOS-GAITHER A. *Mathematically Speaking*. IOP, Bristol, 1998: 356.

80. Trigonon（三角竖琴）的词源即为由 tri（三）、gonia（角）和 metron（测度）构成的 triangle（三角形）。

81. 用弧度制测量角度，180° 被定义为等于 π 弧度。

82. JOSEPH G G. *The Crest of the Peacock: The Non-European Roots of Mathematics*. 2nd ed. Princeton: Princeton UP, 2000.

83. 最早 sine 或 sinus 指的是邻边和斜边为圆半径的弦的长度。欧拉最终用这个词来描述角的对边与斜边之比。

84. GULLBERG J. *Mathematics: From the Birth of Numbers*. New York: Norton, 1997: 461.

85. 这反映了圆周上任何点的切线的几何性质：切线在该点与圆 "相接"，并垂直于从该点到圆心的线段。

86. *Geometriae rotundi*. Basle, 1583.

87. 如果 x 的函数值总是与其在 $x + p$ 上的值相同，那么数学家就称这个函数为周期为 p 的周期函数，于是有 $f(x) = f(x + p)$。这一方法的厉害之处在于，它适用于非常普通的函数，甚至是具有不连续性的函数，即那些在绘制图形时，你需要时不时断笔的函数。

88. 周期为 2π 的函数 $f(x)$ 可以被写成无穷级数 $f(x) = a_0 + \sum_{n=1}^{\infty}(a_n \cos(nx) + b_n \sin(nx))$，其中 a_0、a_n 与 b_n 都是由傅里叶级数表示的函数 $f(x)$ 最容易确定的常数。

89. WEST M. *The Wit and Wisdom of Mae West*. New York: Putnam's Sons, 1967: 35.

90. 原坐标 $x = 0$ 和 $y = 0$ 取最下方的点。

91. 杰斐逊写信给潘恩："你在悬链线和圆圈的比例之间犹豫。最近，我从意大利收到一份关于马斯切罗尼修道院拱门的平衡设计的论文。这似乎是一项非常科学的设计。我还没来得及仔细阅读，但我发现其结论是：'悬链线的每一部分都处于完美的平衡状态。'"潘恩先前称之为 "链状拱"，但他更感兴趣的是，桥拱到底该采用这种形状还是圆弧状。

92. 链上每单位长度的质量是均匀且没有厚度的，而且它非常灵活，且没有厚度，因此链被视为理想形状。指数函数 e^x 定义了数学函数公式 $\cosh(x) = (e^x + e^{-x}) / 2$。

93. 胡克虽然认识到拱形和悬链线之间的对应关系，但他没有给出悬链线的方程。在 1671 年，在其《太阳镜的描述》（*Description of Helioscopes*）一文中，胡克说自己已经找到了各种 "建筑拱门" 的真正的数学和力学解释，解决方案是：abcccddeeeeeefggiiiiiiii-illmm mmnnnnnnooprrssstttttttuuuuuuuux。1705 年，这串密码被解读为："Ut pendet continuum flexile, sic stabit contiguum rigidum inversum." 柔韧的链条挂起，拱门的链接件都倒立。

94. 拱高 630 英尺，底部宽 630 英尺。其方程是 $y = -127.7\cosh(x/127.7) + 757.7$，其中数量单位皆为英尺。注意，$x = 0$ 对应 $y = -127.7+757.7 = 630$ 的最高点。地面水平对应 $y = 0$。

95. 缆绳在任意点的斜率只需由其下方的重量比来表示，即等于单位长度的重量乘以 x 倍，再除以张力。但其斜率也等于导数 dy/dx。因此，将这两个方程等值化并积分，即得到抛物线方程，其最低点位于 $x = 0$ 和 $y = 0$。位于中国香港的青马大桥拥有美丽的抛物线，也是世界第六大悬索桥。其跨度为 1377 米，高 206 米，因此方程是 $y = (x/2301.13 \text{ 米})^2$，因为如果坐标起点位于缆绳最低点，那么桥的两个端点穿过 $x = \pm 688.5$ 米和 $y = 206$ 米的点。

96. *The Saturday Review*, 1978-04-15.

97. WALLIS J. *De sectionibus conicis*, Pars 1, Proposition 1. WALLIS J. *Arithmetica infinitorum*, Proposition 91.

98. 亚里士多德关于不可能创造真正的物理真空的观点与他关于物理实无穷不存在的信念有关。他相信，在真正的真空中，运动不会有阻力，物体会以无穷的速度运动。更多关于这些想法及其影响的内容，请参见：BARROW J D. *The Book of Nothing*. London: Jonathan Cape, 2000. BARROW J D. *The Infinite Book*. London: Jonathan Cape, 2005.

99. LERNER A. Title song of the 1965 musical *On a Clear Day*.

100. 参见牛顿致本特利的第二封关于无穷的信件。COHEN I B. *Isaac Newton's Papers & Letters on Natural Philosophy*. Cambridge, Mass: Harvard UP, 1958: 295.

101. 萨克森的艾伯特（Albert of Saxony）和伽利略在其《关于两门新科学的对话》（*Dialogues Concerning Two New Sciences*, First Day, sections 78 and 79）早就提到了不同无穷集合之间的一一对应关系，但他们认为这是一个悖论，使得无穷成为数学推理中的一个不足。康托尔旨在使无穷成为无穷集合的定义特征。详见 BARROW J D. *The Infinite Book*. London: Jonathan Cape, 2005: chapter 4.

102. 塔中下一个更大的无穷可以通过其元素的所有可能子集来构造。对于有 n 个元素的有限集合，存在 2^n 个可能子集。一个集合所有子集的集合称为它的"幂集"。

103. 康托尔首先使用了 ∞ 符号，但在 1882 年放弃了它，因为这个符号被其他人根据传统以不确定而模糊的方式频繁使用着。康托尔需要明确区分被他精确分辨的无穷的不同顺序。

104. 这一附加条件没什么坏处，因为这些数是有理数，可以被计算。但这个条件消除了以 9 的循环结束的小数所产生的歧义，比如，0.259 999 999 9… 就和 0.260 000 000 0… 一样了。所以，通过消除以零结束的十进制小数，我们可以统一将数 26/100 认定为 0.259 999 999 9…，而不是 0.260 000 000 0…。

105. BARROW J D. *The Infinite Book*. London: Jonathan Cape, 2005: chapter 4.

106. 这让人联想到中世纪为避免创造完美真空而引用的天体概念。关于在自然界中制造真的物理真空的早期论点，请参见：BARROW J D. *The Book of Nothing*. London: Jonathan Cape, 2000.

107. PLAYFAIR W. *The Statistical Breviary*. London, 1801.

108. FUNKHOUSER H G. "A Note on a Tenth Century Graph", *Osiris* 1. 1936: 260-262. S. 金特（S. Günther）在 1877 年发现的手稿中包含这段内容。一个更广泛的绘图方法概论，请参阅：FUNKHOUSER H G. "Historical Development of the Graphical Representation of Statistical Data", *Osiris* 3, 1937: 269-404.

109. 更详细、更神奇的内容请参阅论文：LATTIN H P. "The Eleventh Century MS Munich 14436: Its Contribution to the History of Co-ordinates, of Logic, of German Studies in France". *Isis* 38, 1948: 205-225. 拉廷不同意金特和芬克豪泽（Funkhouser）对该图的解释，并指出这张图也出现在当年许多其他手稿中。

110. 奥里斯姆所处年代的一个经典问题是假设给出了 A 和 B 两点之间的平均速度，以及恒定的加速度，如何计算出 B 点上物体的实际速度。

111. 图见本书"当质子遇上中子"部分。MURDOCH J. *Album of Science: Antiquity and the Middle Ages*. New York: Scribner's Sons, 1984: 156.

112. PLAYFAIR W. *The Commercial and Political Atlas*. London: Wallis, 1786: 3-4.

113. SYLVESTER J J. *American J. of Mathematics* 1878(1): 64-128. 这类似于"图形"一词在数学"图论"领域中的用法，它研究了空间点和区之间的联系结构。我们将在后面的"四色定理"背景下研究这一点。

114. HANKINS T L. "Blood, Dirt and Nomograms". *Isis* 90, 1999: 50-80. 在数学中，"图"这个词的另一种用法是表示不同点之间的连接。

115. PLAYFAIR W. *The Commercial and Political Atlas*. London: Wallis, 1786. Plate 20 in the 3rd ed; facsimile ed (ed. Ian Spence), Cambridge: Cambridge UP, 2005.

116. SPENCE I. "William Playfair (1759-1823)", *Oxford Dictionary of National Biography*. Oxford: Oxford UP, 2004.

117. THURSTON R H. *A History of the Growth of the Steam Engine*. New York: D. Appleton, 1878.

118. LALANNE L. *Ann. De Ponts et Chaussées*, 2nd Ser. 11,1, 1846. LALANNE L. *Abaque, ou Compteru universal, donnant à vue moins de 1/200 près les résultats de tours les calculs d'arithméqiue, de géometrie et de mécanique pratique*, Carilan-Goery et Dalmont, Paris, 1844.

119. 普莱费尔的地图集在英国本土并没有如此大的影响力（FUNKHOUSER H G. "Historical Development of the Graphical Represntation of Statistical Data", *Osiris* 3, 1937 : 69-404），但在法国却受到很多科学家的欢迎。拉兰尼就是普莱费尔全新信息绘制方法的热情拥趸之一。

120. LALANNE L. "Mémoire sur les tables graphiques", *Ann. De Ponts et Chaussées*, 2nd Ser. 11,13, 1846.

121. LALANNE L. "Appendice sur la représentation graphique des tableaux météorologiques et des lois naturelles en général", in L. F. Kaemtz (ed.), *Cours complet de météorologie*, transl. And annontated by C. Martins, Paulin, 1845 : 1-35.

122. CROSBY A W. *The Measure of Reality*, Cambndge: Cambridge UP, 1997: chapter 8.

123. CATTIN G. *Music of the Middle Ages*, vol. 1, Cambridge: Cambridge UP, 1984: 48-53.

124. "如此，你的仆人们便可放开歌唱，称颂你伟大的神迹，洗掉污秽嘴唇上的罪孽，噢，圣约翰。"

125. 本章开篇以手助记音符的"圭多之手"图也让圭多举世闻名，但他自己的作品中从未出现过这幅图。五个手指中都包含着音符序列和严谨的音阶信息。在中世纪音乐理论发展中，这一方法起到了重要作用，甚至导致后来的非调性音乐被摒弃，理由是它不遵循圭多模式—— 一切都不在手上（non est in manu）。

126. RASTALL R. *The Notation af Western Music*. New York: St Martin's Press, 1982: 136-137.

127. ESCHENBACH S. "The First Pitching Machine".

128. 詹姆斯·辛顿甚至有着不同寻常的医学观点。他写了一本名为《痛苦的奥秘》（*The Mystery of Pain*）的书，提出了这样一种理论：让我们感到痛苦的东西实际上是在给予一些东西，这些东西尽管无从追踪，但对我们来说是更好的。他的儿子查尔斯后来试图用高维几何和无穷级数创建这一概念的数学公式。

129. 这本书被重印为小册子，书名是《什么是四维：解释鬼魂》（*What is the Fourth Dimension: Ghosts Explained*, Swann Sonnenschein & Co., 1884）。斯万·索南夏因（Swann Sonnenschein）是辛顿思想的忠实拥护者，在接下来的这两年里出版了他另外 9 本小册子。然后，几本书被合并为两卷出版，题目是《科学传奇》（*Scientific Romances*）。展现更高维世界的图片参见：HINTON C. *Speculations on the Fourth Dimension: Selected Writings of Charles Hinton*, R. Rucker. New York: Dover,1980.

130. Hinton C. "A Mechanical Pitcher". *Harper's Weekly*. 1897-03-20: 301-302.

131. Miller A. *Einstein, Picasso: Space, Time, and the Beauty that Causes Havoc*. New York: Basic Books, 2002. Henderson L D. *The Fourth Dimension and Non-Euclidean Geometry in Modern Art*, Princeton: Princeton UP, 1983. 亨德森将此与 19 世纪神秘主义的新奇想法联系在了一起，详见：Henderson L D. *Leonardo 17*, 1984: 205-210.

132. tesseract 一词的词源：tesser 意为四，aktis 意为射线。三维立方体有 8 个顶点、12 条边和 6 个正方形面，而四维超立方体包含 6 个顶点、32 条边、24 个正方形面和 8 个立方体。

133. 1941 年 2 月首次发表在《惊人科幻》杂志（*Astounding Science Fiction*），后收入 HEINLEIN R A. *The Unpleasant Profession of Jonathan Hoag*. New York: Gnome Press, 1959.

134. 美国建筑师（和神智学家）克劳德·布莱登（Claude Bragdon）是第一个将四维几何特征融入自己的建筑设计中的人，即纽约罗切斯特的商会大楼。他在书中描述了这一设计。BRAGDON C. *A Primer of Higher Space: The Fourth Dimension*. Rochester, 1913.

135. HINTON C. *A Picture of Our Universe*. 1884. *Speculatios on the Fourth Dimension: Selected Writings of Charles Hinton*. ed. RUCKER, New York: Dover, 1980.

136. DESCARTES R. *Descartes's Conversation with Burman*, transl. COTTINGHAM, Oxford: Oxford UP, 1976: para 79.

137. VON KOCH H. "Sur une courbe continue sans tangente, obtenue par une construction géométrique élémentaire". *Arkiv för Matematik*. 1904(1): 681-704. VON KOCH H. "Une

méthode géométrique élémentaire pour étude de certaines questions de la théorie des courbes planes". *Acta Mathematica*. 1906(30): 145-174.

138. 曲线上的凸起太尖了，因此没有任何切线。科赫旨在提供拥有这种性质的另一种曲线，这是德国数学家卡尔·维尔斯特拉斯（Karl Weierstrass）在 1872 年于另一个例子中首次发现的。

139. 对于任意一个平面上的闭合曲线，包围 A 的区域和曲线周长 p 总满足不等式 $p^2 \geq 4\pi A$。当曲线为圆且等式中等号成立时，给定周长的曲线所包围的面积最大。对于给定区域 A，如果以一种足够复杂的方式在科赫雪花中抖动，这一公式没限制 p 能有多大。

140. Weissy, Ericw. "Koch Snowflake." from MathWorld.

141. 注意，在"[]"中的无穷大和是一个等比级数，每一项都是前一项的 4/9。等比级数的和为 1/(1–4/9)=9/5。

142. SIERPINSKI W. *C. R. Acad*. Paris 160. 1915: 302 and 1916: 162, 629-632.

143. 在 n 步后，地毯上将有 8^n 个黑色方块，地毯总面积的比例是黑色占 $(8/9)^n$；当 n 趋于无穷大时，地毯的面积为 0。

144. 这些可能变形是曲线中的变化，在拓扑上它们是等价的。这些变化可以在不切割或撕裂线或表面的情况下进行。因此，一个球体能以这种方式变成立方体或椭圆体，而不是中空环（甜甜圈的形状），因为后者中间有一个洞，但中空环能够变成咖啡杯。因此有人笑称，拓扑学家是无法区分甜甜圈和咖啡杯的人。

145. 可参阅 Linux 论文官方网站。

146. 1977 年，第一批大规模生产的苹果计算机零售价为 1295 美元。

147. z 和 c 的量都是复数，因此有实部和虚部（$z = x + iy$）。这两部分可以分别绘制在一张图的两个轴上，以此在二维空间中给 z 或 c 指定一个位置。如果复数常数 $c = a + ib$，则复变换 $z \to z^2 + c$ 对应于 x 和 y 坐标的两个实变换：$x \to x^2 - y^2 + a$ 和 $y = 2xy + b$。

148. 据估计，可见宇宙中大约有 10^{80} 个原子和 10^{90} 个光子。

149. 1991 年，日本数学家宾仓光广证明了曼德尔布罗集的边界是连通的，并且（分形）维数为 2。这意味着曼德尔布罗集的边界虽然是平面上的曲线，但它抖动得很厉害，所以需要尽可能多的信息来确定自己是一个完整的二维区域，尽管不需要填充整个平面来实现这一点，正如谢尔宾斯基地毯所示。因此，没有任何曲线具有比曼德尔布罗集边界更大的复杂维数。

150. MANDELBROT B. *The Fractal Geometry of Nature*. New York: W H Freeman, (updated ed.), 1983.

151. JULIA G. "Mémoire sur l'itération des fonctions rationelles". *J Math. Pure Appl*. 8, 1918: 47-245.

152. FATOU P. "Sur lcs équations fonctionelles". *Bull. Math. France* 47, 1919: 161-271 and 48 *Bull. Math. France*. 1920: 33-94 and 208-314.

153. PENROSE R. *The Emperor's New Mind*. Oxford: Oxford UP, 1989.

154. ERNST B. *The Eye Beguiled*. Cologne: Taschen, 1992: 95.

155. PENROSE L S, PENROSE R. "Impossible Objects: A Special Type of Visual illusions". *Brit. J. Psychology*. 49, 31, 1958.

156. 理查德·格利高里创立了这一学科，其名著《眼睛和大脑》（*Eye and brain*）吸引了众多读者，并将视觉错觉问题归为神经认知心理学。参见：GREGORY R. "Perceptual Illusions and Brain Models". *Phil. Trans. Roy. Soc. B*171, 1968: 278-296. GREGORY R. "Knowledge in Perception and Illusion". *Phil. Trans. Roy. Soc. B*352, 1997: 1121-1127.

157. 眼睛还是可能被愚弄。工匠们建立了实体模型，当从特定角度观察时，模型即为不可能三角形。然而，它们并非看上去的那样，不过是利用透视将视野中的一些建筑隐藏了起来。

158. GREGORY R. *Eye and Brain*. 3rd rev. ed. 1977. *The intelligent Eye*. London, 1977. "Perceptual Illusions and Brain Models". *Proc. Roy. Soc. Lond.* B171, 1968: 278-296.

159. 视神经导致的错觉，参见：FRASER A, WILCOX K J. "Perception of Illusory Movement". *Nature*. 1979(281): 565-566. FAUBERT J, HERBERT A M. "The Peripheral Drift Illusion: A Motion Illusion in the Visual Periphery". *Perception*. 1999(28): 617-621. KITAOKA A, ASHIDA H. "Phenomenal characteristics of the peripheral Drift Illusion". *Vision*. 2003(15): 261-262. KITAOKA A, PINNA B, BRELSTAFF G. "New Variations of Spiral Illusions". *Perception*. 2001(30): 637-646.

160. DI LAMPEDUSA G T. *Il Gattopardo*. Quoted in CAMILLERI A. *The Shape of Water*. London: Picador, 2003: 107.

161. BERGER R. "Undecideability of the Domino Problem". *Memoirs of the Amer. Math. Soc.* 65, 1741.

162. GARDNER M. "Extraordinary Nonperiodic Tiling That Ennches the Theory of Tiles". *Scientific American*. 1977-01: 110-121. 两位数学业余爱好者罗伯特·安曼和约翰·康威（John Conway）对两块砖问题做出了重大贡献。关于密铺的精彩分析，请参见戴维·奥斯丁（David Austins）的文章。

163. 安曼的生平故事，参见：SENECHAL M. "The Mystenous Mr Ammann". *The Mathematical Intelligencer*. 2004(26): 4.

164. GRÜNBAUM B, SHEPHERD G C. *Tilings and Patterns*. San Francisco: W H. Freeman, 1987.

165. SHECHTMAN D, BLECH L, GRATIOUS D, Cohn J W. *Phys. Rev. Lett.* 53. 1984: 1951.

166. JENCKS C. *The Garden of Cosmic Speculation*. London: Frances Lincoln, 2003. BARROW J D. "Gardening by Numbers". *Nature*. 2004(427): 296.

167. LU P, STEINHARDT P. "Decagonal and Quasi-Crystalline Tilings in Medieval Islamic Architecture". *Science*. 2007(315) :1106-1110.

168. 参见英国专利局网站。

169. 华盛顿大学法学院（GWU Law）官方网站档案记录中有案件概述。

170. WILSON R. *Four Colours Suffice*. Allen Lane , 2002.

171. CAYLEY A. "On the Colouring of Maps". *Proc. Roy. Geog. Soc. and Monthly Record of Geog. New Monthly Ser.* 1. 1879: 259-261.

172. KEMPE A. "On the Geographical Problem of the Four Colors". *Amer. J Maths.* 1879(2): 193-200.

173. WILSON R. *Four Colours Suffice*. Allen Lane , 2002.

174. APPEL K, HAKEN W, KOCH K. "Every Planar Map is Four Colorable". *Ilinois J. Maths.* 1977(21): 429-567. 第一部分（第 429~490 页）为阿佩尔和哈肯撰写，余下由其他合著者撰写。 APPEL K, HAKEN W. "The Solution of the Four Color Map Problem". *Scientific American.* 1977(137-8):108-121.

175. 阿佩尔和哈肯在某种程度上是为了赢得竞争才完成了计算机辅助证明。另外两组在比赛中使用了相似的技术来建立结果。

176. TYMOCZKO T. "The Four-Color Problem and its Philosophical Significance". *Journal of Philosophy.* 1979(76): 57-83.

177. 一个经典例子是沃尔特·菲特（Walter Feit）和约翰·汤普森（John Thompson）的著名证明：所有奇数阶的群都是可解的。它长达 254 页，占据了一整期杂志（*Pacific J Math.* 1963(13):775-1029）。

178. 过程见：No 1835. *Phil. Trans. R. Soc.* A363, 2005: 2331-2461.

179. TAGHOLM R. *Poems Not on the Underground*. ed "Straphanger", 5th ed. Gloucs: Windrush Press, 1996: 18.

180. GARLAND K. "The Design of the London Underground Diagram". *The Penrose Annual* 62, London, 1969.

181. 伦敦交通局（TFL）的一张名为 "London Connections" 的图将伦敦地铁图融入了真正的地理地图中。

182. 真正的伦敦地铁图，已经翻译成了多国语言，见伦敦交通局官网。

183. GREEN O. *Underground Art: London Transport Posters 1908 to the Present*. Studio Vista, London, 1989.

184. TUFTE E R. *The Visual Display of Quantitative Information*. 2nd ed. Cheshire, Conn: Graphics Press, 2001: 143.

185. DE MOIVRE A. *The Doctrine of Chances or a Method of Calculating the Probabilities of Events in Play*, London, 1738. 1733 年版论文由拉丁文写成。其中一个副本见 ARCHIBALD R C. *Isis* 8, 1926: 671-683。英文版本见 SMITH D E. *A Source Book in Mathematics.* New York: McGraw-Hill, 1929. DAW R H, PEARSON E S. "Abraham De Moivre's 1733 Derivation of the Normal curve a bibliographical Note". *Biometrika* 59, 1972: 677-680.

186. 绘制概率分布图的第一人似乎是约翰·兰伯特，他也是 18 世纪绘制图形的先驱之一。他在自己的书（*Photometria sive Mensura et Gradibus Luminis.* Augsberg: Detleffsen, 1760）中

画出了误差分布的可能分布。HALD A. *A History of Mathematical Statistics from 1750 to 1930*. New York: Wiley, 1998: 81.

187. DE MORGAN A. *An Essay on Probabilities and on Their Application to Life Contingencies and Insurance Offices*. Longmans, Orme, Brown, Green Longmans, John Taylor, London, 1838: 132, 133, 141.

188. 同注 187，见 143.

189. QUETELET A. *Lettres sur la théorie des probabilités, appliquée aux sciences morales et politiques*. Brussels: M Hayez, 1846. 凯特勒已经了解了拉普拉斯分布，后者的研究成果主要归功于高斯。STIGLER S M. *The History of Statistics: The Measurement of Uncertainty before 1900*. Cambridge: Harvard UP, 1986.

190. 更确切地说，许多独立同分布随机变量的人的总和将变得越来越接近近似正态分布，因为总和的数无限增加。结果，x 的正态概率分布由公式 $p(x) = (1/\sqrt{2\pi V})\exp[-(x-\mu)^2/2V]$ 给出，其中 μ 是均值，V 为方差。

191. 并非所有物理过程都是独立随机变量的总和。例如，许多分裂过程是众多随机变量的乘积。在这种情况下，在经过许多分裂阶段后，这些分片大小分布的对数是独立概率的总和，因此也是正态的。所以，分片大小的分布呈对数正态分布。

192. QUETELET A. *Research on the Propensity for Crime at Different Ages*. 1831: 3. transl. and introduced by SYLVESTER S F. Cincinnati: Anderson, 1984: 3. BEIRNE P. "Adolphe Quetelet and the Origins of positivist Criminology". *Amer. J. Sociology* 92. 1987: 1140-1169.

193. 有人认为，这种决定论否定了人类行为中自由意志所扮演的角色，因而也否定了人类应该对个人行为负责的观点。1902 年，俄国数学家帕维尔·纳克索夫（Pavel Nekrasov）发表了一个有趣的批评，作为坚定的俄罗斯东正教信徒，他反对凯特勒的观点。SENETA E. "Statistical Regularity and Freewill: L. A. J. Quetelet and P. A. Nekrasov". *Int. Statistical Review* 71, 2003: 319-334.

194. 茹弗雷在 1872 年使用了钟形表面（la surface en forme de cloche）一词描述两个变量的正态分布，但这种说法似乎没有流传下来。弗朗西斯·高尔顿使用了钟形曲线（bell-shaped curve）的英文表述（*Catalogue of the Special Loan Collection of Scientific Apparatus at the South Kensington Museum*, 1876）。在 20 世纪，"钟形曲线"一词得到了广泛应用。"正态分布"一词最初由哲学家查尔斯·皮尔士使用。但遗憾的是，这个词暗示了任何不遵循该分布的数据在某种程度上都是反常或奇特的。高尔顿于 1889 年写成的《自然禀赋》（*Natural Inheritance*）一书的章题也采用了"正态变化"。

195. Letter to Charles Knight, in COHEN I B. *The Triumph of Numbers*. New York: W. W. Norton, 2005: 153.

196. HERRNSTEIN R, MURRAY C. *The Bell Curve*. New York: Free Press, 1994.

197. 有用的摘要、反对意见、相关链接列表见维基百科英文版 "normal distribution" 词条。

第四部分　心胜于物

1. RUSSELL Bertrand, *In Praise of Idleness*, 1932.

2. *Nieuwe Rotterdamsche Courant*, 1921-07-04, JANSSEN M. et al (eds), *The Collected Papers of Albert Einstein*, vol. 7, section 61, appendix D, Princeton: Princeton UP, 2002.

3. 这段引述来自爱因斯坦对相对论"最流行"的解释，这篇文章写于 1929 年，名为《场论的历史》("The History of Field Theory")。

4. 华兹华斯是牛顿及其作品的崇拜者，他的第三部自传散文诗《前奏曲》(*The Prelude*)反映了自己在剑桥大学的早期生活，提及了牛顿在三一学院教堂的大理石雕像。华兹华斯曾是圣约翰学院的学生，从他的房间正好可以俯瞰三一学院教堂。完整的诗节是：

   "从我的枕头看去，趁着月色，

   或借助星光，

   我看到牛顿的雕像站在教堂前，

   他的棱镜与平静的面庞，

   与他的心灵一起被大理石铭刻，永远

   独自航行在奇异的思维的海洋。"

5. 这一日期可能有误，因为当年他不在伍尔索普，那年是"瘟疫年"。牛顿的一个同期记录显示，在 1664 年，他购买了棱镜，来测试笛卡儿的色彩理论。其他评论家认为他本打算写的是 1666 年。GJERTSEN D. *The Newton Handbook*. London: Routledge & Kegan Paul, 1986: 507-508.

6. "约克的理查打了场没用的仗。"指的是英国"玫瑰战争"期间，约克家族的理查三世在博斯沃思原野战役上被亨利·都德打败的典故。

7. 然而，彩虹是由阳光和水滴的相互作用产生的，这一观点并非新鲜事。伊朗的库特布丁·设拉子(Qutb al-Din al-Shirazi)提出了基本思想。此后在 1307 年，弗莱堡的西奥多里克(Theodoric of Freiburg)发表了一个更完整的理论，并成为标准描述，直到笛卡儿和牛顿完成了进一步研究。LINDBERG D C. "Roger Bacon's Theory of the Rainbow: Progress or Regress?". *Isis* 57, 1966(236). *Theories of Vision from al-Kindi to Kepler*. Chicago: University of Chicago Press, 1976.

8. 出自约翰·济慈的《拉米亚》(*Lamia*, 1819 年)，原诗句：

   "哲思将剪断天使的翅膀，

   用规则与准绳征服一切神秘，

   赶走空中的鬼魅和地府的精灵，

   将彩虹拆散。"

9. 甚至在月光明亮的夜晚，我们有可能看到一个"月虹"，这是月亮反射的阳光被湿气折射而引起的。然而，在我们的眼睛看来，它是白色的，因为我们在昏暗的条件下失去了色觉。

10. 光在水滴内部进行两次或三次反射，可以形成二次甚至三次（非常罕见）彩虹。二次彩虹在约 52° 的角度上看着最明亮，但却在阳光与天空一侧形成，故而很难看到。

11. 有一种说法，橙色（orange）是牛顿故意添加在红色和黄色之间的颜色，以纪念他的一位资助人——奥兰治公爵（Duke of Orange）、英国国王威廉三世，后者在《光学》出版前两年去世了。当年，奥兰治是法国南部的一个公国，所以这个词并非用于描述颜色。牛顿在描述由"牛顿环"的干涉条纹形成的相同颜色时，也将其称为"柑橘色"或"黄红色"。因此，牛顿可能出于某种与奥兰治的威廉相关的政治原因，才把橙色加入光谱。

12. 靛蓝色的英文 indigo 源自拉丁文 indicum，意为印第安。

13. 靛蓝色取自槐蓝属植物染料，这种颜色在牛顿生活的时代非常流行。槐蓝属植物从印度、加勒比地区和南美洲进口到英国。但是，英国曾在长达一个多世纪里禁止使用这种染料，直到 1685 年才解禁，因为人们认为它有毒，而且对织物有破坏性。然而这些影响其实是在染色过程中加入的催化剂所导致的，并非靛蓝色染料本身所致。今天，这种染料仍广泛用于染牛仔布。

14. GILBERT W. *De Magnete*, London. 1600, transl. S. P. Thompson. London: Chiswick Press, 1900.

15. 这一"指向"现象是罗伯特·诺曼（Robert Norman）率先在 1581 年发现的。

16. MAXWELL J C. *Treatise on Electricity and Magnetism*, 1861.

17. CANTOR G N. *Michael Faraday: Sandemanian and Scientist: A Study of Science and Religion in the Nineteenth Century*. Basingstoke: Macmillan, 1991.

18. BARROW J D. *The World within the World*. Oxford: Oxford UP, 1988.

19. HARMAN P M. *Energy, Force and Matter: The Conceptual Development of Nineteenth-Century Physics*. Cambridge, Cambridge UP, 1982.

20. FEYNMAN R. *QED*. Princeton: Princeton UP, 1985: 113.

21. 圆形轨道的实际半径 r 与速度 v 相关，因为向心力 mv^2/r、静电单位制（cgs）下的静电吸引力 e^2/r^2 或者国际单位制（SI）下的静电吸引力 $e^2/4\pi\varepsilon_0 r^2$ 必须相等。

22. BOHR N. "On the Constitution of Atoms and Molecules". *Philosophical Magazine*, 1913(25, 24).

23. 或等效地，角动量等于角动量量子的整数倍。

24. 如果电子从由量子数 $n = M$ 标记的遥远轨道移动到由量子数 $n = N$ 标记的近处轨道，则辐射频率将与（$1/N^2 - 1/M^2$）成比例。实际上，瑞士巴塞尔的数学教师约翰·巴耳末提出了一个公式，这种公式是数字拼凑出的结果，以便与 1885 年的实验数据吻合。几年后，公式被约翰内斯·里德伯（Janne Rydberg）改进了。玻尔受到了巴耳末公式的指引，他声称，公式表明在原子光谱频率令人困惑的复杂性背后，隐藏着一个简单的数学规则。

25. EMSLEY J. *Nature's Building Blocks*. Oxford: Oxford UP, 2003: 527.

26. LAVOISIER A. *Traité élémentaire de chimie*. 1789. 这是新化学的推广教材，多年里在化学教育中起着重要的作用。

27. 这让人联想起基本粒子的现代定义。当然，拉瓦锡并不知道原子的内部结构：由夸克组成的质子和中子组成了原子核，后者被电子包围。

28. BERZELIUS J J. "Essay on the Cause of Chemical Proportions, and on Some Circumstances Relating to Them: Together with a Short and Easy Method of Expressing Them". *Annals of Philosophy*. 181(32): 443-454. *Annals of Philosophy*. 18(143): 51-52, 93-106, 244-255, 353-364. reproduced in D. M. Knight (ed.). *Classical Scientific Papers*. New York: American Elsevier, 1968.

29. 在 1804 年的伦敦，贝采利乌斯聆听了道尔顿在英国皇家科学院的一次演讲，并与之进行了讨论，由此了解了道尔顿的研究工作。

30. 方程式展现了硫酸铜（$CuSO_4$）与盐酸（HCl）结合制得硫酸（H_2SO_4）和氯化铜（$CuCl_2$）。

31. 其中，尤利乌斯·迈耶尔的研究也许最值得注意。在 1868 年，他绘制了 49 个元素的原子体积和原子量图，并发现了周期性变化。他准备了一篇论文供朋友评注，但遗憾的是，这位朋友回应迟钝，迟迟未能完成。结果，门捷列夫在迈耶尔之前发表了更全面的版本。

32. 1815 年，英国化学家威廉·普劳特（William Prout）设计了一个详细列表，其中所有元素都由氢制成，在 19 世纪，人们称之为"普劳特假说"。

33. POSIN D Q. *Mendeleyev: The Story of a Great Scientist*. New York: McGraw-Hill, 1948.

34. 在圣彼得堡国立大学门捷列夫博物馆和档案馆可以看到。

35. 氢气因其独特的性质而被排除，而稀有气体（如氦气）还尚未被发现。

36. 在希腊语中，前缀 eka 的意思是"跟随"。

37. HOLTON G. *Introduction to Concepts and Theories in Physical Science*. 2nd rev. ed with S. Brush. Princeton: Princeton UP, 1985: 337.

38. 固态和液态物质的原子体积等于原子量除以密度。

39. 别忘了，仍可能存在未发现的超重元素，这些元素是不稳定的，只存在短暂的时间。

40. 普里莫·莱维的名著《元素周期表》（LEVI P. *The Periodic Table*. London: Michael Joseph, 1985）讲述了作者自己非凡人生中的众多独特经历，他既是工业化学家，也是纳粹集中营的幸存者。不同章节描述了不同的事件和人物，而每个章节都以一个元素命名。比如，一位著名的意大利天体物理学家，即已故的尼科尔·达拉波尔塔（Nicolò Dallaporta）作为一名年轻助教出现在名为《钾》的章节里，这一章讲述了 1941 年的"的里雅斯特事件"。20 世纪 80 年代，我在的里雅斯特见到了达拉波尔塔。他与我的导师德尼·夏默（Dennis Sciama）都是意大利国际高等研究院（SISSA）的联席主管。因此，我有幸亲自确认了达拉波尔塔和 40 年前莱维认识的那位年轻人一样迷人、友好。我甚至发现，达拉波尔塔被一些意大利人昵称为"钾"，正是因为他在莱维的这本名著中扮演了重要角色。莱维曾说，在战争期间遭受监禁和酷刑时，认真研究元素周期表是他的一个重要心理慰藉。他知道，当施暴者颠倒黑白、企图篡改人类伦理标准时，他们却无法改变元素周期表里的事实——这里有一块绝对真理的基石，没有人能够撼动。

41. "Not a drop to drink".

42. ROBERTS R M. *Serendipidty: Accidental Discoveries in Science*. New York: J. Wiley, 1989: 75-81.

43. 同注 42，一些历史学家对凯库勒之梦的起源持怀疑态度。ROCKE A J. "Hypothesis and Experiment in Kekulé's Benzene Theory". *Annals of Science* 1985 (42): 355-381.

44. 凯库勒的六面体结构的最佳替代物是三角形棱镜（有两个三角形面和三个矩形面），但它不能解释凯库勒模型成功塑造的所有衍生结构。

45. 该马戏节目的动作流程需要一对无座独轮车。

46. ZAMENHOF S, BRAWERMAN G, CHARGAFF E. "On the DesoxyPentose Nucleic Acid, from Several Microorganisms". *Biochim. et Biophys. Acta* 9, 1952: 402.

47. WATSON J D, CRICK F H C. "Molecular Structure of Nucleic Acids". *Nature*. 1953(171): 737-738.

48. WATSON J D. *The Double Helix: A Personal Account of the Discovery and Structure of DNA*. London: Penguin, 1968.

49. MANKELL H. *Before the Frost*. London: Harvill, 2004: 290.

50. KENDREW J C. "The Three-Dimensional Structure of a Protein Molecule". *Scientific American*. 1961(205-6): 98-99.

51. 整套绘图程序见 Avatar 的官方网站。

52. KRAULIS P J, DOMAILLE P J, CAMPBELL-BURK S L, VAN AKEN T, LAUE E D. "Solution Structure and Dynamics of Ras p21. GDP Determined by Heteronuclear Three- and Four-Dimensional NMR Spectroscopy". *Biochemistry*. 1994(33): 3515-3531.

53. 这是一种将鸟苷三磷酸（GTP）水解为鸟苷二磷酸（GDP）的酶。它的化学性质在传递细胞生长信息方面起着核心作用。某些癌症就源于这种蛋白质的突变，这时，它被锁定在一个永久生长的信号周期中，而不再作为调节分子，对细胞生长起到类似开关的作用。

54. SAYERS D L. *The Unpleasantness at the Bellona Club*. London: Victor Gollancz, 1935: 29.

55. 从氢中除去一个电子需要的能量为 13.6 电子伏特，但将两个质子和两个中子结合在氦核中所需的能量是 28.3 兆电子伏特，两者之比约是 200 万，这也反映了分别结合电子和核子的电磁力与强力之间的相对强度。

56. 原子质量单位（amu）约为 1.66×10^{-27} 千克，这一定义使得碳 –12 元素的原子质量恰好等于 12。

57. 普朗克是第一个提出这一观点的物理学家，当束缚系统瓦解时，鉴于公式 $E = mc^2$，可能存在这种质量差异（PLANCK M. "Das Prinzip der Relativität und die Grundgleichungen der

Mechanik". *Verh. Deutsch. Phys. Ges.* 1906(4): 136-141 and "Zur Dynamik bewegter Systeme". *Ann. der Phys.* 1908(26): 1）。保罗·朗之万是第一个将这一想法应用到原子核的人（LANGEVIN P. "L'inertie de l'énergie et ses conséquences". *J. de Phys.* Paris, 1913(3): 553）。直到 1932 年中子被发现之后，计算才完整。最初，它们被开发为爱因斯坦公式 $E = mc^2$ 的尝试。

58. 注意，结合能会减少总能量。

59. ASTON F W. *Mass Spectra and Isotopes.* London: Edward Arnold, 1933. ASTON F W. *Isotopes.* London: Edward Arnold, 1922. 在章首的图片中，阿斯顿绘制了"填充分数"，等于 $10\,000 \times (M - A)/A$，其中 M 是原子质量，而不是质量数。有趣的早期故事请参见：AUDI G. "The History of Nuclidic Masses and of their Evaluation". *International Journal of Mass Spectroscopy.* 2006(251): 85-94.

60. 核子是原子核的组成部分，可能是质子或中子等形式。

61. 1 兆电子伏特（MeV）即 100 万电子伏特。与原子结合能相比，氢原子中单个电子的结合能为 13.6 电子伏特。

62. 英国诗人约翰·邓恩的十四行诗《圣诗十四节》（*Holy Sonnet XIV*）的开篇启发了奥本海默，因此第一个核试验基地被命名为"三一"核试验基地。它位于美国新墨西哥州阿拉莫戈多。1945 年 7 月 16 日上午"曼哈顿计划"在那里进行核爆试验。随后，同年 8 月 6 日，第一枚原子弹在广岛上空爆炸，8 月 9 日，第二枚原子弹在长崎上空爆炸。最终，日本于 8 月 15 日宣布投降。

63. 坠落在广岛上空的"小男孩"是一枚搭载 64 千克铀 –235 的核裂变导弹，其爆炸力相当于 13 千吨的 TNT 炸药，瞬间夺去约 8 万人的生命。在长崎上空爆炸的"胖子"是一枚搭载 6.4 千克钚 –239 的核裂变导弹，爆炸力相当于 21 千吨的 TNT 炸药，约有 7 万人当场死亡。

64. LIGHT M. *100 Suns 1945-1962.* London: Jonathan Cape, 2003. WEART S. *Nuclear Fear: A History of Images.* Cambridge: Harvard UP, 1988.

65. 如果爆炸发生在地下或水下，那么典型的蘑菇云就不会以相同方式产生，因为大量固体或液体会在爆炸中产生蒸汽。

66. 报告名为《一次超强爆炸形成的冲击波，为英国国家安全部民防研究委员会准备》。

67. TAYLOR G I. "The Formation of a Blastwave by a Very Intense Explosion I: Theoretical Discussion". *Proc. Roy. Soc.* A 201. 1950: 159-174 and II: The Atomic Explosion of 1945. *Proc. Roy. Soc.* A 201. 1950: 175-186.

68. 这是对物理学中一种称为"因次法"（method of dimensions）的精彩应用。泰勒想知道在某一时刻 t 球型爆炸半径 R，爆炸发生的一刻称为"爆炸时刻"（$t = 0$）。假设爆炸半径取决于炸弹释放的能量 E 和周围空气的初始密度 r。如果公式 $R = kE^a r^b t^c$ 成立，其中 k、a、b 和 c 是要确定的数，那么，由于能量的大小是 $ML^2 T^{-2}$，密度是 ML^{-3}，其中 M 是质量，L 是长度，T 是时间，因此必须有 $a = 1/5$，$b = -1/5$，$c = 2/5$。所以，该公式为 $R = k^{1/5} r^{-1/5} t^{2/5}$。假设常数 k 的值十分接近 1，那么能量值近似 $E = rR^5/t^2$。

69. 1 吨 TNT 是一个能量单位，相当于 10^9 卡路里，即约 4.2×10^9 焦耳。

70. 这首歌是詹姆斯·坎迪斯（James Kendis）、詹姆斯·布罗克曼（James Brockman）和耐特·文森特（Nat Vincent）在 1919 年写的，他们把自己的名字合并为吉安·坎波温（Jaan Kenbrovin），因为他们与音乐出版商都各自有单独的合同。

71. 即包含两个质子和两个中子的氦原子的核了。

72. 即电子带正电的反粒子。

73. BLACKETT P M S. Sir Charles William Wilson. *Biographical Memoirs of the Royal Society*. 1960(6): 269-295.

74. GLEICK J. *Genius-the Life and Science of Richard Feynman*. New York: Pantheon, 1992: 244.

75. 一个极富洞察力的报告详见：FEYNMAN R. *QED: The Strange Theory of Light and Matter*. Princeton: Princeton UP, 1985.

76. KAISER D. *Drawing Theories Apart: The Dispersion of Feynman Diagrams in Postwar Physics*. Chicago: University of Chicago Press, 2005.

77. FEYNMAN R. "Space-Time Approach to Quantum Electrodynamics". *Phys. Review* 67, 1949: 769-789.

78. 其他例子请参见：PENROSE R. *The Road to Reality*. London: Jonathan Cape, 2004: 241-242 and "Applications of Negative-Dimensional Tensors", in *Combinatorial Mathematics and Its Applications*. ed. WALSH D J A. London: Academic Press, 1971: 221-224. 下面描述了图形是如何工作的："选择一个闭合多边形来表示每个张量的核字母，为每个逆变索引添加一个向上的条形图，并为每个协变索引添加一个向下的条形图。通过连接各自的条形图来表示索引的收缩。蜻蜓的水平线代表对称，直线代表反对称。一条线与条形图交叉，以此指示如何打乱索引。度量没有得到任何核图形（它只是一个拱形），所以在同一张量中，索引的收缩很容易描绘，而提升和降低索引就相当于将所需条形图向上或向下扭曲。为了表示协变微分，圈出张量微分并添加相应的向下（协变）条形图。以此类推。注意，张量乘法的交换律和结合律允许对符号进行任何恰当的二维排列方法，这有利于形成紧凑的表达式。"

79. FEYNMAN R. *Surely You're Joking, Mr Feynman*. New York: Norton, 1997.

80. Mark 3:24.

81. 关于自然法则概念的起源的更多内容，参见：BARROW J D. *The Universe That Discovered Itself*. Oxford: Oxford UP, 2000.

82. BARROW J D. *The Artful Universe Expanded*. Oxford: Oxford UP, 2005.

83. BARROW J D. *The Book of Nothing*. London: Jonathan Cape, 2000.

84. 不确定性原理意味着，我们只能在时间 Δt 的区间内测量能量变化 ΔE，如果 $\Delta E \times \Delta t > h/2\pi$，其中 h 是普朗克常数，h = 6.6×10^{-34} 焦耳秒。符号这一不等式的过程称为"实"，因为它们可被直接观测，而符合不等式 $\Delta E \times \Delta t < h/2\pi$ 的过程则称为"虚"，观察这些过程将涉及违反不等式的行为。

85. GROSS D J, WILCZEK F. "Ultraviolet Behaviour of Non-Abelian Gauge Theories". *Phys. Rev. Lett*. 1973(30): 1343 and "Asymptotically Free Gauge Theories I". *Physical Review D*. 1973(8): 3633. POLITZER H D. "Reliable Perturbative Results for Strong Interactions". *Phys. Rev. Lett*. 1973(30): 1346 and "Asymptotic Freedom: An Approach to Strong Interactions". *Physics Reports*. 1974(14): 129.

86. GEORGI H, GLASHOW S. *Phys. Rev. Lett*. 1974(32): 438.

87. 这些新粒子的质量大致等于在相应相互作用强度中发生交叉的能量的质量当量（根据爱因斯坦著名的能量 – 质量等效公式 $E = mc^2$ ）。在电弱统一的情况下，这是一个巨大成功。统一理论预言存在两个新粒子，即 W 和 Z 玻色子，其质量接近于弱力与电磁力强度的统一能量。随后在 1983 年，人们在欧洲核子研究中心的粒子对撞机实验中发现了这些新粒子，其质量符合温伯格、格拉肖和萨拉姆理论的预期值，这三人获得了 1979 年的诺贝尔物理学奖。奇怪的是，在 5 年后的 1984 年，诺贝尔奖却将发现 W 和 Z 玻色子的功劳赋予了卡罗·鲁比亚（Carlo Rubbia）和西蒙·范·德·梅尔（Simon van der Meer）。

88. AMALDI U, DE BOER W, FÜRSTENAU H. "Comparison of Grand Unified Theories with electroweak and strong coupling constants measured at LEP". *Phys. Letters* B. 1991(260): 447-455.

89. PATI J C. "Topics in Quantum Field Theory and Gauge Theories". *Proceedings VIII International Seminar on Theoretical Physics*. GIFT. Salamanca. 1977-06-13-17. ed. J. Azcárraga. *Lecture Notes in Physics*. 1978(77): 221-291.

90. 有人认为，只有当自然界的对称中存在超对称时，才会发生真正的跨界。如果在所有标准粒子中加入额外的"超级伙伴"，力的强度演变就会随能量不同而产生一个小变化，而在高能状态下，统一理论中的"三相点"也会更接近。

91. 图中展示了质量与大小的对数的对比关系。

92. BROWN D. *Angels and Demons*. London: Corgi, 2001: 620.

93. CARR B J, REES M J. "The Anthropic Principle and the Structure of the Physical World". *Nature*. 1978(183): 341. BARROW J D, TIPLER F J. *The Anthropic Cosmological Principle*. Oxford: Oxford UP, 1986. WEISSKOPF V F. "Of Atoms, Mountains, and Stars: A Study in Qualitative Physics". *Science*. 1975(187): 605-612.

94. 摆脱半径为 R、质量为 M 的物质的引力，所需速度为 $2GM/R$ 的平方根。当这一逃逸速度等于光速时，则有 $R = 2GM/c^2$。

95. 通常情况下，假设由引力聚集的物体的平均速度是 V，且聚集体的总质量为 M，那么其大小将大致为 $R = 2GM/V^2$。

96. 我们或许应该说，在空间中有三个大的维度。当前，高能物理学的超弦理论实际上预言了宇宙拥有超过三个空间维度。仅当"其他"维度的度量非常小，且不影响三个"大"维度结构的稳定性时，预言才可能成立。在高能物理学实验中，寻找可能存在其他维度的证据，比如 2008 年欧洲核子研究中心的大型强子对撞机计划，都是实验物理学面临的挑战。所谓的自然界"常量"的缓慢变化，也可以揭示其他维度的存在。参见：BARROW J D. *The Constants of Nature*. London: Jonathan Cape, 2002.

97. WHITROW G. "Why Physical Space Has Three Dimensions". *Brit. J. Phil. Soc.* 1955(6): 13. BARROW J D. "Dimensionality". Phil. Trans. Roy, Soc. 1983(A. 310): 337-346.

98. BOHR N. in L. Ponomarev. *The Quantum Dice.* IOP, Bristol, 1993: 75.

99. SCHRÖDINGER E. *Naturwissenschaften Die gegenwartige Situation in des Quantenmechanik.* 1935(23): 807-812, 823-828, 844-849. transl. TRIMMER J D. *Proc. Am. Phil. Soc.* 1980(124): 323, 338. WHEELER J A, ZUREK W. *Quantum Theory and Measurement.* Princeton: Princeton UP, 1983: 156.

100. DE WITT B S, GRAHAM N. *The Many-Worlds Interpretation of Quantum mechanics.* Princeton: Princeton UP, 1973. EVERETT H. "Relative State Formulation of Quantum Theory". *Rev. Mod. Phys.* 1957(29): 454.

101. BARROW J D, TIPLER F J. *The Anthropic Cosmological Principle.* Oxford: Oxford UP, 1986: chapter 7.

102. 尤金·维格纳 (Eugene Wigner) 提出了量子力学的另一个悖论——"维格纳的友人"。参见: WIGNER E P. *The Scientist Speculates—An Anthology of Partly-Baked Ideas.* ed. I. J. Good. New York: Basic Books, 1962: 294). WHEELER J A, ZUREK W. *Quantum Theory and Measurement.* Princeton: Princeton UP, 1983. EINSTEIN A, PODOLSKY B, Rosen N. "Can Quantum-Mechanical Description of Physical Reality be Considered Complete?" *Phys. Rev.* 1935(47): 777.

103. Sanarr L, Microcosmos, Wired, 11-06.

104. CROMMIE M F, LUTZ C P, EIGLER D M, HELLER E J. "Waves on a Metal Surface and Quantum Corrals". *Surface Review and Letters.* 1995(2-1): 127-137.

105. *Nature,* 2000(403): 512.

106. EINSTEIN A, PODOLSKY B, ROSEN N. "Can Quantum-Mechanical Description of Physical Reality be Considered Complete?". *Phys. Rev.* 1935(47): 777-780. WHEELER J A, ZUREK W H. *Quantum Theory and Measurement.* Princeton University, and The Universe That Discovered Itself. Oxford: Oxford UP, 2000.

107. 爱因斯坦评论说:"但是,它并没有像我原先所想的那样发展。甚至可以说,最本质的东西被形式 (Gelehrsamkeit) 湮灭了。"(FINE A. *The Shaky Game: Einstein, Realism and the Quantum Theory.* 2nd ed. Chicago: University of Chicago Press, 1996: 35.)

108. 宝丽来眼镜的偏光片玻璃能消除一种偏振。如果你持有两副宝丽来太阳镜,一副放在另一副的后面,并旋转其中一副,你就会发现在一个方向上没有光传播,因为这时一副太阳镜阻止了所有垂直排列的光子,而另一副阻止了所有水平排列的光子。但在现实生活中通常还会透过一点点光,因为偏光片玻璃透镜有时存在缺陷。

109. 能量与光的波长成反比,因此,当351纳米的光子转换成仅有其一半能量的两个光子时,这两个光子的波长为702纳米。

110. 欲知如何以激光穿过硼酸盐晶体,实现一个独特且绝对安全的加密过程,请参见: EKERT A. Cracking Codes II. PLUS magazine online.

111. SONTAG S. *On Photography*. New York: Farrar Straus & Giroux, 1977.

112. 在卡尔森带来新发明之前就已经出现机械复制文件的技术，从手摇机器到复写纸，有一段很长的历史。参见 Early Office Museum 网站文章 "Antique Copying Machines"。

113. 1937 年 10 月，卡尔森首次申请了专利。

114. 卡尔森的设备被更高级的替代品取代了：硫被一个更好的光电导体——硒取代，石松粉被一种铁粉和铵盐的混合物取代，令最终的印刷产品更清晰。

115. OWEN D. "Making Copies". *Smithsonian*, 2004-08: 91-97.

116. 卡尔森的详细生平，请参见维基百科。

117. 这项研究结果首次出现在摩尔写的一篇文章中，发表在 1965 年 4 月 19 日的《电子杂志》（*Electronics Magazine*）上。2005 年，摩尔意识到自己那份杂志借给别人复印，但对方却始终没有归还，于是英特尔公司又花了 1 万美元买了一本崭新的原版杂志，并作为档案收藏了起来。这本杂志最终作为奖励送给了一位英国工程师戴维·克拉克（David Clark），因为他有完整的一套杂志。从此，各大学图书馆的图书馆员们必须费心保护好自己的杂志了。摩尔最初的表述是："最小组件成本的复杂性以大约每年两倍的速度增长……当然，如果这一增长率在短期内不增加，就有望持续下去。从长期来看，增长率就更不确定，尽管我们无法证明它至少在 10 年内不会保持不变。这意味着到 1975 年，每个最小成本的集成电路的组件数量将达到 65 000 个。"

118. MOORE G. "Progress in Digital Integrated Electronics". *IEDM Tech. Digest*. 1975: 11-13.

119. 在计算科学中，当一个大项目的计算效率得到发展，比如能够研究数百万恒星的聚集时，我们可以从中提炼出纯粹的摩尔定律的进展，以此来评估科研人员的进展，结果非常有趣。这其实远离了真正的人类智力进步，智力进步源于人类的智慧，而不是计算机领域所取得的成就——计算机只是研究人员的后盾。

120. WONG H, IWAI H. "The Road to Miniaturization". *Physics World*. 2005(18-9): 40-44.

121. 纳米技术的研究范围在 10^{-9} 米的纳米级别。

122. BLAKE W. *Auguries of Innocence*. first published by ROSSETT O G. Gilchrist's Life of William Blake, 1863. The *Complete Poems* (Penguin Classics). London: Penguin, 1997.

123. 坡度没有什么深层次的基础，不同类型的沙子在不同的潮湿条件下会略有不同。

124. BAK P, TANG C, Wiesenfeld K. "Self-Organised Criticality: An Explanation of 1/f Noise". *Phys. Rev. Lett*. 1987(59): 381.

125. 通常，沙崩发生的频率与其大小的倒数成正比。

126. Ball P. *The Self-Made Tapestry*. Oxford: OUP, 1999. 当大米的局部小堆不超过临界坡度时，米粒不会滑动或滚动。在发生沙崩后，坡度变为次临界坡度时，米粒会更有效地停止滑落。

图片版权

作者和出版社已尽一切努力寻找所有图片的版权持有者，如有任何遗漏，我们在此表示歉意，并愿意在后续版本中加入适当的注释。

XVIII-1 NASA/Francesco Ferraro (Bologna Conservatory)/ESA; 4 © The British Library Board. All rights reserved (Maps C.6.c.2. pp. 192-193); 8 AKG-images/Erich Lessing; 9 Dr Gerry Picus/courtesy Griffith Observatory; 9 Science Photo Library; 14 Science Photo Library/Royal Astronomical Society; 17 Reproduced from E. Harrison, Cosmology: The Science of the Universe (Cambridge University Press, 1981); 20 above reproduced from J. P. Nichol, Thoughts on some Important Points relating to the System of the World (Edinburgh, 1846); 20 below NASA/ESA, S. Beckwith (STSd) and The Hubble Heritage Team; 22 photo SCALA, Florence/Digital Image © The Museum of Modern Art, New York; 24 NASA/JPL - Caltech/R. Kennicutt (Univ of Arizona)/DSS; 26 © European Southern Observatory; 29 Reproduced from Owen Gingerich, Album of Science: The Physical Sciences in the Twentieth Century (courtesy Charles Schribner's Sons/Macmillan, 1989); 30 Science Photo Library/NASA/STSCI/J. Hester & P. Scowen. ASU; 33 Photo SCALA, Florence/© 2004. Photo Smithsonian American Art Museum/Art Resource; 36 NASA/ESA, J. Hester, A. Lott (ASU)/Davide De Martin (Skyfactory); 39 Science Photo Library/Royal Astronomical Society; 42 Ciel et Espace/Paris Observatory, © B. & S. Fletcher; 45 Science Photo Library/Royal Astronomical Society; 46 Science Photo Library/Royal Astronomical Society/First published in E. Hubble, The Realm of the Nebula (1936)/courtesy of Yale University Press; 49 © Janos Rohan; 50 Courtesy of the Observatories of the Carnegie Institution of Washington; 52 © Mark Westmoquette (University College London); 56 Anglo-Australian Observatory/ David Malin Images; 58 Science Photo Library/NASA/ESA/STSCI/P. Challis & R. Kirschner, Harvard; 60 First published in E. Hubble, The Realm of the Nebula (1936)/courtesy of Yale University Press; 62 First published in E. Hubble, The Realm of the Nebula (1936)/courtesy of Yale University Press; 65 Courtesy of the Observatories of the Carnegie Institution of Washington; 66 Science Photo Library; 68 Reproduced from E. Harrison, Cosmology: The Science of the Universe (Cambridge University Press, 1981); 71 Archives Lemaître Université Catholique de Louvain Institut d'Astronomie et de Géophysique G. Lemaître Louvain-la-Neuve, Belgigue/Celestial Treasury: From the Music of the Spheres to the Conquest of Space by Marc Lachièze-Rey, Jean-Pierre Luminet and Joe Laredo (Cambridge University Press (16 Jul 2001), p.155; 72 Science Photo Library/Take 27 Ltd; 74 M.C. Escher's Cubic Space Division © The M.C. Escher Company-Holland. All rights reserved; 76 courtesy of Elizabeth M. Davies; 78 NASA; 81 courtesy of Macau Postal Authority; 84 Science Photo Library, courtesy of Robert V. Wagoner; 86 Science Photo Library, courtesy of Robert V. Wagoner; 90 Science Photo Library/Royal Astronomical Society; 93 Science Photo Library/Royal Astronomical Society; 96 J. P. Huchra & M. Geller/Harvard-Smithsonian Center for Astrophysics; 99 J. P. Huchra & M. Geller/Harvard-Smithsonian Center for Astrophysics; 102 NASA/R. Williams (STScl)/Hubble Deep Field Team; 104 NASA/Sloan Digital Sky Survey Team/NSF/DOE; 106 below courtesy of Dover Publications Inc.; 108 Science Photo

Library; 110 reproduced from Roger Penrose, 'The Light Cone at Infinity', from Relativistic Theories of Gravitation, ed. L. Infeld (courtesy Pergamon, London, 1964); 112 reproduced from F. Hoyle, 'Cosmological Tests of Gravitation Theories', Varenna Lectures, Corso XX, (courtesy Academic Press, New York, 1960); 115 reproduced of G. F. R. Ellis, Relativistic Cosmology - Proceedings of the International School of Physics 'Enrico Fermi', Course XLVII edited by B.K. Sachs, Varenna on Lake Como, Villa Monastero, 20th June - 12th July 1969 (courtesy Academic Press New York and London, 1971); 118 NASA/WMAP Science Team; 120 reproduced from J. D. Barrow, Whitrow Lecture, text published in Astronomy and Geophysics, August 2002, Vol 43, issue 4; 121 Science & Society Picture Library; 122 NASA; 124 Reproduced from Celestial Treasury: From the Music of the Spheres to the Conquest of Space by Marc Lachièze-Rey, Jean-Pierre Luminet and Joe Laredo (Cambridge University Press 2001) p. 133; 126 Metropolitan Museum of Art/The LeWitt Collection, Chester, CT. Exhibited: Sol LeWitt on the Roof: Splotches, Whirls and Twirls, April 26, 2005 - October 30, 2005, The Iris and B. Gerald Cantor Roof Garden, The Metropolitan Museum of Art. Photograph © 2005 The Metropolitan Museum of Art/© ARS, NY and DACS, London 2007; 128 courtesy of Daniel Marlow at Princeton University; 131 © John Wheeler; 132-133 The Royal Collection/© 2007 Her Majesty Queen Elizabeth II; 136 Science Photo Library/NASA; 140 Science Photo Library/NASA; 144 © Sky Publishing Corp; 147 Science Photo Library/Royal Astronomical Society Library; 150 courtesy of Camille Flammarion Collection; 153 Science Photo Library/PL - Caltech/Cornell/ NASA; 156 NASA; 159 Science Photo Library/NASA; 160 Science Photo Library/NASA; 164 reproduced from R. Lehti, 'Edvard Engelbert Neovius, an early proponent of interplanetary communication' (1998); 166 reproduced from R. Lehti, 'Edvard Engelbert Neovius, an early proponent of interplanetary communication' (1998); 168 Advertising Archive/courtesy artist Alex Schomburg; 172 reproduced from W. A. Bentley and W. J. Humphreys, Snow Crystals, 1931; 174 Science Photo Library/Kenneth Libbrecht; 176 Science Photo Library/Kenneth Libbrecht; 178 AKG-images; 182 Illustrated London News; 185 The Linda Hall Library of Science, Engineering and Technology; 188 Science Photo Library/John Reader; 190 Science Photo Library/ John Reader; 192 reproduced from De Historia Stirpium by Leonard Fuchs, 1542/Courtesy of the Division of Special Collections, Archives and Rare Books, University of Missouri at Columbia; 195 reproduced from De Historia Stirpium by Leonard Fuchs, 1542/Courtesy of the Division of Special Collections, Archives and Rare Books, University of Missouri at Columbia; 196 Science & Society Picture Library; 198 Science & Society Picture Library; 199 Science & Society Picture Library; 200 reproduced from Gray's Anatomy (facsimile, Grange Books, 2001); 206 Science Photo Library/UC Regents, NATL Information Service for Earthquake Engineering; 209 courtesy US Geological Survey; 210 photo SCALA, Florence/Courtesy of the Ministero Beni e Att. Culturali; 214 Science & Society Picture Library/NmeM; 217 Science Photo Library/ Professor Harold Edgerton; 218-219 © 2003, Andrew D. Burbanks, University of Bristol; 222 Science & Society Picture Library; 224 Science & Society Picture Library; 225 reproduced from Wentzel Jamnitzer, Perspectiva Corporum Regularium (Siruela, 2006); 228 Science & Society Picture Library; 230 reproduced from I. & M. Hargittai, Symmetry: A Unifying Concept (courtesy of Random House, New York, 1996); 231 courtesy US Patent Office Document No 2682235; 232 School of Architecture Bulletin 1955, University Archives, Department of Special Collections, Washington University Libraries; 233 reprinted by permission of Macmillan Publishers Ltd/Nature, 14th November 1985; 236 Science Photo Library; 240 Bill Casselman/ University of British Columbia; 242 reproduced from D. Guedj, Numbers: The Universal Language (courtesy of Thames & Hudson, 1998); 245 reproduced from John Murdoch, Album of Science, Antiquity

Mathematics 2 (1879); 360 London Transport Museum/© Transport for London; 363 London Transport Museum/© Transport for London; 366 reproduced from S. M. Stigler, The History of Statistics: The Measurement of Uncertainty Before 1900 (courtesy Harvard University Press, 1986); 368 reproduced from Augustus de Morgan, An Essay on Probabilities (1838); 372-373 © R & D Magazine; 376 Camera Press, London/Yousuf Karsh; 379 Topfoto/World History Archive; 382 © Cambridge University Press; 384 © Cambridge University Press; 385 Science Photo Library; 386 © Cambridge University Press; 388 The Wellcome Trust; 391 Science Photo Library/Pekka Parviainen; 394 reproduced from M. Faraday, Electricity (1852); 398 © The Nobel Foundation; 400 © The Nobel Foundation; 401 Science Photo Library; 402 The Linda Hall Library of Science, Engineering & Technology; 405 Science & Society Picture Library; 406 Science Photo Library/Ria Novosti; 412 Edgar Fahs Smith Collection/University of Pensylvania Library; 413 Science Photo Library; 416 reprinted by permission of Macmillan Publishers Ltd/Nature 25th April 1953; 418 The Wellcome Trust; 419 Science Photo Library/Driscoll, Youngquist & Baldeschwieler, Caltech; 420 Estate of Irving Geis/Illustration Irving Geis. Image from Irving Geis Collection, Howard Hughes Medical Institute. Rights owned by HHMI. Not to be reproduced without prior permission; 422 Estate of Irving Geis; 426 above Science Photo Library; 426 below reproduced from F.W. Aston Mass Spectra and Isotopes (Edward Arnold, London, 1933); 430 Time Life Getty/US Navy National Archives; 428 Science Photo Library/US National Archive; 434 © CERN Geneva; 437 © CERN Geneva; 440 originally published in R. Feynman, Space Time Approach to Quantum Electro-dynamics, Phys. Rev. 76, 769 (1949), pp.772 & 787 © The American Physical Institute; 443 above originally published in R. Feynman, Space Time Approach to Quantum Electrodynamics, Phys. Rev. 76, 769 (1949), pp.772 7 787 © The American Physical Institute; 446 reproduced from J.C. Pati, 'An Introduction to Unification', in Lecture Notes in Physics - 77 - Topics in Quantum Field Theory and Gauge Theories, ed. J.A. Azcarrage (courtesy Springer Verlag, 1978); 450 above & below reproduced from Ugo Amaldi, 'LEP, ONE YEAR LATER', in Relativistic Astrophysics, Cosmology and Fundamental Physics - Annals of the New York Academy of Sciences, Volume 647, ed. J. D. Barrow, L. M. Mestel and P. Thomas (courtesy New York Academy of Sciences, 1991); 452 reproduced from J.D. Barrow and F. J. Tipler The Anthropic Cosmological Principle (courtesy Oxford UP, 1986); 456 © The British Library Board. All rights reserved ((B) PR 50); 460 reprint courtesy of International Business Machines Corporation, © International Business Machines Corporation; 462 reprint courtesy of International Business Machines Corporation, © International Business Machines Corporation; 464 image courtesy of Paul Kwiat and Anton Zeilinger; 468 courtesy of Xerox Corporation 474 © Intel Corporation; 478 Science Photo Library; 480 Courtesy of Marian Goodman Gallery, New York; 482 courtesy of Ricard Solé.